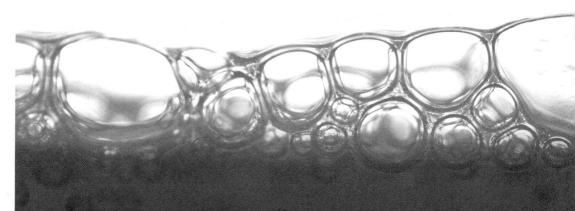

污废水治理设施运营与管理

丁 成　杨百忍　金建祥　主编

单学凯　沈 丹　汤华联　副主编

化学工业出版社

·北京·

本书从技术与工艺管理角度出发，较为详细地介绍了污废水治理设施运营管理所需的基本理论知识，以运营管理为主线，系统介绍了污水处理过程各单元的操作技术，如污水的物理处理技术、化学处理技术、物理化学处理技术、生物化学处理技术、污泥处理技术等工艺原理、运行方式、工艺参数等，以及附属设施、电气仪表、污废水监测等内容，并针对运营管理中常见的问题提供解决措施，体现了较强的可操作性和实用性。

本书可供从事污水处理的管理人员、技术人员学习和使用，还可作为污水处理厂工程技术人员和操作工上岗培训的教材，也可作为本科、大专院校环境工程、给水排水工程、环保设备工程等相关专业的教学用书。

图书在版编目（CIP）数据

污废水治理设施运营与管理/丁成，杨百忍，金建祥主编 . —北京：化学工业出版社，2016.8（2025.2 重印）
ISBN 978-7-122-25924-0

Ⅰ. ①污… Ⅱ. ①丁…②杨…③金… Ⅲ. ①污水处理设备-运营
②污水处理设备-管理 Ⅳ. ①X703.3

中国版本图书馆 CIP 数据核字（2015）第 308119 号

责任编辑：满悦芝 　　　　　　　　　　　　装帧设计：关　飞
责任校对：王　静

出版发行：化学工业出版社（北京市东城区青年湖南街 13 号 　邮政编码 100011）
印　　装：三河市双峰印刷装订有限公司
787mm×1092mm　1/16　印张 19½　字数 495 千字　2025 年 2 月北京第 1 版第 12 次印刷

购书咨询：010-64518888　　　　　　售后服务：010-64518899
网　　址：http://www.cip.com.cn
凡购买本书，如有缺损质量问题，本社销售中心负责调换。

定　　价：69.00 元

前　言

随着工业化、城镇化进程的不断加快，资源能源消耗持续增长，环境污染问题日益突出，环境保护面临的压力越来越大，人类的生存和发展面临着严峻挑战。面对挑战，政府投入了大量的资金，选用合理先进的水污染控制技术，取得了显著效益，污水处理事业得到了很大发展。

本书从技术与工艺管理角度出发，较为详细地介绍了水污染治理设施运营管理所需的基本理论知识，以运营管理为主线，系统介绍了污水处理过程各单元的操作技术，如污水的物理处理技术、化学处理技术、物理化学处理技术、生物化学处理技术、污泥处理技术等工艺原理、运行方式、工艺参数等，以及附属设施、电气仪表、污废水监测等内容，并针对运营管理中常见的问题提供解决措施，体现了较强的可操作性和实用性。

本书共分为十一章，内容包括绪论、污废水物理处理技术与设备、化学处理技术与设备、物理化学处理技术与操作、生物化学处理技术与操作管理、污泥处理与处置、附属设施操作管理、污废水监测、电气仪表与自动化、污水处理厂运行管理、实例说明等。

本书分工：第一至四章由丁成、金建祥编写，第五至八章由杨百忍编写，第九章、第十一章由金建祥、沈丹编写，第十章由单学凯、汤华联编写，沈丹、汤华联、王璐整理。参加本书编写工作的还有韩香云、陈天明、张红梅等，全书由丁成、杨百忍统稿。本书可供从事污水处理的管理人员、技术人员学习和使用，还可作为污水处理厂工程技术人员和操作工上岗培训的教材，也可作为本科、大专院校环境工程、给水排水工程、环保设备工程等相关专业的教学用书。

感谢江苏科易达环保科技有限公司为本书的编写提供运营管理实例，并参与教材的编写工作。

感谢盐城工学院教材出版基金对本书出版工作的支持。

由于笔者水平有限，加之时间仓促，书中不足之处在所难免，欢迎读者批评指正。

编者

2016 年 7 月

目 录

第三章 污废水的化学处理技术与设备 `38`

第四章　物理化学处理单元技术与操作管理　57

第五章　生物化学处理单元技术与操作管理　73

第一章

绪 论

第一节 污染治理设施运营管理概述

一、基本概念

污染治理设施是指为防止产生新的污染，满足建设项目污染物排放总量控制要求而承担的区域环境污染综合整治和区域污染物排放削减中的污染治理工作而建设的新的污染治理设施。主要包括水污染物、空气污染物、固体废物、噪声、振动、电磁、放射性等污染的控制设施，如污水处理设施、除尘设施、隔声设施、固体废物卫生填埋或焚烧设施等。

环境污染治理设施运营，是指专门从事污染物处理、处置的社会化有偿服务活动，或者根据双方签订的合同承担他人环境污染治理设施运营管理的有偿服务活动。

污染治理设施运营管理是为监督污染治理设施运行状况，提高环境保护设施运行管理的水平，发挥环境保护投资效益而对设施运营单位实施的一系列的监督措施，包括对运营单位在其环境计划、环境质量、环境技术等方面的管理措施。

污染治理设施运营管理岗位培训的目的在于强化运营单位的环境技术管理，使操作人员了解污染治理设施运营管理的基本概念和有关知识，掌握污染治理技术工艺、设施操作原理和化验检测技术，熟悉环境保护有关法律法规规定，提高实际操作能力和技术水平。

二、形势与发展

目前，我国污染治理设施管理的主要形式为政府管理和市场化运营管理并行，把环境保护完全看成是政府的职责，把污染治理实施管理归之于政府下属的事业单位或产生污染物的企业，这是进行污染治理初期我国较为普遍的做法。这种以政府为主导的管理形式极端不利于全民环保意识的提高和环境产业的发展。

20 世纪 90 年代，全国兴起了市场化、社会化、专业化的管理形式。环境污染治理设施运营市场化、专业化是指"专门从事污染物治理、处理的社会化有偿服务或者以营利为目的的根据双方签订的合同承担他人环境污染治理设施运营管理的活动"。市场化运营管理的原则是"污染者付费"。实行社会有偿服务，服务方实行自主经营、自负盈亏的企业管理，保证污染治理设施的正常运转和污染物的达标排放。实行治污设施专业化运营后，治理污染、保证污染物达标排放、向有关部门提供排污数据的法律责任，就转移到了专业环保设施运营公司。在市场化运营管理过程中，政府有关部门的职能是监督检查，依法行事。

污染治理设施运营管理的社会化、市场化、专业化，是社会化大发展的必然要求，也是市场经济体制下环保产业发展的必然趋势。有相关的服务收费政策支持，污染治理设施运营的市场化、专业化的运营必将会蓬勃发展。这样可以责任明确、关系清楚、主副分明、效率提高。条件具备时，市场化污染治理设施运营单位不但可以承担本企业的环保设施运营，还可以接受委托承担其他企业的环保设施运营。对于专业化的运营公司，既可以承包方式接受设施运营业务，还可以发展专业化的治理公司，进行环境污染治理的社会化服务，使环境污染治理真正转变成为一种社会化的活动，充分发挥污染治理设施资源的作用。总之，污染治理设施运营管理是一项大有可为的新业务，是环保产业的重点内容。拥有管理的合理性、科学性、有序性和高效性又会有效地提高经济发展和城市基础实施整体管理水平。

第二节　污水的来源

在人们的生产和生活活动中，每天都在使用和接触着水。在这一过程中，水受到人类活动的影响，其物理性质与化学性质发生了变化，就变成了污染过的水，简称为污水。污水主要包括生活污水和工业废水。

1. 生活污水

生活污水是人们日常生活中排出的水，它是从住户、公共设施（饭店、宾馆、影剧院、体育场、机关、商店等）和工厂的厨房、卫生间、浴室及洗衣房等生活设施中排出的水。

生活污水中通常含有泥沙、油脂、皂液、果核、纸屑和食物屑、病菌、杂物和粪尿等。这些物质按其化学性质来分，可分为无机物与有机物，通常无机物为40%，有机物为60%；按其物理性质来分，可分为不溶性物质、胶体性物质和溶解性物质。相比较于工业废水，生活污水的水质一般较稳定，浓度较低，也较容易通过生物化学方法进行处理。

2. 工业废水

工业废水是从工业生产过程中排出的水，它来自于工厂的生产车间与厂矿。由于各种工业生产的工艺、原材料、使用设备的用水条件等的不同，工业废水的性质千差万别。

相比较于生活污水，工业废水水质水量差异大，通常具有浓度大、毒性大等性质，不易通过一种通用技术或工艺来治理，往往要求其在排出前在厂内处理到一定程度。

3. 城市污水

城市污水是通过下水管道收集到的所有排水，是排入下水道系统的各种生活污水、工业废水和城市融雪、降雨水的混合水，是一种混合污水。

正是由于城市污水是一种混合水，各座城市之间的城市污水的水质存在一定差异，主要决定于工业废水所占比例的影响，也受到城市规模、居民生活习惯、气候条件及下水道系统形式的影响。

第三节　排水系统

一、城市污水排水系统的主要组成部分

城市污水包括生活污水和工业废水两大部分，将工业废水与生活污水采用同一排水系统就组成了城市污水排水系统。它是由下列几部分组成：①室内污水管道系统和设备；②室外污水管道系统；③污水泵站及压力管道；④污水处理与利用构筑物；⑤排入水体的出水口。

二、雨水排水系统的主要组成部分

雨水排水系统由以下几个主要部分组成。

① 房屋的雨水管道系统和设备，主要是收集工业、公共或大型建筑的屋面雨水，并将其排入室外的雨水管渠系统中去。

② 街坊或厂区雨水管渠系统。

③ 街道雨水管渠系统。

④ 排洪沟。

⑤ 出水口。

三、工业废水排水系统的主要组成部分

根据企业性质及其行业不同产生废水的性质也不同，当废水所含物质的浓度不超过国家规定的排入城市排水管道的允许值时，可直接排入城市污水管，当浓度超标时必须经收集处理后排入城市污水管或排放水体，也可再利用。

工业废水排水系统主要由以下几部分组成。

① 车间内部管道系统和设备，主要用来收集废水。

② 厂区管道系统，根据情况可设置若干个独立的管道系统。

③ 污水泵站及压力管道，用来输送废水。

④ 废水处理站，主要是处理和利用废水。

四、排水系统的体制

生活污水、工业废水、降雨采用不同的排除方式所形成的排水系统称排水系统的体制（简称排水体制）。一般可分为合流制和分流制两种类型。

1. 合流制排水系统

合流制排水系统是将生活污水、工业废水和雨水混合在一个管道内排除的系统。最早的下水道系统就是合流制系统，它收集的各种污水、废水、雨雪水不经处理直接排入邻近的水体中。目前，新建城市或城市新开发区一般不再建设合流制下水道系统，而老城市或老城区

的合流制下水道系统也在逐步改造为截流式合流制下水道系统。截流式合流制下水道系统是在原系统的排水末端（一般为河渠边）横向铺设干管，并设溢流井。晴天时，所有城市污水通过原系统和截流管收集和输送到全系统终端的污水处理厂。雨天时，系统仅收集一部分混有雨水的污水，其余部分则通过截流管上的溢流井排放到水体中。合流制下水道系统排除了城市中的所有污水和部分雨水，保护了市区卫生；截流式合流制下水道系统则又几乎将初期雨水全部收集，并输送到末端或污水处理厂保护了市区卫生，防止了沿河渠的污染。这是老城市或老城区早期建成、后期完善和一直使用的一种下水道体制。

2. 分流制排水系统

分流制排水系统是将生活污水、工业废水和雨水分别在两个或两个以上各自独立的管道排除的系统。典型的分流制排水系统是由排除生活污水和工业废水的污水管道与专门用来排除雨水的雨水管渠构成的。

从国内外的历史发展看，早期的下水道系统大部分是合流制，后建的下水道系统多为分流制。而对大城市来说，市中心区多为合流制，市郊新区多为分流制，北京、上海、天津等大城市即是这种中心区为合流、郊区为分流制的下水道系统。从控制和防止水体污染的道理上讲，合流制将全部城市污水收集输送到污水处理厂集中处理，达标排放，效果应是好的。但实际上合流制干管尺寸相应地增大，污水处理厂的规模要求也大，整体建设费用高，往往迟滞了管线与污水厂工程建设速度，形成污水不完全收集，污水厂建不起来，污水集中排放上段河体不净，下段河体严重污染。分流制下水道系统仅将生活污水和工业废水集中和输送到污水厂内，管线尺寸小，污水厂建设规模合理，容易形成完备的处理系统，有利于污染控制和水环境保护。由于使用分流制下水道系统排出的初期雨水水质差，通过雨水管道直接排入水体造成污染，经济发达的国家已开始建造储水池或储水管道。雨水集水、非雨期集中处理在我国经济发展到一定时期以后也是可以实现的，所以目前分流制下水道系统在国内外得到广泛采用，是城市下水道系统的发展方向。

第四节　污水的出路

污水的最后出路有三条：一是排放水体；二是灌溉农田；三是重复使用。

排放水体是污水的自然归宿，水体对污水有一定的稀释和净化能力。排放水体也称为污水的稀释处理法，这是目前最常采用的方式。也正因如此，造成了水体普遍遭到污染的现实。

灌溉农田是污水利用的一种方式，有广阔的前途。重复使用的方式有：污水的直接复用和自然或间接复用。

污水的直接复用方式有循序使用和循环使用。工业企业的一个工序所产生的污水用于另一个工序叫做循序使用，而污水经回收并经处理后仍供原生产过程使用则是循环使用，采用这两种方式的工业企业比较广泛。

目前我国大部分地区和城市缺水严重，污水作为第二水资源正在进行开发利用，它可以缓解供需水之间的矛盾，可供于工矿企业作为冷却和工艺用水，也可用作市政、园林绿化用水，总之，正在为人们所重视和开发。

第五节　污水的水质污染指标

污水的污染程度如何，主要由以下几种指标来反映，了解这些指标便可全面掌握污水在物理、化学和生物学方面的特性，考虑污水处理的流程和最终处理方法。另外，定期对污水进行全面分析检测，可以控制和掌握污水处理设备的工作状况和效果，指导水处理设施的运行，但要提出的是分析检测应按国家规定的方法或公认的通用方法进行。

常见的水质污染指标如下。

一、生物化学需氧量（BOD）

由于废水中有机物种类繁多，除了污染成分较单一的工业废水外，不可能通过测定废水中某一成分的含量来了解废水的浓度，但废水中大多数有机污染物在相应的微生物及有氧存在的条件下，氧化分解时皆需耗氧，且有机物的数量（浓度）同耗氧量大小成正比。目前城市污水和大多数有机废水最广泛使用的污染指标是 BOD，它是指 1L 废水中有机污染物在好氧微生物作用下，进行氧化分解时所消耗的溶解氧量，单位为 mg/L。实际测定时常采用 BOD_5，即水样在 20℃ 条件下，培养五天的生化需氧量。

BOD 耗氧规律的特点：有机物在好氧条件下，被生物氧化分解时所耗用的氧主要用于两个阶段。

第一阶段：（碳化阶段）主要分解碳氢有机物质，分解过程比较快。

$$有机物 + O_2 \xrightarrow{微生物} CO_2 + H_2O + NH_3 + 能量$$

第二阶段：（硝化阶段）主要分解含氮有机物，NH_3 转化成亚硝酸盐和进一步转化成硝酸盐。

$$2NH_3 + 3O_2 \longrightarrow 2HNO_2 + 2H_2O + 能量$$
$$2HNO_2 + O_2 \longrightarrow 2HNO_3 + 能量$$

有的水样中这两个阶段分隔相当明显，根据对 BOD_5 曲线的研究表明 BOD_5 大致近似于碳化阶段耗氧量，即代表废水中可为微生物氧化的含碳有机物的耗氧量。碳化阶段耗氧率大，而耗氧量多，对水体的危害性大。硝化阶段耗氧率小，耗氧量少，对水体无害。

BOD 指标的意义如下。

① 显示可生物降解的有机物量。BOD 含量高说明水污染严重，水中缺氧。若水体中BOD 含量高时，溶解氧很低，会导致鱼虾等绝迹。

② 模拟污水进入水体后，水体的耗氧过程。

③ 可用于判断污水处理厂生物法净化过程。制定水体和排放水的水质标准。

BOD 指标的局限性如下。

① 检测速度跟不上该污染控制的要求。

② 检测数值的重现性差。

③ BOD 除表示了可降解的有机污染物的量外，亚硫酸、硫化物、亚硫酸盐等无机物的化学反应所耗的氧量亦包括在内，每人每日污水中的 BOD_5 50～60g。

二、化学耗氧量（COD）

COD 是指在酸性条件下，利用强氧化剂将有机物氧化为 CO_2 和 H_2O 所消耗的氧的量。检测速度快，用它指导生产较方便。

常用的氧化剂有高锰酸钾（$KMnO_4$）和重铬酸钾（$K_2Cr_2O_7$）。高锰酸钾氧化力较弱，往往只有一部分有机物被氧化，因此测定结果与实际情况往往差别较大。重铬酸钾氧化能力很强，能使污水中绝大部分有机物氧化为水和二氧化碳，因此，使用中常常将重铬酸钾的化学耗氧量 COD_{Cr} 的测定值，近似地代表污水中的全部有机物含量。对于同一种污水来说，COD 值与 BOD 值之间常有一定的比例关系，所以，当污水含有有毒物质而不能测定时，也可通过测定 COD 值来弥补不能测定 BOD 的缺陷。而且，COD 测定速度快，指导生产方便，测定时并不受水样浓度和溶解盐类对测定精度的影响，重现性好。

COD 指标的意义如下。

COD＝无机物耗氧量＋可生物降解的有机物量（BOD_5）＋不可被生物降解的有机物量（$COD_{N \cdot P}$）。

从上式可看出，根据 COD 值的测定情况，可在卫生意义上直接说明问题。

COD 与 BOD 的关系如下：

① （COD－BOD）近乎代表微生物所不能降解的有机物量，该值越大，不能降解的有机物的绝对量就越多。不能降解的有机物常用化学法去除。

② 工业废水成分复杂，各有其特殊性，不是所有的有机工业废水都可以生化处理。一般用 BOD_5/COD 来表征城市污水的生化处理的可能性：其值越大说明越易生化处理，反之则不易，一般经验性数值如下。

BOD_5/COD	≥45％	易生化
BOD_5/COD	≥35％	可生化
BOD_5/COD	≥30％	较难生化
BOD_5/COD	<25％	不可生化

③ 生活污水类的 BOD_5 与 COD 有明显的相关性，大致 $BOD_5 \geq 0.58COD$；工业污水无一定的相关性。

三、悬浮固体（SS）

大部分生活污水和工业生产污水都被固体物质所污染。固体物质的组成包括有机物质（挥发性固体）和无机物质（固定性固体）。

悬浮固体（SS）简称悬浮物，是检测污水的重要指标。污水中的悬浮固体包括浮于水面的漂浮物质、悬浮于水中的悬浮物质和沉于底部的可沉物质。这些可沉物质主要由有机物形成，称为污泥。主要由无机物组成的称为沉渣。

一般污泥的含水率极高，其与水的相对密度近于 1，所以可认为污泥的体积与其中固体物质含量的百分率成反比，如含水率 P_1（％）的污泥体积为 V_1，则当含水率降低到 P_2（％）时 V_2 可按下式计算：

$$V_2 = V_1 \frac{100-P_1}{100-P_2}$$

在化验室采用过滤法可测定悬浮固体，即滤后滤膜和滤纸上截留下来的物质即为悬浮物，它包括部分胶体物质。总体积＝悬浮固体＋溶解固体，即 TS＝SS＋DS。

生活污水中的 SS 为 52％～58％，是微生物不能降解的惰性物质。挥发性悬浮固体占悬浮固体的 75％～80％，城市污水中的 SS 在 200～300mg/L，平均约 250mg/L，每人每日平均 50～90g。

SS 指标的意义如下。

① 表示污水的污染情况，SS 含量的多少直接影响着水环境的外观情况，也不利于水的复氧过程。

② 可反映用简单沉淀方法去除污染物的效果，反映该污水是否易于处理。

四、总有机碳（TOC）

为了快速测定污水浓度，产生了测定水样 TOC 值的方法，TOC 是指污水中所有有机物的含碳量。在 TOC 测定仪中，当样品在 950℃ 中燃烧时，样品中所有的有机碳和无机碳皆燃烧成 CO_2，此即为总碳（TC）。当样品在 150℃ 中燃烧时只有无机碳转化成 CO_2，此即为总无机碳（TIC）。总碳与总无机碳之差为总有机碳（TOC），即 TOC＝TC－TIC。

COD 值近似地代表了水样中全部有机物被氧化时耗去的氧量，故 COD 换算成 TOC 值的系数为 2.67（由于 1g 有机碳氧化时需耗去 32/12g 即 2.67g 氧生成 CO_2）。

如前所述，我们可根据 COD/TOC 大小评价了解水样的一些情况：

COD/TOC＜2.67 说明样品中有部分有机物不能被 $K_2Cr_2O_7$ 氧化；

COD/TOC＞2.67 表明污水中含较多无机还原性物质。

五、有毒物质

某些物质在达到一定浓度后，能够危害人体健康、危害水体中的水生物或者影响污水的生物处理等，我们把这些物质称为有毒物质。它的种类很多，但大体可分为两类：非重金属 [氰化物（CN）和砷化物（AS）] 和重金属 [汞（Hg）、镉（Cd）、铅（Pb）、铬（Cr）、锌（Zn）、铜（Cu）、镍（Ni）、锡（Sn）、铁（Fe）、锰（Mn）等]。有些有毒物质作用快，易为人们所注意；有些有毒物质如镉、汞、铬等经常是通过食物在人体富集，达到一定浓度后才显示出症状。总之，我们应特别注意毒物污染对人体危害较大的毒物，还有氰化物、甲基汞、砷化物、镉、铅、六价铬等，我国已对这些有毒污染物的排放标准作了严格的规定。

六、pH 与碱度

pH 表示水质的酸碱性，是其所含氢离子浓度的负对数：pH＝7 为中性，pH＜7 为酸性，当 pH＞7 时为碱性。

一般污水的 pH 值在 6.5～9。pH＜6 或 pH＞9 都将会影响生物处理，并对混凝土和金属有腐蚀作用。这时，需进行污水预处理并对处理设备作防腐处理。对于物化处理 pH 是最重要的参数。

碱度是水中含有的碳份，用 $CaCO_3$ 换算值表示，它与 OH^- 无关，碱度大未必 pH 值大，污水中的碱度主要是重铬酸盐碱度，一般为 200～300mg/L（$CaCO_3$ 计），在絮凝处理中是重要的因素，碱度低时，絮凝困难，需较多药剂量。

七、氮

氮是构成生物体蛋白的物质，是生物营养源不可缺少的元素（图1-1），当污水被处理时，如含氮量低，可适当添加氮量，同理，氮是水体富营养化的重要因素，当河流、湖泊水中的氮含量过高，会引起藻类的大量繁殖，使水有色和恶臭，有害于水体的利用。

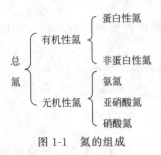

图1-1　氮的组成

城市污水中含有机氮 20～30mg/L，其中 50%属蛋白性氮，以悬浮固体状出现；又含氨氮 20～30mg/L，故含总氮的 50%。每人每日污水中氮约 7g。

当有两级污水处理厂，只有少数亚硝酸氮出现时，该处理出水尚不能稳定。当氮量不足时，它还会还原成氨氮，只有处理出水中含有硝酸盐氮时，污水中的有机氮大多数转化成无机物，出水进入水体后是较为稳定的。一般两级污水处理厂不能除氮，处理程度较高时，能将部分氨氮转化成为硝酸盐氮，现在采用的新工艺即厌氧、缺氧、好氧（AAO），可达到脱氮效果。当进水 NH_3-N 为 20～30mg/L 时，出水 NH_3-N≤5mg/L。

八、磷

磷是微生物生长所需的营养元素。污水中含磷化合物可分为有机磷和无机磷两类。有机磷的存在形式主要有：葡萄糖-6-磷酸、2-磷酸-甘油酸及磷肌酸等；无机磷都以磷酸盐形式存在，包括正磷酸盐（PO_4^{3-}）、偏磷酸盐（PO_3^-）、磷酸氢盐（HPO_4^{2-}）、磷酸二氢盐（$H_2PO_4^-$）等。每人每日污水中的磷约 1.1g，主要来源于合成洗涤剂。水体中含磷不能过高，否则水体富营养化，使水质恶化。

第六节　污水处理方法和工艺流程

污水处理的方法也就是通过某些手段和方式去除其中的污染物质，或是使某些有害污染物质转化成稳定无害的物质。处理方法可根据污水的流量、水质，受纳水体的自净能力而选定，除了技术上的合理性外，还要考虑经济上的承受能力，以及整个城市发展规划实施的同步性与协调性。因此，处理方法的选用必须是统筹考虑、综合平衡的结果。

一、处理方法

污水处理的方法，按作用原理来分有以下三种。

（1）物理法　利用物理作用分离污水中主要呈悬浮状态的污染物质。如沉淀、筛滤、上浮、气浮、过滤和反渗透等方法都属此类。

城市污水物理处理通常采用的流程和构筑物为：进水→格栅→泵站→沉砂池→沉淀池→出水。

（2）化学法　利用化学反应的作用分离或回收污水中处于各种状态的污染物质。方法有中和、电解、萃取、吸附、离子交换、电渗析法等。在城市污水处理中最常用的是混凝沉淀法，因此法处理污水时要加入化学混凝剂，如硫酸铝、三氯化铁、硫酸亚铁等这些药剂产生的胶体颗粒与污水中的胶体颗粒电解中和，从而创造了这些颗粒凝聚在一起的条件，颗粒变大，通过沉淀使污水净化。

（3）生物法　利用微生物的代谢作用，使污水中呈溶解和胶体状态的有机污染物质转化成稳定无害的物质。按在其中起作用的微生物的不同，可分为好氧氧化和厌氧还原两大类。

① 好氧生物处理：此法适用于城市污水和含有机物高的工业废水（耗氧）的处理。具体的方法有活性污泥法、生物膜法、生物接触氧化法等。

② 厌氧生物处理：利用厌氧微生物作用，使污水中有害的物质转化成为无害的物质，此法多用于处理污水过程中产生的污泥和高浓度有机性污水。

污水处理厂的一级、二级、三级及深度处理是根据我们所采用的方法和处理后的水质情况来划分的。

（1）一级处理　主要是通过物理法来完成，去除污水中的悬浮物质，通过一级处理 SS 可去除 60%以上，BOD_5 去除 25%～30%。

（2）二级处理　物理法＋生物法来完成，主要是去除污水中呈胶体和溶解状态的有机污染物。能去除污水中的 BOD_5 90%左右，去除污水中的悬浮固体 90%以上，使出水 BOD_5 达 20mg/L 左右，SS 25mg/L 以下，一般来说，这样的污水便可排入水体。

物理化学法中的混凝沉淀能达到的处理程度一般介于一级和二级处理之间。

（3）三级处理　主要去除二级处理不能去除的污染物，包括不能被生物降解的有机物、氮、磷等，通过三级处理 BOD_5 可降至 8mg/L 以下，氮、磷能大部分去除。

（4）深度处理　为满足高水质要求而采用的处理工艺，主要以回用为目的，一般长远方法是物理法＋生物法＋活性炭吸附＋反渗透。三级处理和深度处理没有明显的界线。

二、城市污水处理工艺流程

一般城市污水处理流程的组合，遵循先易后难、先简后繁的规律，即首先去除大块的垃圾和漂浮物，然后是悬浮物、胶体和溶解性物质（见图 1-2）。一般是先采用物理法，然后是化学法和生物法。

在确定污水处理方法的组成中，通常根据污水的性质即水量、水质及其污水处理后的排

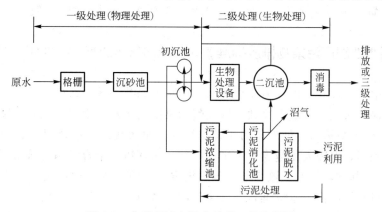

图 1-2　典型的城市污水处理工艺流程图

放与回供问题综合考虑，并通过调查、研究和经济比较后来确定，必要时还要进行科学试验。

第七节　污水处理排放标准

一、《污水综合排放标准》（GB 8978—1996，1998 年 1 月 1 日实施）

为贯彻《中华人民共和国环境保护法》、《中华人民共和国水污染防治法》和《中华人民共和国海洋环境保护法》，控制水污染，保护江河、湖泊、运河、渠道、水库和海洋等地面水以及地下水水质的良好状态，保障人体健康，维护生态平衡，促进国民经济和城乡建设的发展，特制定该标准。该标准适用于现有单位水污染物的排放管理，以及建设项目的环境影响评价、建设项目环境保护设施设计、竣工验收及其投产后的排放管理。

按照国家综合排放标准与国家行业排放标准不交叉执行的原则，除国家特殊规定的行业水污染物排放标准外，所有其他水污染物排放均执行《污水综合排放标准》（GB 8978—1996）。国家特殊规定的行业排放标准，如造纸工业执行《造纸工业水污染物排放标准》（GB 3544—92），船舶执行《船舶工业污染物排放标准》（GB 3552—83），海洋石油开发工业执行《海洋石油开发工业含油污水排放标准》（GB 4914—85），纺织染整工业执行《纺织染整工业水污染物排放标准》（GB 4287—92），肉类加工工业执行《肉类加工工业水污染物排放标准》（GB 13457—92），合成氨工业执行《合成氨工业水污染物排放标准》（GB 13458—92），钢铁工业执行《钢铁工业水污染物排放标准》（GB 13456—92），航天推进剂工业执行《航天推进剂水污染物排放标准》（GB 14374—93），兵器工业执行《兵器工业水污染物排放标准》（GB 14470.1～14470.3—93）和（GB 4274～4279—84），磷肥工业执行《磷肥工业水污染物排放标准》（GB 15580—95），烧碱、聚氯乙烯工业执行《烧碱、聚氯乙烯工业水污染物排放标准》（GB 15581—95）等。

污水综合排放标准共分三级，标准规定如下：

① 排入 GB 3838 Ⅲ类水域（划定的保护区和游泳区除外）和排入 GB 3097 中二类海域的污水，执行一级标准。

② 排入 GB 3838 中Ⅳ、Ⅴ类水域和排入 GB 3097 中三类海域的污水，执行二级标准。

③ 排入设置二级污水处理厂的城镇排水系统的污水，执行三级标准。

二、《城镇污水处理厂污染物排放标准》（GB 18918—2002，2003 年 7 月 1 日实施）

为贯彻《中华人民共和国环境保护法》、《中华人民共和国水污染防治法》、《中华人民共和国海洋环境保护法》、《中华人民共和国大气污染防治法》、《中华人民共和国固体废物污染环境防治法》，促进城镇污水处理厂的建设和管理，加强城镇污水处理厂污染物的排放控制和污水资源化利用，保障人体健康，维护良好的生态环境，结合我国《城市污水处理及污染防治技术政策》，制定该标准。该标准分年限规定了城镇污水处理厂出水、废气和污泥中污染物的控制项目和标准值。本标准自实施之日起，城镇污水处理厂水污染物、大气污染物的排放和污泥的控制一律执行本标准。排入城镇污水处理厂的工业废水和医院污水，应达到

《污水综合排放标准》（GB 8978），相关行业的国家排放标准、地方排放标准的相应规定限值及地方总量控制的要求。居民小区和工业企业内独立的生活污水处理设施污染物的排放管理，也按该标准执行。

根据污染物的来源及性质，将污染物控制项目分为基本控制项目和选择控制项目两类。基本控制项目主要包括影响水环境和城镇污水处理厂一般处理工艺可以去除的常规污染物，以及部分一类污染物，共19项。选择控制项目包括对环境有较长期影响或毒性较大的污染物，共计43项。

根据城镇污水处理厂排入地表水域环境功能和保护目标，以及污水处理厂的处理工艺，将基本控制项目的常规污染物标准值分为一级标准、二级标准、三级标准。一级标准分为A标准和B标准。一类重金属污染物和选择控制项目不分级。

一级标准的A标准是城镇污水处理厂出水作为回用水的基本要求。当污水处理厂出水引入稀释能力较小的河湖作为城镇景观用水和一般回用水等用途时，执行一级标准的A标准。

城镇污水处理厂出水排入国家和省确定的重点流域及湖泊、水库等封闭、半封闭水域时，执行一级标准的A标准，排入GB 3838地表水Ⅲ类功能水域（划定的饮用水源保护区和游泳区除外）、GB 3097海水二类功能水域时，执行一级标准的B标准。

城镇污水处理厂出水排入GB 3838地表水Ⅳ、Ⅴ类功能水域或GB 3097海水三、四类功能海域，执行二级标准。

非重点控制流域和非水源保护区的建制镇的污水处理厂，根据当地经济条件和水污染控制要求，采用一级强化处理工艺时，执行三级标准。但必须预留二级处理设施的位置，分期达到二级标准。

第二章

污废水物理处理技术与设备

废水的物理处理方法又称为机械处理法。其优点是简单、易行、效果良好，且十分经济。主要用于分离废水中的悬浮性物质，可从废水中回收有用的物质，也使废水得到了一级处理。

采用的处理技术及所用的设备如下。

过滤分离法——筛网、格栅、滤池、微滤机等。

重力分离法——沉砂池、沉淀池、隔油池等。

离心分离法——离心机、旋流分离器等。

第一节　均和调节

一、概念

无论是工业废水，还是城市污水或生活污水，排出的废水水质和水量在 24h 内是不均衡的。一般来说，工业废水的波动比城市污水大，中小型工厂的波动就更大。这种变化对废水处理设备正常发挥其净化功能非常不利，甚至还可能使废水处理系统处于瘫痪状态。因此，一般在废水处理系统之前应设置均和调节设施，以保证系统的正常运行。此外，酸性废水、碱性废水以及短期排出的高温废水等也可以通过调节池中和、平衡。归纳起来，调节设施的作用大致有以下几点：

① 减少或防止冲击负荷对处理设施或设备的不利影响；

② 中和酸碱废水，控制 pH 值；

③ 调节水温；

④ 防止高浓度有毒物质进入生物处理系统；

⑤ 当处理设备发生故障时，起临时事故储水池作用。

二、调节池

调节处理一般按其主要调节功能分为水量调节和水质调节两类。

（一）水量调节

水量调节比较简单，一般只需设置一简单的水池，保持必要的调节池容积并使出水均匀即可。

污水处理中单纯的水量调节有两种方式：一种为线内调节，进水一般采用重力流，出水用泵提升，池中最高水位不高于进水管的设计水位，最低水位为死水位，有效水深一般为2～3m。另一种为线外调节，调节池设在旁路上，当污水流量过高时，多余污水用泵打入调节池，当流量低于设计流量时，再从调节池回流至集水井，并送去后续处理。如图2-1所示，图中 H 为有效水位。

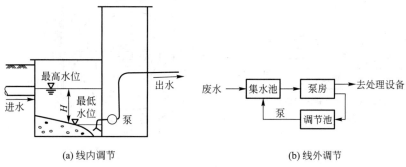

(a) 线内调节   (b) 线外调节

图 2-1　水量调节池

线内调节的流程是全部废水流量均通过调节池，可以大幅度地调节废水的成分和流量，但能源消耗大。线外调节则是只有超过处理设计流量的那一部分流量才进入调节池，对废水组分和流量的变化仅起轻微的缓冲作用，但节省能源。线外调节与线内调节相比，其调节池不受进水管高度限制，施工和排泥较方便，但被调节水量需要两次提升，消耗动力大。一般都设计成线内调节。

（二）水质调节

水质调节的任务是对不同时间或不同来源的污水进行混合，使流出的水质比较均匀，以避免后续处理设施承受过大的冲击负荷。水质调节的基本方法有以下两类。

1. 外加动力调节

外加动力就是在调节池内，采用外加叶轮搅拌、鼓风空气搅拌、水泵循环等设备对水质进行强制调节，它的设备比较简单，运行效果好，但运行费用高。

2. 差流方式调节

采用差流方式进行强制调节，使不同时间和不同浓度的污水进行水质自身水力混合，这种方式基本上没有运行费用，但设备较复杂。常见的差流式调节池如图2-2所示。

（1）对角线调节池　对角线调节池是常用的差流方式调节池。对角线调节池的特点是出水槽沿对角线方向设置，污水由左右两侧进入池内，经不同的时间流到出水槽，从而使先后过来的、不同浓度的废水混合，达到自动调节均和的目的。为了防止污水在池内短路，可以在池内设置若干纵向隔板。污水中的悬浮物会在池内沉淀，对于小型调节池，可考虑设置沉渣斗，通过排渣管定期将污泥排出池外；如果调节池的容积很大，需要设置的沉渣斗过多，这样管理太麻烦，可考虑将调节池做成平底，用压缩空气搅拌，以防止沉淀，空气用量为1.5～3m³/(m²·h)，调节池的有效水深采取 1.5～2m，纵向隔板间距为1～1.5m。如果调节池采用堰顶溢流出水，则这种形式的调节池只能调节水质的变化，而不能调节水量和水量的波动。如果后续处理构筑物要求处理水量比较均匀和严格，可把对角线出水槽放在靠近池底处开孔，在调节池外设水泵吸水井，通过水泵把调节池出水抽送到后续处理构筑物中，水

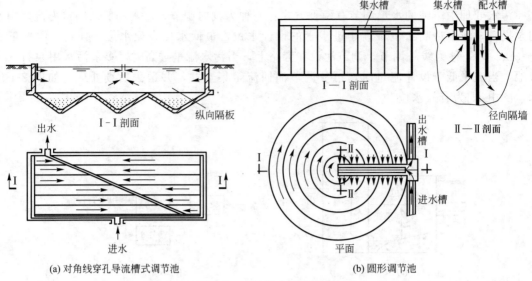

图 2-2　常见的水质调节池

泵出水量可认为是稳定的。或者使出水槽能在调节池内随水位上下自由波动，以便储存盈余水量，补充水量短缺。

（2）同心圆调节池　在池内设置许多折流隔墙，控制污水 1/3～1/4 流量从调节池的起端流入，在池内来回折流，延迟时间，充分混合、均衡；剩余的流量通过设在调节池上的配水槽的各投配口等量地投入池内前后各个位置。从而使先后过来的、不同浓度的废水混合，达到自动调节均和的目的。

另外，利用部分水回流方式、沉淀池沿程进水方式，也可实现水质均和调节。在实际生产中，可结合具体情况选择一种合适的调节方法。

三、调节池的混合

为了保证调节效果，通常进行混合，通过混合与曝气，防止可沉固体在池中沉下来和出现厌氧情况，同时还有预曝气的作用，改进初沉效果，减轻曝气池负荷。常用的混合方法包括水泵强制循环、空气搅拌、机械搅拌、穿孔导流槽引水等，一般工程上常用空气搅拌方式。

四、调节池的操作管理

调节池前一般设有格栅等除污设施，但池中不可避免截留有大量可沉杂物，应及时清除。兼具生化预处理时，应按时排出剩余污泥。

第二节　过滤分离法

过滤分离法是分离废水中悬浮颗粒的方法，可用于废水的预处理或最终处理，出水供循环使用或重复利用。

一、基本原理

过滤分离法的基本工作原理是：将废水通过筛网、石英砂及粒状材料组成的滤料层，截流水中的悬浮杂质，使水得到澄清的过程。过滤除污包括阻力截留、重力沉降和接触絮凝三种机理。对粒径较大的悬浮颗粒，以阻力截留为主，主要发生在滤层表面，常称表面过滤；对细微悬浮物，以发生在滤料深层的重力沉降和接触絮凝为主，称深层过滤。经过一定时间的使用以后，过水的阻力增加，须采取一定的措施，如采用反冲洗将截留物从过滤介质上除去。常用的过滤介质有两类：一类是颗粒状材料，如石英砂、无烟煤、金属屑、纤维球以及聚氯乙烯球或聚丙乙烯球等；另一类是多孔性介质，如格栅、筛网、帆布或尼龙布、微孔管等。实际操作时，可根据悬浮颗粒的大小和性质，选择不同的过滤介质和设备。

二、常见设备

1. 格栅

亦称格筛，是一种简单的过滤设备。格栅由一组平行的金属栅条制成，安装在污水渠道、泵房、集水井的进口处或污水处理厂的端部，用以截留较大的悬浮物或漂浮物，以便减轻后续处理构筑物的处理负荷，并使之正常运行。

格栅的种类很多，分类方法也不同。按格栅形状，可分为平面格栅和曲面格栅两种，曲面格栅又可分为固定曲面格栅与旋转鼓筒式格栅两种。按格栅栅条的间隙，可分为粗格栅（50～100mm）、中格栅（10～40mm）、细格栅（3～10mm）三种。按栅渣的清理方式，格栅又可分为人工清渣格栅和机械格栅两种。小型城市的生活污水处理厂所截留的污染物量较少时，可采用人工清渣格栅。这类格栅由直钢条制成，一般与水平面成 40°～60°倾角安装。倾角小时，清理较省力，但占地较大（见图 2-3）。机械格栅主要适用于栅渣量大的大中型污水处理厂，安设位置与人工清渣格栅相同。机械格栅倾角一般为 60°～70°，有时为 90°。

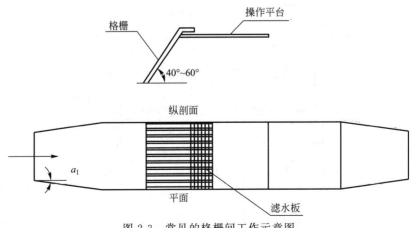

图 2-3　常见的格栅间工作示意图

2. 筛网

格栅只能用于去除污水中较大的悬浮物和漂浮物。水中较小的杂物如纤维、纸浆、藻类等不能被格栅截留，可以选择利用不同尺寸的筛网去除。不同孔径大小的筛网，其作用也不同。孔径小于 10mm 的筛网主要用于工业废水的预处理，它可将尺寸大于 3mm 的漂浮物截流在网上。孔径小于 0.1mm 的细筛网则用于处理工艺出水的最终处理或再生水的处理。筛网过滤装置种类很多，有振动筛网、水力筛网、转鼓式筛网、旋转式筛网、转盘式筛网和微滤机等。

图 2-4 是振动筛网示意图。它由振动筛和固定筛组成。

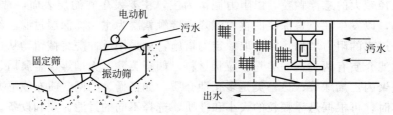

图 2-4　振动筛网示意图

污水通过振动筛时，悬浮物等杂质被截留在振动筛上，并通过振动卸到固定筛网上，以进一步脱水。

3. 砂滤

根据使用的目的不同，采用不同形式的单层、双层或多层滤料的滤池。一般以卵石作垫层，采用粒径 0.5～1.2mm、滤料层厚度 1.0～1.3m 的粒状介质为滤料，用于过滤细小的悬浮物或乳化油。根据进水方式，过滤设备有重力式滤池和压力式滤池两种。单层滤料多用石英砂，双层滤料上层用无烟煤，底层用石英砂；多层滤料用无烟煤、石英砂及石榴石等。可用于处理炼油废水，该废水经气浮法或混凝沉淀法处理后，再经砂滤进一步除去残油，使用一段时间后，滤料空隙被污物堵塞，过滤阻力增加，需用水反冲，并用压缩空气辅助吹洗，使料层重新恢复纳污的能力，继续投入运行。处理废水，最好采用反向过滤，可以增加滤层的纳污能力，延长过滤的运行周期。反向过滤滤速应控制在 5m/s 以下。图 2-5 所示为普通快滤池。

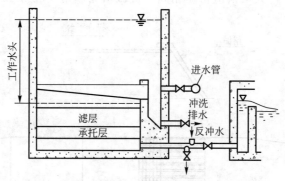

图 2-5　普通快滤池（自由流的进水、出水形式）

4. 布滤

用帆布、尼龙布或毡布等作为过滤介质，一般用于过滤细小的悬浮物（如纺织厂废水中的花衣毛等）、废水中的沉渣（如石膏）或污泥脱水等。沉渣脱水的过滤装置，根据其性质的不同和所要求指标的不同，可分别采用板框过滤机、真空转盘过滤机、真空平面过滤机、真空翻斗过滤机以及真空带式过滤机等。布滤池结构如图 2-6 所示。

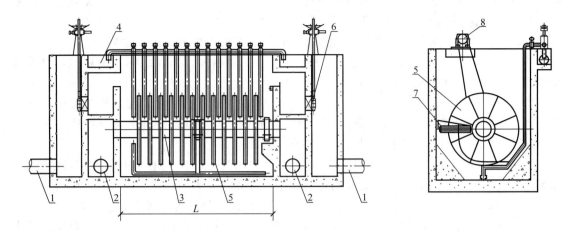

图 2-6　布滤池结构图

1—原水进水管；2—清水出水管；3—中间出水管；4—吸洗排污渠；
5—旋转滤盘；6—电动方闸门；7—吸洗装置；8—驱动电机

5. 微孔管过滤器

适用于过滤不溶性的盐类、煤粉等细小的悬浮物颗粒。微孔管是由聚氯乙烯树脂、多孔性陶瓷等一些特殊的材料制成。将一定直径、长度的众多微孔管进行适当的组装后放在反应池内，出口与水泵的吸水管相连便构成了多孔管过滤器。运行时，废水通过微孔管的孔隙抽出，处理后的出水很清，不溶性或细小的固体颗粒悬浮物等被截留在管外。堵塞时可用清水或压缩空气反向吹洗；堵塞严重时将微孔管取出，用铁丝刷带水进行清洗。由于对原水水质要求较高、对过滤器损耗较大、过滤压力大（能耗大）等方面的因素，该类工艺主要用于深度处理和给水处理。

第三节　重力分离法

重力分离法是使废水中的悬浮性物质在重力作用下与水分离的过程。悬浮物的相对密度大于 1 时就下沉，称为沉降或沉淀。在沉淀过程中悬浮物颗粒形状大小不变的，称为自由沉淀；若悬浮物的颗粒形状大小不断地增大，则称为絮凝沉淀。悬浮物的相对密度小于 1 时就上浮，称重力浮选。对粒度小且呈乳化状态或相对密度接近于 1 的悬浮性物质，难以自然沉降或上浮，必须依靠通入空气或进行机械搅拌，形成大量气泡，将乳化微粒黏附带到水面，与水进行分离，这种强制上浮又称气浮或浮选。

一、沉淀与混凝沉淀法

在废水处理过程中，常利用沉淀作用分离废水中的悬浮性固体物。沉淀分离几乎在任何废水处理过程中都不可缺少，有时甚至多次重复使用。

1. 沉淀与混凝沉淀的基本原理

沉淀法是利用废水中悬浮物密度大于废水密度的特点，借助于重力或惯性力形成沉淀物的原理达到固液分离的目的。这种处理方法虽然较为简单，但却是废水处理中采用甚广的重要方法，几乎是各类废水处理中不可缺少的工艺过程。

沉淀的类型根据悬浮物性质、浓度及絮凝性能，沉淀可分为以下四种类型。

① 自由沉淀：当悬浮物质浓度不高时，在沉淀的过程中，颗粒之间互不碰撞，呈单颗粒状态，各自独立地完成沉淀过程。

② 絮凝沉淀（干涉沉淀）：当悬浮物质浓度为 $50 \sim 500mg/L$ 时，在沉淀过程中，颗粒与颗粒之间可能互相碰撞产生絮凝作用，使颗粒的粒径与质量逐渐加大，沉淀速度不断加快，故实际沉淀很难用理论公式计算，主要靠实验测定。

③ 区域沉淀（成层沉淀，拥挤沉淀）：当悬浮物浓度大于 $500mg/L$ 时，在沉淀过程中，相邻颗粒互相妨碍、干扰，但保持相对位置不变，并在聚合力的作用下，颗粒群结合成一个整体向下沉淀，与澄清水之间形成清晰的液-固界面，沉淀显示为界面下沉。

④ 压缩沉淀：区域沉淀的继续，即形成压缩沉淀。颗粒间互相支持，上层颗粒在重力作用下，挤出下层颗粒的间隙水，使污泥得到浓缩。

对于不同的工业废水，在不同的处理阶段中，上述四种沉淀现象都有发生。

沉淀与混凝沉淀工艺可以作为单一的处理方法用于废水处理，如在一级处理系统中，沉淀就是主要的处理工艺；但更多的是与其他处理方法配合，用于废水初级处理或废水处理的中间过程。影响颗粒物分离的首要因素是颗粒物与废水的密度差，但由于废水中含的悬浮固体颗粒的粒径、形状十分复杂，沉淀过程也不可能是单个颗粒在静水中沉降。

2. 常见的沉淀设备

大部分含有无机或有机悬浮物的工业废水，都可通过沉淀池实现沉淀。对沉淀池的要求是能最大限度地除去废水中的悬浮物，减轻其他净化设备的负担。沉淀池的工作原理是让废水在池中缓慢地流动，使悬浮物在重力作用下沉降。根据其功能和结构的不同，可选用不同类型的沉淀池。在污废水处理中，常用的沉淀池有以下几种。

① 沉砂池：其作用是去除废水中密度较大的无机颗粒，如砂粒等，以便保护水泵机件及管道免受磨损，并将无机颗粒和有机悬浮物分离开来。沉砂池常作为预处理的构筑物使用。应用最多的沉砂池是平流式沉砂池、曝气沉砂池和钟式沉砂池等（见图 2-7）。其中，平流式沉砂池、曝气沉砂池的结构与沉淀池相近；钟式沉砂池结合了重力分离和离心分离两种作用。

② 沉淀池：一般情况下，废水在沉淀池中停留时间为 $1 \sim 3h$，悬浮物的去除率为 $50\% \sim 70\%$。按废水在池中的流动方式，沉淀池可分为平流式（见图 2-8）、竖流式、辐流式（见图 2-9）和旋流式等，适用于不同的场合。平流式沉淀池构造简单，沉淀效果较好，但占地面积较大，排泥存在的问题较多，大、中、小型废水处理厂均有采用；竖流式沉淀池占地面积小，排泥较方便，且便于管理，但池深过大，施工困难，池的直径受到了限制，仅适用于中、小型废水处理使用；辐流式沉淀池适宜大型水处理厂采用，有定型的排泥机械，运行效果较好，但要求较高的施工质量和管理水平。

③ 斜板（斜管）沉淀池：为提高沉淀池处理能力，缩小体积和占地面积，将一组平行板或平行管相互平行地重叠在一起，以一定的角度安装于平流沉淀池中，水流从平行板或平行管的一端流到另一端，使每两块板间或每一根管，都相当于一个很浅的小沉淀池（见图 2-10）。其优点是：利用了浅层沉淀原理与层流原理，水流在板间或管内流动具有较大的湿润周边、较小的水力半径，所以雷诺数较低，对沉淀极为有利；斜板或斜管

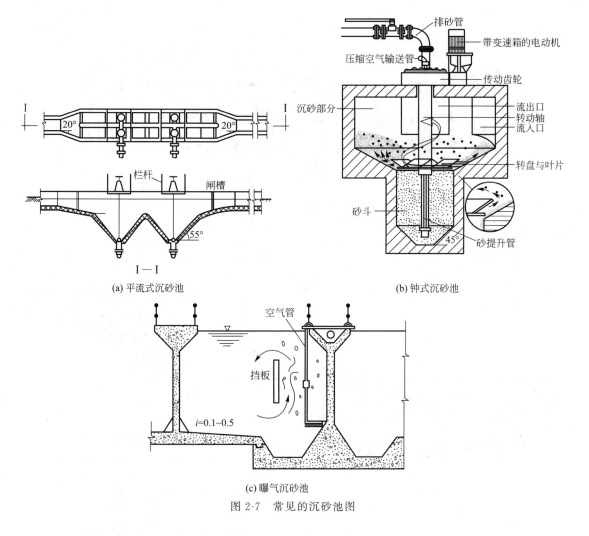

图 2-7 常见的沉砂池图

(a) 平流式沉砂池

(b) 钟式沉砂池

(c) 曝气沉砂池

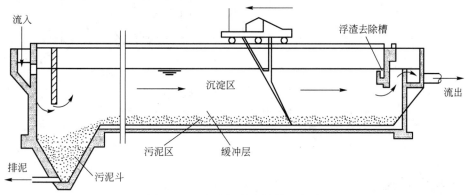

图 2-8 平流式沉淀池结构示意图

增加了沉淀面积,缩短了沉降距离,提高了沉淀效率,减少了沉淀时间。废水经过沉淀池处理后得到一定程度净化,同时产生污泥或沉渣,须对污泥或沉渣进行妥善的治理或处置。

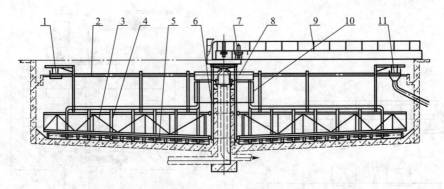

图 2-9 辐流式沉淀池及自吸式吸泥机构造示意图

1—浮渣小刮板；2—浮渣刮板；3—支撑架；4—吸泥管；5—刮泥板；6—垂架；
7—驱动装置；8—中心泥罐；9—桥架；10—稳流筒；11—出渣漏斗

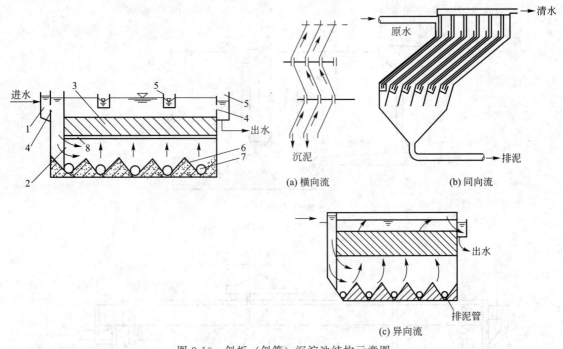

图 2-10 斜板（斜管）沉淀池结构示意图

1—配水槽；2—整流墙；3—斜板、斜管体；4—淹没孔口；
5—集水槽；6—污泥斗；7—穿孔排泥管；8—阻流板

二、上浮与气浮法

1. 基本原理

上浮法是利用固体（或液体）与水之间的密度差进行分离的方法。上浮与沉淀过程不同，前者仅适用于颗粒的真密度或视密度低于水的场合。上浮分自然上浮和"诱发"上浮。自然上浮是利用固液相自然密度差，而不施加人工影响的上浮，常见的如隔油池。诱发上浮通过人工措施，使固体或液体颗粒与气泡结合，形成"颗粒-气泡"复合体，其密度小于连续相的液体（水），作用力（重力、浮力、阻力）的合力使复合体上升，并集中在液体表面被清除。

按气泡产生的不同方式，气浮法分为鼓气气浮、溶气气浮、射流气浮和电解气浮。气泡的直径越小，能除去的污染物颗粒就越细，净化效率也越高。工业废水处理中，多采用溶气法。

2. 设备

（1）隔油池 在石油开采、炼制和石油化学工业的生产过程中，会排出大量含油的废水，毛纺工业和屠宰场排出的废水中也含大量油脂，焦化厂、煤气厂废水中含有焦油。上述油类物质必须进行回收利用与处理。除重焦油的相对密度大于 1 以外，上述油品的相对密度均小于 1。隔油池就是利用重力分离油类物质（相对密度小于 1）的一种主要构筑物。其构造与沉淀池相类似，目前常用的有平流式和平行板式两种。平行板隔油池是平流式隔油池的改良型，增加了有效分离面积，同时也提高了整流效果。如图 2-11 所示。

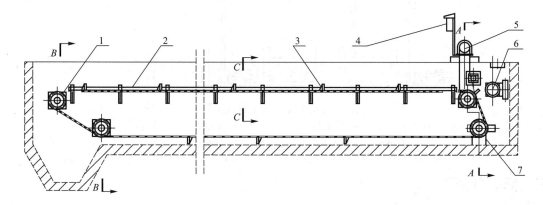

图 2-11 平流式隔油池及 PLG 型链板式刮泥刮油机结构示意图
1—从动轮；2—链条；3—刮板；4—电控操作箱；
5—驱动装置；6—撇油管；7—张紧装置

（2）气浮设备 根据水流方向的不同，气浮池分为平流式和竖流式两种。通常废水在分离室的停留时间不少于 60min。平流式气浮池的长宽比应＞3，水平流速为 4～10mm/s，工作区水深 1.5～2.5m。竖流式气浮池为圆形池或方形池，废水从下部进入，向上流动，油渣集于水面，借助上部的刮渣机将油渣收集。竖流式气浮池的高度为 4～5m，长、宽或直径为 9～10m，与竖式沉淀池类似。加压气浮工艺流程，按加压情况分为部分废水加压、全部废水加压和部分回流水加压三种。

待处理的原水经原水泵提升至中心进水管，同时也将溶气水及药液一起打入中心进水管与之混合，再通过与之相连的布水管均匀布水到气浮池内，布水管的移动速度与出水流速相同，方向相反，由此产生了"零速度"。使进水的扰动降至最低，颗粒絮体的悬浮和沉降在一种静态下进行。浮渣收集后，再由中央泥罐排走。气浮池中的清水通过清水收集管也从中央排走。池底沉积物通过连在旋转布水机构上的刮板将其刮入泥斗中，定期排放，从而实现去除悬浮物的目的。具体工艺流程图见图 2-12。

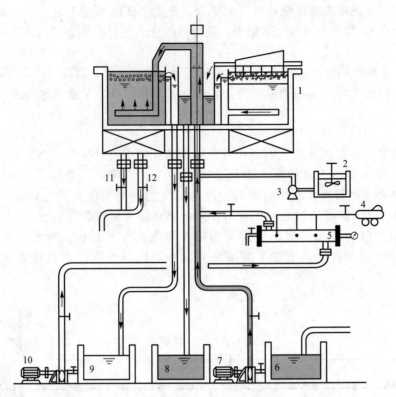

图 2-12　QGF 型浅池高效气浮装置工艺流程示意图

1—气浮池；2—溶药罐；3—加药泵；4—空压机；5—溶气管；6—原水池；7—原水泵；

8—浮渣池；9—清水池；10—回流泵；11—排泥管；12—排空管

三、离心分离法

1. 基本原理

物体高速旋转会产生比其本身重力大得多的离心力，利用离心力的作用可将悬浮性物质从废水中分离出来。含有悬浮物或乳化油的废水高速旋转时，由于悬浮颗粒、乳化油等和水的质量不同，受到的离心力作用大小不等。质量大的悬浮性固体颗粒，受到较大的离心力作用，被甩到了外侧；质量小的水受到的离心力作用较小，被留在了内圈，利用不同的排出口将其分别引出，可实现固-液分离。

2. 设备

离心分离设备，按离心力产生的方式分为两种，即离心机和水力旋流器。

（1）离心机　按分离因素（离心力与重力的比值）划分，有常速离心机和高速离心机两种。常速离心机主要用于分离颗粒不太大的悬浮物。高速离心机主要用于分离乳状液和细粒悬浮液。按操作原理划分，有过滤式离心机、沉降式离心机和分离式离心机三种。过滤式离心机适用于分离含有晶粒和其他固体颗粒的悬浮液。沉降式和分离式离心机用于分离不易过滤的悬浮液及乳浊液，或使悬浮液增浓。LGZ 系列离心机结构如图 2-13 所示。

（2）水力旋流器　又称为旋液分离器，有压力式和重力式两种。旋流器设备固定不动，废水靠水泵的压力或重力（靠进出水的水头差）由切线方向进入设备造成旋转运动而产生离心力。

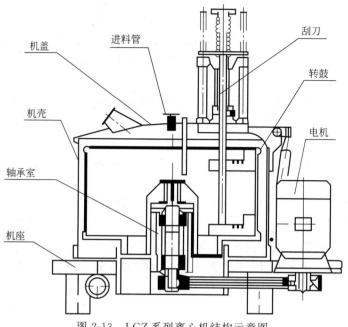

图 2-13　LGZ 系列离心机结构示意图

① 压力式水力旋流器：废水靠水泵压力以切线方向进入旋流器后高速旋转，在离心力作用下，较大的颗粒被抛向器壁并旋转，沿壁向下随浓液至底部排泥管排出，较小的颗粒旋转到一定程度后随二次涡流向上运动，通过中心溢流管至分离器顶部，由排水管排出器外。由于水力旋流器具有体积小、单位容积处理能力高、用料少、易于安装和维护方便等优点，广泛用于去除轧钢废水中的氧化铁皮，纸浆、矿浆的除砂，建材工业中金刚砂的分离，以及澄清、浓缩和颗粒分级等，还用作高浊度废水的预处理以代替庞大的预沉池。缺点是设备易受磨损，特别是圆周速度很大的圆锥部分，需消耗较多的电能。

② 重力式水力旋流器：又称为水力旋流沉淀池。水流在器内的旋转是由进、出水的水头差实现的。废水在器内的停留时间为 15～20min。重力式水力旋流器广泛用于回收轧钢废水中的氯化铁皮，回收率可达 90%～95%，出水可循环使用。与沉淀池相比，占地面积小，基建、运行费用省，管理方便；避免了压力式水力旋流器的水泵与设备的磨损、动能消耗大等缺点。但埋深较大，在地下水位高的地区，施工较麻烦。

四、蒸发与结晶法

蒸发与结晶是根据传热的原理实现废水的净化和回收利用。在不同温度下，污染物（溶质）的溶解度不同，采用升温或降温的方式使溶剂蒸发、溶质结晶。加热升温或降温冷却，使物质发生物态变化，如废水的蒸发和蒸馏，废液、废渣的结晶和干燥，研究传热的过程，掌握并选用传热的设备和方法，进行废水的净化和有用物质的回收利用。

1. 蒸发基本原理

蒸发法是依靠加热使溶液中的溶剂（如水等）气化，溶液得到浓缩的过程。对于废水，蒸发既是以浓缩、分离方式治理废水的过程，也是换热的过程。用蒸发法处理废水，废水中非挥发性的溶解离子、固体颗粒和胶体状物质，仅有极少量随蒸汽上升而被带走，其余留在浓缩液中，处理效率在95%以上；其适应性强，对各种粒子的去除范围宽，100～0.05pm的微小颗粒均能去除。可以用浓缩回收造纸废液中的碱、金属酸洗废液中的酸等。该方法不足之处是耗热量大，设备费用较贵，浓缩液仍需进一步回收或处理等。

2. 蒸发器

蒸发器的种类很多，不同结构蒸发器表现为：溶液的循环方法——自然循环、强制循环和不循环；加热面的形状和位置——夹套、蛇管、列管，加热室在内或在外等；蒸发器本身放置方法——横卧、竖立、倾斜等；换热的方式——间壁、混合等。

按溶液的循环方式分类有：自然循环蒸发器、强制循环蒸发器、薄膜蒸发器、浸没燃烧蒸发器等。

在自然循环蒸发器（见图2-14）中，料液在加热器中受热蒸发，产生的二次蒸汽经顶部进入分离室，将液体分离后排出。分离出的液体通过循环管流回蒸发器，并在热虹吸的作用下进入加热器受热蒸发。这样就形成了一个闭路循环。加热器和分离器之间的温差愈大，产生的蒸汽气泡愈多。这样可以强化热虹吸的作用和增加流动速度，从而获得较好的传热效果。自然循环蒸发器不需要循环泵，运行费用较低。

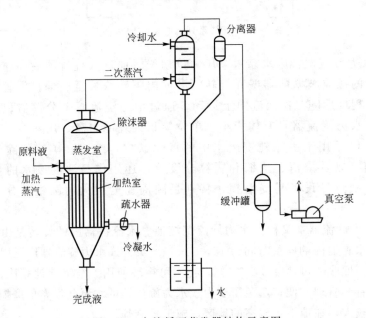

图 2-14　自然循环蒸发器结构示意图

强制循环蒸发器（见图2-15）利用外加动力（循环泵）将循环管下降的溶液和部分原料液送到加热室，大大加快了循环速度。循环速度的大小可通过调节泵的流量来控制，一般循环速度在2.5m/s以上。当循环液体流过热交换器时被加热，然后在分离器中压力降低时部分蒸发，从而将液体冷却至对应该压力下的沸点温度，特别适用于易结晶物料。

在降膜蒸发器（见图2-16）中，液体和蒸汽向下并流流动。料液经预热器预热至沸腾温度，经顶部的液体分布装置形成均匀的液膜进入加热管，并在管内部分蒸发。二次蒸汽与浓缩液在管内并流而下，料液在蒸发器中的停留时间短，能适应热敏性溶液的蒸发，另外，降膜蒸发还适用于高黏度溶液，黏度范围在0.05～0.4Pa·s。降膜蒸发器极易使管内的泡沫破裂，故亦适用于易发泡物料的蒸发。

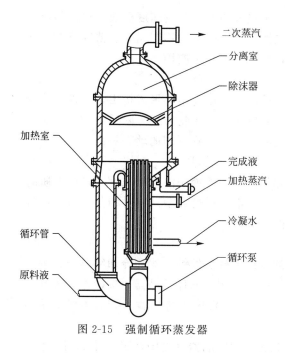

图 2-15　强制循环蒸发器

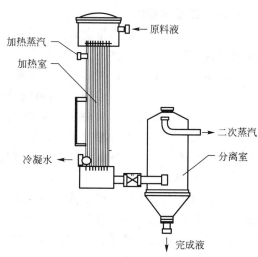

图 2-16　降膜蒸发器结构示意图

由于降膜蒸发器是液膜传热，所以其传热系数高于其他形式的蒸发器；此外，降膜蒸发没有液柱静压力，传热温差显著高于其他形式的蒸发器。

薄膜蒸发器（见图 2-17）是一种单程蒸发器，溶液在器内不作循环，只通过一次就可

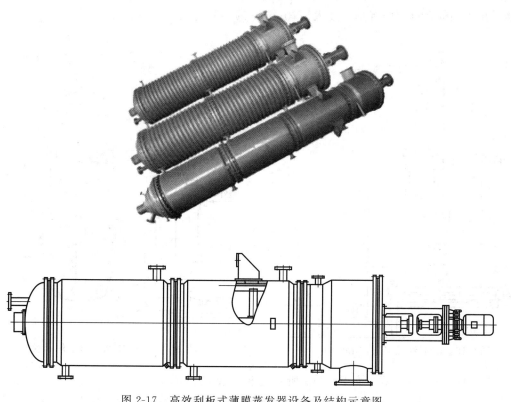

图 2-17　高效刮板式薄膜蒸发器设备及结构示意图

达到所要求的浓度，且稀浓溶液也不再相混。由于传热效率高，蒸发速度极快（仅几秒或十几秒）而受到重视，应用于中草药废水的处理、电镀废液中回收有用金属等。薄膜蒸发器又分成长管式、旋风式和回转式薄膜蒸发器等，均在生产中得到了应用。

3. 结晶基本原理

利用过饱和溶液的不稳定原理，将废水中过剩的溶解物质以结晶形式析出，再将母液分离出来就得到了纯净的产品。利用结晶的方法，回收废水中有用物质或去除污染物。结晶和溶解是相反的两个过程，当溶液中有足够量的溶质时，就会达到下列的动态平衡：

$$溶解未溶解的溶质 \Longleftrightarrow 溶液中的溶质$$

结晶在一定温度下达到动态平衡的溶液称饱和溶液，而溶液中溶质的浓度就是该溶质的溶解度。若溶液中溶质的浓度大于溶解度称为过饱和溶液，过饱和溶液容易结晶溶质。从溶液中获得晶体的必要条件就是使溶液达到过饱和的状态。

4. 结晶器

结晶器的类型很多，按溶液获得过饱和状态的方法可分蒸发结晶器和冷却结晶器；按流动方式可分母液循环结晶器和晶浆（即母液和晶体的混合物）循环结晶器；按操作方式可分连续结晶器和间歇结晶器。目前，结晶器的主要类型包括 DTB 型结晶器、OSLO 型结晶器和强制外循环结晶器等。

（1）DTB 型结晶器 DTB（Drabt Tube Babbled）型结晶器（见图 2-18）是 20 世纪 60 年代出现的一种效能较高的结晶器，首先用于氯化钾的生产，后为化工、食品、制药等工业部门所广泛采用。经过多年运行考察，证明这种型式的结晶器性能良好，能生产较大的晶粒（粒度可达 $600\sim1200\mu m$），生产强度较高，器内不易结晶疤。它已成为连续结晶器的主要型式之一，可用于真空冷却法、蒸发法、直接接触冷冻法及反应法的结晶操作。DTB 型结晶器适用于晶体在母液中沉降速度大于 $3mm/s$ 的结晶过程。

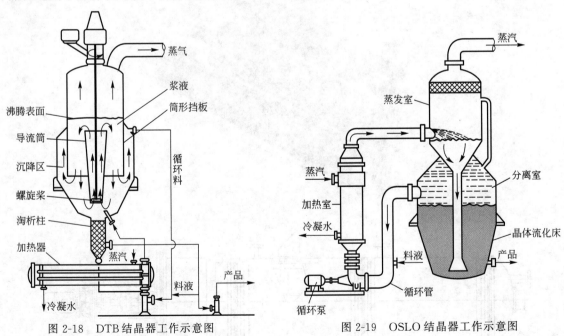

图 2-18 DTB结晶器工作示意图   图 2-19 OSLO结晶器工作示意图

（2）OSLO 型结晶器 如图 2-19 所示这种类型的结晶器是 20 世纪 20 年代由挪威人 Jeremiassen 提出的，也常称之为 Krystal 结晶器或粒度分级型结晶器，在工业上曾得到较广泛的应用。它的主要特点为过饱和度产生的区域与晶体生长区分别设置在结晶器的两处，晶体在循环母液流中流化悬浮，为晶体生长提供一个良好的条件。

（3）强制外循环结晶器　由结晶室、循环管、循环泵、换热器等组成。结晶室有锥形底，晶浆从锥底排出后，经循环管用轴流式循环泵送过换热器，被加热或冷却后，重又进入结晶室，如此循环不已，故这种结晶器属于晶浆循环型。晶浆排出口位于接近结晶室锥底处，而进料口则在排料口之下的较低位置上。强制外循环结晶器可通用于蒸发法、间壁冷却法或真空冷却法结晶。产品粒度在 0.1～0.84mm。

第四节　常见的物理处理构筑物运行管理

一、沉砂池

（一）常见的沉砂池的构造及分类

沉砂池的构造是根据其工作原理来设计的，即它是以重力分离为基础。将沉砂池的污水流速控制在只能使相对密度较大的无机颗粒沉淀的程度。一般有两种型式沉砂池，一种是普通平流式沉砂池，另一种是曝气沉砂池。

1. 普通平流式沉砂池

池的水流部分实际上是一明渠，两端设有闸板，以控制水流，在池的底部设有沉砂斗，下接排砂管，开启沉砂斗的闸阀靠池内水的静压排砂，当设有洗砂和分砂设备时可采用射流泵或螺旋泵排砂。或将沉砂池修筑于高处，也有利于排砂。

平流式沉砂池是一种最为常见的沉砂池，它的特点是截留效果好、工作稳定、构造简单，而且易于排砂和沉砂。进水方向为直进直出，污水在池内的停留时间不少于 30s，流速为 0.3～0.15m/s，池的座数或分格数不少于 2 个，池子的有效水深不宜超过 1.2m，宽度不少于 0.6m，一般在 0.8～2.0m，这样当污水流量大时可全池使用，当污水流量小时，可只用 1 格或 2 格。池底的浓度在 0.01～0.02。

2. 曝气沉砂池

曝气沉砂池是目前普遍采用的型式，因为我们希望沉砂池所截留的砂粒中都是无机的，然而这些沉粒中往往夹杂着一些有机物。杂粒的表面包裹着有机物。为了使有机和无机物质分开，通过曝气沉砂池能达到这一目的。

沉砂池曝气以后，使污水中的颗粒经常处于悬浮状态，使颗粒之间相互摩擦，并承受曝气的剪切力，能去除砂粒上附着的有机物，有利于得到较纯净的砂粒，所沉砂粒中有机物只占 5% 左右，能改变晒砂场的渗水效果，而且长时间搁置也不腐败。并且能够改善处理水质，有益于后续处理，不会影响曝气池的营养源。

在构造上，曝气沉砂池是一长形渠道，在池的一侧设置空气管，并在贴池底 30～90cm 处沿水流方向安装曝气装置。这些曝气装置多采用穿孔管，孔径为 2.5～6mm，排砂用刮砂机和抓砂斗等机械。

由于曝气的作用，污水在池中呈螺旋式前进，为了便于旋流的形成，一般池子的进口和出口成 90° 夹角。为预防出现死角和短流现象，在池的一侧设置纵向挡板，水流在池中的旋流速度是：过水断面的中心处近似为零，在四周边缘最大。

污水在曝气沉砂池中的停留时间为 1～3min，旋转速度 0.25～0.3m/s、水平流速为 0.08～0.12m/s、曝气量一般为每立方米污水中含 0.2m³ 空气。

（二）沉砂池的功能及作用

沉砂池是从污水中分离比较大的无机颗粒，一般污水处理厂沉砂池建于泵站后、初沉池前。它的主要作用是保护机件和管道免受磨损，减轻沉砂池的负荷，且能使无机颗粒和有机颗粒分别分离，便于分别处理和处置，它既是一种预防性的处理构筑物，又是一种预备性的处理构筑物，一般沉砂池很少作为独立处理构筑物来使用。

（三）沉砂池的操作管理

① 在沉砂池的前部，一般均设有细格栅，细格栅上的垃圾应及时清捞。格栅内外的水位差不应大于 15cm，如果垃圾不及时清捞，栅前水位可能升到漫溢的程度，为了防止此类事故，在栅前最好装水位报警器，不准用格栅上面开小孔的方法来防止漫溢，此类小孔能让较大的垃圾流入构筑物，从而影响后续处理的正常运行。

② 在一些平流沉砂池上，常设有浮渣挡板，挡住的浮渣应经常清捞。

③ 沉砂池的最重要的操作是及时排砂。对于用砂斗重力排砂的沉砂池，一般每天排砂 1 次，当砂量多时，应增加排砂次数，排砂时应关闭进、出水闸门，逐一打开排砂闸门，把沉砂排空，若池底仍有杂粒，可微微打开进水闸门，用污水冲清池底沉砂。

排砂机械要经常运转，以免积砂过多引起超负荷，排砂机械的运转间隔时间根据砂量和机械的性能来定。

④ 曝气沉砂池的空气量应每天检查和调节一次。调节的根据是空气量仪表，如果没有气量仪表可凭经验调节，空气量过大，无机砂粒不易沉降，影响沉砂效果；空气量过小，不易形成旋流，有机物与无机砂粒不易分离。

⑤ 每周至少一次对进出水闸门、排砂闸门加油、清洁保养，每年定期油漆大保养，对装有机械设备的设施，每次交接班时要检查其性能，保证随时都能正常运转。操作电动闸门时操作人员不得离开现场，要密切注意电动闸门运行情况，如有异常现象应立即关闭电源，查明原因，排除故障，才能继续运行。

⑥ 沉渣应定期取样化验，主要项目有：含水率、灰分，沉渣数量也应每天记录。

（四）刮泥机的操作管理

沉砂池的正常运行、刮砂机的正常操作起着不可忽视的作用，操作时应按规定严格执行，概括起来有以下几方面内容。

1. 开车前的准备

① 检查电机、减速机各种联结螺丝是否坚固。

② 检查齿轮、链条是否完好，啮合情况是否完好，控制电位及钢丝是否损坏开裂。

③ 按规定把各油杯、齿轮、链条加注润滑油，注意保持减速机油箱油位正常。

④ 合上电源及各分路开关，观察电压指示是否正常。

2. 启动

经全面检查确认一切正常后，方可启动。对设有自动和手动两种方式的刮砂机，要注意手动的操作。

3. 运行中注意事项及维护保养

① 观察并记录电流、电压值。注意电流表读数不得超过电机额定电流，且不应存在异常波动现象，否则要及时停车。

② 观察各运行部位情况，要求各部位运转灵活、动作协调、齿轮链条啮合良好，无干涉现象，制动器刹车可靠。刮板提起后，偏心轴能被制动器抱住，刮板需下降时，制动作用释放。

③ 检查设备有无异响，如有不正常响声应及时停车。

④ 注意电机、减速机各部位轴承温升（与环境温度之差）一般不超过 30～40℃，否则需停车检查。

⑤ 注意刮板的起降。

⑥ 及时正常加注润滑油，包括以下各部位电机轴承：减速机油箱、车轮、齿轮、链条和滚动轴承、各种滑动轴承油杯、齿轮等。

⑦ 注意停车位置。

⑧ 在运行中发现长阻或车身抖动时要及时停车检查。

⑨ 保持设备卫生无污垢。

⑩ 加油和擦拭均应在停车后进行。

⑪ 停车后要切断总电源，将机门电柜上锁。

⑫ 经常保持池边周围无杂物，冬季雪后要及时清扫。

⑬ 检修人员要注意安全。

（五）晒砂场

刚排出的沉渣含水率高，因此在沉砂池下面或旁边位置设有晒砂场。晒砂场墙上有撇水孔，用竹篾或塑料板（带小孔）挡住，水分滤出后，沉砂的含水率降至 60%～70%，被滤出的水又回到泵房集水池中。

目前我国有几家污水处理厂引进国外设备，沉砂可进行淘洗和分选，即采用洗砂分砂机械，这就可得到洁净的砂粒，可作为有用的材料也可用来填空地。

二、格栅

城市污水经管网流入污水处理厂，首先要经过集水池，或经粗格栅进入集水池。其目的是调蓄来水流量和水泵泵送流量之间的平衡。使水泵的启动次数不要过于频繁。另外，它还可以起到均匀水质的作用，集水池内设置格栅的型式称为合速式的格栅间。

（一）格栅的构造和分类

1. 构造

格栅是由一组平行的金属栅条制成的框架，斜置在污水流经的渠道或构筑物的进出口处。

2. 种类

格栅的种类按清理方式分为：人工清理格栅和机械格栅两类。一般大中型污水厂采用机械格栅，小型污水厂采用人工格栅。

为了提高各处理构筑物的处理率，现在污水处理厂普遍采用一种弧形细格栅，设置在沉砂池前，它带有自动耙渣设备。

（二）格栅的功能和作用

格栅用以截流较大的呈悬浮状或漂浮状的物质，是一种对后续构筑物或水泵机组起保护作用的处理设备。人们往往忽略格栅的处理作用，其实，格栅每天截留的固体物质量占污水悬浮固体质量的 10% 左右，可见格栅的处理作用是可观的。

污水处理厂一般均设置两种格栅即粗格栅和细格栅。粗格栅设置在泵站集水池中，其间隙宽度依污水类型和水泵大小和型号来决定。对城市污水，小型厂一般采用 16～25mm。细格栅一般设置在沉砂池前，其间隙一般采用 10～25mm。另外，在每个构筑物出水口处均可设置人工清理的格栅。

一般格栅采用 16～25mm 间隙，斜置倾角为 60°～70°，截留污物含水率 70%～80%、容重 750kg/m³、1000m³ 污水栅渣量为 0.7～0.05m³；当间隙为 30～50mm 时，1000m³ 污水栅渣量为 0.03～0.01m³。

（三）格栅设备的操作

1. 格栅工作台数的确定

通过污水厂前设置的流量计、水位计得知污水厂的污水流量与渠内水深，再按照设计推荐的入流污水量与格栅工作台数的关系，确定投入运行的格栅数量，也可通过最佳过栅流速来确定格栅投入运行的台数。

2. 过栅流速的控制

合理控制过格栅流速，使格栅能够最大限度地发挥拦截作用，保持最高的拦污效率。

一般来讲，污水过栅越缓慢，拦污效果越好，但当缓慢至砂在栅前渠道及格栅下沉积时，过水断面会缩小，反而使流速变大。污水在栅前渠道流速一般应控制在 0.4～0.8m/s，过栅流速应控制在 0.6～1.0m/s。具体控制指标，视处理厂调试运营后根据来水污物组成、含砂量等实际情况确定。

有的污水处理厂污水中含有大粒径砂粒较多，即使控制在 0.4m/s，仍有砂在格栅前的渠道内沉积；多数城市污水中砂粒径在 0.1mm 左右，即使格栅前渠道内流速控制在 0.3m/s，也不会产生积砂现象。一些处理厂来水中绝大部分污物的尺寸比格栅栅距大得多，此时过栅流速达到 1.2m/s 也能保证好的拦污效果。

过栅流速的调整控制可通过开、停格栅的工作台数来控制过栅流速。当发现过栅流速超过本厂要求的最高值时，应增加投入工作的格栅数量，使过栅流速控制在要求范围内，反之，减少投入工作的格栅数量，使过栅流速不至于偏低。

3. 栅渣的清除

每日耙渣次数应按栅前水位来控制，一般来说，当栅前水位较高时，说明污物已影响水流条件，可增加耙渣次数；当栅前水位较低时，且在设计水位以下时要停止耙渣，否则因水位太低会造成水泵的气蚀现象。

及时清除栅渣，保证过栅流速控制在合理的范围之内。清污次数太少，栅渣将在格栅上长时间附着，使过栅断面减少，造成过栅流速增大，拦污效率下降。格栅若不及时清污，导致阻力增大，会造成流量在每台格栅上分配不均匀，同样降低拦污效率。因此，操作人员应将每一台格栅上的栅渣及时清除。

值班人员应经常到现场巡检，观察格栅上栅渣的累积情况，并估计栅前后液位差是否超过最大值，做到及时清污。超负荷运转的格栅间，尤应加强巡检。值班人员应注意摸索总结这些规律，以提高工作效率。

4. 格栅除砂机管理

格栅除污机系污水处理厂内最易发生故障的设备之一，格栅除砂机的维护管理应注意以下几个方面。

① 沉砂检查。格栅前后渠道内积砂除与流速有关外，还与渠道底部流水面的坡度和粗糙度等因素有关系，应定期检查渠道内的积砂情况，及时清砂并排除积砂原因。

② 清除间隔不能太长，不要等格栅上的垃圾堆得很多时方清除，那样耙齿不易插入栅隙（尤其是依靠重力插入的耙齿）。

③ 该加注润滑油的部分要经常检查和加油。

④ 注意避免钢丝绳错位。

⑤ 注意耙齿的位置，当倾斜或卡住时，不要强行开机，以免损坏机械。

⑥ 经常检查电器限位开关是否失灵。

⑦ 及时油漆保养。

5. 卫生管理

污水在长途输送过程中易腐化，产生的硫化氢和甲硫醇等恶臭有毒气体将在格栅间大量释放出来。在半敞开的格栅间内，恶臭强度一般在 70～90 个臭气单位，最高可达 130 多个臭气单位。

栅渣很脏很杂，它包括塑料薄膜、破布、粪便等脏物。贮存、运输、处置栅渣是很麻烦的事，刚捞上来的栅渣含水率常达 80% 以上，因此在格栅平台上应让其滤去些水分，然后用车外运。人工清除栅渣是劳动强度大、工作条件差的工作之一。应加强劳动保护工作，栅渣的贮存地须采取卫生和灭蚊蝇等措施。栅渣的最终处置方法有堆放空地、填埋和焚烧三种。如果城市垃圾处理部门能接受，送入城市垃圾场是一个妥善的办法。

针对以上问题，解决方案如下。

① 采取强制通风措施，降低格栅间的恶臭强度。

② 及时运走并立即处置清除的栅渣，以防止腐败后产生恶臭，栅渣堆放处要经常清洗。

③ 栅渣压榨机排除的压榨液因含有较高的恶臭物质，应及时用管道导入污水渠道中，严禁经明沟漫流至地面。

三、初沉池

初沉池主要是依靠悬浮物和水在密度上的差别，比水轻的颗粒浮向水面，比水重的颗粒沉到池底，从而从水中分离出来。设置在曝气池和物质滤池前面的是初次沉淀池，主要去除原污水中可沉降的颗粒。

（一）初沉池的构造和分类

不论哪种型式的沉淀池，其内部均可分为流入、流出、沉淀、污泥四个区和缓冲层共五个部分。流入区和流出区的任务是使水流均匀地流过沉淀区（沉淀区即是工作区），是可沉颗粒与污水分离的区域；污泥区是污泥贮放浓缩和排出的区域；而缓冲层则是分隔沉淀区和污泥区的水层，保证已沉下的颗粒不因水搅动而再行浮起。

按惯例，根据水流方向沉淀池可分为平流式、辐流式、竖流式三种（见图 2-20），也是我们城市污水处理厂常采用的三种型式。

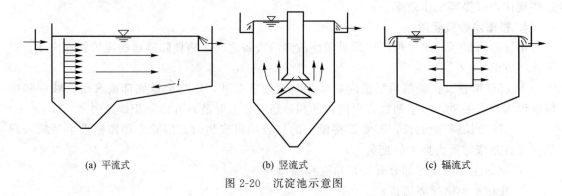

(a) 平流式   (b) 竖流式   (c) 辐流式

图 2-20 沉淀池示意图

1. 平流式沉淀池

污水从一端流入，沿水平方向在池中流动，从另一端流出，构造呈长方形，在池底设置贮泥斗，靠重力排泥，池上设有刮泥设备，出水端设有浮渣去除设备。如图 2-21 所示。

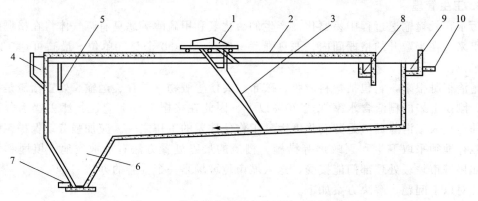

图 2-21 设有行车刮泥机的平流式沉淀池

1—刮泥行车；2—刮渣板；3—刮泥板；4—进水槽；5—挡流墙；6—贮泥斗；
7—排泥管；8—浮渣漕；9—出水槽；10—出水管

图 2-21 所示是使用较广泛的平流式沉淀池。流入装置是横向潜孔，潜孔均匀地分布在整个宽度上，在潜孔前设挡板，其作用是能使污水均匀分布，挡板高出水面 0.15～0.2m，伸入水下的深度不小于 0.2m。

流出装置多采用自由堰型式，堰前也设挡板，以阻挡浮渣，或设浮渣收集和排除装置。

由于可悬浮颗粒多沉淀于沉淀池的前部，因此，在池的前部设贮泥斗，其中的污泥通过排泥管借 1.5～2.0m 的水静压排出池外，池底一般设 0.01～0.02 的坡度。

还有一种多斗式的平流沉淀池，可不用机械的刮泥设备，每个贮泥斗单独设排泥管，可以各自独立排泥，能够互不干扰，保证沉泥浓度。

平流式沉淀池的流速一般为 5～7mm/s，表面负荷 1～3m³/m²，停留时间为 1～3h。

表面负荷的定义：沉淀池单位面积上所能处理的水量为 Q/A，单位为 m³/m²。Q 为沉淀池所能处理水量；A 为沉淀池面积。

2. 竖流式沉淀池

竖流式深沉池一般为圆形，也有方形和多角形的，直径较小，一般适应于小型污水处理厂。

其工作原理如下。

污水从中心管流入，由下部流出，通过反射板的阻挡向四周分布，然后沿沉淀池的整个断面上升，澄清后的出水由池四周溢出，流出区设于池周，采用自由堰或三角堰。

贮泥斗倾角为45°～60°，污泥借静水压力由排泥管排出，排泥管直径一般不得小于200mm，静水压力1.5～2.0m，为了防止漂浮物外溢，在水面距池壁0.4～0.5m处安装挡板，挡板插入水中的深度为0.25～0.3m，伸出水面高度为0.1～0.2m。如图2-22、图2-23所示。

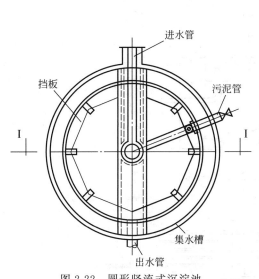

图2-22 圆形竖流式沉淀池

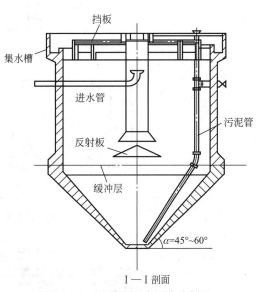

图2-23 圆形竖流式沉淀池剖面

竖流式沉淀池的优点是：排泥容易，不需要机械刮泥设备，便于管理；其缺点是：池深大，造价高，每个池的常量小，污水量大时不宜采用，水流分布不易均匀等。

竖流式沉淀池，设计上升流速为0.5～0.7mm/s，停留时间1～1.5h，中心管流速30mm/s，直径一般不大于10m。

3. 辐流式沉淀池

辐流式沉淀池是一个直径较大，水层较浅的圆形池，直径一般为20～40m，最大可达50～100m。入口常设于中心，在入流管的周围常用穿孔挡板围成入流区，污水由中心管处流入，沿半径的方向向四周流出，其水力特征是污水流速由大向小变化，出口常采用锯齿形溢流堰，中心底部设有斗，池底由四周坡向中心，设有刮泥设备，在刮泥机运转过程中池面上的浮渣也随之刮向集渣槽。

辐流式沉淀池一般设计成可多种进水的方式（见图2-24）。

图2-24中（b）种运行方式沉淀池，可克服异重流环流的现象。这种流态不仅不会使进入池中的水产生短流，而且还大大提高了沉淀效率，它的特点是：①容积利用率高；②出水槽在澄清水流末端，基本上消除了传统沉淀池中异重流环流的影响；③清水层、悬浮层和污泥层有明显的界面。

（二）初沉池的功能和作用

初沉池是利用重力沉降原理将污水中的非溶解性固体分离出来，减轻后续处理构筑物的

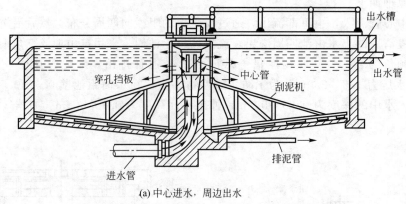

(a) 中心进水，周边出水

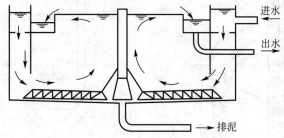

(b) 周边进水，周边出水

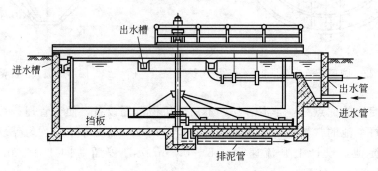

(c) 周边进水，中心出水

图 2-24 辐流式沉淀池示意图

负荷。一般来讲，初沉池可除去污水中的可沉物、油脂和漂浮物的 50%、BOD_5 的 30%，按去除单位质量 BOD_5 或固体物计算，初沉池是最为节省的净化步骤，作用如下。

① 去除漂浮物。

② 使细小的固体絮凝成较大的颗粒并予以去除。

③ 去除被较大颗粒吸附后的部分胶体物质。

④ 具有一定的缓冲、调节作用，用于初沉池容积较大，对水质不断变化的污水起一定的调节作用，以免对后续处理造成冲击。

有些污水处理工艺流程，将二沉池污泥回流至初沉池，使初沉池可吸附更多的溶解性有机物，以提高初沉池对 BOD_5 的去除率。

初沉池运行效果不好，会影响二级处理，使二级处理出现固体或 BOD 超负荷，并使二级处理出现更多的污泥。初沉池中油脂去除不好，会影响二级处理的充氧以及生物滤池的正常运行，还可影响污泥泵，使之易损坏。

（三）初沉池的运行的主要工艺参数

① 水力表面负荷（q）：是指沉淀池单位面积上所担负的污水流量，单位为 $m^3/(m^2 \cdot h)$，在竖流式的池中它就是水流速度，通常状态下，初沉池表面负荷 $1.5 \sim 3 m^3/(m^2 \cdot h)$，负荷率越低、沉淀效果越好。若初沉池后续为活性污泥法时，q 一般在 $1.3 \sim 1.7 m^3/(m^2 \cdot h)$；若后续为生物滤池时，$q$ 常采用 $0.85 \sim 1.2 m^3/(m^2 \cdot h)$。

② 水力停留时间（HRT）：是指沉淀池的有效容积（不包括污泥区容积）与其流量的比值。HRT 值越大、效果越好，但不能过长，否则会造成污泥厌氧发酵，影响其出水水质，而且还会加大沉淀池的投资。城市污水初沉池的 HRT 一般在 $1.5 \sim 2.0h$。

③ 溢流堰溢流负荷：单位堰板长度在单位时间内所能溢流的污水量，单位为 $m^3/(m^2 \cdot h)$。该参数控制污水在池内，特别是在出水端能保持一个均匀而稳定的流态，防止污泥及浮渣流失。一般控制在小于 $10 m^3/(m^2 \cdot h)$。

④ 水平推进流速（辐流式为径向推进流速）：它对沉淀效果影响不大，但应注意不得超过冲刷速度（一般为 $50mm/s$）。冲刷速度是足以将已下沉的污泥重新冲刷起来的流速，这也是污水开始环流的极限速度。

在我们的实际运行过程中，要很好地掌握以上四个工艺参数，以达到运行的最佳范围。

（四）其他影响初沉池运行的因素

1. 污水的性质

① 新鲜程度。新鲜的污水沉淀后去除率高，污水的新鲜程度与管道长短、泵站级数有关。

② 固体颗粒的大小、形状和密度。污水中固体物粒大、形状规则、密度大时沉淀较快。

③ 温度。污水温度降低，水中悬浮物黏滞度增加。如悬浮物在 27℃ 时比 10℃ 时沉降快 50%，然而水温高会加速污水的腐败，厌氧发酵，从而降低悬浮物的沉降性能。

2. 自然因素（风力）

对直径在 30m 以上的辐流式或宽度较大的平流式来说，风力会对运行效率产生影响。一方面使某些溢流堰超负荷，另一方面会使水面产生波动，使全池处于紊动混合状态。

3. 操作因素

前道工序格栅或沉砂池的运行状况可直接影响初沉池的运行，前面运行不好会加重初沉池的负荷，降低去除效果。另外还应注意初沉池本身的运行管理，很好掌握排泥等才能充分发挥初沉池的效果。

（五）初沉池的运行操作及事故的排除

污水处理工必须重视初沉池的运行操作管理，因为提高初沉池的沉淀效果可减轻曝气池的负荷，节约空气量、减少电耗、降低成本，保证一级处理率。

初沉池的运行操作管理主要有取水样、撇浮渣、排泥、洗刷堰板池壁、机器保养维护、工艺适当调整等。

1. 取水样

因为取水样是用来衡量处理效果的，初沉池是关键性的处理构筑物，其进、出水都应取样分析，当水质稳定时可取瞬时水样代替，其水质变化幅度较大时，应采 24 小时平均水样分析。

分析目的，一是为了考核一级处理出水情况，二是为了考察初沉运行效果，以便及时采取措施。

2. 撇浮渣

由于城市污水经格栅处理后，不可能全部被截留，故在初沉池的表面会有一定量的悬浮物，它不但影响沉淀池的池面环境，而且更重要的是会在一定程度上影响出水水质，故撇浮渣也是必不可少的。在撇浮渣操作时，要注意撇入浮渣斗中，切不可撇入出水槽内。在有机械刮泥机的辐流式沉淀池中，往往设有自动撇渣装置。

3. 初沉池的排泥

水流经沉淀池后，所沉淀的污泥必须及时排放，对于初沉池可考虑间歇排泥，对于这种运行的初沉池必须掌握好排泥的间隔时间和每次排泥的连续时间，间隔时间过长，污泥可能积累造成厌氧发酵和腐化，持续时间过长，则会降低排泥的含水率，增加污泥处理构筑物负荷。一般来说，在冬季排泥间隔时间长，夏季短，冬季一般是 8～12h，夏季是 4～8h，排泥持续时间可通过摸索而定，一般为 30～60min。

4. 刷洗池堰、池壁

刷洗池堰、池壁也是初沉池操作的一个重要环节，由于池堰、池壁长期流水又露在空气中，会在其上积累一些污物，生长一些藻类等，不仅影响环境也会影响出水水质。为减轻人工劳动强度，可设置机械装置。

5. 设备保养及维护

刮泥机是沉淀池中的主要设备，按规定一般是每小时巡视一次，对设备设施都应仔细检查，对设备的润滑、清洁进行检查，保证其正常运转。

6. 工艺调整

初沉池是污水一级处理的主要构筑物，其工艺管理除上述操作外，工艺的适当调整也是必不可少的。由于进水水质不稳定，再加上管理等因素，时常可能有水质反常等现象发生。因此必须根据工艺要求，随时调整进、出水、排泥等闸门，保证各池均匀配水，确保各池的处理效果。

7. 出水堰的校正

出水堰应保持水平，但在使用几年后，由于不均匀沉降等因素，堰板常发生倾斜，使出水不均匀，影响沉淀效果。出水多的一侧污泥沉降不下去，而出水少甚至不出水的池底污泥会形成死角，所以这时应及时校正出水堰呈水平。这一工作十分困难，校正螺丝因生锈而拧不动，如使用不锈钢或铜螺丝能基本解决这一问题。

初沉池运行过程中如出现事故，查明原因如果是由于运行工艺的问题则可适当及时调节工艺来解决，如是机械发生故障、排泥效果差的原因引起，在不可能及时解决的情况下，可使初沉水排空，使污水排出初沉池，查明具体原因，及时解决。

（六）刮泥机的操作管理

1. 开车前的检查准备及启动

① 检查电机、减速机及各部位联结螺栓是否坚固。

② 将污泥闸室各路空气开关闭合。

③ 闭合刮泥机配电箱内进线开关，观察电压指示为 380V 正常。

④ 检查减速机油及其他部位润滑情况是否良好。

⑤ 检查电机与减速机联接带有无松脱断裂或扭曲现象。

⑥ 检修后第一次运行应试验电机轴转向。

⑦ 按下配电箱"启动"按钮,设备即开始运转。

2. 运行中注意事项

① 检查前后两台电机的运转同步、声音正常后方可离开。

② 经常观察、定时记录电流、电压等数值,注意电流表读数,不得超过电动机的额定电流且不应有异常波动现象。

③ 经常检查配电箱内电器工作状态,不应有风响和接触不良等情况。

④ 电机和减速机轴轴承升温不得大于35℃,最高温度不得超过65℃。

⑤ 检查行走胶轮转动情况,若橡胶严重开裂或磨损,应及时停车检查,可换胶轮。

⑥ 突然停车时,必须立即将污泥闸室内闸阀开启,直到污泥全部排尽后,才允许再次开车,以免电机过载烧毁。

⑦ 同时上机人员按机械规定人数不得超员。

⑧ 应经常保持池子周边干净无杂物,且大块的杂物不允许掉池内,要及时清扫干净。

⑨ 每日早必要擦拭设备,做到无油污无灰尘。

⑩ 经常油漆设备防止生锈。

第三章

污废水的化学处理技术与设备

　　废水的化学处理方法是利用化学反应的原理，通过中和、氧化还原、絮凝等作用，使废水中的污染物发生化学性质或物理形态上的变化，以便能从废水中分离回收，或是由于改变它们的化学性质而使其无害化的一类处理方法。此类处理方法的对象主要是废水中可溶解的无机物和难以生物降解的有机物以及有毒有害的胶状物质，经常与生物处理方法一起用于废水的二次处理或有机废水的三级处理。

　　废水的化学处理常用的方法有中和法、化学絮凝法、化学沉淀法、氧化还原法。

第一节　中　和

一、功能与原理

　　酸性工业废水和碱性工业废水来源广泛，如化工、化纤厂、电镀厂、煤加工厂及金属酸洗车间等都排出酸性废水；印染厂、金属加工厂、炼油厂、造纸厂等排出碱性废水。酸性废水中常见的酸性物质有硫酸、硝酸、盐酸、氢氟酸、磷酸等无机酸及醋酸、草酸、柠檬酸等有机酸，并常溶解有金属盐。将酸和碱随意排放不仅会造成污染、腐蚀管道、毁坏农作物、危害渔业生产、破坏生物处理系统的正常运行，而且也是极大的浪费。对酸、碱废水首先应该考虑回收和综合利用。当酸、碱废水的浓度较高（达 3%～5%，甚至以上）时，往往存在回收和综合利用的可能性。例如用以制造硫酸亚铁、硫酸铁、石膏、化肥，也可以考虑供其他工厂使用等。当浓度较低（小于 2%）时，回收或综合利用经济意义不大，才考虑中和处理。

　　中和法是利用碱性药剂或酸性药剂将废水从酸性或碱性调整到中性附近的一类处理方法。中和处理发生的主要反应是酸与碱生成盐和水的中和反应，即 $H^+ + OH^- \rightleftharpoons H_2O$。另外，由于酸性废水中常溶解有重金属盐，在用碱进行中和处理时，还可生成难溶的金属氢氧化物。中和药剂的理论投量，可按等当量反应的原则进行计算。实际废水的成分比较复杂，干扰酸碱反应的因素较多。例如酸性废水中往往含有重金属离子，在利用碱进行中和时，由于生成难溶的金属氢氧化物而消耗部分碱性药剂。这时可通过实验绘制中和曲线，以确定药剂投药量。

　　在工业废水处理中，中和处理和 pH 调节常常用于以下几种情况。

　　① 在废水排入水体之前，因为水生生物对 pH 的变化较为敏感，当大量废水排入后使水体偏酸或偏碱时，会产生不良影响。

② 在废水排入城市排水管道之前，由于酸、碱对排水管道产生腐蚀作用，一般城市排水管道对排入的工业废水的 pH 都有明确的规定。

③ 在废水需要进行化学或生物处理之前，对于化学处理（如混凝、化学沉淀、氧化还原等），要求废水的 pH 升高或降低到某一需要的最佳范围。对于生物处理，废水的 pH 通常应维持在 6.5～8.5，以保证处理系统内的微生物有较强的活性。

酸性废水中和处理多采用的中和剂有石灰、石灰石、白云石、苏打、苛性钠等。碱性废水中和处理原则通常采用盐酸和硫酸。苏打（Na_2CO_3）和苛性钠（$NaOH$）具有组成均匀、易于贮存和投加、反应迅速、易溶于水而且溶解度较高的优点，但是由于价格较贵，通常很少采用。石灰来源广泛，价格便宜，所以采用较广。但是它具石灰粉末极易飘扬，劳动卫生条件差；装卸、搬运劳动量较大；成分不纯，含杂质较多；沉渣较多，不易脱水；制配石灰溶液和投加需要较多的机械设备等缺点。

石灰石、白云石系石料，在产地使用是便宜的，除了劳动卫生条件比石灰较好外，其他情况和石灰相同。

二、中和处理常见方法

中和处理方法分为酸性废水的中和处理和碱性废水的中和处理。

（一）酸性废水的中和处理

酸性废水的中和方法可分为以下三种。

1. 碱性废水或废渣中和法

在工厂中同时存在酸性废水和碱性废水的情况下，可以以废治废，互相中和，减少对中和药剂的消耗量。两种废水互相中和时，若碱性不足，应补充药剂。

由于废水的水量和浓度均难于保持稳定，因此，应设置均和池及混合反应池（中和池）。如果混合水需要水泵提升，后者有相当长的出水沟管可以利用，也可以不设混合反应池。

利用碱性废渣中和酸性废水也有一定的实际意义。例如，电石渣中含有大量的 $Ca(OH)_2$、软水站石灰软化法的废渣中含有大量 $Ca(OH)_2$、锅炉灰中含有 2%～20% 的 CaO，利用它们处理酸性废水，均能获得一定的中和效果。

采用碱性废水或废渣中和酸性废水时，除必须设置均和池外，还必须考虑碱性废水和废渣一旦中断来源时的应急措施。

2. 投碱中和法

投碱中和法最常用的药剂是石灰（CaO），有时候也选用苛性钠、碳酸钠、石灰石、白云石、电石渣等。选择药剂时，不仅要考虑它们本身的溶解性、反应速度、成本、二次污染、使用方便等因素，而且还要考虑中和产物的形状、数量及处理费用等因素。当投加石灰进行中和处理时，$Ca(OH)_2$ 还有凝聚作用，因此对杂质多、浓度高的酸性废水尤其适用。

3. 过滤中和法

酸性废水流过碱性滤料，可以使废水得到中和，这种方法称为过滤中和法，过滤中和法只适用于中和酸性废水。主要的碱性滤料有三种：石灰石、大理石和白云石。前两种的主要成分是 $CaCO_3$，后一种的主要成分是 $MgCO_3$ 和 $CaCO_3$。

滤料的选择与中和产物的溶解密度有密切关系。滤料的中和反应发生在颗粒表面上，如果中和产物溶解度很小，就会在滤料颗粒表面形成不溶性的硬壳，阻止中和反应的继续进行，使中和处理失败。例如，中和处理硝酸、盐酸时，滤料选用石灰石、大理石或白云石都行；中和处理碳酸时，含钙或镁的中和剂都不行，不宜采用过滤中和法；中和硫酸时，最好选用含镁的中和滤料（白云石）。但是，白云石的来源少、成本高，反应速度慢，所以，如能正确控制硫酸浓度使中和产物（$CaSO_4$）的生成量不超过其溶解度，则也可以采用石灰石或大理石。以石灰石为滤料时，硫酸允许浓度在 $1 \sim 1.2 g/L$。如硫酸浓度超过上述允许值，可使中和后的出水回流，用以稀释原水，或改用白云石滤料。

采用碳酸盐作中和滤料，均有 CO_2 气体产生，它能附着在滤料表面，形成气体薄膜，阻碍反应的进行。酸的浓度愈大，产生的气体就愈多，阻碍作用也就愈严重。采用升流过滤方式和较大的速度，有利于消除气体的阻碍作用。另外，过滤中和产物 CO_2 溶于水使出水pH 约为 5，经曝气吹脱 CO_2，pH 可以上升到 6 左右。脱气方式可用穿孔管曝气吹脱、多级跌落自然脱气、板条填料淋水脱气等。

为了进行有效的过滤，还必须限制进水中悬浮杂质的浓度，以防堵塞滤料。滤料的粒径也不宜过大。另外，失效的滤渣应及时清除，并随时间向滤池补加滤料，直至倒床换料。

（二）碱性废水的中和处理

碱性废水的中和方法可分为以下三种。

① 利用酸性废水中和碱性废水与利用碱性废水中和酸性废水的工艺流程与设备基本相同，不再赘述。

② 投酸中和法与投碱中和法的工艺流程和设备基本相同，不再赘述。

③ 酸性废气中和法：烟道气中含有高达 24％的 CO_2，有时还含有少量 SO_2 及 H_2S，故可用来中和碱性废水，其中和产物 Na_2CO_3、Na_2SO_3、Na_2S 均为弱酸强碱盐，具有一定的碱性，因此酸性物质必须超量供应。

用烟道气中和碱性废水的优点是可以把废水处理与烟道气除尘结合起来，缺点是处理后的废水中，悬浮物、硫化物、色度和耗氧量均有显著增加。

污泥硝化时获得的沼气中含有 25％～35％的 CO_2 气体，如经水洗，可部分溶于水中，再用以中和碱性废水，也能获得一定的效果。

三、酸碱废水中和设施

常用的酸碱废水中和设施有：集水井、混合槽、连续流中和池、间歇式中和池等。

① 当水质水量变化较小，或废水缓冲能力较大、后续构筑物对 pH 值要求范围较宽时，可以不用单独设中和池，而在集水井（或管道、曲径混合槽）内进行连续流式混合反应。

② 当水质水量变化不大，废水也有一定缓冲能力，为了使出水 pH 值更有保证，应单设连续流式中和地。

③ 当水质水量变化较大，且水量较小时，连续流中和池无法保证出水 pH 值要求，或出水水质要求较高，废水中还含有其他杂质或重金属离子时，较稳妥可靠的做法是采取间歇流式中和池。每池的有效容积可按废水排放周期（如一班或一昼夜）中的废水量计算。池一般至少设两座，以便交替使用。

常见的酸碱废水中和池如图 3-1 所示。

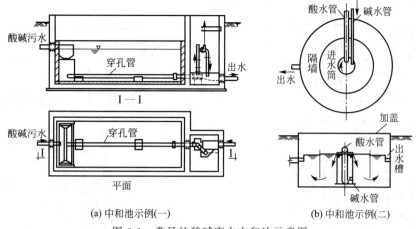

(a) 中和池示例(一)　　　　　(b) 中和池示例(二)

图 3-1　常见的酸碱废水中和池示意图

四、药剂中和处理设施

（1）中和剂制备设施　投药有干投、湿投 2 种方法。以石灰为例，干投法设备简单，药剂的投配容易，但反应缓慢，不够充分，中和剂耗用量大（为理论耗量的 1.4～1.5 倍）。湿投法是把石灰配置成一定浓度的石灰乳，投入混合反应池，所需设备较多，但反应迅速，投量为理论值的 1.05～1.1 即可。2 种方法的示意图分别如图 3-2 和图 3-3 所示。

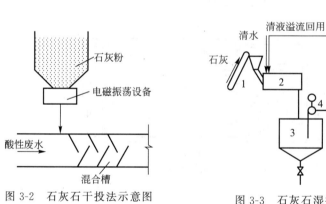

图 3-2　石灰石干投法示意图

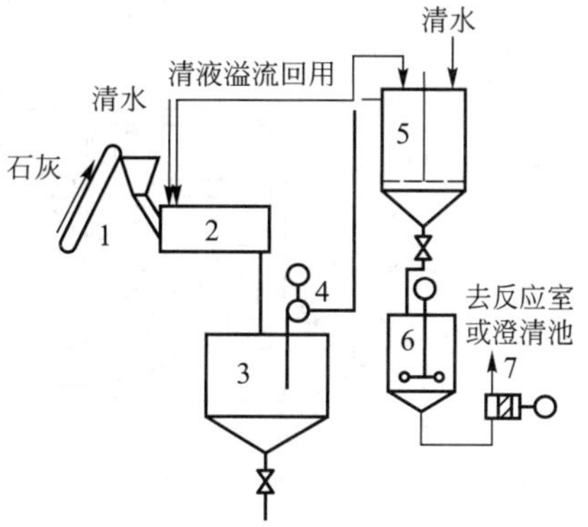

图 3-3　石灰石湿投法示意图

1—石灰输送带；2—消石灰机；3—石灰乳槽；4—石灰乳泵；
5—石灰乳贮存箱；6—石灰乳投药箱；7—石灰乳计量泵

（2）混合反应设施　当废水水量和浓度较小，且不产生大量沉渣时，中和剂可投加在水泵集水井中，在管道中反应，可不设混合反应池（但需满足混合反应时间，一般采用 1～2min 的）。当废水水量较大时，就须设单独的混合池，如图 3-4 所示。

（3）沉淀设施　以石灰中和主要含硫酸的混合酸性废水为例，一般沉淀时间为 1～2h，污泥体积一般为处理废水体积的 3%～5%，但个别情况也有污泥量占到废水体积的 10% 以上的。污泥含水率一般为 95% 左右。

图 3-5 为合并混合、反应、沉淀的混合反应沉淀池。图 3-6 为合并混合、反应、沉淀及

泥渣分离的混合反应沉淀泥渣分离池，其在使用中须注意滤管的维护。

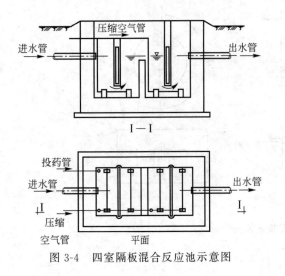

图 3-4　四室隔板混合反应池示意图

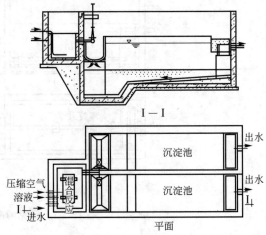

图 3-5　合并混合、反应、沉淀的混合反应沉淀池

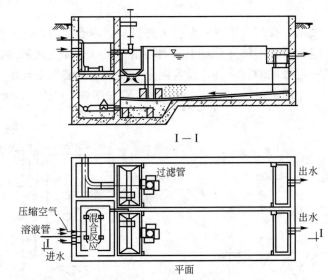

图 3-6　合并混合、反应、沉淀及泥渣分离的混合反应沉淀泥渣分离池

五、过滤中和设备设施

（1）普通中和滤池　普通中和滤池为重力式，由于滤速低（小于 1.4mm/s），滤料粒径大（3～8cm），在处理硫酸废水时易产生硫酸钙沉淀覆盖在滤料表面且不易冲掉，阻碍中和反应进程。实践表明中和效果较差，目前已较少采用。

（2）升流膨胀式滤池　升流膨胀式滤池采用较高滤速（5.3～16.4mm/s），小粒径（0.5～3mm）滤料。废水自下向上运动，滤料呈悬浮状态，滤层膨胀，加上产生的 CO_2 气体的作用，使滤料互相碰撞摩擦，表面不断更新，中和作用得以不断进行，效果良好，这种滤池的构造如图 3-7 所示。

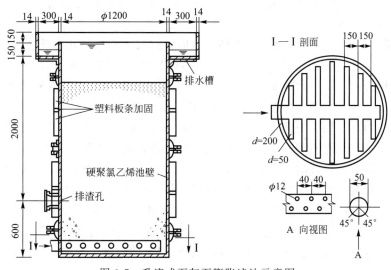

图 3-7　升流式石灰石膨胀滤池示意图

═══ **第二节　混　凝** ═══

一、混凝的原理

废水中的胶体（1～100nm）和细微悬浮物（100～10000nm）由于布朗运动、水合作用，尤其是微粒间的静电斥力等原因，胶体和细微悬浮物能在水中长期保持悬浮状态，静置而不沉，使废水产生浑浊现象。因此，胶体和细微悬浮物不能直接用重力沉降法分离，而必须首先投加混凝剂来破坏它们的稳定性，使其相互聚集为数百微米以至数毫米的絮凝体，才能用常规固液分离法予以去除。

混凝就是在混凝剂的离解和水解产物作用下，使水中的胶体污染物和细微悬浮物脱稳并聚集为具有可分离性的絮凝体的过程。

二、混凝的作用

混凝在废水处理中应用非常广泛，它既可以降低原水的浊度、色度等感官指标，又可以去除多种有毒有害污染物；既可以自成独立的处理系统，又可以与其他单元过程组合，作为预处理、中间处理和最终处理，还经常用于污泥脱水前的浓缩过程。

三、影响混凝效果的主要因素

（1）水温　低的水温对混凝效果有明显不良影响。在一定的低水温范围内，即使增加混凝剂的投加量，也难以取得良好的混凝效果。其主要原因：①无机盐混凝剂水解需要吸热，低温时混凝剂水解困难，对于硫酸铝，水温每降低 10℃，水解速率常数降低 2～4 倍。当水温在 5℃ 左右时，硫酸铝水解速度极其缓慢；②低温水的黏度大，水流剪切力也增大，使颗粒碰撞的机会减少并影响絮体的成长；③水温低时，胶体颗粒水化膜增厚，妨碍胶体凝聚并影响颗粒之间黏附强度。

（2）pH 值　对于不同的混凝剂，水体 pH 值对混凝效果的影响程度不同。铝盐和铁盐混凝剂，由于它们的水解产物直接受水体 pH 值的影响，所以影响程度较大，尤其是硫酸铝。对于聚合形态的混凝剂，如聚合氯化铝和其他高分子混凝剂，其混凝效果受水体 pH 值的影响程度较小，因为它的分子结构在投入水之前已经形成。

对于硫酸铝而言，用于去除浊度时，最佳的 pH 值在 6.5～7.5；用于去除色度时，pH 值在 4.5～5.5。对于三氯化铁等三价铁盐混凝剂，适合的 pH 值范围较铝盐混凝剂系列要宽，用于去除浊度时，最佳的 pH 值在 6.0～8.4；用于去除色度时，pH 值为 3.5～5.0。

（3）碱度　铝盐和铁盐混凝剂的水解反应过程，会不断产生 H^+，从而导致水的 pH 值降低。要使 pH 值保持在合适的范围内，水中应有足够的碱性物质与 H^+ 中和。原水中都含有一定的碱度，对 pH 值有一定缓冲作用。当水中碱度不足或混凝剂投量大，pH 值下降较多，不仅超出了混凝剂的最佳作用范围，甚至影响混凝剂的继续水解或水解产物的电性而影响混凝效果。因此，水中碱度高低对混凝效果有重要影响。

为了保证正常混凝过程所需的碱度，有时就需考虑投加碱性物质，最好投加 $NaHCO_3$。出于经济方面的考虑，一般投加石灰。

（4）水中的杂质性质、组成和浓度　水中存在的高价正离子，对压缩胶体颗粒双电层有利。悬浮物含量很低时，会由于颗粒碰撞概率大大减少而影响混凝效果。杂质颗粒尺寸越单一越小，越不利于混凝，大小不一的颗粒将有利于混凝。有机物则对憎水性胶体有保护作用。

（5）水力条件　混凝过程中，水力条件对絮凝体的形成影响较大。整个混凝过程可分为 2 个阶段：药剂的投加与混合阶段和反应阶段。这 2 个阶段均需具备良好的水力条件。

四、混凝剂

（一）常用的混凝剂

若要取得好的混凝效果，应选择适宜的混凝剂，一般要求是混凝效果好、使用方便、价格低廉、货源充足等。

常用的无机盐类混凝剂如表 3-1 所示。

表 3-1　常用的无机盐类混凝剂

名称	分子式	一般介绍
精制硫酸铝	$Al_2(SO_4)_3 \cdot 18H_2O$	（1）含无水硫酸铝 50%～52% （2）适合水温为 20～40℃ （3）当 pH＝4～7 时，主要去除水中有机物 pH＝5.7～5.8 时，主要去除水中悬浮物 pH＝3.4～4.8 时，处理浊度高，色度低（小于 30 度）的水 （4）湿式投加时一般先溶解成 10%～20% 的溶液
工业硫酸铝	$Al_2(SO_4)_3 \cdot 18H_2O$	（1）制造工艺简单 （2）无水硫酸铝含量各地产品不同，设计时一般采用 20%～25% （3）价格比精制硫酸铝便宜 （4）用于废水处理时，投加量一般为 50～200mg/L （5）其他同精制硫酸铝

名称	分子式	一般介绍
明矾	$Al_2(SO_4)_3K_2SO_4 \cdot 24H_2O$	(1)同精制硫酸铝(2)、(3) (2)现已大部分被硫酸铝所替代
硫酸亚铁(绿矾)	$FeSO_4 \cdot 7H_2O$	(1)腐蚀性较高 (2)矾花形成较快,较稳定,沉淀时间短 (3)适用于碱度高,浊度高,pH=5.1~6.6的水,不论在冬季或夏季使用都稳定,混凝作用良好,当pH值较低时(<5.0),常使用氯来氧化,使二价铁氧化成三价铁,也可以用同时投加石灰的方法解决
三氯化铁	$FeCl_3 \cdot 6H_2O$	(1)对金属(尤其对铁器)腐蚀性大,对混凝土亦腐蚀,对塑料管也会因发热而引起形变 (2)不受温度影响,矾花结得大,沉淀速度快,效果较好 (3)易溶解,易混合,渣滓少 (4)使用最佳pH值为3.0~5.4
聚合氯化铝	$[Al_n \cdot (OH)_m Cl_{3n-m}]$ (通式)简写 PAC	(1)净化效率高,耗药量少,过滤性能好,对各种工业废水适应性较广 (2)温度适应性高,pH值适用范围宽(可在pH=5~9),因而可不投加碱剂 (3)使用时操作方便,腐蚀性小,劳动条件好 (4)设备简单,操作方便,成本较三氯化铁低 (5)是无机高分子化合物
聚合硫酸铁	$[Fe_2(OH)_n(SO_4)_{3-n/2}]_m$	(1)具有一定碱度的无机高分子化合物 (2)适宜水温10~50℃,pH=5.0~8.5 (3)与普通铁铝盐相比,投加剂量少,矾花生成快,对水质的适应范围广

常用的有机合成高分子混凝剂及天然絮凝剂如表3-2所示。

表3-2　常用的有机合成高分子混凝剂及天然絮凝剂

名称	代号	一般介绍
聚丙烯酰胺	PAM	(1)目前被认为是最有效的高分子絮凝剂之一,在废水处理中常被用作助凝剂,与铝盐或铁盐配合使用 (2)与常用混凝剂配合使用时,应按一定的顺序先后投加,以发挥2种药剂最大的效果 (3)聚丙烯酰胺固体产品不易溶解,宜在有机械搅拌的溶解槽内配置成0.1%~0.2%的溶液再进行投加,稀释后的溶液保存期不宜超过1~2周 (4)聚丙烯酰胺有极微弱的毒性,用于生活饮用水净化时,应注意控制投加量 (5)是有机合成高分子絮凝剂,为非离子型;通过水解构成阴离子型,也可通过引入基团制成阳离子型。目前市场上已有阳离子型聚丙烯酰胺产品销售
脱絮凝色剂	脱色 I 号	(1)属于聚胺类高度阳离子化的有机高分子混凝剂,液体产品固含量70%,无色或浅黄色透明黏稠液体,贮存温度5~45℃,按1:50~1:100稀释后投加,投加量一般为20~100mg/L,也可与其他混凝剂配合使用 (2)对于印染厂、染料厂、油墨厂等工业废水处理具有其他混凝剂不能达到的脱色效果

名称	代号	一般介绍
天然植物改性高分子絮凝剂	FN-A 絮凝剂	(1)由 F691 化学改性制得,取材于野生植物,制备方便,成本较低 (2)宜溶于水,适用水质范围广,沉淀速度较快,处理水澄清度较好 (3)性能稳定,不易降解变质 (4)安全无毒
天然絮凝剂	F691	刨花木、白胶粉
	F703	绒膏(灌木类、皮、根、叶亦可)

常用的助凝剂如表 3-3 所示。

表 3-3　常用的助凝剂

名称	分子式	一般介绍
氯	Cl_2	当处理高色度水及用作破坏水中有机物或去除臭味时,可以在投混凝剂前先投氯,以减少混凝剂的用量硫酸亚铁作混凝剂时,为使二价铁氧化成三价铁可在水中投氯
生石灰	CaO	(1)用于原水碱度不足 (2)用于去除水中的 CO_2,调整 pH 值 (3)对于印染废水等有一定的脱色作用
活化硅酸、活化水玻璃、泡花碱	$Na_2O \cdot xSiO \cdot yH_2O$	(1)适用于硫酸亚铁与铝盐的混凝剂,可缩短混凝沉淀时间,节省混凝剂用量 (2)原水浑浊度低、悬浮物含量少及水温较低(约在 14℃ 以下)时使用,效果更为显著 (3)可提高滤池滤速,必须注意加注点 (4)要有适宜的酸化度和活化时间

(二) 混凝剂投配方法

混凝剂可采用干投或湿投。干投法的流程是:药剂输送→粉碎→提升→计量→加药混合。湿投法的流程是:溶解池→溶液池→定量控制设备→投加设备→混合池。其优缺点的比较见表 3-4。

表 3-4　投药方法优缺点比较

投加方法	优点	缺点
干投法	(1)设备占地小 (2)设备腐蚀的可能性较小 (3)当要求加药量突变时,易于调整投加 (4)药液较为新鲜	(1)当用药量大时,需要一套破碎混凝剂的设备 (2)混凝剂用量少时,不易调节 (3)劳动条件差 (4)药剂与水不易混合均匀
湿投法	(1)容易与原水充分混合 (2)不易阻塞入口,管理方便 (3)投量易于调节	(1)设备占地大 (2)人工调制时,工作量较繁重 (3)当要求加药量突变时,投药量调整较慢 (4)设备容易腐蚀

水厂的药剂,除石灰外,一般多采用湿投法。湿投法配混凝剂溶液的调配方法及适用条件见表 3-5,投加方式比较见表 3-6。

表 3-5　湿法投配混凝剂药液调配方法及适用条件

调配方法	适用条件	一般规定
水力	(1)中、小型水厂和易溶解的混凝剂 (2)可利用水厂出水压力,节省机电等设备	(1)溶药池溶剂约等于 3 倍药剂量 (2)压力水水压约为 0.2MPa
机械	各种不同药剂和各种规模水厂。使用较普遍,一般旁入式用于小型水厂;中心式用于大中型水厂	(1)搅拌叶轮可用电机或水轮带动,并根据需要考虑有转速调整装置 (2)搅拌设备需采取防腐措施,尤其在使用三氯化铁试剂时
压缩空气	较大水厂和各种不同的混凝剂	不宜用作较长时间的石灰乳液连续搅拌

表 3-6　各种投药方式的比较

方式		作用原理	优缺点	适用情况
重力投加		建造高位药液池,利用重力作用把药剂投入加药点	优点:管理操作简单,投加安全可靠 缺点:必须建高位池	适用于中小型污水;输液管线不宜过长,以免沿程水头损失较大,防止在管线中絮凝
压力投加	水射器	利用高压水在水射器喷嘴处形成的负压将药液射入压力管	优点:设备简单,使用方便,不受溶液池高度所限 缺点:效率较低,如药液浓度不当,可能引起阻塞	适用于不同规模的污水处理厂 水射器来水压力大于或等于 $2.5 \times 10^5 Pa$
	加药泵	泵在溶液池内直接吸取药液,加入压力水管内	优点:可以定量投加,不受压力管压力所限 缺点:价格较贵,泵易引起阻塞,养护较麻烦	适用于大中型污水处理厂

五、专用设备

(一) 投配设备

(1) 干式投配设备　需要配备混凝剂的粉碎设备,一般应具有每小时 5kg 以上的规模。

① 容量式投配设备。只限于粉状混凝剂。以容量计算,边投配边计量。质量稳定时,误差约 5%。设备见图 3-8。

② 重力式投配设备。靠重力投加,边投加边计量。投配误差 1% 左右。设备见图 3-9。

(2) 湿式投配设备　需配置一套溶解、搅拌、定量控制和投配设备。

① 重力投配设备。可直接将混凝剂溶液投入管道内或水泵吸水管喇叭口处。设备见图 3-10。

② 罐式投配设备。限于明矾和结晶碳酸钠。混凝剂充填在罐内,并溶解成溶液。依水的流量按比例投加,投加量不够准确。设备见图 3-11。

③ 虹吸式定量投配设备。改变虹吸管进口和出口高度之差（H）控制投加量。设备见图 3-12。

④ 水射器投配设备。用水射器向压力管道内投药,设备见图 3-13。水射器结构见图 3-14。

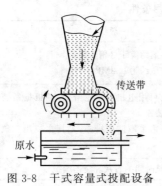

图 3-8　干式容量式投配设备

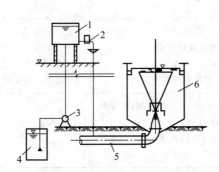

图 3-9　重力式干式连续投配设备

1—混凝剂输送器；2—传动电动机；3—磅秤；4—重锤；5—可动铁片；
6—检验线圈；7—搅拌机；8—投配泵；9—漏斗；10—振动调节器；
11—传动带；12—溶药用水；13—溶解槽；14—闸流管；
15—相位变换部分；16—手动调节器

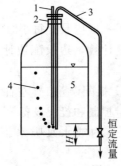

图 3-10　重力湿式投配设备

1—溶液箱；2—投药箱；3—提升泵；4—溶液池；
5—原水进水管；6—澄清池

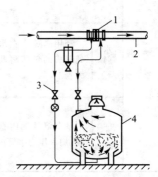

图 3-11　罐式湿式投配设备

1—孔板；2—干管；3—控制阀门；
4—混凝剂溶液槽

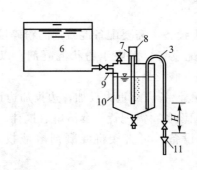

图 3-12　虹吸式定量投配设备

1—通气管；2—密封瓶口；3—虹吸管；4—空气泡；5—药剂溶液；6—溶液箱；
7—空气管；8—流量标；9—液位报警器；10—密闭投药箱；11—漏斗

　　⑤ 计量泵投配设备。用柱塞泵或螺杆泵定量投加，改变柱塞行程控制投药量。适于向压力管道或容器内投药。设备见图 3-15。

　　⑥ 石灰消化投加系统。设备见图 3-16。

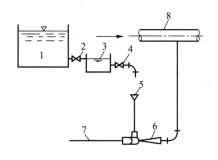

图 3-13 水射器投配设备

1—混凝剂溶液槽；2,4—阀门；3—投配混凝剂槽；
5—漏斗；6—水射器；7—高压水管；8—原水水管

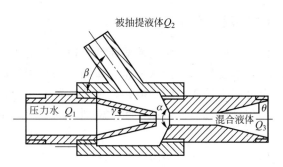

图 3-14 水射器结构图

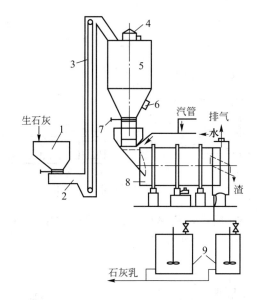

图 3-15 计量泵压力投配设备

1—溶液池；2—计量泵；3—原水进水管；4—澄清池；5—料仓；
6—振动器；7—插板阀；8—消石灰机；9—搅拌槽

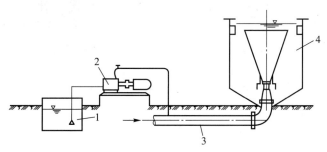

图 3-16 石灰消化投加系统

1—受料槽；2—电磁振动输送机；3—斗式提升机；4—料仓过滤器

（二）混合设备

混合（阶段）的作用是使药剂迅速均匀地扩散到全部水中，以创造良好的水解和聚合条件，使胶体脱稳，并借助颗粒的布朗运动和紊流进行凝聚。在此阶段并不要求形成大的絮凝体。混合要求快速和剧烈搅拌，在几秒钟或1分钟内完成，对于高分子混凝剂，由于它们在水中均匀分散，对"快速"和"剧烈"的要求并不重要。常用的混合设备有水泵混合、管道混合、机械混合等几种。

（1）水泵混合　如图3-17所示。

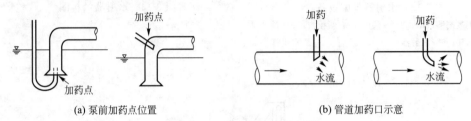

(a) 泵前加药点位置　　　　　　　　(b) 管道加药口示意

图3-17　水泵混合的加药位置

（2）水力混合　分流隔板混合槽如图3-18所示。

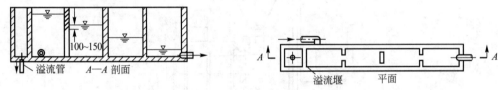

图3-18　分流隔板式水力混合槽

（3）机械混合　如图3-19所示，机械混合时在池内采用电动机带动桨板或螺旋桨进行强烈搅拌，而使药剂与原水得到有效的混合。

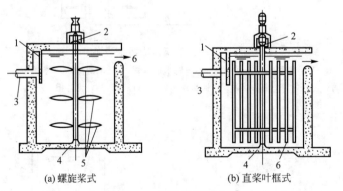

(a) 螺旋桨式　　　　　　　(b) 直桨叶框式

图3-19　机械搅拌混合

1—挡板；2—电机；3—进水管；4—轴座；5—旋转叶片；6—旋转桨

（三）反应阶段

反应（阶段）的作用是创造水力条件，使细小絮体在一定时间内继续形成大的、具有良好沉淀性能的絮凝体，以便可在后续的沉淀池内沉降。为此要求水流有适当的紊流程度以及足够的反应时间。反应设备有水力搅拌和机械搅拌 2 大类。我国大多采用水力搅拌，其搅拌强度可由水流速度来控制，反应时间一般为 5～30min。

废水处理中常用的反应设备形式有隔板式和涡流式，二者分别用于大及中、小型水量的处理厂，如图 3-20 和图 3-21 所示。

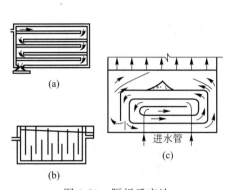

图 3-20　隔板反应池

（a）平流隔板；（b）竖流隔板；

（c）回转式隔板

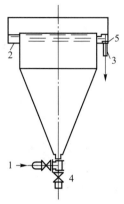

图 3-21　涡流式反应池

1—进水管；2—周边集水槽；3—出水管；

4—放水阀；5—格栅

六、操作管理

（一）日常管理

① 每班应观察并记录矾花生成情况，并将之与历史资料比较，发现异常应及时判明原因，采取相应对策；

② 定期清洗加药设备；

③ 定期核算混合反应池的 GT 值（GT 是衡量反应过程的参数，G 是速度梯度，T 是反应时间），检查系统的腐蚀情况；

④ 防止药剂变质失效（如 $FeSO_4$）；

⑤ 定期进行沉降实验和烧杯搅拌实验，检查是否为最佳投药量；

⑥ 连续或定期检测水温、pH 值、浊度、SS（悬浮物）、COD（化学需氧量）等水质指标。

（二）异常现象、原因与对策

异常现象、原因与对策见表 3-7。

表 3-7　混凝工艺异常现象分析与对策

异常现象	原因与对策
1. 反应池末端絮体正常,沉淀池出水携带絮体	水流短路:查明短路原因(死角、密度流),采取整流措施
2. 反应池末端絮体细小,沉淀池出水浑浊	(1)进水碱度偏低:补充碱度 (2)混凝剂投量不足:增加用量 (3)水温降低:改用无机高分子混凝剂等受水温影响较小的混凝剂 (4)混凝条件改变:采用水力混合时,流量减小,混凝剂混合强度减小,提高混合强度;反应池大量集泥,絮凝时间缩短,排除集泥

异常现象	原因与对策
3.反应池末端絮体松散,沉淀池出水清澈(浑浊),出水携带絮体(浑浊)	混凝剂投加过量:降低混凝剂投加量

第三节　氧化还原

一、基本原理

废水中溶解性物质,包括无机物（如 CN^-、S^{2-}、Fe^{2+}、Mn^{2+}、汞、铝、铜、银、金、六价铬等）和有机物,可以通过化学氧化还原反应转化成无害的物质,或者转化成容易从水中分离排除的形态（气体或固体）,从而达到处理的目的,这种方法称为氧化还原处理法。

对于无机物的化学氧化或还原过程,元素（原子或离子）失去或得到电子,引起化合价升高或降低。失去电子的过程称为氧化,得到电子的过程称为还原。得到电子的物质称为氧化剂,失去电子的物质称为还原剂。

对于有机物的化学氧化或还原过程,往往难以用电子的转移来分析判断。一般将加氧或去氢的反应称为氧化,或者有机物与强氧化剂相作用生成 CO_2、H_2O 等的反应判定为氧化反应;将加氢或去氧的反应称为还原。

废水处理中常采用的氧化剂有空气、臭氧、氯气、次氯酸钠及漂白粉等;常用的还原剂有硫酸亚铁、亚硫酸氢钠、硼氢化钠、水合肼及铁屑等。投药氧化还原法的工艺过程及设备比较简单,通常只需一个反应池,若有沉淀无生成,尚需进行固液分离及泥渣处理。

在电解氧化还原法中,电解槽的阳极可作为氧化剂,阴极可作为还原剂。电解氧化还原法的工艺过程及设备均有其特殊性。

二、氧化法

（1）常用的氧化剂及其选择

① 废水处理中常用的氧化剂　活泼非金属中性分子,如 O_2、Cl_2、O_3 等;含氧酸根阴离子以及高价金属离子,如 ClO^-、MnO_4^-、Fe^{3+} 等;电解槽的阳极。

② 选择时应考虑的因素　对污染物有良好的氧化还原作用;反应生成物应无害,不产生二次污染,价格合理,来源易得;常温下反应迅速;反应所需的 pH 值不能太高或太低,操作简单。

（2）臭氧氧化法　臭氧是一种强氧化剂,它的氧化能力在天然元素中仅次于氟。臭氧氧化有如下主要优点。

① 臭氧对除臭、脱色、杀菌、去除有机物和无机物都有显著效果;

② 废水经处理后,残留于废水中的臭氧极易自行分解,一般不会产生二次污染,并且能增加水中的溶解氧;

③ 制备臭氧用的电和空气不必储存和运输，操作管理也较方便。

由于有这些优点，所以臭氧氧化法被日益广泛地应用于水处理中。这种方法目前仍存在着一些问题，主要是整个设备需要防腐，设备费用高；发生 O_3 的设备效率低，耗电量高；臭氧对人体有害，因此，在臭氧处理的工作环境中需要有通风与安全措施。

（3）氯系氧化法　氯系氧化剂主要有液氯、次氯酸钠、二氧化氯、漂白粉等，在废水处理中主要用于氰化物、硫化物、酚、醇、醛、油类的氧化去除，还用于脱色、除臭、消毒等。液氯存在钢瓶内，在搬运与使用时，要防止氯瓶受热而引起爆炸。次氯酸钠可通过次氯酸钠发生装置现场制取或购买市售次氯酸钠溶液，应用比较方便。二氧化氯的氧化能力比氯强，但价格昂贵。漂白粉是石灰氯化而得的产品，其中含 $Ca(ClO)_2$ 约 70%，实际有效氯只含约 35%，在保存中易于散失，可在简易氯化条件下使用。

（4）空气氧化法　空气氧化法是利用空气中的氧去除氧化废水中的有机物的一种处理方法，此法主要用于处理含硫废水。

（5）光氧化法　光氧化法是一种化学氧化法，它是同时使光和氧化剂产生很强的综合氧化作用来氧化分解废水的有机物和无机物。氧化剂有臭氧、氯、次氯酸盐、过氧化氢及空气加催化剂等，其常用的为氯气，常用的光源为紫外光。实践表明，在加氯的有机废水中照射紫外线，可使氯的氧化功能加强 10 倍以上。其原理是利用光和氧化剂产生很强的次氯酸分子吸收紫外光后，产生初生态氧，在光照射下，把有机物氧化成 CO_2 和 H_2O。

三、还原法

通过投加还原剂或利用电解槽阴极作用，使废水中有毒害作用的物质转化为无毒害或毒害作用小的新物质的方法称为还原法。

（一）还原法处理含铬废水

当 Cr^{6+} 被还原为 Cr^{3+}，从而使镀铬废水对环境的毒害作用大大降低。

常用的还原剂有硫酸亚铁、亚硫酸钠、亚硫酸氢钠、氯化亚铁、焦亚硫酸钠、铁屑、铁粉、二氧化硫、硼氢化钠等。

用药剂还原法处理含六价铬废水的工况条件和操作程序：在酸性条件下（一般 pH＜3），用还原剂将 Cr^{6+} 还原为 Cr^{3+}，再用碱性药剂将溶液 pH 调至 7～9，在碱性条件下，形成 $Cr(OH)_3$ 沉淀。

（二）药剂还原法处理含铬废水

主要工艺设计参数如下。

① 用亚硫酸盐还原时，进水六价铬浓度一般宜为 100～1000mg/L；用硫酸亚铁还原时，进水六价铬浓度宜为 50～100mg/L。

② 还原反应 pH 值控制为 1～3。

③ 当用亚硫酸盐作还原剂时，Cr^{6+}：Na_2SO_3（$NaHSO_3$）＝1∶4；当用 $FeSO_4 \cdot 7H_2O$ 作还原剂时，Cr^{6+}：$FeSO_4 \cdot 7H_2O$＝1∶（25～30）。

④ 还原反应时间不小于 30min。

⑤ 中和沉淀 pH 值控制为 7～9。

四、设备与装置

（1）氯系氧化调和　氯系氧化的设备较简单，主要是反应池和沉淀池。反应池常采用压缩空气搅拌或水泵循环搅拌。

（2）臭氧发生器与投加设备

① 臭氧发生器　臭氧容易分解，难于贮存运输，一般都需要在现场制备和使用，制备方法有电解法、化学法、高能射线辐射法和无声放电法等。目前工业上几乎都用于干燥空气或氧气经无声放电来制取臭氧，图 3-22 给出了无声放电法制备臭氧的原理。在两电极见施以高的交流电压（10～20kV），由于介电体的阻碍，高压放电的电流很小，只在介电体表面的凸点处发生局部放电，形成一脉冲电子流。此时，如干燥的空气或氧气从放电间隙通过，一些氧分子就会被脉冲电子流激发并发生碰撞聚合而生成臭氧分子。

工业上常用的臭氧发生器有管式和板式两大类，图 3-23 为卧管式臭氧发生器示意图。

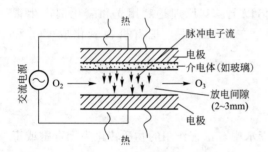

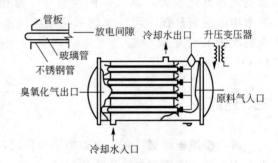

图 3-22　无声放电法制备臭氧原理图　　　　图 3-23　卧管式臭氧发生器

② 臭氧投加设备　臭氧的投加一般在混合反应器即接触反应器中进行。气态的臭氧溶于水需要有良好的接触设备。在废水处理中常采用的混合反应器有微孔扩散板式的鼓泡塔、水射器接触塔、填料接触塔、机械涡轮注入器和静态混合器等，它们的示意图见图 3-24。

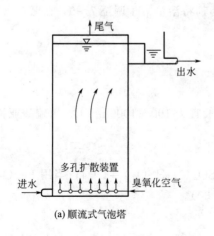

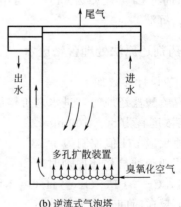

(a) 顺流式气泡塔　　　　　　　　　(b) 逆流式气泡塔

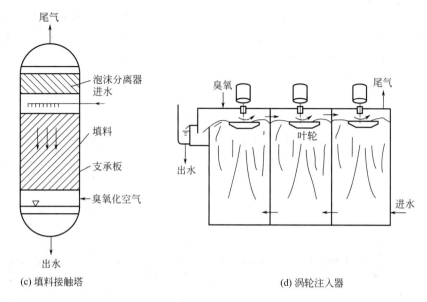

(c) 填料接触塔   (d) 涡轮注入器

图 3-24　臭氧接触方式

第四节　化学沉淀

一、基本原理

向废水中投加某些化学药剂，使其废水中的污染物发生化学反应，形成难溶的沉淀物，然后进行固液分离，从而除去废水中的污染物，这种方法称为化学沉淀法。采用化学沉淀法，可以去除废水中的重金属（如铬、铜、铅、锌、汞等）、碱土金属（如钙、镁）及某些非金属（砷、氟、硫、硼等）。一般用于离子的回收、预处理或最终处理。

某种无机化合物的离子能否采用化学沉淀法与废水分离，首先决定于是否能找到适宜的沉淀剂。沉淀剂的选择可参见有关的化学手册中的溶度积表。经常采用的沉淀剂主要有氢氧化物、硫化物及碳酸盐三大类。

1. 氢氧化物沉淀法

氢氧化物沉淀法是基于重金属离子在一定的 pH 条件下，生成难溶于水的氢氧化物沉淀而得到分离。工业废水中的许多金属离子可以生成氢氧化物沉淀而得以去除。

沉淀与否主要取决因素为 pH。可供选用沉淀剂：NaOH、石灰、Na_2CO_3、$NaHCO_3$ 等。

2. 硫化物沉淀法

向废液中加入硫化氢、硫酸铵或碱金属的硫化物，与处理物质反应生成难溶硫化物沉淀，以达到分离净化的目的。

硫化物沉淀法能用于处理大多数含重金属的废水。常用的沉淀剂：Na_2S、$NaHS$、K_2S、H_2S 等。缺点：生成的难溶盐的颗粒粒径很小，分离困难，可投加混凝剂进行共沉。

3. 碳酸盐沉淀法

金属离子碳酸盐的溶度积很小，对于高浓度的重金属废水，可投加碳酸盐进行回收。

此法可去除或回收 Mn^{2+}、Zn^{2+}、Pb^{2+}、Cu^{2+}、Ca^{2+}、Mg^{2+}（水软化）。常用的沉淀剂：Na_2CO_3、$NaHCO_3$、NH_4HCO_3、$CaCO_3$等。

二、设备和装置

采用化学沉淀法处理工业废水，由于产生的沉淀物往往不形成带电荷的胶体，因此沉淀过程变简单，一般采用普通的平流式或竖流式沉淀池。若采用高效斜板沉淀池，则见图 3-25。

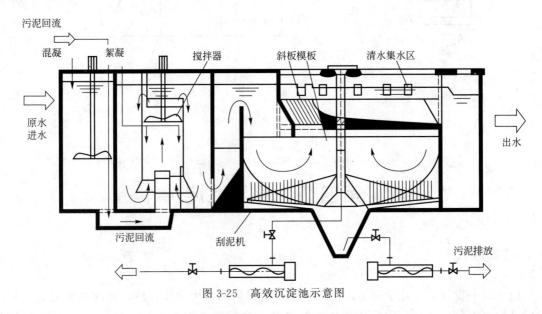

图 3-25 高效沉淀池示意图

高效斜板沉淀池的原理是：混凝剂投加在原水中，在快速搅拌器的作用下同污水中悬浮物快速混合，通过中和颗粒表面的负电荷使颗粒"脱稳"，形成小的絮体然后进入絮凝池。同时原水中的磷和混凝剂反应形成磷酸盐达到化学除磷的目的。絮凝剂促使进入的小絮体通过吸附、电性中和和相互间的架桥作用形成更大的絮体，慢速搅拌器的作用既使药剂和絮体能够充分混合又不会破坏已形成的大絮体。絮凝后出水进入沉淀池的斜板底部然后上向流至上部集水区，颗粒和絮体沉淀在斜板的表面上并在重力作用下下滑。较高的上升流速和斜板60°倾斜可以形成一个连续自刮的过程，使絮体不会积累在斜板上。沉淀的污泥沿着斜板下滑然后跌落到池底，污泥在池底被浓缩。刮泥机上的栅条可以提高污泥浓缩效果，慢速旋转的刮泥机把污泥连续地刮进中心集泥坑。浓缩污泥按照一定的设定程序或者由泥位计来控制以达到一个优化的污泥浓度，然后间断地被排出到污泥处理系统。沉淀后的澄清水由分布在斜板沉淀池顶部的不锈钢集水槽收集、排放进入后续工艺。

第四章

物理化学处理单元技术与操作管理

══ 第一节　气　浮 ══

一、适用对象

去除细小固体颗粒、乳化油、金属离子等，也能有效地用于污泥浓缩。

二、气浮的基本原理

气浮是向水中通入空气，产生大量微小气泡，由于气泡与细小悬浮物之间互相黏附，形成浮选体，浮选体利用气泡的浮升作用上浮到水面，形成泡沫或浮渣，从而使水中的悬浮物质得以分离。

实现气浮分离必须具备以下两个基本条件。

① 必须在水中产生足够数量的细微气泡；

② 必须使气泡能够与污染物相黏附，并形成不溶性的固态悬浮体。

三、气浮类型

(1) 充气气浮　充气气浮采用微小扩散板或微孔管直接向气浮池通入压缩空气或采用水力喷射器、高速叶轮等向水中充气。射流器的构造及作用原理如图 4-1 所示，双室叶轮气浮设备构造示意图如图 4-2 所示。

(2) 溶气气浮　溶气气浮是一种使空气在一定压力下溶于水中并达到饱和状态，然后再使废水压力突然降低，这时溶解于水中的空气，便以微小气泡的形式从水中逸出，以进行气浮的废水处理方法。溶气气浮有加压气浮和真空气浮两类，目前在废水处理领域应用最为广泛的是加压溶气气浮。加压溶气气浮又可分为 3 种类型，即回流加压式、部分进水加压式、全部进水加压式，如图 4-3 所示。

(3) 电解气浮　电解气浮是用不溶性阳极和阴极直接电解废水，靠产生的氢和氧的微小气泡将已絮凝的悬浮物带至水面，达到分离的目的。

电解气浮法产生气泡的粒径通常在 $10\sim50\mu m$，这一粒径范围小于溶气法产生气泡的粒径。电解气浮法除用于固液分离外，还有降低 COD、氧化、脱色和杀菌作用，对废水负荷

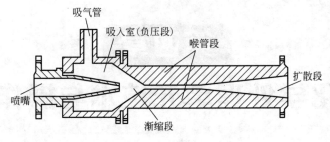

图 4-1 射流器的构造

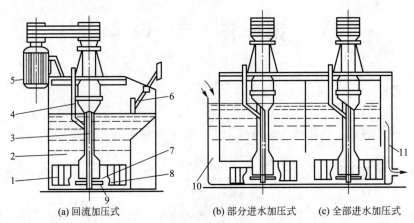

(a) 回流加压式　　　　　(b) 部分进水加压式　　(c) 全部进水加压式

图 4-2 双室叶轮式气浮装置

1—稳流挡板；2—气浮室；3—叶轮轴；4—空气管；5—电动机；6—除渣器；7—内水循环用孔；
8—固定盘；9—叶轮；10—进水室；11—出水室

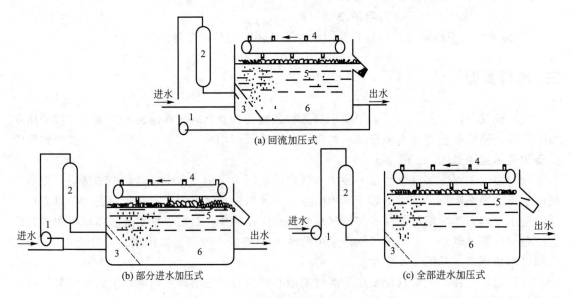

(a) 回流加压式

(b) 部分进水加压式　　　　　　　　(c) 全部进水加压式

图 4-3 加压溶气气浮的 3 种形式

1—进水泵；2—压力溶气罐；3—气浮释放区；4—表面刮渣板；5—悬浮区；6—澄清区

变化适应性强，生成污泥量少，占地少，不产生噪声等优点；主要缺点是电耗大，但如采用脉冲电解气浮法可大大降低电耗。

电解气浮装置有平流式和竖流式两种，这两种装置的结构如图4-4所示。

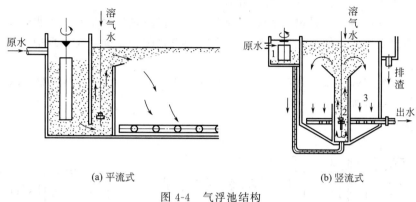

图 4-4　气浮池结构

1—接触室；2—分离室；3—气浮池

四、加压溶气气浮工艺

加压溶气气浮工艺主要由 3 个部分组成，即加压容器系统、溶气释放系统及气浮分离系统。如图4-5所示。

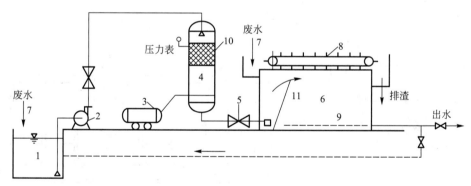

图 4-5　压力溶气气浮法的工艺流程（部分回流式）

1—吸水井；2—加压泵；3—空压机；4—压力溶气罐；5—减压释放阀；6—浮上分液池；
7—原水进水管；8—刮渣机；9—集水系统；10—填料层；11—隔板

五、气浮池

气浮池的布置形式很多，根据待处理水的水质特点、处理要求及各种具体条件，目前已经建成了许多形式的气浮池，其中有平流与竖流、方形与圆形等布置，同时也出现了气浮与反应、沉淀、过滤等工艺一体化的组合形式。

（1）平流式气浮池　这是目前气浮净水工艺中用得最多的一种，采用反应池与气浮池合建的形式。废水进入反应池（可用机械搅拌、折板、孔室旋流等形式）完成反应后，将水导向底部，以便从下部进入气浮接触室，延长絮体与气泡的接触时间，池面浮渣刮入集渣槽，清水由底部集水管集取。

这种形式的优点是池深浅、造价低、构造简单、管理方便，缺点是与后续处理构筑物在高程上配合较困难、分离部分的容积利用率不高等。

（2）竖流式气浮池　这是另一种常用的形式。其优点是接触室在池中央，水流向四周扩散，水力条件比平流式单侧流出好，便于与后续构筑物配合；缺点是与反应池较难衔接，容积利用率低。

（3）综合式气浮池　综合式气浮池可分为气浮-反应一体式、气浮-沉淀一体式和气浮-过滤一体式3种，分别如图4-6～图4-8所示。

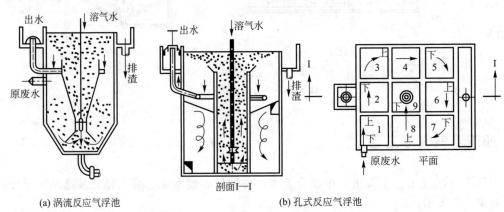

(a) 涡流反应气浮池　　　　　　　(b) 孔式反应气浮池

图4-6　气浮-反应一体式

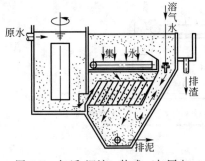

图4-7　气浮-沉淀一体式（与同向
流斜管沉淀池结合的气浮池）

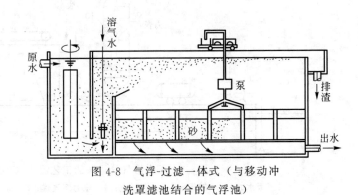

图4-8　气浮-过滤一体式（与移动冲
洗罩滤池结合的气浮池）

六、专用设备

（1）溶气释放器　常用释放器有TS型及其改良型TJ型和TV型。

（2）压力溶气罐　压力溶气罐形式多样，主要型号为TR-2～TR-16。

（3）刮渣机　目前对矩形气浮池均采用桥式刮渣机，其型号有TQ-1～TQ-8型；对圆形气浮池，大多采用行星式刮渣机，其型号有JZ-1～JZ-3型。

七、运行管理

（一）气浮系统的调试

① 调试前的工作：拆下所要释放器，反复清洗管路及溶气罐，直至出水中无杂质；检查连接溶气罐和空压机管路上的单向阀的水流方向是否指向溶气罐。

② 调试时的工作：先用清水调试压力溶气罐和溶气释放系统，待该系统运行正常后，再向气浮池内注入原废水。

③ 控制压力溶气罐内的水位距离罐底 60～100cm（既不淹没填料，也不能过低），将进水阀门完全打开，防止出水阀门处截流，气泡提前释放。

④ 控制气浮池出水调节阀管或可动堰板，将气浮池水位稳定在集渣槽口以下 5～10cm。待水位稳定后，用进水阀门调节并测量处理水量，直至达到设计流量为止。

⑤ 待浮渣积至 5～8cm 后，开动刮渣机进行刮渣。检查刮渣和排渣是否正常进行，出水水质是否受到影响。

（二）日常维护及管理

① 根据反应池的絮凝、气浮池分离区浮渣及出水水质情况，调整混凝剂投加量等混凝参数。检查并防止投药管的堵塞。

② 掌握浮渣积累规律和刮泥时间，建立刮渣制度。

③ 经常观察气浮池池面情况，如果发现接触区浮渣面不平，局部冒出大气泡或水流不稳定，则多半是释放器受到堵塞；如果分离区浮渣面不平，池面上经常有大气泡破裂，则表明气泡与絮粒黏附不好，应检查并对混凝系统进行调整。

④ 经常观察溶气罐的水位指示管，使其控制在 60～100cm，以保证溶气效果。避免因溶气罐水位脱空，导致大量空气窜入气浮池而破坏净水效果与浮渣层。

⑤ 冬季水温过低时，絮凝效果差，除增加投药量外，有时还需增加回流水量或溶气压力，以增加微气泡数量及与絮粒的黏附，弥补因水流黏度的增加而降低带气絮粒的上浮性能，保证出水水质。

⑥ 作好日常运行记录，包括处理水量、水温、进出水水质、投药量、溶气水量、溶气罐压力、刮渣周期、泥渣含水率等。

第二节　吸　附

一、适用条件

吸附法主要用以脱除水中的微量污染物，应用范围包括脱色、除臭味、脱除重金属、各种溶解性有机物、放射性元素等。在处理流程中，吸附法可作为离子交换、膜分离等方法的预处理，以去除有机物、胶体物及余氯等；也可作为二级处理后的深度处理手段，以保证回用水的质量。

二、吸附平衡与吸附量

利用多孔性固体吸附剂，使水中一种或多种物质被吸附在固体表面上，从而予以回收或去除的方法称为吸附法。被吸附的物质称为吸附质。

当废水与吸附剂充分接触后，一方面吸附质被吸附剂吸附，另一方面，一部分已被吸附的吸附质因热运动的结果而脱离吸附剂表面，又回到液相中去，前者称为吸附过程，后者称为解吸过程。当吸附速度和解析速度相等时，即达到吸附平衡。

吸附剂吸附能力的大小以吸附量 q（g/g）表示。所谓吸附量是指单位质量的吸附剂（g）所吸附的吸附质的质量（g）。当达到吸附平衡时，吸附质在溶液中的浓度称为平衡浓度，吸附剂的吸附量称为平衡吸附量 q_e，平衡吸附量可采用下式计算：

$$q_e = V(C_0 - C)/W$$

式中，V 为废水容积，L；W 为吸附剂投量，g；C_0 为原水吸附质浓度，g/L；C 为吸附平衡时水中剩余的吸附质浓度，g/L。

三、操作方式

吸附和解吸（或称脱附）操作均可分成间歇式和连续式两大类。间歇式操作是将一定的活性炭添加到要处理的废水中，经过一定时间的混合搅拌，使吸附达到平衡，然后用沉降或过滤的方式使污水与炭分离，经过一次吸附出水的水质不一定达到要求。则可再与新炭进行吸附直至达到排放。它主要用于处理量小和使用细小颗粒吸附剂（如粉末状活性炭）的操作过程。而连续式操作是指废水随着时间的延续，不断按一定的流速变换和在流动的条件下进行，主要用于处理量较大和使用颗粒状吸附剂的操作过程。

四、吸附剂及再生

（1）吸附剂　目前在废水处理中应用的吸附剂有：活性炭、粉煤灰、活化煤、白土、硅藻土、活性氧化铝、焦炭、树脂、炉渣、木屑、腐殖酸等。

活性炭是一种非极性吸附剂。外观为暗黑色，有粒状和粉状两种，目前工业上大量采用的是粒状活性炭。活性炭主要成分除炭以外，还含有少量的氧、氢、硫等元素，以及水分、灰分。它具有良好的吸附性和稳定的化学性质，可以耐强酸、强碱，能经受水浸、高温、高压作用，不易破碎。

活性炭种类很多，可以根据原料、活化方法、形状及用途来分类和选择。

与其他吸附剂相比，活性炭具有巨大的比表面积和特别发达的微孔。通常活性炭的比表面积高达 $500 \sim 1700 \text{m}^2/\text{g}$，这是活性炭吸附能力强、吸附容量大的主要原因。当然，比表面积相同的炭，对同一物质的吸附容量有时也不同，这与活性炭的内孔结构和分布以及表面化学性质有关。活性炭的吸附以物理吸附为主，但由于表面氧化物的存在，也进行一些化学选择性吸附。如果在活性炭中掺入一些具有催化作用的金属离子可以改善处理效果。

活性炭是目前水处理中普遍采用的吸附剂。其中粒状炭因工艺简单、操作方便，用量最大。国外使用的粒状炭多为煤质或果壳质无定形碳，国内多用柱状煤质炭。

（2）吸附剂再生　吸附剂在达到饱和吸附后，必须进行脱附再生，才能重复使用。目前吸附剂的再生方法有加热再生、药剂再生、化学氧化再生、湿式氧化再生、生物再生等。重要方法的分类如表 4-1 所示。在选择再生方法时，主要考虑 3 方面的因素：①吸附质的理化性质；②吸附机理；③吸附质的回收价值。

表 4-1　吸附剂再生方法

种类		处理温度	主要条件
加热再生	加热脱附 高温加热再生 （炭化再生）	$100 \sim 200℃$ $750 \sim 950℃$ （$400 \sim 500℃$）	水蒸气、惰性气体 水蒸气、燃烧气体、CO_2
药剂再生	无机药剂 有机药剂（萃取）	常温～$80℃$ 常温～$80℃$	HCl、H_2SO_4
生物再生 湿式氧化分解 电解氧化		常温 $180 \sim 220℃$ 加压常温	好气菌、厌气菌 O_2、空气、氧化剂 O_2

五、影响吸附剂的因素

① 吸附剂的物理化学性质。吸附剂的种类不同，吸附效果也不一样。一般是极性分子（或离子）型的吸附剂容易吸附极性分子（或离子）型的吸附质，非极性分子型的吸附剂容易吸附非极性分子的吸附质。由于吸附作用是发生在吸附剂的内外表面上，所以吸附剂的比表面积越大，吸附能力就越强。另外，吸附剂的颗粒大小、孔隙构造和分布情况以及表面化学特性等，对吸附也有很大的影响。

② 吸附质的物理化学性质。吸附质在废水中的溶解度对吸附有较大的影响。一般说来，吸附质的溶解度越低，越容易被吸附。吸附质的浓度增加，吸附量也随之增加，但浓度增加到一定程度后，吸附量增加很慢。如果吸附质是有机物，其分子尺寸越小，吸附反应就进行得越快。

③ 废水的 pH 值。pH 值对吸附质在废水中的存在形态（分子、离子、配合物等）和溶解度均有影响，因而对吸附效果也就相应地有影响。废水 pH 值对吸附的影响还与吸附剂的性质有关。例如，活性炭一般在酸性溶液中比在碱性溶液中有较高的吸附率。

④ 温度。吸附反应通常都是放热的，因此温度越低对吸附越有利。但在废水处理中，一般温度变化不大，因而温度对吸附过程影响很小，实践中通常在常温下进行吸附操作。

⑤ 共存物的影响。当多种吸附质共存时，吸附剂对某一种吸附质的吸附能力要比只含这种吸附质时的吸附能力要低。悬浮物会阻塞吸附剂的孔隙，油类物质会浓集于吸附剂的表面形成油膜，它们均对吸附有很大的影响。因此在吸附操作之前，必须将它们除去。

⑥ 接触时间。吸附质与吸附剂要有足够的接触时间，才能达到吸附平衡。吸附平衡所需时间取决于吸附速度，吸附速度越快，达到平衡所需时间越短。

六、吸附设备

在水处理中常用吸附装置固定床和移动床，分别如图 4-9 和图 4-10 所示。

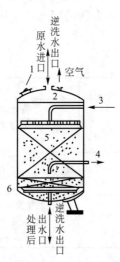

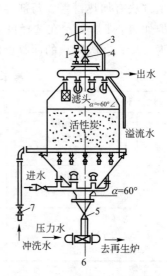

图 4-9　降流式固定床型吸附塔构造图
1—检查孔；2—整流板；3—表洗水进口；4—饱和
炭出口；5—活性炭；6—垫层衬胶阀

图 4-10　移动床吸附塔构造图
1—通气阀；2—进料斗；3—溢流管；
4,5—直流式；6—水射器；7—截止阀

吸附操作方式分为静态间歇式和动态连续式两种。前者多用于实验研究或小规模的废水处理中，而生产运行一般采用动态连续方式。废水在流动条件下进行的操作，叫做动态连续吸附，或简称为动态吸附。常见的吸附操作方式如下。

① 固定床动态吸附。这是废水处理工艺中最常用的一种方式。由于吸附剂固定填充在吸附柱（或塔）中，所以叫固定床。当废水连续流过吸附剂层时，吸附质便不断被吸附。若吸附剂数量足够，出水中吸附质的浓度即可降低至接近于零。但随着运行时间的延长，出水中吸附质的浓度会逐渐增加。当达到某一规定的数值时，就必须停止进水，进行吸附剂再生。

② 移动床吸附。废水从吸附柱底部进入，处理后的水由柱顶排出。在操作过程中，定期将一部分接近饱和的吸附剂从柱底排出，送到再生柱进行再生。与此同时，将等量的新鲜吸附剂由柱顶加入，因而这种吸附床被称为移动床。这种运行方式较固定床吸附能更充分地利用吸附剂的吸附能力，水头损失小，但柱内上下层吸附剂不能相混，所以对操作管理要求较为严格。

③ 流化床吸附。吸附剂在塔内处于膨胀状态，悬浮于由下而上的水流中，所以这种运行方式也称为膨胀床吸附。膨胀床的吸附率高，适于处理悬浮物含量较高的废水。

第三节　离子交换

一、基本原理

离子交换是在一种称为离子交换剂的物理基础上进行。在水处理中，此法主要用于去除水中溶解性离子物质。离子交换的实质是离子交换剂的可交换离子与水中其他同性离子的交换反应，是一种特殊的吸附过程，通常是可逆性化学吸附。

(1) 离子交换剂　离子交换剂的种类很多，在水处理中主要有磺化煤和离子交换树脂。磺化煤是煤磨碎后经浓硫酸处理而得到的碳质离子交换剂，其性能不如离子交换树脂。

离子交换树脂是人工合成制得的，它主要由母体（也称骨架）和交换基团两部分组成。由于离子交换树脂的应用范围远比磺化煤广，故只介绍离子交换树脂。

(2) 离子交换树脂的种类和主要性能　离子交换树脂按照功能基团的性质可分为：含有酸性基团的阳离子交换树脂、含有碱性基团的阴离子交换树脂、含有胺羧基团等的整合树脂、含有氧化-还原基团的氧化还原树脂（或称电子交换树脂）以及两性树脂五种，还有新近发展起来的萃淋树脂（或称溶剂浸渍树脂）等。其中，阳、阴离子交换树脂按照活性基团电离的强弱程度，又分别分为强酸（如—SO_3H）树脂、弱酸（如—$COOH$）树脂、强碱[如—$N(CH_3)_3^+OH^-$]树脂、弱碱（如—NH_2）树脂。

离子交换树脂按树脂类型和孔结构的不同可分为：凝胶型树脂，大孔型树脂，多孔凝胶型树脂，巨孔型（MR型）树脂，高巨孔型（超MR型）树脂等。如果按树脂交联度（交联剂含量的百分数）大小分类，可把离子交换树脂分为：低交联度（2%～4%），一般交联度（7%～8%），高交联度（12%～20%）三种。实际中常用的是交联度7%～12%的树脂。此外，习惯上还按照出厂型式即活动离子的名称，把交换树脂简称为 H 型、Na 型、OH 型、C_1型树脂等。

(3) 离子交换树脂的有效 pH 范围　各种类型交换树脂的有效 pH 范围如表 4-2 所示。

表 4-2　各种类型交换树脂的有效 pH 值范围

树脂类型	离子交换树脂			
	强酸性	弱酸性	强碱性	弱碱性
有效 pH 值范围	1～14	5～14	1～12	0～7

二、离子交换工艺过程及设备

(1) 工艺过程　离子交换工艺过程一般包括交换过滤、反洗、再生、清洗四个步骤，各步骤一次进行，形成不断循环的工作周期。

(2) 设备　最常用的离子交换设备有固定床、移动床和流化床 3 种。其中尤以固定床使用最多，包括单床、复床、混床。如图 4-11 及图 4-12 所示。

用于废水处理的离子交换系统一般包括：预处理设备（一般采用砂滤器，用以去除悬浮物，防止离子交换树脂受污染和交换床堵塞）、离子交换器和再生附属设备（再生液配制设备）。

三、操作管理与维护

由于工业废水水质复杂，在废水处理的要求方面，不只是去除某些离子，有些场合要求对废水中有回收价值的物质给予回收利用。因此，在使用离子交换处理时，在操作管理与维护方面应注意下列事项。

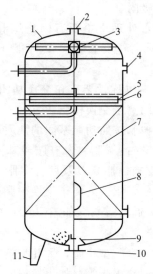

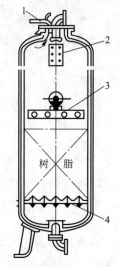

图 4-11　逆流再生固定床的结构

1—壳体；2—排气管；3—上布水装置；4—交换剂装卸口；

5—压脂层；6—中排液管；7—离子交换剂层；8—视镜；

9—下布水装置；10—出水管；11—底脚

图 4-12　顺流再生固定床的结构

1—放气管；2—进水装置；3—进再

生液装置；4—排水装置

① 当废水中存在悬浮物质与油类物质时，会堵塞树脂孔隙，降低树脂交换能力，应在废水进入交换柱之前进行预处理，例如，采用砂滤等措施，把悬浮物与油类物质预先除去。

② 当废水中溶解盐含量过高时，将会大大缩短树脂工作周期，当溶解盐大于 1000～2000mg/L，不宜采用离子交换法处理。

③ 工业废水常呈现酸性或碱性，这对离子交换有两个方面的影响，一是影响某些离子在废水中的存在状态（或形成配合离子或胶体）。例如，含铬废水当 pH 值很高时，六价铬主要以铬酸根形态存在，而在 pH 值低的条件下，则以重铬酸根形态存在。因此，用阴树脂去除六价铬时，在酸性废水中比在碱性废水中去除效率高。二是影响树脂交换基团离解，如强酸、强碱性树脂交换基团的离解不受 pH 值的限制，它们可以应用在各种 pH 值的废水处理中；而弱酸、弱碱树脂的交换基团的离解与 pH 值关系很大，弱酸性阳树脂只有在 pH＞4 时才显示其交换能力，且 pH 值越大，交换能力越强，同样，弱碱性阴树脂只有在 pH 值较低的条件下，才能得到较好的交换效果。因此，针对具体的处理情况，应采取适当措施，例如，选择适宜树脂、调整废水 pH 值、选择处理流程等。

④ 温度的影响。工业废水的温度一般都较高，这虽可提高离子扩散速度，加速离子交换反应速度，但温度过高，就可能引起树脂的分解，从而降低或破坏树脂的交换能力。因此，水温不得超过树脂耐热性能的要求，各种类型树脂的耐热性能或极限允许温度是不同的，可查询有关资料或产品说明书。若水温度过高，应在进入交换树脂之前采取降温措施，或者选用耐高（或较高）温的树脂。

⑤ 高价离子的影响。高价金属离子与树脂交换基因的固定离子的结合力强，可优先交换，但再生洗脱比较困难。

⑥ 氧化剂与高分子有机物的影响。废水中还有较多氧化剂，会造成树脂被氧化，若含高分子有机物，则会引起树脂有机污染。上述情况可导致树脂的使用寿命缩短以及交换容量降低。

第四节　电　解

一、基本原理

含有电解质的废水在直流电场的作用下，由于两极上下分别产生氧化反应和还原反应，从而使某些污染物得到净化，电解法是把电能转化为化学能的过程，因此也称电化学法，用来进行电解的装置叫电解槽，其中阴极与电源负极相连接，阳极与电源正极相连接。电解时，阳极能接纳，起来氧化剂的作用；而阴极能放出电子，起还原剂的作用。电解法处理废水的实质，就是直接或间接地使用电解作用，把水中的污染物去除，或者把有毒物质变成低毒或者无毒物质。电解槽的阳极可分为可溶性阳极和不溶性阳极两类，不溶性阳极是用铂、石墨制成的，在电解过程中本身不参与反应，只起传导电子的作用；而可溶性阳极是用铁、铝等可溶性金属制成的，在电解过程中本身溶解，金属原子放出电子而氧化成正离子进入溶液，这些正离子或沉积于阴极，或形成金属氢氧化物，可作为凝聚剂，起凝聚作用。用电解法或电化学法处理废水，按照去除对象以及产生的电化学作用来区分，又可分为电化学氧化、电化学还原、电气浮电凝聚等方法。

二、电解槽

电解槽有翻腾式电解槽和回流式电解槽两种，分别如图 4-13、图 4-14 所示，实际生产中多采用前者。

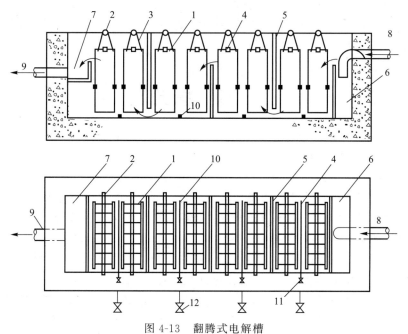

图 4-13　翻腾式电解槽

1—电极板；2—吊管；3—吊钩；4—固定卡；5—导流板；6—布水槽；7—集水槽；
8—进水管；9—出水管；10—空气管；11—空气阀；12—排空阀

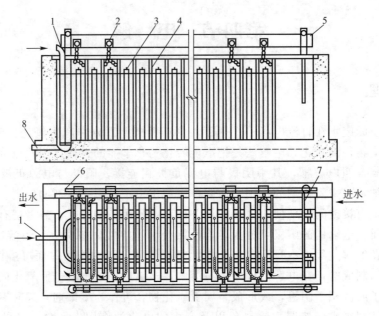

图 4-14 单电极回流式电解槽

1—压缩空气管；2—螺钉；3—阳极板；4—阴极板；5—母线；

6—母线支座；7—水封板；8—排空阀

三、电解处理过程中异常问题

电解效率降低，出水质量不符合要求。

主要原因：①电解材料选择不当；②极板间距过大；③电流密度过小；④pH 值偏差大；⑤电极附近产生浓差极化现象。

第五节　膜分离

一、膜分离法的分类与特点

膜分离法是利用一种特殊的半透膜把溶液隔开，使溶液中的某些溶质或水渗透出来，从而达到分离溶质的目的。什么叫半透膜？凡是把溶液中一种或几种成分不能透过，而其他成分能透过的膜，都叫做半透膜。

根据膜的不同种类及不同的推动力，膜分离法可分为扩散渗析、电渗析、反渗透、超滤等方法。这些方法使用的膜各不相同，膜的功能也不同，如表 4-3 所示。

膜分离法的共同优点是：可在一般温度下操作；不消耗热能；没有相的变化；设备可工厂化；交易操作等。缺点是处理能力：除扩散渗析外，均需消耗相当的能量，对于处理要求高。

表 4-3　几种膜分离方法的特征及其区别

分离过程	膜名称	膜功能	推动力	适用范围
扩散渗析	渗析膜	离子选择透过	浓度梯度	分离离子态的溶质
电渗析	离子交换膜	离子选择透过	电位梯度	分离浓度 1000～5000mg/L 离子态溶质
反渗透	反渗透膜	分子选择透过	压力梯度	分离浓度 1000～10000mg/L 小分子态溶质
超滤	超滤膜	分子选择透过	压力梯度	分离相对分子质量大于 500 的大分子溶质
液膜渗析	液膜	促进迁移	浓度梯度	分离离子和分子态溶质
隔膜电解	离子交换膜	离子选择透过	电能	分离离子态溶质

二、膜分离的方法

(一) 扩散渗析法

扩散渗析法是利用一种渗透膜把浓度不同溶液隔开，溶质即从浓度高的一侧透过膜而扩散到浓度低的一侧，当膜两侧的浓度达到平衡时，渗析过程即停止进行。扩散渗析主要用于酸、碱的回收，回收率可达 70%～90%，但不能把它们浓缩，此法操作简单方便，能耗较低，但设备投资较高，适用于从高浓度酸液中回收游离碱。

(二) 电渗析法

电渗析是外加直流电场作用下，利用阴阳离子交换膜对水中离子的选择通过性，使一部分溶液中的离子迁移到另一部分溶液中去，达到浓缩、纯化、分离的目的。电渗析系统由一系列阴阳膜放置于两电极之间组成，如图 4-15 所示，通常把离子减少的隔室称淡室，其出水为淡水；离子增多的隔室称浓室，其出水为浓水；与电极板接触的隔室称极室，其出水为极水。

采用电渗析处理工业废水时，可从浓水中回收有用物质；淡水或无害化后排放，或重复利用。

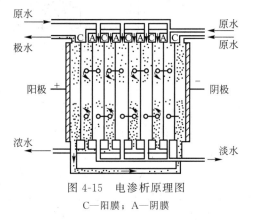

图 4-15　电渗析原理图
C—阳膜；A—阴膜

1. 离子交换膜

离子交换膜是一种由高分子材料制成的具有离子交换基因的薄膜，它具有离子选择透过作用。按照膜体的构造可分为异相膜和均相膜。按照膜的作用可分为阳膜、阴膜、复合膜。均相膜比异相膜的电化性能好，耐温性能也好，但制造较复杂。

良好的离子交换膜应具备的条件：高的离子选择透过性，即阳膜只允许阳离子通过，阴膜则相反。实际应用的膜的选择透过率一般在 80%～95%；渗水性低；导电性良好，膜的面电阻低，膜电阻通常为 2～10Ω/cm²；化学性能稳定良好，能耐酸、耐碱、抗氧、抗氯；

膜应完整，均一，无针孔，并具有一定的柔韧性和足够的机械强度。

离子交换膜的性能对电渗析效果影响很大。工业废水的成分与水质的状况相当复杂，研制与选用适宜于废水处理的膜十分重要。

2. 设备

电渗析器的构造是由膜堆（包括隔板，离子交换膜）、极区（包括电极、极框、垫板）和压紧装置3大部分组成。

隔板用于隔开阴阳膜，隔板本身也是水流的通道。电极材料一般用石墨电极、金属电极、铅电极等。

在一台电渗析装置中，膜的对数（阴阳膜各一张称为一对）可达到120对以上。

（三）反渗透法

1. 基本原理

若把淡水和盐水用一种只能透过水不能透过溶质的半透膜隔开，如图4-16所示，淡水自然地透过半透膜渗透至盐水一侧，这种现象称为渗透。当渗透一直进行到盐水一侧，液面达到某一高度时产生一个压头 H，此时达到渗透平衡，盐水的液面不再上升。

这一平衡压力就叫渗透压，在这种情况下，如果在盐水一侧加上一个大于渗透压的压力 P，当 $P > H$ 时，则盐水中的水分子就会穿过半透膜渗透到淡水一侧，使盐水增浓，这一现象称为反渗透。

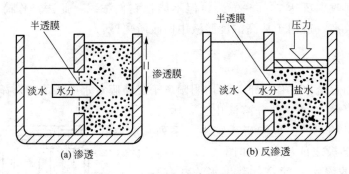

图 4-16　渗透与反渗透原理图

2. 反渗透膜

反渗透膜种类很多，在水处理中广泛应用的反渗透膜有两种：醋酸纤维素膜（简称为CA膜）和芳香聚酰胺膜。

① CA膜　CA膜的组成：醋酸纤维素——成膜材料；溶剂——使醋酸纤维素溶解，常用的有丙酮；添加剂——也称溶胀剂，起膨胀作用，造成微细孔结构，常用的有甲酚胺或过氧酸镁和水等。

上述材料按一定配方并经溶解形成膜液，充分溶解后可制成多种形式的膜，再经蒸发、凝胶、热处理等步骤，便可使用。CA膜是一种酯，在水中易水解，渗透用的pH值是3.8。

② 芳香聚酰胺膜　这种膜由芳香聚酚胺作为成膜材料、二甲基乙酰胺作为溶剂、硝酸锂或氯化锂作为添加剂制成，常做成空心纤维形式，以增大膜的表面积。空心纤维的外径为 $45 \sim 85 \mu m$，表皮层厚约 $0.1 \sim 1.0 \mu m$，近似人的头发粗细。它的单位体积透水量比醋酸纤

维素膜高，使用寿命较长。

3. 反渗透装置的类型与特点

目前常用的反渗透装置有管式、螺旋卷式、空心纤维式、板框式、多束式等多种形式。

① 管式反渗透装置　这种装置使用管状膜，膜置于小直径（10～20mm）耐压多孔管的内侧，膜与管之间有塑料网或纤维网，把许多根管状膜单元装入高压容器内称为内压管式。此外，还有多压管式、套管式。管式装置易于换膜，安装维修方便，其缺点是单位体积的膜面积较小，建造费用越高。

② 螺旋卷式反渗透装置　它由平面膜做成，在两层透膜中间夹衬着多孔支撑材料，把膜的三边密封形成膜袋，另一个开放的边与一根接受淡水的穿孔管密封连接，膜袋外再垫一层细网，作为间隔网，紧密卷绕而成一个组件，把一个或多个组件放入耐压筒内。原水及浓缩液系沿与中心管平行方向在膜袋外细网间隔层中流动，浓缩液由筒的一端引出，渗透水则沿着两层膜的垫层（多孔支撑材料）流动，最后由中心集水管引出。

螺旋卷式装置因其单位面积的膜表面积较大，故透水量大，紊流效果好，不易产生浓度差极化现象，其缺点就是膜沾污后消除困难，不能处理含有悬浮物的液体。

③ 中空纤维式反渗透装置　中空纤维式膜不需要支撑材料，而是把几十万根空心纤维捆成膜束，密封装入耐压容器中。其优点是单位体积的膜面积很大，制造和安装简单，可以在较低压力下运行，膜的压实现象减缓，膜寿命长，其缺点是不能用于处理含有悬浮物的液体。

④ 板框式反渗透装置　这种装置由若干块平板和平膜按压滤机形成制成。其结构简单，但单位体积的膜面积较小。为了使反渗透装备正常运行，必须对原水进行预处理，包括去除悬浮固体、油，调整 pH 值，消毒等。

为了防止膜的极化现象，常需要提高水的流速。为提高水的回收率，常采用多级浓缩方式。反渗透装饰的设计参数包括回收率、淡水水质、工作压力、浓水流量、预处理程度、保持透水量的方法、渗出水的后处理等。

4. 反渗透处理废水应用

反渗透在水处理中的应用日益广泛，在给水处理中主要用于苦咸水、海水的淡化和超纯水的制取。在废水处理中主要用于去除重金属离子和贵重金属浓缩回收，渗透水也能重复使用。

三、超滤法

超滤与反渗透相类似，也是依靠压力和膜进行工作。但是超滤膜孔（与反渗透膜相比）较大，能在小的压力下（<1MPa）工作，而且有较大的水通量。超滤一般用于从水中分离相对分子质量大于 500 的物质，如细菌、蛋白质、淀粉、藻类、颜料、涂料等。超滤膜有醋酸纤维素膜、聚酰胺膜、聚砜膜等，它们适用的 pH 值依次为 4～4.5、4～10 和 1～12。

超滤设备与反渗透设备相似，同样主要有管式、板框式、螺旋卷式和中空纤维式等几种形式。

进行超滤操作时，施加的外压一般在 0.04～0.7MPa。通常在 1～1.5 个大气压下，水

的迁移量为 $0.8\sim20m^3/(m^2\cdot d)$，而当外压力为 7 个大气压时，有些膜的水迁移量可达 $20\sim100m^3/(m^2\cdot d)$。

在超滤过程中，不能滤过的残留物在膜表面层的浓聚，形成浓差极化现象，使通水量急剧减少。为防止浓差极化现象，应使膜表面平行流动的水的流速大于 $3\sim4m/s$，使溶质不断地从膜界面送回到主流层中，减少界面层的厚度，保持一定的通水速度和截留率。在工业废水处理中，超滤主要用于电泳涂漆、印染、电镀等；在给水处理中主要用于去除细菌及超纯水制取的预处理等。

第五章
生物化学处理单元技术与操作管理

活性污泥法是废水处理工程中最常见的一种生物处理法，它能从污水中去除溶解的和形成胶体的可生物降解有机物和被活性污泥吸附的悬浮固体和其他一些物质，既适用于大流量的污水处理，也适用于小流量的污水处理，在城市污水处理中获得了最广泛的应用。

第一节　活性污泥法

一、基本概念

（一）活性污泥的性质和组成

由于它不是一般的污泥，而是栖息着具有生命活力的微生物群体的絮状污泥，故称为活性污泥。

（1）外形　黄、褐色（因废水水质的不同而不同），絮状泥粒（像矾花）。

（2）组成　镜检，大量微生物。

① 有机物

a. 生物（菌胶团）。细菌、放线菌、真菌、衣原体、支原体、藻类、原生动物、后生动物等类群，其中和污水处理关系密切的是细菌、藻类、原生动物和后生动物。

b. 有机悬浮物颗粒。

② 无机物：无机盐等。

其组成比例随反应器的入流废水不同而异，如生活污水的活性污泥中的有机成分约占70%，无机成分为30%。

（3）性质　含水率：$V_水/V_总$，一般为98%～99.5%。含水率高，沉淀性能差。

（二）活性污泥的增长规律

纯种微生物的生长繁殖规律已经有大量的研究，通常以生长曲线反映这一规律。相类似地，也可用生长曲线反映活性污泥生长繁殖的一般规律。

① 营养丰富→对数增长阶段。

② 有机物基本被去除→减速增长阶段（静止期）：活性大，沉降性能好。

③ 内源呼吸阶段（衰亡期）：质地紧密，无机物高，沉降性能好。

活性污泥一般要求：①活性大，吸附能力强；②沉降性能好，所以采用减速增长阶段的污泥。

(三）活性污泥对废水净化作用

活性污泥法净化废水包括下述三个主要过程。

1. 吸附

活性污泥为絮状体，比表面积巨大，且含有多糖类黏性物质的微生物，所以废水中的污染物首先被活性污泥吸附，其过程是物理吸附和生物吸附的综合作用。

2. 微生物的代谢

微生物的代谢过程如前面所述，吸收进入细胞体内的污染物通过微生物的代谢反应而被降解，一部分经过一系列中间状态氧化为最终产物 CO_2 和 H_2O 等，另一部分则转化为新的有机体，使细胞增殖。

分为以下两个阶段。

第一阶段：有机物吸附在污泥表面。

第二阶段：由于微生物表面有外酶作用，使蛋白质→氨基酸；糖类→单糖，这些小分子物质由菌胶团上又重新溶于水中，所以水中有机物量又有所升高。

所以，有两种方式净化水：①有机物被吸附后直接出水；②有机物被真正降解后出水。

3. 凝聚和沉淀

絮凝体是活性污泥的基本结构，它能够防止微型动物对游离细菌的吞噬，并承受曝气等外界不利因素的影响，更有利于与处理水分离。水中有很多细菌具有凝聚性能，可形成大块的菌胶团。

沉淀是混合液中固相活性污泥颗粒同废水分离的过程。固液分离的好坏，直接影响出水水质。所以，活性污泥法的处理效率，同其他生物处理方法一样，应包括二沉池的效率，即用曝气池及二沉池的总效率表示。

(四）活性污泥的性能指标、相关参数

活性污泥法处理的关键在于具有足够数量和性能良好的活性污泥。活性污泥通常用污泥浓度表示，活性污泥的性质主要表现在絮凝性和沉淀性上。絮凝性好的活性污泥具有较大的吸附表面，废水的处理效率较高；沉淀性能好的污泥能很好地进行固液分离，二沉池出水携带的污泥量少，回流的污泥浓度较高。

实践证明，絮凝性好的污泥，沉淀性不一定良好。像处于膨胀阶段的活性污泥，由于絮凝体内含水能力特别强，与水的密度差小，因此，难以沉淀和压缩。但是，通常可以说，沉淀性好的污泥，絮凝性也一定好，因为只有絮凝性良好，才能将分散的微生物和细小有机颗粒凝聚成大颗粒，加快沉淀速度。

衡量活性污泥数量和性能的指标主要有以下几项。

1. 污泥浓度

（1）混合液悬浮固体浓度（MLSS） 指 1L 混合液中所含的悬浮固体的质量，单位为 g/L 或 mg/L。一般在活性污泥曝气池内：MLSS＝2～6g/L，多为 3～4g/L。

表达式：MLSS＝Me＋Ma＋Mi＋Mii

式中，Ma 为活性的微生物群体；Me 为内源呼吸残余的微生物机体；Mii 为活性污泥吸附的无机惰性物质；Mi 为难降解的有机悬浮物。

MLSS 测定方法比较简便易行，此项指标应用较为普遍，但不能精确地表示具有活性的活性污泥数，而表示的是活性污泥的相对值。

MLSS是活性污泥处理系统重要的设计、运行参数。

（2）混合液挥发性悬浮固体浓度（MLVSS） 指1L混合液中所含的挥发性悬浮固体的质量，单位为g/L或mg/L。

表达式：MLVSS＝Me＋Ma＋Mi＝MLSS－Mii

用MLSS表示微生物量是不准确的，因为它包括了活性污泥吸附的无机惰性物质，这部分物质没有生物活性。MLVSS在精确度方面比MLSS进了一步，但仍不能精确地表示活性污泥微生物量，表示的仍然是活性污泥量的相对值。

MLVSS与MLSS的比值以f表示，即$f＝$MLVSS/MLSS。

在一般情况下，f值比较固定。对生活污水，f值常在0.75左右；对于工业废水，其比值视水质不同而异。

然而，在正常的运转状态下，一定的废水和废水处理系统，MLSS和MLVSS之间以及MLSS与活性微生物量之间具有相对稳定的相关关系，因而在没有更精确的直接测定活细胞量的方法之前，用MLSS或MLVSS间接代表微生物浓度还是可行的。目前用得最多的是MLSS。

2. 污泥沉降比（SV）

指一定量的曝气池混合液静置30min后，沉淀污泥与原混合液体积比（用百分数表示），即

污泥沉降比（SV）＝（混合液经30min静置沉淀后的污泥体积）/（混合液体积）×100％

活性污泥混合液经30min沉淀后，沉淀污泥可接近最大密度，因此，以30min作为测定污泥沉淀性能的依据。

沉降比与污泥絮凝性和沉淀性能有关。当污泥絮凝性与沉淀性能好时，SV的大小可间接表示曝气池混合液的污泥数量的多少，故可以用SV作指标来控制污泥回流量及排放量。但是，当污泥絮凝性、沉淀性差时，污泥不能下沉，上清液浑浊，所测得的SV增大。

通常，曝气池混合液的SV正常范围：15％～30％。

3. 污泥容积指数（SVI）

① 曝气池混合液经30min沉淀后，1g干污泥形成的湿泥的毫升数，单位为mL/g。

在一定的污泥量下，SVI反映了活性污泥的凝聚沉淀性。

SVI较高→SV值较大，疏松，有机物含量高，沉淀性能较差；

SVI较小→紧密，无机化程度高，沉淀性能好。

通常，当SVI＜100时，沉淀性能良好；当SVI＝100～200时，沉淀性一般；而当SVI＞200时，沉淀性较差，污泥易于膨胀。

一般常控制SVI在50～150为宜，但根据废水性质不同，这个指标也有差异。

② 测定方法。

a. 在曝气池出口处取混合液试样；

b. 测定MLSS（g/L）；

c. 把试样放在一个1000mL的量筒中沉淀30min，读出活性污泥的体积（mL）；

d. 按下式计算：

$$SVI＝\frac{V(mL/L)}{MLSS(g/L)}$$

结合SV，则SVI＝（SV的百分数×10）/MLSS（g/L）。

4. 回流污泥浓度

曝气池内混合液中的污泥基本来自回流污泥。故曝气池中 MLSS 必然同回流污泥量和浓度有关。

回流比 r：回流水量和进水流量之比。

$$r = \frac{q_r}{q_v} \rightarrow q_r = r q_v$$

根据物料平衡：

$$r q_v \rho_{Sr} = (q_v + r q_v) \rho_{Sa}$$

$$\rho_{Sa} = \frac{r}{1+r} \rho_{Sr}$$

式中，q_r 为回流水量，m^3/s；q_v 为进水流量，m^3/s；ρ_{Sa} 为曝气池中的 MLSS，mg/L；ρ_{Sr} 为回流污泥的悬浮固体浓度，mg/L；r 为污泥回流比。

由上式可知，曝气池中的 MLSS 不可能高于回流污泥浓度，两者越接近，r 越大。

5. 进水率（Z）

$$Z = \frac{q_v}{q_v + q_r} = \frac{1}{1+r}$$

6. 负荷

（1）水力负荷 q $[m^3/(h \cdot m^2)]$

（2）BOD_5 负荷（即 BOD_5 去除负荷）L_s：

$$L_s = \frac{q_V(\rho_{S0} - \rho_{Se})}{V \rho_{Sa}}$$

式中，V 为曝气池体积；ρ_{Se} 为曝气池中出水的 BOD_5 浓度，mg/L；ρ_{S0} 为曝气池进水的 BOD_5 浓度，mg/L；ρ_{Sa} 为混合液污泥浓度，mg/L。

（3）体积负荷 L_v $[kg/(m^3 \cdot d)]$：

$$L_v = \frac{q_v \rho_{S0}}{V}$$

（4）污泥负荷（F/M），也就是污泥的有机负荷 N $[kg/(kg \cdot d)]$：是指单位质量的活性污泥在单位时间内去除污染物的数量，即单位时间内供给处理系统的 BOD_5 与曝气池混合液 MLSS 或 MLVSS 的比值。

$$\frac{F}{M} = \frac{q_v \rho_{S0}}{V \rho_{Sa}}$$

在 F/M≥2.2 时，表明活性污泥微生物处于对数增长期，丰富的营养以最大的速率降解有机物。

F/M≈0.5 时，微生物处在增殖衰减，细菌活力小，污泥处成熟期，易形成絮体。

F/M<0.2 时，微生物进入内源呼吸期，活性低，形成絮凝体的速率剧增，溶解氧浓度增大，出现原生动物，水质好转。

所以 L_s（F/M）是设计、运行的重要参数。

传统活性污泥工艺的 F/M 值一般在 0.2～0.4kg/(kg·d)。欲得到良好的处理结果，就应很好地控制 BOD 负荷。当 BOD 负荷在 0.2～0.5kg/(kg·d) 时，SVI 控制在 100 左右比较合适。

7. 泥龄（θ）

泥龄是指微生物（污泥）在曝气池中的平均停留时间，也就是曝气池中活性污泥平均更新一遍所需的时间。它是活性污泥法系统设计和运行中最重要的参数之一。选择一定的有机负荷率和一定的 MLSS 浓度，就相应决定了污泥的平均停留时间。

$$\theta = \frac{(X)_T}{(\Delta X / \Delta t)_T}$$

式中，$(X)_T$ 为曝气池中活性污泥总质量，kg；$(\Delta X / \Delta t)_T$ 为每天从系统中排出的活性污泥质量，kg/d。

污泥停留时间可用下式表示：

$$\theta = \frac{VX}{Q_w X_r + (Q - Q_w) X_e}$$

式中，Q_w 为剩余污泥排除量，m^3/d；X_e 为净化水的污泥浓度，mg/L；X_r 为回流污泥浓度，mg/L；V 为曝气池总体积，m^3；Q 为污泥量，m^3/d；X 为曝气池中的活性污泥浓度，即 MLSS，kg/m^3。

由于 X_e 很小，所以

$$\theta = \frac{V \rho_{Sa}}{Q_w \rho_{Sr}}$$

污泥停留时间 θ 和曝气时间 t_s 有一定的相关性。t_s 长，吸附的有机物被氧化掉的多，需氧量就大，增加的污泥量就少；反之，t_s 短，吸附的有机物被氧化的量就少，一部分来不及氧化的有机物就随剩余污泥排出系统，需要的氧量相应就少，曝气时间短。延时曝气法的 t_s 长，增加污泥量少，但需氧量比普通法大 1 倍左右。

污泥平均停留时间至少等于水力停留时间，经验表明，通常活性污泥法系统的污泥平均停留时间约为水力停留时间的 20 倍。

（五）活性污泥性能的影响因素

1. 有机物浓度
米氏方程：

$$v = v_{max} \frac{\rho_S}{K_m + \rho_S}$$

式中，K_m 为米氏常数；v_{max} 是酶被底物饱和时的反应速度；ρ_S 为底物浓度。

当 $\rho_S \gg K_m$ 时，$v = v_{max}$，活性污泥生长最快；

当 $\rho_S \ll K_m$ 时，$v = \frac{v_{max}}{K_m} \rho_S$，活性污泥的量随有机物浓度的增大而增加。

2. DO
活性污泥法是一种利用好氧微生物的生物处理工艺，DO 浓度与活性污泥的工作状况关系密切。

DO 过小，不仅降低活性污泥降解有机物的性能，还会使活性污泥中丝状菌大量繁殖，由此会导致活性污泥的恶性膨胀，影响系统的正常运行。

DO 过大，风机要求大，耗电多。

长期的研究及观察经验表明，为获得良好性能的活性污泥，保持系统的正常运行，DO 浓度 ≥2mg/L，一般在 2～4mg/L。

3. 营养物质（配比）
微生物的营养物质由其细胞体的化学成分构成决定，通常以 C、N、P 三种营养源作为活性污泥微生物所需营养物质的主体构成，三者的投配应满足：C：N：P＝100：5：1。

若某种营养源不足，影响因素中的决定因子就是哪种营养。例如，C：N：P＝100：2：1，则少 N，影响因素的决定因子是 N。

生活污水一般可以满足营养源组成的配比要求，但工业废水则不尽如此。当所处理的工业废水缺乏某种营养源时，往往需要另外加以补充。

例如，若少 C，可加淀粉、生活污水；若少 N，可加尿素、硫酸铵；若少 P，可加磷酸钾、磷酸钠。

4. 温度

化学反应：温度每升高 10℃，反应速度提高 2～4 倍（活性污泥增加速度）。

酶促反应：温度每升高 10℃，反应速度提高 1～2 倍（活性污泥增加速度）。

微生物也有低、中、高温之分。

一般说来，温暖季节，水温适宜时，微生物生理状况良好，废水生物处理的运行情况就较为正常，出水水质也较好；而在严寒季节，水温过低时，则处理效果就较差。

活性污泥法的运行经验表明，曝气池系统水温的适宜范围在 20～30℃，若水温＞35℃或＜10℃时，处理效果就下降。因此，对高温工业废水的生物处理往往需要加以降温；而在寒冷地区，采取保温措施。

5. pH 值

曝气池内混合液的 pH 值是影响活性污泥微生物重要因素。一般 pH＝6.5～7.5，活性污泥的生长繁殖情况最好。

pH＜6.5，霉菌大量繁殖（霉菌不像细菌那样分泌黏性物质），破坏活性污泥的结构，造成污泥膨胀；

pH 过高，达到 9 时，代谢缓慢，原生动物将由比较活跃转为呆滞，菌胶团黏性物质解体，活性污泥结构也遭到破坏。

6. 有毒物质

有毒物质对污泥微生物的主要影响是破坏细菌细胞的构造物质和酶系统，使细菌由于失去活性而不能正常生长繁殖，甚至直接被毒伤、毒死。

有毒物质：许多重金属（砷、铅、镉、铬、铜、锌等），此外还有酚、氰、醛、硝基化合物等有机型毒物。

二、活性污泥法

活性污泥法是采用人工曝气的手段，使栖息有大量微生物群的絮状泥粒（即活性污泥）均匀分散并悬浮于反应器（即曝气池）中，与废水充分接触；在有溶解氧的条件下，微生物利用废水中的有机物，进行同化合成和异化分解的代谢活动。

在此过程中，有机物质得到降解、去除，同时不断合成新的微生物，表现为活性污泥量的不断增长。因此，为保持构造主体——微生物（活性污泥）量的平衡，系统正常运行时需定期从反应器中排除增殖部分的污泥。

（一）活性污泥法的基本工艺流程

活性污泥法由曝气池、沉淀池、污泥回流和剩余污泥排除系统组成，其基本流程如图 5-1 所示，该流程也称为传统（或典型）活性污泥法工艺流程。

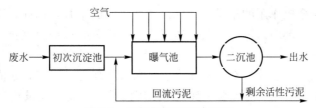

图 5-1 活性污泥法基本流程

设在工艺系统的首端，用于去除原废水中所含悬浮物（原生悬浮物）的沉淀池为初次沉淀池，简称初沉池；与初沉池相对应，设在系统的末端，用于分离、浓缩由曝气池出水所携带的活性污泥（次生悬浮物）的沉淀池称为二次沉淀池，简称二沉池。

二沉池分离的污泥有两个去向：①重新返回工艺系统，用以保持曝气池中所需的微生物量的那部分污泥，称为回流污泥；②另一部分从处理系统中排出的污泥，称为剩余污泥。剩余污泥的实质是曝气池的生化处理过程中，生化反应引起了微生物的增殖，增殖的微生物量即以剩余污泥的形式从沉淀池中排除，以维持活性污泥系统的稳定运行。剩余污泥在另设的污泥处置系统中予以进一步的消化处理。

在曝气池中，回流污泥微生物和废水中的有机物经历相互混合、接触、吸附、氧化分解、吸收等一系列生物化学转化过程，使可生化降解的有机物质被微生物所利用，废水的BOD$_5$得以降低。

活性污泥系统：以曝气池和二沉池为主体组成的整体，完整的活性污泥系统还包括实现回流、曝气、污泥处置功能所需的辅助设施。

回流污泥的作用：通过二沉池的污泥源源不断回流到曝气池，使曝气池内保持一定的以悬浮固体浓度为表征的微生物浓度。

曝气过程：即为活性污泥微生物提供呼吸所需的氧，同时也使活性污泥与废水不断混合，搅拌以防止活性污泥在曝气池中沉淀。

活性污泥法基本工艺流程的实质是天然水体自净作用的人工化和强化，即在模拟自然界存在的自净过程的基础上，人为地将微生物（活性污泥）悬浮于水流中，与有机污染物质不断接触，通过活性污泥微生物的生命代谢活动，去除废水中的有机污染物质。

（二）常见的活性污泥法

1. 传统活性污泥法

传统活性污泥法是在污水的自净作用原理下发展而来的，污水在经过沉砂、初沉等工序进行一般处理后，去除了大部分悬浮物和部分BOD，然后进入一个人工建造的池子，池内有无数能氧化分解污水中有机物的微生物，同天然河道相比，这一人工的净化系统效率极高，大气的天然复氧根本不能满足这些微生物氧化分解有机物的耗氧需要，因此，我们设置鼓风机给池中曝气形成人工供氧系统，池子因此被称为曝气池。

污水在曝气池停留一段时间后，污水中的有机污染物大多数被曝气池中的微生物吸附、氧化分解成无机物，随后进入另一个池子——二次沉淀池，在二沉池中，成絮状的微生物——活性污泥下沉，处理后的出水——上清液即可溢流而被排放。

为了使曝气池保持高的反应速率，我们必须使曝气池内维持足够高的活性污泥微生物浓度，为此，沉淀后的活性污泥又用泵回流至曝气池前端，使之与进入曝气池的污水接触，以重复吸附、氧化分解污水中的有机物。

这一正常的连续生产（连续进水）条件下，活性污泥中微生物不断利用污水中的有机物进行新陈代谢。由于合成作用的结果，活性污泥数量不断增长，因此，曝气池中活性污泥的量愈积愈多，当超过一定的浓度时，我们适当排放一部分，这部分被排出的活性污泥称为剩余污泥。

曝气池中污泥浓度一般控制在 2~3g/L，污水浓度高时采用较高数值，污水在曝气池中的停留时间常采用 4~8h，可视污水中有机物浓度而定，回流污泥量约为进水流量的 25%~50%，要视污泥的含水率而定。

曝气池中的水流是纵向混合推流式，在曝气池前端，回流的活性污泥同刚进入的污水相接触，有机物浓度相对较高，即可供给活性污泥中的微生物较多的食料，微生物生长繁殖很快，活性比较强，相应的处理污水的能力比较高，但由于传统污泥曝气时间比较长，当活性污泥继续向前推进到曝气池末端时，污水中的有机物几乎被耗尽，微生物只能靠自身的氧化来维持生命。它的活动能力也相应减弱，因此在沉淀池中容易沉淀，出水中残留的有机物数量少，处于饥饿状态的污泥回流入曝气池后又能够强烈吸附和氧化有机物，所以传统活性污泥法的 BOD 和 SS 去除率都很高，能达到 90%~95%。

传统活性污泥法也有它的不足，主要是：①不善于适应水质的变化；②所供的氧不能充分利用。因为，在曝气池前端污水水质浓，污泥负荷高，需氧量大，而后端却相反，而空气往往沿池长分布，这就造成前端氧量不足，后端氧量过剩的情况，因此，在处理同样水量时同其他类型的流动性污泥法相比，曝气池相对就大、占地多、能耗费。

2. 阶段曝气法

阶段曝气池中，污水沿池长多点进入，这样使有机物在曝气池中的分配较为均匀，从而避免了前端缺氧后端氧过剩的弊病，提高了空气的利用效率和曝气池的工作能力，并且由于容易改变各个进水口的水量，在运行上也有较大的灵活性，经实践证明，曝气池容积同传统活性污泥法相比可缩小 30%左右。

阶段曝气法也称多点进水活性污泥法，它是传统活性污泥法的一个简单改进，可克服传统法的供氧与需氧不平衡之间的矛盾。其工艺流程见图 5-2。

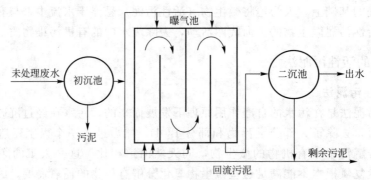

图 5-2　阶段曝气活性污泥法工艺流程图

3. 渐减曝气法

这种方法也是对传统法供氧不平衡的一个改进方法，是将曝气池的供氧沿活性泥推进方向逐渐减少。曝气池中的有机物浓度随着向前推进不断降低，污泥的需氧也不断下降，曝气量相应减少。

4. 延时曝气法

延时曝气法即长时间曝气的活性污泥法，或称完全氧化法，这种方法曝气时间长、负荷低，一般都有硝化作用发生，有机物去除率高，污泥产量少，适用于小型污水厂。

5. 吸附再生活性污泥法

吸附再生活性污泥法系根据污水的净化机理，污泥微生物对有机污染物的吸附、氧化分解作用，将传统活性污泥法作相应改进发展而来。其工艺流程见图5-3。

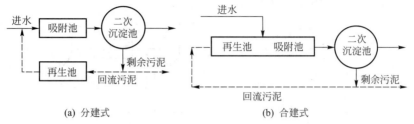

图 5-3　吸附再生活性污泥系统

曝气池被一隔为二，污水在吸附池内停留数十分钟，其中的活性污泥与污水充分接触，污水中的有机物被污泥所吸附，随后进入二沉池，这时，污水已达到很高程度的净化。

泥水分离后的回流污泥进入再生池，池中仅曝气但不进水，使污泥中吸附的有机物进一步氧化分解，恢复了活性的污泥随后再次进入吸附池同新进入的污水接触并重复以上过程。

为了更好地吸附污水中的有机污染物质。吸附再生活性污泥法所用的回流污泥量比传统活性污泥法多，回流比一般在50%～100%。此外，吸附池和再生池的总容积比传统法曝气池小得多，空气用量并不增加，因此，减少了占地，降低了造价。由于回流污泥量较多，又使其具有较强的调剂平衡能力，以适应进水负荷的变化。它的缺点是去除率较传统法低。

6. 完全混合活性污泥法

完全混合活性污泥法的流程与传统法相同，但污水和回流污泥进入曝气池时，立即与池内原先存在的混合液充分混合。

污水进曝气池后，即同原先有机物浓度低的大量混合液充分混合，使污水很好地稀释，故可最大限度地忍受水质的变化，同时池内各点微生物所处的状况（营养、负荷、需氧）等几乎完全一致，微生物处于生长的某一阶段，这样就有可能通过调整池内污泥的浓度等方法，使整个池子的工作控制在最佳的条件下运行。其工艺流程见图5-4、图5-5。即可使其按渐减曝气工艺来运行。

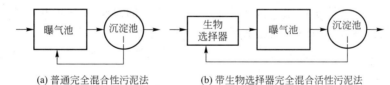

(a) 普通完全混合性污泥法　　　　(b) 带生物选择器完全混合活性污泥法

图 5-4　分建式完全混合活性污泥法

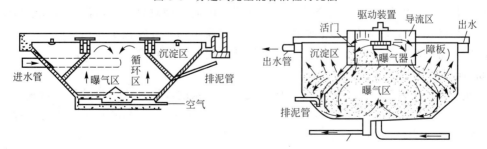

图 5-5　合建式完全混合活性污泥法

7. A-B法（两级活性污泥法或称为两段曝气法）

A-B法（也称为生物吸附-活性污泥法）是两级活性污泥法的一种形式，其基本组成是两个连续流的活性污泥装置，整个系统分成负荷不同的 A 级和 B 级，A 级在相当高的污泥负荷 [3～6kg/(kg·d)] 下运行，B 级是一个个的低负荷活性污泥装置，其污泥负荷为 0.15～0.3kg/(kg·d)。其工艺流程见图5-6。

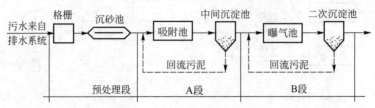

图5-6　A-B法工艺流程图

A-B法通常不设初沉淀池，只在特殊情况下，才设去除大颗粒杂质的初沉池，A级和B级分别单独回流活性污泥，互不相混，形成两种各自完全不同的微生物群落，分别与其中水质浓度和运行条件相适应。

A级对于水质、水量、pH值和毒物等冲击具有较大的缓冲作用，因此，作为第二级即B级进水的A级出水，水质能保持相当的稳定，为B级微生物种群的良好生长繁殖创造了有利条件。

A-B法的 BOD_5 和 COD 去除率，比相应的一般活性污泥法高，特别是 COD 的去除率，提高更显著。A 级的 BOD_5 去除率是可变的，根据污泥负荷和运行时工况进行调节，A 级的 BOD_5 去除范围为 40%～70%，但考虑到后面的 B 级，一般 A 级的去除率须加以限制，约在 60% 以下较好。A-B法 BOD_5 总去除率为 90%～98%。

8. 深层曝气

一般深层曝气池直径 1～6m，水深 10～20m。但深井曝气法深度可达 150～300m，节省了用地面积。

在深井中可利用空气作为动力，促使液流循环。

深井曝气法中，活性污泥经受压力变化较大，实践表明这时微生物的活性和代谢能力并无异常变化，但合成和能量分配有一定的变化。

深井曝气池内，气液紊流大，液膜更新快，促使氧的总转移系数 K_{La} 值增大，同时气液接触时间延长，溶解氧的饱和度也随深度的增加而增加。

需解决的问题：当井壁腐蚀或受损时，污水可能会通过井壁渗透，污染地下水。

9. 纯氧曝气

纯氧代替空气，可以提高生物处理的速度。在密闭的容器中，溶解氧的饱和度可提高，氧溶解的推动力也随着提高，氧传递速率增加了，因而处理效果好，污泥的沉淀性也好。纯氧曝气并没有改变活性污泥或微生物的性质，但使微生物充分发挥了作用。

缺点：纯氧发生器容易出现故障，装置复杂，运转管理较麻烦。

10. 浅层曝气

气泡形成和破裂瞬间的氧传递速率是最大的。在水的浅层处用大量空气进行曝气，就可以获得较高的氧传递速率。扩散器的深度以在水面以下 0.6～0.8m 为宜，可以节省动力费用，动力效率（以 O_2 计）可达 1.8～2.6kg/(kW·h)。可以用一般的离心鼓风机。

浅层曝气与一般曝气相比，空气量增大，但风压仅为一般曝气的 1/4～1/6，约 10kPa，故电耗略有下降。

曝气池水深一般 3～4m，深宽比 1.0～1.3，气量比 30～40m³/(m³·h)。

浅层池适用于中小型规模的污水厂，由于布气系统进行维修上的困难，没有得到推广利用。

表 5-1 所列为活性污泥法主要工艺及运行特点。

表 5-1　活性污泥法主要工艺及运行特点

工艺名称	运行工艺	工艺特点
传统活性污泥法	推流式	去除率高，运行方法灵活；体积负荷率低，进水浓度、有毒物质不能过高，不抗冲击负荷，池首供氧不足，池末供养过量
阶段曝气法	多点进水	去除率高，有机物分布均匀使需氧量均匀，容积负荷提高
生物吸附法	吸附＋再生	容积负荷和抗冲击能力提高，再生池需氧量均匀，容积负荷提高
完全混合法	完全混合	有较强的抗冲击负荷能力，适用于高浓度工业污水，池内需氧量均匀，出水水质比传统法差，易发生污泥膨胀
延时曝气法	曝气时间长	出水水质好，污泥量少，工艺灵活，污泥负荷率低，曝气池大
高负荷法	曝气时间短	有机负荷高，曝气时间短，去除率低
深井曝气法	直径 1～6m、深 70～150m	氧利用率高，有机物降解速率快，适合处理高浓度的有机污水，需要高压风机
浅层曝气法	浅层曝气	可采用低风压机，曝气栅容易堵塞
纯氧曝气法	纯氧曝气	氧利用率高，容积负荷率高，处理效率高，产生污泥量少，不发生污泥膨胀，运行费用高

（三）氧化沟

1. 氧化沟工艺的原理

氧化沟法处理污水，其本质是延时曝气活性污泥法，污水进入氧化沟后与混合液混合，以 0.3～0.5m/s 的流速在沟中流动，污水在沟中完成一个循环约需 15～30min，污水在沟中停留 16～24h，污水在沟中要经过 20～120 个循环才能流出氧化沟，这就使得氧化沟基本上是混合式，但又具有推流式的基本特征。

从整个氧化沟看，可以认为它是一个完全混合的水池，其中浓度变化极小，可以忽略不计，进水将得到迅速的稀释，因此具有很强的受冲击负荷的能力和降解能力。

如果从氧化沟的某一段看，随着与曝气器距离的增加，污水中的溶解氧也不断减少，还会出现缺氧区，利用这一特征，可以使污水相继进行硝化过程，达到脱氮的目的，同时剩余活性污泥沉降性能良好，便于泥水分离。

我国在 1985 年以后，陆续建设一些中型的氧化沟污水处理厂，如邯郸东区污水处理厂（6.6×10⁴t/d），昆明兰花沟污水处理厂（5.5×10⁴t/d），桂林东区污水处理厂（4×10⁴t/d），还有一些小型的污水处理厂。

2. 工艺流程

氧化沟是延时曝气法的一种特殊形式，它的池体狭长，池深较浅，在沟槽中设有表面曝气装置。

曝气装置的转动，推动沟内液体迅速流动，具有曝气和搅拌两个作用，沟中混合液流速为 0.3～0.6m/s，使活性污泥呈悬浮状态。15～40min 完成一次循环。廊道水流呈推流式，但总体接近完全混合反应器。如图 5-7 所示。

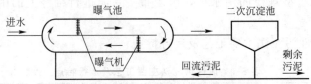

图 5-7　活性污泥法氧化沟典型工艺流程

3. 工艺参数

a. 有机污泥负荷（以 BOD 计）：0.05～0.15kg/(kg·d)。

b. 有机物容积负荷（以 BOD 计）：0.2～0.4kg/(m^3·d)。

c. 水力停留时间：10～30h。

d. 污泥泥龄：10～30d。

e. 混合液浓度：2000～6000mg/L。

f. 沟中流速：0.3～0.5m^3/s。

g. 出水水质：BOD$_5$　10～15mg/L；SS　10～20mg/L；NH$_3$-N　1～3mg/L。

4. 氧化沟主要工艺和技术特点

氧化沟污水处理工艺，通常将初沉池、曝气池、二沉池及污泥消化池合建在一起。这种流程短，构筑物集中，管理方便。处理具有性能稳定、出水水质好、产泥量少且不需进行消化处理。一般不设初沉池，沟体狭隘，呈圆形或椭圆形，泥龄长，污泥负荷较低。

5. 工艺特点

① 简化了预处理。氧化沟水力停留时间和污泥龄比一般生物处理法长，悬浮有机物可与溶解性有机物同时得到较彻底的去除，排出的剩余污泥已得到高度稳定，因此氧化沟可不设初沉池，污泥不需要进行厌氧消化。

② 占地面积少。因为在流程中省略了初沉池、污泥消化池，有时还省略了二沉池和污泥回流装置，使污水厂总占地面积不仅没有增大，相反还可缩小。

③ 具有推流式流态的特征。氧化沟具有推流特性，使得溶解氧浓度在沿池长方向形成浓度梯度，形成好氧、缺氧和厌氧条件。通过对系统合理的设计与控制，可以取得较好的脱氮除磷效果。

6. 技术特点

① 构造形式的多样性。氧化沟的基本形式呈封闭的沟渠形，而沟渠的形状和构造则多种多样。沟渠可以呈圆形和椭圆形等形状，可以是单沟或多沟，多沟系统可以是一组同心的互相连通的沟渠（如奥贝尔氧化沟），也可以是互相平行、尺寸相同的一组沟渠（如三沟式氧化沟），有与二沉池分建的氧化沟，也有合建的氧化沟。

② 氧化沟的曝气设备的多样性。常用的曝气装置有转刷、转盘和微孔曝气等。

③ 曝气强度的可调节性。氧化沟的曝气强度可以调节，其一是通过出水溢流堰调节堰的高度改变沟渠内水深，进而改变曝气装置的淹没深度，改变氧量以适应运行的需要。淹没深度的变化对于曝气设备的推动力也会产生影响，从而也可对水的流速起一定的调节作用。其二是通过曝气器的转速进行调节，从而可以调整曝气强度和推动力。

7. 常见的氧化沟

（1）卡鲁塞尔（Carroussel）氧化沟　卡鲁塞尔氧化沟是 1967 年由荷兰的 DHV 公司开

发研制的。它是一个由多渠串联组成的氧化沟系统。废水与活性污泥的混合液在氧化沟中不停地流动，在沟的一端设置曝气器，使系统中形成好氧区和缺氧区，使其具有生物脱氮的处理功能。卡鲁塞尔氧化沟的发展经历了普通卡鲁塞尔氧化沟、卡鲁塞尔 2000 氧化沟和卡鲁塞尔 3000 氧化沟三个阶段。

在普通卡鲁塞尔氧化沟工艺中，污水经过格栅和沉砂池后，不经过预沉池，直接与回流污泥一起进入氧化沟系统。BOD 降解是一个连续过程，硝化和反硝化作用发生在同一池中。卡鲁塞尔 2000 氧化沟系统是由美国盐湖城 EIMCO 公司研制的一种具有内部前置反硝化功能的氧化沟工艺。该工艺运行过程中，借助于安装在反硝化区的螺旋桨将混合液循环至前置反硝化区（不需循环泵）。前置反硝化区的容积一般为总容积的 10% 左右。反硝化菌利用污水中的有机物和回流混合液中硝酸盐和亚硝酸盐进行反硝化，由于混合液的大量回流混合，同时利用氧化沟内延时曝气所获得的良好硝化效果，该工艺使氧化沟脱氮功能得到加强。聚磷菌的释放磷和过量吸收磷过程又可以实现污水中磷的去除。

卡鲁塞尔 3000 氧化沟又称深型卡鲁塞尔氧化沟系统，水深可达 7.5～8m。该系统是在卡鲁塞尔氧化沟 2000 系统前再加上一个生物选择区，该生物选择区是利用高有机负荷筛选菌种，抑制丝状菌的增长，提高各污染物的去除率。除了比普通卡鲁塞尔氧化沟深外，其独特的圆形缠绕式设计还可降低建设成本和减少污水厂土地占用。

(2) 奥贝尔（Orbal）氧化沟　奥贝尔氧化沟工艺是由南非的休斯曼（Huisman）设想开发的，后转让给美国的 Envirex 公司，该公司于 1970 年开始将它投放市场。奥贝尔氧化沟一般由 3 条同心圆形或椭圆形渠道组成，各渠道之间相通，进水先引入最外的渠道，在其中不断循环的同时，依次进入下一个渠道，相当于一系列完全混合反应池串联在一起，最后从中心的渠道排出。曝气设备多采用曝气转盘，转盘的数量取决于渠内的溶解氧量。水深可采用 2～3.6m，并保持沟底流速为 0.3～0.9m/s。

在三条渠道系统中，从外到内，第一渠的容积为总容积的 50%～55%；第二渠为 30%～35%；第三渠为 15%～20%。运行时，应保持第一、第二、第三渠的溶解氧分别为 0mg/L、1mg/L、2mg/L。第一渠中可同时进行硝化和反硝化，其中硝化的程度取决于供氧量。由于第一条渠道中氧的吸收率通常很高，因此可在该段反应池中提供 90% 的供氧量，仍可把溶解氧的含量保持在 0mg/L 的水平上。在以后的几条渠道中，氧的吸收率比较低，因此，尽管反应池中的供氧量较低，溶解氧的含量却可以保持较高的水平。

(3) 交替式工作氧化沟　交替式工作氧化沟是由丹麦克鲁格（Kruger）公司研制的，该工艺造价低，易于维护，通常有双沟交替（D 型氧化沟）和三沟交替（T 型氧化沟）的氧化沟系统和半交替工作式氧化沟。

(4) 双沟式氧化沟　双沟交替氧化沟两池体积相同，水流相通，以保证两池的水深相等，不设二沉池。通过曝气转刷的旋转方向来使两部分交替作为曝气区和沉淀区。处理过程中，进水和出水都是连续的，但曝气转刷的工作则是间歇的，其在单个工作周期的利用率仅为 40% 左右。目前双沟式氧化沟虽然得到了广泛的应用，但其设备利用率差的缺点制约了其发展。

(5) 三沟式氧化沟　三沟式氧化沟（T 型氧化沟）是由三个相同的氧化沟组建在一起作为一个单元运行，三个氧化沟之间相互双双连通，每个池都配有可供污水和环流（混合）的转刷，每池的进口均与经格栅和沉砂池处理的出水通过配水井相连接，两侧氧化沟可起曝气和沉淀双重作用，中间的池子则维持连续曝气，曝气转刷的利用率可提高到 60% 左右。三沟式氧化沟可通过改变曝气转刷的运转速度来控制池内的缺氧、好氧状态，从而取得较好的脱氮效果。依靠三池工作状态的转换，还可以免除污泥回流和混合液回流，从而使运行费用大大节省。但三沟由于进、出水交替运行，所以各沟中的活性污泥量在不断变化，存在明显的污泥迁移现象。同时，在同一沟内由于污泥迁移、污泥浓度有规律的变化必然导致溶解氧也产生规模性的变化。此外，三沟式氧化沟工艺还存在容积利用率低、除磷效率不高等缺点，所以对三沟式氧化沟的设计和运行管理时要考虑沉淀时间、排泥方式等参数的影响。

（6）半交替工作式氧化沟　半交替工作式氧化沟兼具连续工作式和交替工作式的特点。首先，该类氧化沟系统设有单独的二沉池，可实现曝气和沉淀完全分离。其次，与 D 型氧化沟不同的是：根据需要，氧化沟可分别处于不同的工作状态，使之具有交替工作式运行的灵活特点，特别是用于脱氮。最典型的半交替工作式氧化沟是 DE 型氧化沟。

DE 型氧化沟工艺是专为生物脱氮而开发的，它不同于 D 型氧化沟之处在于其有独立的二沉池及回流污泥系统，氧化沟内交替进行硝化与反硝化。在 DE 型氧化沟前增设一厌氧池，可达到同时脱氮、除磷的效果。

（7）一体化氧化沟（Integrated Oxidation Ditch）　一体化氧化沟又称合建式氧化沟，是指集曝气、沉淀、泥水分离和污泥回流功能为一体，无需建造单独的氧化沟。一体化氧化沟的优点是不必设单独的二沉池，工艺流程短，构筑物和设备少，所以投资省，占地少。此外污泥可在系统内自动回流，无需回流泵和设置回流泵站，因此能耗低，管理简便容易。但由于沟内需要设分区，或增设侧渠，使氧化沟的内部结构变得复杂，造成检修不便。

常见的氧化沟工艺如图 5-8 所示。

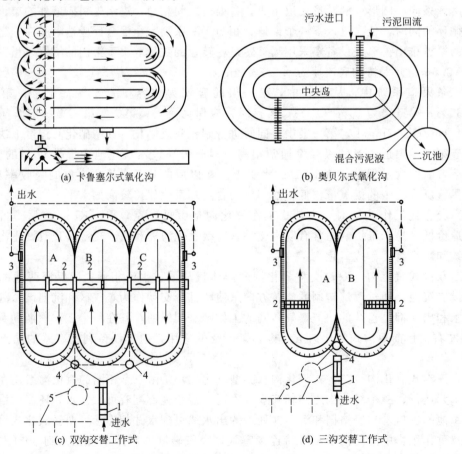

(a) 卡鲁塞尔式氧化沟　　　　　(b) 奥贝尔式氧化沟

(c) 双沟交替工作式　　　　　(d) 三沟交替工作式

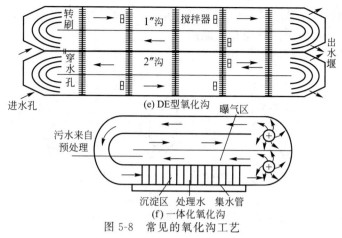

(e) DE型氧化沟

(f) 一体化氧化沟

图 5-8　常见的氧化沟工艺

1—沉砂池；2—曝气转刷；3—出水溢流堰；4—排泥管；5—污泥井

（四）常见的脱氮、除磷活性污泥法

城市污水经传统的二级处理以后，虽然绝大部分悬浮固体和有机物被去除了，但还残留微量的悬浮固体和溶解的有害物，如氮和磷等的化合物。氮、磷为植物营养物质，能助长藻类和水生生物，引起水体的富营养化，影响饮用水水源。

1. 生物脱氮工艺

生物脱氮时需注意以下几点条件。

① 溶解氧浓度：反硝化菌属异养兼性厌氧菌，在无分子氧同时存在硝酸根离子和亚硝酸根离子的条件下，它们能够利用这些离子中的氧进行呼吸，使硝酸盐还原。另一方面，反硝化菌体内的某些酶系统组分，只有在有氧条件下，才能够合成。这样，反硝化反应宜于在缺氧、好氧条件交替的条件下进行，溶解氧应控制在 0.5mg/L 以下。

② pH：对硝化和反硝化反应，最适宜的 pH 是 6.5～7.5。pH 高于8或低于6，硝化和反硝化速率将大为下降。

③ 温度：生物硝化反应的适宜温度范围为 20～30℃，15℃ 以下硝化反应速率下降，5℃时基本停止。反硝化适宜的温度范围为 20～40℃，15℃ 以下反硝化反应速率下降。

④ 碳氧比。

⑤ 泥龄。

⑥ 有毒物质。

（1）三段生物脱氮工艺　特点：将有机物氧化、硝化及反硝化三段独立开来，每一部分都有其自己的沉淀池和各自独立的污泥回流系统。

优点：便于各阶段条件的控制；处理效率高。缺点：占地面积大，基建费用高。

Barth 三段生物脱氮工艺流程见图 5-9。

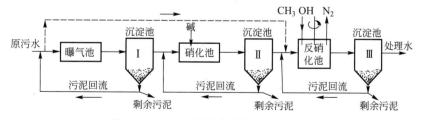

图 5-9　Barth 三段生物脱氮工艺流程图

（2）二段生物脱氮工艺　特点：与三段式相比，除碳和硝化在同一个反应池中进行，设计的污泥负荷要低，水力停留时间和污泥龄要长。

二段生物脱氮工艺流程见图5-10。

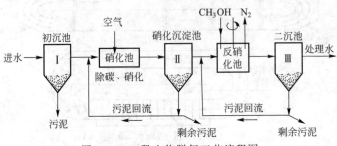

图 5-10　二段生物脱氮工艺流程图

（3）前置缺氧-好氧生物脱氮工艺　特点：反硝化池在前，无需外加碳源，直接利用原污水中的有机物进行反硝化反应；曝气池在后，曝气池混合液含有大量硝酸盐，通过内循环回流到反硝化池。

优点：①反硝化产生碱度补充硝化反应所需，约可补偿硝化反应中所消耗碱度的50%左右，减少碱试剂用量；②反硝化菌利用原污水中的有机物，无需外加碳源；③缺氧呼吸中利用硝酸盐作为电子受体处理进水中有机污染物，这不仅可以节省后续曝气量，而且反硝化菌对碳源的利用更加广泛，甚至包括难降解有机物；④前置缺氧池可以有效控制污泥膨胀；⑤流程简单。总之，基建费用和运行费用低。

缺点：脱氮效率稍低；二沉池中易出现反硝化现象，造成污泥上浮。

前置缺氧-好氧生物脱氮工艺流程见图5-11。

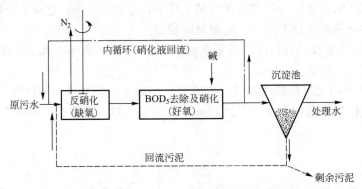

图 5-11　前置缺氧-好氧生物脱氮工艺流程图

2. 生物除磷工艺

普通活性污泥法剩余污泥中磷含量约占微生物干重的 1.5%～2.0%，通过同化作用可去除磷 12%～20%。生物强化除磷工艺可以使得系统排除的剩余污泥中磷含量占到干重的 5%～6%。AP/O 生物除磷工程流程如图 5-12 所示。如果还不能满足排放标准，就必须借助化学法除磷。

生物脱氮时需注意以下几点条件。

（1）厌氧环境条件

① 溶解氧浓度：厌氧区如存在溶解氧，兼性厌氧菌就不会启动其发酵代谢，不会产生脂肪酸，也不会诱导放磷，好氧呼吸会消耗易降解有机质；

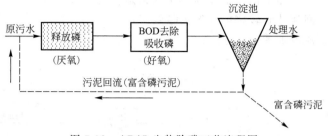

图 5-12　AP/O 生物除磷工艺流程图

② NO_x^- 浓度：产酸菌利用 NO_x^- 作为电子受体，抑制厌氧发酵过程，反硝化时消耗易生物降解有机质。

（2）有机物浓度及可利用性　碳源的性质对吸放磷及其速率影响极大。

（3）污泥龄　污泥龄影响着污泥排放量及污泥含磷量，污泥龄越长，污泥含磷量越低，去除单位质量的磷需同时耗用更多的 BOD。

（4）pH　与常规生物处理相同，生物除磷系统合适的 pH 为中性和微碱性，不合适时应调节。

（5）温度　在适宜温度范围内，温度越高，释磷速度越快；温度低时，应适当延长厌氧区的停留时间或投加外源 VFA。

3. 生物脱氮、除磷工艺

（1）A^2/O 工艺　优点：流程简洁；污泥在厌氧、缺氧、好氧环境中交替运行，丝状菌不能大量繁殖，污泥沉降性能好。

缺点：进入沉淀池的混合液需保持一定的氧浓度，以防止二沉池中发生反硝化和污泥厌氧释磷，但这导致回流污泥和回流混合液中存在一定的溶解氧；回流污泥中存在的硝酸盐对厌氧释磷过程也存在一定影响；系统排放的剩余污泥中，仅有一部分是经历了完整厌氧和好氧过程，影响了污泥的充分吸磷；系统污泥泥龄因为兼顾硝化菌的生长而不能太短，导致除磷效果难以进一步提高。

A^2/O 工艺流程见图 5-13。

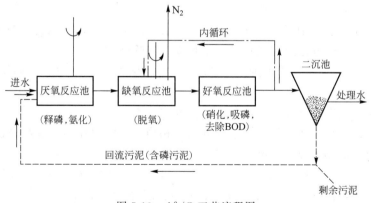

图 5-13　A^2/O 工艺流程图

（2）倒置 A^2/O 工艺　特点：采用较短时间的初沉池，使进水中的细小有机悬浮固体相当一部分进入生物反应器，以满足反硝化菌和聚磷菌对碳源的需要；活性污泥都完整地经历了厌氧和好氧的过程，因此排放的剩余污泥能充分吸收磷；避免了回流污泥中的硝酸盐对厌氧释磷的影响；由于反应器中污泥浓度高，从而促进了好氧反应器中的同步硝化、反硝化，因此可以用较少的总回流达到较好的总氮去除效果。

倒置 A^2/O 工艺流程如图 5-14 所示。

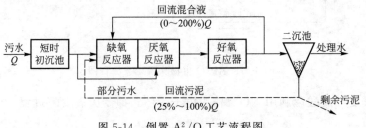

图 5-14　倒置 A^2/O 工艺流程图

4. 序批式活性污泥法（SBR）

SBR 工艺的基本运行模式由进水、反应、沉淀、出水和闲置五个基本过程组成，从污水流入到闲置结束构成一个周期，在每个周期里上述过程都是在一个设有曝气或搅拌装置的反应器内依次进行的。

SBR 工艺流程如图 5-15 所示。

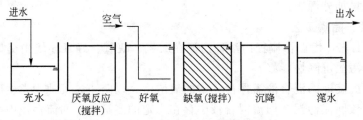

图 5-15　SBR 工艺流程图

SBR 法工作原理如下。

（1）进水工序　从开始进水至到达反应器最大容积期间的所有操作。进水阶段的曝气方式分为非限量、半限量、限量曝气。

注入时间短促为宜，瞬间最好。

（2）反应工序（工艺中最重要的工序）　进水工序完成后，污水注入达到预定高度后，进入反应工序，主要任务是对有机物进行生物降解或除磷脱氮。

在 BOD 去除、硝化、磷的吸收采用曝气；对反硝化为缓速搅拌，根据程序决定延续时间。

短暂微量曝气后进入沉淀工序，脱除污泥气泡或氮。

（3）沉淀工序　完成活性污泥与水的分离。相当于二沉池作用。进水停止、不曝气、不搅拌，混合液静止，泥水分离；沉淀工序时间为 1.5～2.0h。

（4）排放工序　先排放经沉淀后的上清液，再排放剩余污泥，还要保证反应器内残留一定数量的活性污泥，作为种泥。活性污泥数量为反应器容积的 50% 左右。一般采用滗水器排水。

（5）闲置工序　处理水排放后，反应器处于停滞状态，等待下一个操作周期开始的阶段；无进水的条件下，使微生物通过内源呼吸作用恢复其活性，具有一定的反硝化作用而脱氮，为下一个周期创造良好的初始条件。

活性污泥处于营养物的饥饿状态，单位质量的活性污泥具有很大的吸附表面积，进入下一个周期时，活性污泥充分发挥较强的吸附能力。

闲置待机的时间长短取决于所处理的污水种类、处理负荷、处理效果。

优点：a. 工艺系统组成简单，不设二沉池，曝气池兼具二沉池的功能，无污泥回流设备；b. 耐冲击负荷，在一般情况下（包括工业污水处理）无需设置调节池；c. 反应推动力大，易于得到优于连续流系统的出水水质；d. 运行操作灵活，通过适当调节各单元操作的状态可达到脱氮除磷的效果；e. 污泥沉淀性能好，SVI 值较低，能有效地防止丝状菌膨胀；f. 该工艺的各操作阶段及各项运行指标可通过计算机加以控制，便于自控运行，易于维护管理。

缺点：容积利用率低；水头损失大；出水不连续；峰值需氧量高；设备利用率低；运行控制复杂；不适用于大水量。

5. 常用生物脱氮除磷工艺设计参数和特点

常用生物脱氮除磷工艺设计参数和特点见表 5-2。

表 5-2　常用生物脱氮除磷工艺设计参数和特点

工艺名称	优点	缺点
AN/O	在好氧前去除 BOD,节能； 硝化前产生碱度； 前缺氧具有选择池的作用	脱氮效果受内循环比影响；可能存在诺卡菌的问题；需要控制循环混合液的 DO
AP/O	工艺过程简单； 水力停留时间短； 污泥沉降性能好； 聚磷菌碳源丰富,除磷效果好	如有硝化发生除磷效果会降低； 工艺灵活性差
A^2/O	反硝化过程为硝化提供碱度； 反硝化过程同时去除有机物； 污泥沉降性能好	回流污泥含有硝酸盐进入厌氧区,对除磷效果有影响； 脱氧受内回流比影响； 聚磷菌和反硝化菌都需要易降解有机物
倒置 A^2/O	厌氧区释磷无硝酸盐的干扰； 无混合液回流时,流程简洁,节能； 反硝化过程同时去除有机物； 好氧吸磷充分； 污泥沉降性好	厌氧释磷得不到优质易降解碳源； 无混合液回流时总氮去除效果不高
SBR 及变形工艺	静置沉淀可获得低 SS 出水； 耐受水力冲击负荷； 操作灵活性好	滗水设施的可靠性对出水水质影响大； 设计过程复杂,操作复杂； 维护要求高,运行对自动控制依赖性强； 池体容积较大

（五）活性污泥的培养和驯化

在活性污泥中，除了微生物外，还含有一些无机物和分解中的有机物。微生物和有机物构成活性污泥的挥发性部分（即挥发性活性污泥），它约占全部活性污泥的 70%～80%。活性污泥的含水率一般在 98%～99%。它具有很强的吸附和氧化分解有机物的能力。

活性污泥是通过一定的方法培养和驯化出来的。培养的目的是使微生物增殖，达到一定的污泥浓度；驯化则是对混合微生物群进行选择和诱导，使具有降解污水中污染物活性的微生物成为优势。

1. 驯化条件

一般来讲，微生物生长条件不能发生骤然的突出变化，即要有一个适应过程，且要有环境适应的菌种，驯化过程应当与原生长条件尽量一致，当条件不具备时，一般用常规生活污水作为培养水源，驯化时温度不低于20℃，驯化采取连续闷曝（即只曝气而不进废水）3~7天，并在显微镜下检查微生物生长状况，或者依据长期实践经验，按照不同的工艺方法（活性污泥、生物膜等），观察微生物生长状况，也可用检查进出水 COD 大小来判断生化作用的效果。

2. 驯化方式

（1）自然培菌　自然培菌，也称直接培菌法。它是利用废水中原有的少量微生物，逐步繁殖的培养过程。城市污水和一些营养成分较全、毒性小的工业废水，如食品厂、肉类加工厂废水，可以考虑这种培养方法，但培养时间相对较长。自然培菌又可分为间歇培菌和连续培菌两种。

a. 间歇培菌。将曝气池注满废水，进行闷曝，数天后停止曝气，静置沉淀1h，然后排出池内约 1/5 的上层废水，并注入相同量的新鲜污水。如此反复进行闷曝、静沉和进水三个过程，但每次的进水量要比上次有所增加，而闷曝时间要比上次缩短。在春秋季节，约二三周就可初步培养出污泥。当曝气池混合液污泥浓度达到1g/L左右时，就可连续进水和曝气。由于培养初期污泥浓度较低，沉淀池内积累的污泥也较少，回流量也要少一些，此后随着污泥量的增多，回流污泥量也要相应增加。当污泥浓度达到工艺所需的浓度后，即可开始正常运行，按工艺要求进行控制。

b. 连续培菌。先将曝气池进满废水，然后停止进水，闷曝半天至1天后可连续进水。连续曝气，进水量从小到大逐渐增加，连续运行一段时间（与间歇法差不多），就会有活性污泥出现并逐渐增多。曝气池污泥量达到工艺所需的浓度时，按工艺要求进行控制。

由于自然培菌法是用废水直接培养活性污泥，其培菌过程也是微生物逐步适应废水性质并获得驯化的过程。

（2）接种培菌　接种培菌法的培养时间较短，是常用的活性污泥培菌方法，适用于大部分工业废水处理厂。城市污水厂如附近有种泥，也可采用此法，以缩短培养时间。接种培养法常用的有如下两种。

a. 浓缩污泥接种培菌。采用附近污水处理厂的浓缩污泥作菌种（种泥或种污泥）来培养。城市污水和营养齐全、毒性低的工业废水处理系统的活性污泥培养，可直接在所要处理的废水中加入种泥进行曝气，直至污泥转棕黄色时就可连续进污水（进水量应逐渐增加），此时沉淀池也投入运行，让污泥在系统内循环。为了加快培养进程，可在培养过程中投加未发酵过的大粪水或其他营养物。活性污泥浓度达到工艺要求值即完成了培菌过程。从经济上来说，种泥的量应尽可能少，一般情况下控制在稀释后使混合液污泥浓度在 0.5g/L 以上。

对有毒工业废水进行培菌时，可先向曝气池引入河水，也可用自来水（需先曝气一段时间以脱去其中的余氯），然后投入种污泥和未经发酵的大粪水进行曝气，直至污泥呈棕黄色后停止曝气，让污泥沉降并排掉一部分上清液，再次补充一定量的大粪水继续曝气，待污泥量明显增加后，逐步提高废水流量。在培菌的后期，污泥中微生物已能较好地适应工业废水水质。

b. 干污泥接种培菌。"干污泥"通常是指经过脱水机脱水后的泥饼，其含水率为70%~80%。本法适用于边远地区和取种污泥运输距离较远的情况。干污泥接种培菌的过程与浓缩污泥培菌法基本相同。接种污泥要先用刚脱水不久的新鲜泥饼，投加至曝气池前需加少量水并捣成泥浆。干污泥的投加量一般为池容积的 2%～5%。干污泥中可能含有一定浓度的化学药剂（用于污泥调理），如药剂含量过高、毒性较大，则不宜用作为培菌的种泥。鉴定污泥能否作接种用，可将少量泥块捣碎后放入小容器（如烧杯或塑料桶）内加水曝气，经过一段时间后如果泥色能转黄，就可用于接种。接种菌种是指利用微生物生物消化功能的工艺单元，如主要有水解、厌氧、缺氧、好氧工艺单元，接种是对上述单元而言的。依据微生物种类的不同，应分别接种不同的菌种。

（3）接种量的大小　厌氧污泥接种量一般不应少于水量的 8%～10%，否则，将影响启动速度；好氧污泥接种量一般应不少于水量的 5%。只要按照规范施工，厌氧菌、好氧菌可在规定范围正常启动。

（4）启动时间　应特别说明，菌种、水温及水质条件，是影响启动周期长短的重要条件。一般来讲，在低于 20℃ 的条件下，接种和启动均有一定的困难，特别是冬季运行时更是如此。因此，建议冬季运行时污泥分两次投加，水解酸化池中活性污泥投加比例 8%（浓缩污泥），曝气池中活性污泥的投加比例为 10%（浓缩污泥，干污泥为 8%），在不同的温度条件下，投加的比例不同。投加后按正常水位条件，连续闷曝 7 天后，检查处理效果，在确定微生物生化条件正常时，方可小水量连续进水 25 天，待生化效果明显或气温明显回升时，再次向两池分别投加 10% 活性污泥，生化工艺才能正常启动。

（5）菌种来源　厌氧污泥主要来源于已有的厌氧工程，如啤酒厌氧发酵工程、农村沼气池、鱼塘、泥塘、护城河清淤污泥；好氧污泥主要来自城市污水处理厂，应拉取当日脱水的活性污泥作为好氧菌种，接种污泥且按此顺序确定优先级：①同类污水厂的剩余污泥或脱水污泥；②城市污水厂的剩余污泥或脱水污泥；③其他不同类污水站的剩余污泥或脱水污泥；④河流或湖泊底部污泥；⑤粪便污泥上清液。

（6）系统培养

① 接种菌种完成后，在连续运行已见到效果的情况下，采用递增污水进水量的方式，使微生物逐步适应新的生活条件，递增幅度的大小按厌氧、好氧工艺及现场条件有所不同。好氧正常启动可在 10～20 天内完成，递增比例为 5%～10%；而厌氧进水递增比例则要小很多，一般应控制挥发酸（VFA）浓度不大于 1000mg/L，且厌氧池中 pH 值应保持在 6.5～7.5 内，不要产生太大的波动，在这种情况下水量才可慢慢递增。一般来说，厌氧从启动到转入正常运行（满负荷量进水）需要 2～4 个月才能完成。

② 厌氧、好氧、水解等生化工艺是个复杂的过程，每个过程都会有自己的特点，需要根据现场条件加以调整。

③ 编制必要的化验和运转的原始记录报表以及初步的建章立制。从培菌伊始，逐步建立较规范的组织和管理模式，确保启动与正式运行的有序进行。

3. 调试期间的监测和控制

（1）温度　温度是影响整个工艺处理的主要环境因素。各种微生物都在特定范围的温度内生长，生化处理的温度范围在 10～40℃，最佳温度在 20～30℃。任何微生物只能在一定温度范围内生存，在适宜的温度范围内可大量生长繁殖。在污泥培养时，要将它们置于最适宜温度条件下，使微生物以最快的生长速率生长，过低或过高的温度会使代谢速率缓慢、生长速率也缓慢，过高的温度对微生物有致死作用。

（2）pH 值　微生物的生命活动、物质代谢与 pH 值密切相关。大多数细菌、原生动物的最适 pH 值为 6.5～7.5，在此环境中生长繁殖最好，它们对 pH 值的适应范围在 4～10。

而活性污泥法处理废水的曝气系统中，作为活性污泥的主体，菌胶团细菌在 6.5～8.5 的 pH 值条件下可产生较多黏性物质，形成良好的絮状物。

（3）营养物质　废水中的微生物要不断地摄取营养物质，经过分解代谢（异化作用）使复杂的高分子物质或高能化合物降解为简单的低分子物质或低能化合物，并释放出能量；通过合成代谢（同化作用）利用分解代谢所提供的能量和物质，转化成自身的细胞物质；同时将产生的代谢废物排泄到体外。水、碳源、氮源、无机盐及生长因素为微生物生长的条件。废水中应按 BOD_5：N：P＝100：5：1 的比例补充氮源、含磷无机盐，为活性污泥的培养创造良好的营养条件。

（4）悬浮物质（SS）　污水中含有大量的悬浮物，通过预处理悬浮物已大部分去除，但也有部分不能降解，曝气时会形成浮渣层，但不影响系统对污水的处理。

（5）溶解氧量（DO）　好养的生化细菌属于好氧性的。氧对好氧微生物有两个作用：①在呼吸作用中氧作为最终电子受体；②在醇类和不饱和脂肪酸的生物合成中需要氧。且只有溶于水的氧（称溶解氧）微生物才能利用。在活性污泥的培养中，DO 的供给量要根据活性污泥的结构状况、浓度及废水的浓度综合考虑。具体说来，也就是通过观察显微镜下活性污环保泥的结构即成熟程度，测量曝气池混合液的浓度、监测曝气池上清液中 COD_{Cr} 的变化来确定。根据经验，在培养初期 DO 控制在 1～2mg/L，这是因为菌胶团此时尚未形成絮状结构，氧供应过多，使微生物代谢活动增强，营养供应不上而使污泥自身产生氧化，促使污泥老化。在污泥培养成熟期，要将 DO 提高到 3～4mg/L，这样可使污泥絮体内部微生物也能得到充足的 DO，具有良好的沉降性能。在整个培养过程中要根据污泥培养情况逐步提高 DO。特别注意 DO 不能过低，DO 不足，好氧微生物得不到足够的氧，正常的生长规律将受到影响，新陈代谢能力降低，而同时对 DO 要求较低的微生物将应运而生，这样正常的生化细菌培养过程将被破坏。

（6）混合液 MLSS 浓度　微生物是生物污泥中有活性的部分，也是有机物代谢的主体，在生物处理工艺中起主要作用，而混合液污泥 MLSS 的数值即大概能表示活性部分的多少。对高浓度有机污水的生物处理一般均需保持较高的污泥浓度。在培养同时根据污泥性状、有机污泥负荷等控制好剩余污泥排放量。

（7）污泥的生物相镜检　活性污泥处于不同的生长阶段，各类微生物也呈现出不同的比例。细菌承担着分解有机物的基本和基础的代谢作用，而原生动物（也包括后生动物）则吞食游离细菌。污水调试运行期间出现的微生物种类繁多，有细菌、绿藻等藻类、原生动物和后生动物，原生动物有太阳虫、盖纤虫、累校虫等，后生动物出现了线虫。调试运行后期混合液中固着型纤毛虫如累校虫的大量存在，说明处理系统有良好的出水水质。

（8）污泥指数（SVI）　正常运行时污泥指数在 80L/mg 左右。

总的来说，活性污泥培菌过程中，应经常测定进水的 pH、COD、氨氮、曝气池溶解氧、污泥沉降性能等指标。活性污泥初步形成后，就要进行生物相观察，根据观察结果对污泥培养状态进行评估，并动态调控培菌过程，同时控制好剩余污泥的排放。

4. 好氧活性污泥的运行管理

（1）好氧活性污泥培养　活性污泥的培养就是为活性污泥的微生物提供一定的生长繁殖条件，包括营养物质、溶解氧、适宜的温度和酸碱度等，在此条件下，经过一段时间，就会有活性污泥的形成，并在数量上逐渐增长，直至达到废水处理所需的污泥浓度。

① 接种培养法。除了采用纯菌种外，活性污泥菌种大多取自粪便污水、生活污水或性质相近的工业污水处理厂二沉池剩余污泥。

粪便污水细菌种类多，本身所含营养也丰富，细菌易于繁殖，故活性污泥一般先用粪便污水培养。

培养液一般为上述菌液和诱导比例的营养物组成。

② 自然培养。自然培养是指不投入接种污泥，利用污水中现有的少量微生物，逐渐繁殖的过程。该方法适合于在污水浓度较高、有机物浓度较高、气候比较温和的条件下采用。它分为间歇培养和连续培养两个培养方式。

a. 间歇培养：粪便水（经过滤）或生活污水，调节水质至 BOD$_5$ 200～300mg/L；进行连续曝气；发现活性污泥絮体后，停曝；经 1～1.5h 静置沉淀后，排放上清液（总体积的 60％～70％）；添加新鲜粪便水或生活污水以补充营养及排除代谢产物；继续曝气，重复上述操作（第一次换水后，应每天换一次水）；至 SV＞30％时，污泥培养成熟（沉降性能好，含大量菌胶团等微生物）；培养结束（在水温 15～20℃时，约需 2 周，若水温低，所需时间将延长）。

b. 连续培养：当池子容积大，大量澄清水不易在短时间内从曝气池中排出，须连续换水，可以在第一次加料，当池中出现絮体后，就不断地往曝气池中适量投加生活污水等培养液，并连续出水和回流，培养后期逐渐加大水量，每天更换 2 次水，污泥的回流量可采用进水量的 50％，培养时间同间歇操作。

工业废水直接培菌法：某些工业废水，如罐头食品、豆制品、肉类加工废水，可直接培菌；另一类工业废水，营养成分尚全，但浓度不够，需补充营养物，以加快培养进程。

所加营养物品常有：淀粉浆料、食堂米泔水、面汤水（碳源）；或尿素、硫氨、氨水（氮源）等，具体情况应按不同水质而定。

有毒或难降解工业废水培菌：有毒或难降解工业废水，只能先以生活污水培菌，然后再将工业废水逐步引入，逐步驯化的方式进行。

直接引进种菌种培菌：有些特殊水质菌种难以培养，还可利用当地科研力量，利用专业的工业微生物研究所培养菌种后再接种培养，如 PVA（聚乙烯醇）好氧消化即有专门好氧菌。此法，投资大，周期长，只有特殊情况才用。

(2) 好氧活性污泥的驯化　为了使培养的活性污泥具有处理特定工业废水的能力，污泥必须经过一个驯化过程。可在进水中逐渐增加工业废水的比例和提高浓度，使微生物逐渐适用新的生活条件，工业废水中加入量一般采用曝气池设计负荷的 20％～40％，达好的处理效率后再继续增加（每次以增加设计负荷的 10％～20％为宜，每次增加后待微生物适应巩固后再继续增加），直到满负荷为止。在驯化过程中，能分解工业废水的微生物得到发展，不适用的则被淘汰。

注意：如缺 N、P 或其他生物所需的养料，应把这些营养盐加入曝气池，为了缩短时间，也可将培养和驯化两阶段合并起来进行。

(3) 好氧活性污泥培养驯化成功标示

a. 污泥及 MLSS 达到设计标准；

b. 稳定运行出水水质达到设计标准；

c. 生物处理系统各指标达到设计要求；

d. 曝气池微生物丰富，出现原生动物。

5. 好氧活性污泥培养应注意的问题

① 污水水质（营养物）：即水中碳、氮、磷之比应保持 100∶5∶1。

② 曝气量（溶解氧）：就好氧微生物而言，环境溶解氧大于 0.3mg/L，正常代谢活动已

经足够。但因污泥以絮体形式存在于曝气池中，以直径 $500\mu m$ 活性污泥絮粒而言，周围溶解氧浓度为 2mg/L 时，絮粒中心已低于 0.1mg/L，抑制了好氧菌生长，所以曝气池溶解氧浓度常需高于 3～5mg/L，常按 5～10mg/L 控制。调试一般认为，曝气池出口处溶解氧控制在 2mg/L 较为适宜。

③ 温度：任何一种细菌都有一个最适生长温度，随温度上升，细菌生长加速，但有一个最低和最高生长温度范围，一般为 10～45℃，适宜温度为 15～35℃，此范围内温度变化对运行影响不大。

④ 酸碱度：一般 pH 为 6～9。特殊时，进水最高可为 pH 9～10.5，超过上述规定值时，应加酸碱调节。

⑤ SV、MLSS 以及微生物相。

6. 厌氧消化污泥的污泥运行管理

城市污水处理厂污水经好氧活性污泥系统处理后，要排出剩余污泥，这部分的污泥需通过厌氧消化系统的处理，达到稳定化。

厌氧消化污泥系统试运行的主要任务就是培养厌氧活性污泥，即消化污泥。

厌氧消化污泥培养的目标是培养厌氧消化三阶段所需的细菌：甲烷细菌、产酸菌、水解酸化菌等。

厌氧消化污泥培养方法如下。

a. 接种培养法　是指向厌氧消化装置中投入容积为总容积的 10%～30% 的厌氧菌种污泥，其含固率为 3%～5%。

b. 逐步培养法　指向厌氧消化池内逐步投入生污泥，使生污泥自行逐渐转化为厌氧活性污泥的过程。

该方法要使活性污泥经历一个由好氧向厌氧的转变过程，加之厌氧微生物的生长速率比好氧微生物低很多，因此培养过程很慢，一般需要历时 6～10 月，才能完成甲烷菌的培养。

厌氧消化污泥注意事项如下。

① 产甲烷菌对温度敏感，厌氧消化系统启动应注意温度控制。

② 初期生污泥投加量与接种污泥数量及培养时间有关，早期 30%～50% 投加，历时 2 个月后，可逐渐增加投泥量，若消化不正常，减少投加。

③ 厌氧消化系统中 C、N、P 能满足厌氧微生物生长繁殖需要，无需投加营养物质。

④ 投泥前，用氮气将系统中的空气驱逐出去，再投泥，产沼气后，再将氮气置换出去，防止沼气爆炸。

三、曝气

曝气是活性污泥法最重要的人工强化措施。活性污泥的正常运行，除需要有性能良好的活性污泥外，还必须要有充足的氧气供应，通常氧的供应是将空气中的氧强制溶解到混合液中去的曝气过程，曝气的过程除供氧外，还起搅拌混合作用，使活性污泥在混合液中保持悬浮状态，与污水充分接触混合。

曝气设备技术性能指标如下。

① 动力效率（E_p）：每消耗 1 度（kW·h）电能转移到混合液中的氧量，用 kg/(kW·h) 表示。

② 氧转移效率（E_A）：通过鼓风曝气转移到混合液中氧量占总供氧量的百分比（%）。

③ 氧利用效率（E_L）或充氧能力：通过机械曝气装置（叶轮或转刷），在单位时间内转移到混合液中的氧量，以 kg/h 计。

曝气是通过曝气设备来实现的。在其他要素满足的前提下，曝气效果的好坏直接决定着活性污泥处理系统净化效果的优劣。而要达到好的曝气效果，曝气设备的选择还必须和曝气池的池型构造相配合。对于不同的曝气方法，曝气池的构造也各有特点，通常我们采用的曝气方法有两种：鼓风曝气法、机械曝气法。有时也有用鼓风曝气供应氧气而用机械进行搅拌的，这种联合使用鼓风和机械曝气的方法，可以提高充氧能力，适用于浓度较高的污水。

（一）鼓风曝气法（压缩空气曝气法）

压缩空气曝气法常采用长方形的池子，如图 5-16 所示，扩散空气的设备排放在池的一侧，这种布置可使水流在池中旋转前进，增加气泡和水的接触时间，为了帮助水流旋转，池侧两墙的墙顶和墙脚一般都外凸呈斜面，为了节约空气管道，相邻廊道的扩散设备常沿公共隔墙布置。

曝气池每个都由 1～4 个廊道组成，如图 5-17 所示，进水口一般设在水面以下，以避免污水进入曝气池后沿水面扩散，造成短流，影响处理效果，曝气池的出水设备可用溢流堰或出水孔，通过出水口的水流速度要小些（如小于 0.1～0.2m/s）以避免污泥受到损坏。

在曝气池的半深处或距底 1/3 深处和池底设置放水管，前者备间歇运行时使用，后者备池子清洗放空用。

鼓风曝气是传统的曝气方法，它由加压设备、扩散装置和管道系统三部分组成。

加压设备一般采用回转式鼓风机，也有采用离心式鼓风机的，为了净化空气，其进气管上常装设空气过滤器，在寒冷地区，还常在进气管前设空气预热器。

扩散装置分类如下。
① 微气泡扩散装置：扩散板、扩散管或扩散盘、微孔曝气装置；
② 中气泡扩散装置：穿孔管、网状膜空气扩散装置；
③ 大气泡扩散装置：竖管曝气；
④ 水力剪切扩散装置：倒盆式、撞击式和射流曝气；
⑤ 机械剪切扩散装置：涡轮式属机械剪切扩散装置。

扩散空气的设备有竖管曝气设备、穿孔管射流装置和扩散板等数种，如图 5-16～图 5-18 所示。现在我国还普遍采用微孔曝气器，它可节约能量而且氧的转移率较好，气泡分布均匀，形成均匀和缓的搅拌状态，不会因过度剪切而打碎生物絮体，有利于二沉池的沉淀和污泥的脱水，同时也可以避免由于大量曝气形成飞溅的泡沫花而引起的结冻和管理不便等各种问题。

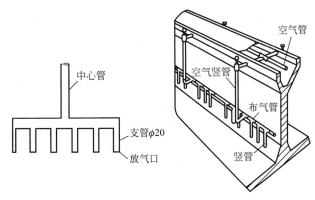

图 5-16 竖管扩散器及其布置形式

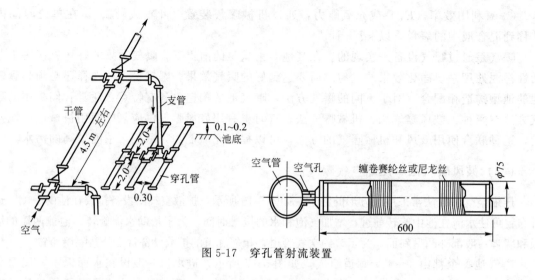

图 5-17　穿孔管射流装置

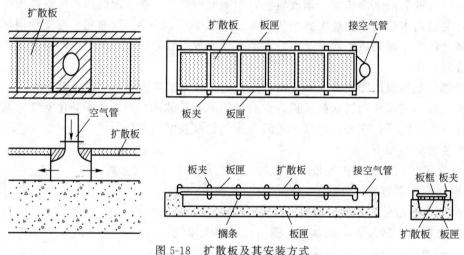

图 5-18　扩散板及其安装方式

穿孔管是穿孔的钢管或塑料管，穿孔管上孔眼的直径在国外一般采用 2～3mm，孔开于管的下侧与垂直面成 45°的夹角处，其间距为 10～15mm，为了避免孔眼的堵塞，穿孔管孔眼空气流速一般不低于 10m/s，孔眼一般高出池底 10～20cm，孔眼直径一般是 5mm，低于5mm 时容易堵塞。

穿孔管布置成栅状，悬挂在池子近水面，所需的空气压力可以少些，这样的曝气方式称低压曝气或浅层曝气。它可以节约动力消耗，但所用空气较多。

一侧距水面 0.6～1m 处，因为放气口接竖管曝气是在曝气池一侧布置竖管，空气直接从管端放出，支管出口离池底 15cm，支管径 20mm，这种设备构造简单，阻力损失小，使用时不易堵塞，但空气利用率较低，空气分布也不够均匀。

射流式扩散装置，是利用水泵打入的泥水混合液的高速水流为动力，吸入大量空气，由于气、泥、水混合液在喉管中强烈混合搅动，使气泡粉碎成雾状，继而在扩散管内由于速头转变成压头，微细气泡进一步压缩，氧迅速地转移到混合液，从而强化了氧的转移过程。

固定螺旋式的曝气器（也称静态曝气器），它的主要构件是直径为 0.3m 或 0.45m、高1.5m 的圆筒，内分若干段，每段安装着固定的螺旋板，上、下二邻段的螺旋方向相反，空气从底部进入形成气水混合液，混合液在筒内反复与器壁碰撞，迂回上升。扩散板都是用多孔性材料如陶土、塑料等制成，这种板有方形，也有长条形的，方形的扩散板通常边长为0.3m，厚度为25～40mm。

微孔曝气器的构造如图5-19所示，它由4个部分组成，即微孔陶瓷气体扩散板，是由钢丕制成的；支托板；通气螺栓；压盖。

曝气器的气体扩散装置采用微孔合成橡胶膜片，膜片上开有150～200μm的同心圆布置的5000个自闭式孔眼。当充气时空气通过布气管道，并通过底座上的孔眼进入膜片和底座之间，在空气的压力作用下，使膜片微微鼓起，孔眼张开，达到布气扩散的目的。优点：不堵塞，可以省去空气滤清装置。

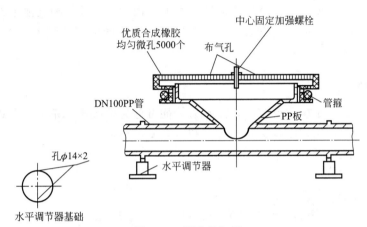

图 5-19　微孔曝气器

（二）机械曝气法

由于氧在水中的溶解度很小，采用鼓风曝气法时，压于曝气池的空气，大部分是用于维持活性污泥悬浮在水中，而只有一小部分氧溶于污水用于氧化有机物，所以为了节省动力费用，出现了机械曝气法，机械曝气一般是利用装设在曝气法内叶轮的转动，剧烈地翻动水面使空气中的氧溶于水中，当把叶轮装在污水表面进行曝气时，常称"表面曝气"。

常用的表面曝气叶轮有平板叶轮、倒伞形叶轮和泵形叶轮几种，如图5-20所示。一般来说，泵型叶轮提水能力较强，但平板叶轮设备简单、加工容易，伞形叶轮的动力效率常高于平板叶轮，而充氧能力则稍低。

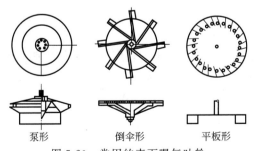

图 5-20　常用的表面曝气叶轮

表面曝气叶轮的充氧是通过下述三部分来实现的。

① 由于叶轮的提水和输水使用，使曝气池内液体不断循环流动，更新气液接触面和不断吸氧。

② 叶轮旋转时在周缘造成水跃，使液体剧烈搅动而裹进空气。

③ 叶轮叶片后侧在转动时形成低压区，吸入空气。

表面曝气叶轮转速一般都较高，水流速度大，即使采用平底池子也不致发生污泥下沉的情况。

对于较小的曝气池，机械曝气装置能减少动力费用，并省去鼓风曝气所需的空气管道系统和鼓风机等设备，机械曝气装置维护管理也比较方便，但是这种装置的转速高，所需动力随池子的加大而迅速增大，所以池子不宜太大。并且由于污水的曝气借助于机械搅动水面与空气接触而吸收氧气，所以机械曝气常需要较大的表面积。此外，曝气池中如有大量泡沫产生，则可能严重影响叶轮的充氧能力。鼓风曝气供应空气的伸缩性较大，曝气效果也较好，一般用于较大的曝气池。

（三）曝气池

曝气池实质上是一个生化反应器，按水力特征可分为推流式、完全混合式和二者结合式三大类。曝气设备的选用和布置必须与池型和水力要求相配合。

1. 推流曝气池

（1）结构

a. 长(L)：宽(B)=(5～10)：1；

b. 宽(B)：有效水深(H)=(1～2)：1，$H_{min}=3m$，$H_{max}=9m$；

c. 进水方式不限，出水用溢流堰；

d. 一般采用鼓风曝气。

（2）分类　根据横断面上水流情况，可分为平移推流和旋转推流。

① 平移推流　池底铺满扩散器，一端进水，另一端出水，水流只沿池长方向流动。

特点：a. 相当于间歇式培养方式；b. 进水、出水浓度差别大，去除效率高；c. 氧利用速度前后差别大（前多、后少）；d. 不耐冲击（进水浓度波动较大，使出水水质不稳定）。

② 旋转推流　扩散器装在横断面的一侧，由于气泡形成的密度差，池水在横断面上产生旋流，池水旋转式前进。旋转可以将氧气带到各个角落，同时还可以使污泥更加分散。

（3）常用指标

a. 水力停留时间（T）：4～8h；

b. MLSS：ρ_{Sa}为2000～3000mg/L；

c. 去除率（E）：90%～95%。

（4）改进工艺

a. 多点进水　曝气量相同情况下，充分利用曝气，使负荷均匀。

$$L_s = \frac{q_v(\rho_{S0}-\rho_{Se})}{V\rho_{Sa}}$$

b. 渐减曝气工艺。

2. 完全混合曝气池

池型可以是圆形、方形或矩形。一般采用竖式表面曝气机。水进入后，立刻曝气混合，水质均匀，不像推流那样前后段有明显的区别。根据它和沉淀池的组合形式，又可将完全混合曝气池划分为分建式和合建式。

（1）分建式　曝气区、沉淀区分开设置。不如合建式用地紧凑，且需要专设的污泥回流设备，但运行上便于调节控制。

（2）合建式　合建式表面曝气池又称曝气沉淀池、加速曝气池。

① 结构　池周设置溢流堰、出水槽；沉淀池设在外环，与中间的曝气池底部有污泥回流缝相通，靠表曝机造成水位差使回流污泥循环。

② 特点

a. 完全混合流态，池中浓度始终保持出水浓度 ρ_{Se}（动态平衡）；

b. 耐冲击；

c. 进水和污泥混合良好。

③ 表面曝气　采用曝气叶轮，起到曝气与搅拌的双重作用，其叶轮淹没深度要控制好，太深，只有搅拌作用，曝气效果不好；太浅，搅拌强度太弱。

由于曝气池和沉淀池合建，难于分别控制和调节，运行不灵活，出水水质难以保证，已经趋于淘汰。

3. 两种池型的结合

在推流曝气池中，用多个表曝机充氧和搅拌。那么对于每个表曝机所影响的范围内，为完全混合，而对全池而言，又近似于推流。

表 5-3 列出了推流曝气池和完全混合曝气池两种工艺的比较。

表 5-3　推流曝气池和完全混合曝气池两种工艺的比较

比较内容	推流曝气池	完全混合曝气池
水流态	推流	完全混合
处理效果(E)	90%～95%	90%
L_s	高	低
r	20%～50%	100%～300%
微生物状态	生长曲线中的一段	生长曲线上某一点
剩余污泥(Q_w)	多	少
泥龄	短	长
曝气方式	鼓风、射流、表面	表面
池形式	曝气池+二沉池	合建
设备	回流、曝气	曝气

4. 其他曝气方式

a. 浅层曝气　池深 3～4m，以浅者为好，$h<1m$（曝气头与水面的距离），进行大量曝气。与一般曝气池相比，空气量增大，但因为池浅，水压小，所以风压降低，电耗并不增加。

特点：池浅，基建投资成本小；但布气系统维修困难，所以没有得到推广应用。

b. 深层曝气　深井、塔式，可以提高氧的利用率，所用气量少。

特点：占地面积小；氧的饱和溶解度高；气、水接触时间长；原生动物绝迹。

缺点：投资高，风压高。

c. 纯氧曝气　纯氧曝气是指 98% 以上的 O_2。

原理：纯氧可以提高氧的饱和溶解度（2～4mg/L→7～8mg/L），有利于提高微生物的降解能力；加大推动力。所以，为了充分利用 DO，应提高污泥浓度。

特点：曝气时间短；曝气池体积小，投资减少；曝气量小（风机、风量以及电耗量减少，1/3）；一般要求设备密封（加盖，提高氧的利用效率）；纯氧曝气还可抑制污泥膨胀。

d. 延时曝气（氧化沟工艺）　曝气时间长，为 1～3d（其他方法曝气时间一般为 4～8h）。

特点：水停留时间长；池体积大；L_s 大；剩余污泥量少；可以不设置初沉池。

四、运行中的常见问题

（一）污泥膨胀

正常的活性污泥沉降性能好，其 SVI 为 50～150 为正常。

SVI＝活性污泥体积/MLSS，当 SVI＞200 并继续上升时，称为污泥膨胀，此时活性污泥质量变轻、膨大，沉降性能恶化，在二沉池中不能正常沉淀下来，SVI 异常增高，可达 400 以上。图 5-21 和图 5-22 分别为膨胀后的污泥和恢复正常的污泥。

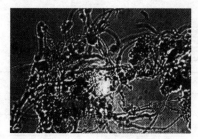

图 5-21　膨胀后的污泥

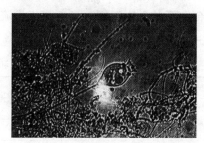

图 5-22　恢复正常的污泥

污泥膨胀的原因：①因丝状菌异常增殖而导致的丝状菌性膨胀；②因黏性物质大量积累而导致的非丝状菌性膨胀。

1. 丝状菌繁殖引起的膨胀

大多数污泥膨胀是由于丝状体膨胀，这是由于污泥中丝状菌过度增长繁殖的结果。丝状菌作为菌胶团的骨架，细菌分泌的外酶通过丝状菌的架桥作用将千万个细菌凝结成菌胶团吸附有机物形成活性污泥的生态系统。但当丝状菌大量生长繁殖，活性菌胶团结构受到破坏，形成大量絮体而漂浮于水面，难以沉降。这种现象称为丝状菌繁殖膨胀。

（1）丝状菌污泥膨胀的原因

① 正常情况下，菌胶团的生长速率大于丝状菌的生长速率，不会出现丝状菌的大量繁殖，但是，在恶劣条件下丝状菌表面积较大，抵抗环境的恶劣能力比菌胶团细菌强，数量超过菌胶团，过度繁殖。

② 菌胶团生理活动异常，导致活性污泥沉降性能的恶化，进水中含有大量溶解性有机物，使污泥负荷高，缺乏磷、氮、溶解氧，细菌向外分泌过多聚糖类物质，呈黏性膨胀。

（2）丝状菌增长过快的原因

① 溶解氧过低，＜0.7～2.0mg/L；

② 有机物超出正常负荷，引起污泥膨胀；

③ 进水化学条件变化。

a. 营养条件变化。一般细菌在营养为 BOD_5：N：P＝100：5：1 的条件下生长，但若磷含量不足，C/N 升高，这种营养情况适宜丝状菌生活。

b. 硫化物的影响。过多的化粪池的腐化水及粪便废水进入活性污泥设备，会造成污泥膨胀。含硫化物的造纸废水，也会产生同样的问题。一般是加 5～10mL/L 氯加以控制或者用预曝气的方法将硫化物氧化成硫酸盐。

c. 碳水化合物过多会造成膨胀。

d. pH 值和水温的影响。pH 过低，温度高于 35℃ 易引起丝状菌生长。

（3）解决办法

a. 加强曝气，提高 DO 水平。

b. 保持一定的活性污泥浓度，控制每天排除污泥的净增量，控制回流比。

c. 控制 F/M（污泥负荷），调节进水和回流污泥，保持污泥龄不变。

$$L_s=\frac{QL_o}{VX} \qquad t_s=\frac{VX}{Q_wS_r}$$

式中，L_o 为进水有机物浓度；X 为 MLSS 浓度；Q 为污水流量，m^3/d；V 为曝气池体积，m^3；S_r 为回流污泥浓度；Q_w 为回流污泥量。

d. 投加 N、P 物质（加生活污水、磷酸钠等），或加入 Cl_2、漂白粉（破坏丝状菌）。

e. 调整 pH 值（调节池、中和池）。

f. 污泥膨胀严重时投加铁盐絮凝剂或有机阳离子凝聚剂。

2. 非丝状菌膨胀

非丝状菌膨胀原因是污泥含有大量表面附着水，水质含有很高的碳水化合物而含 N 量低，当这些碳水化合物被细菌降解时形成多糖类物质，使代谢产物表面吸附表面水，说明 C/N 失调或水温过低。

解决办法：增加 N 的比例，引进生活污水以增加蛋白质的成分，调节水温不低于 5℃。

3. 污泥膨胀控制措施

（1）临时控制措施

① 污泥助沉法

a. 改善絮凝性，投加絮凝剂如硫酸铝等；b. 改善沉降性和密实性，如投加黏土，消石灰等。

② 灭菌法

a. 投加杀菌剂如氯、臭氧、过氧化氢等杀灭丝状菌；

b. 投加硫酸铜等杀灭球衣菌。

（2）工艺运行调节措施

① 加强曝气

a. 生化池污水采取预曝气措施，吹脱硫化氢等有害气体，提高进水 pH；加强曝气，提高混合液的 DO 值；

b. 使污泥常处于好氧状态，防止污泥腐化，加强预曝气或再生性曝气。

② 使污泥常处于好氧状态，防止污泥腐化，加强预曝气或再生性曝气。

③ 调节运行条件

a. 调节进水 pH 值；

b. 调整混合液中的营养配比，C、N、P 平衡；

c. 提高污泥回流比，减少二沉池停留时间。

④ 永久性控制措施

a. 永久性控制措施是对现有设施进行改造，或采用新的设计思路，从工艺运行上确保污泥膨胀较少发生；

b. 通过增加一个反应池如增设生物选择器，通过工艺设计造成其中的生态环境有利于选择性地发展菌胶团细菌，应用生物竞争机制抑制丝状菌增殖，从而达到控制污泥膨胀的目的。

（二）污泥上浮

（1）污泥脱氮上浮　污水在二沉池中经过长时间造成缺氧（DO在0.5mg/L以下），则反硝化菌会使硝酸盐转化成氨和氮气，在氨和氮逸出时，污泥吸附氨和氮而上浮使污泥沉降性降低。

解决办法：减少在二沉池中的停留时间，及时排泥，增加回流比。

（2）污泥腐化上浮　在沉淀池内污泥由于缺氧而引起厌氧分解，产生甲烷及二氧化碳气体，污泥吸附气体上浮。

解决办法：加大曝气池供氧量，提高出水溶解氧，减少污泥在二沉池中的停留时间，及时排走剩余污泥。

（三）产生泡沫

废水中含洗涤剂等表面活性物质，是一些气泡物质。其产生的影响为：

① 破坏环境；

② 影响表面曝气。

解决办法为：

① 曝气池安喷洒清水管网；

② 适当喷洒酸、碱等除泡剂。

（四）活性污泥解体

现象：SV和SVI值特别高，出水浑浊，处理效果急剧下降。

原因：① 污泥中毒，进水有毒物质或有机物含量突然升高。②有机负荷长时间偏低，进水浓度、水量长时间偏低，曝气量却正常，过度曝气。

（五）生化池内活性污泥不增长或减少

原因：二沉池出水SS过高，污泥流失多；进水有机负荷偏低；曝气量过大；营养物质不平衡；剩余污泥量过大。

（六）二沉池出水SS含量增大（原因和对策）

① 活性污泥膨胀使污泥沉降性能差，泥水界面接近水面，造成大量带泥。对策是找出污泥膨胀原因并解决。

② 进水量突然增加，增加了二沉池水力负荷，导致上升流速加大、影响污泥的正常沉降。对策是均衡水量，合理调度。

③ 出水堰或出水集水槽内藻类附着太多。对策是及时清除。

④ 曝气池活性污泥浓度偏高，二沉池泥水界面接近水面，部分污泥碎片经出水堰溢出。

对策是加大剩余污泥排放量。

⑤ 活性污泥解体造成污泥的絮凝性下降或消失。对策是找到污泥解体的原因并解决。

⑥ 吸（刮）泥机工作状况不好，造成二沉池污泥或水流出现短流现象。对策是及时修理吸（刮）泥机，使其恢复正常工作状态。

⑦ 活性污泥在二沉池停留时间过长，污泥缺氧解体。对策是加大回流比，在二沉池中缩短停留时间。

⑧ 水中硝酸盐含量较多，水温 15℃时，二沉池出现污泥反硝化脱氮现象，氮气携泥排出。对策是加大回流污泥量。

五、A/O 运行管理应注意的问题

① 污水碱度的控制。硝化段 pH 应大于 6.5，二沉池出水碱度应大于 20mg/L。

② 溶解氧的控制。DO 低导致硝化效率低，DO 高易导致过曝气现象。

③ 进水有机负荷。有机负荷增加时，应增加投运池数和污泥浓度，确保良好的污泥运行负荷。

④ 混合液内回流比。回流比高，缺氧段 DO>0.5mg/L；回流比少，导致出水总氮超标。

⑤ BOD_5/TN 的值。一般为 5~7，若低于 5，则需增加碳源。

⑥ 剩余污泥排放。泥龄控制排泥最佳，原因是泥龄对硝化的影响最大。

⑦ 污泥负荷和泥龄控制原则。F/M 一般在 0.15kg/(kg·d)。泥龄必须大于 8 天。

六、A_n/O 工艺运行应注意的问题

① 污泥负荷和泥龄控制原则。高负荷、低泥龄。磷的去除是通过排放剩余污泥实现的。但泥龄不能太低，前提是必须保证 BOD 的去除。

② 回流比的控制。尽量降低回流比，尽快排除二沉池内的污泥，防止磷的释放。

③ 水力停留时间的控制。厌氧段停留时间 1.5~2.0h。

④ DO 的控制。厌氧段 0.2mg/L 以下，确保磷的释放；好氧段 2~3mg/L，确保磷的吸收。

⑤ BOD_5/TP。进入厌氧段的污水中 BOD_5/TP >20。

七、A^2/O 运行管理应注意的问题

① 污泥回流点的改进与泥量的分配。回流污泥分两点加入，回流比不变，10％污泥回流至厌氧段，其余回流至缺氧段，以保证脱氮的正常进行。

② 减少磷释放的措施。采用污泥浓缩时，保证连续脱水，减少剩余污泥在浓缩池的停留，否则造成磷释放，随上清液回流至系统。

③ 好氧段污泥负荷。好氧段<0.15kg/(kg·d)，厌氧段>0.1kg/(kg·d)。

④ DO 的控制。好氧段>2.0mg/L，缺氧段<0.5mg/L，厌氧段<0.2mg/L。

⑤ 回流混合液控制。回流比与硝化工艺一样。

⑥ 污泥排放的控制。根据污泥龄控制，污泥龄 8~15 天为宜。

⑦ BOD_5/TN 与 BOD_5/TP。BOD_5/TN>4.0，BOD_5/TP>20，否则需补充碳源。

⑧ pH 及碱度。pH 在 7.0 以上；当小于 6.5 时，需投加石灰补充碱源的不足。

第二节　生物膜法

生物膜法又称固定膜法，废（污）水的生物膜法是与活性污泥法并列的一种生物处理方法，1893年第一座生物滤池的出现标志着这一方法的诞生。生物膜法是一大类生物处理法的简称，包括生物滤池、生物转盘、生物接触氧化、曝气生物滤池及生物流化床以及复合式生物膜反应器等，其共同的特点就是微生物附着生长在滤料或填料表面上，形成生物膜。污水与生物接触后，污染物被微生物吸附转化，污水得到净化。随着新型生物膜工艺的迅速发展，生物膜法由单一到复合，逐步形成了一套较完整的污水生物处理工艺系列。

一、生物膜法概述

（一）生物膜净化过程及机理

目前，生物膜法处理微生物的膜体为蓬松的絮状结构，对废水中的有机污染物具有较强的吸附与氧化降解能力。生物膜对废水中有机物的净化包括了污染物及代谢产物的迁移、氧的扩散与吸收、有机物分解和微生物的新陈代谢等各种复杂过程。在这些过程的综合作用下，废水中有机物的含量大大减少，废水得到净化。生物膜结构及净化机理如图5-23所示。

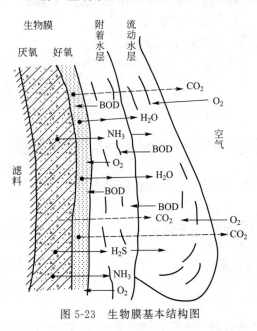

图 5-23　生物膜基本结构图

从图5-23可以看出，在生物膜内、外，生物膜与水层之间进行着多种物质的传递过程。废水进入滤池并在滤料表面流动时，在生物膜的吸附作用下，其所含的有机物透过生物膜表面的附着水层，从废水主体向生物膜内部迁移；与此同时，空气中的氧亦通过膜表面附着水层进入生物膜。生物膜中的微生物在有氧的条件下进行新陈代谢的生命活动，对有机物进行氧化降解，降解产物沿着相反方向从生物膜经过附着水层排泄到流动废水或空气中去。

对于新生生物膜而言，由于生物膜厚度较薄，生物膜内物质传输的阻力小、速率快，故污染物大部分在生物膜表面去除，代谢产物从生物膜排出的速率也很快，生物膜受产物积累的抑制较弱，生物膜活性高，底物去除率也高。

但当生物膜厚度增长到一定程度或有机物浓度较大时，迁移到生物膜的分子氧主要为膜表层的微生物所消耗，导致生物膜内部供氧不足，出现厌氧层。随着生物膜的增厚，内层微生物不断死亡并解体，大大降低了膜与滤料的黏附力。

老化的生物膜在自重和过流废水冲刷的共同作用下自行脱落，膜脱落后的滤料表面又重新开始生长新的生物膜，这一过程称作生物膜的更新。在生物膜处理系统中，保持生物膜正常的新陈代谢和生物膜内微生物的活性是保证生物膜去除废水中污染物的前提条件。

(二) 生物膜法处理废水过程中的影响因素

影响生物膜去除底物过程的因素包括三方面：其一是废水水质特性，如底物浓度、底物可生物降解性等；其二是生物膜自身特性，如生物膜厚度、生物膜活性、生物膜内菌群结构等；其三是生物膜处理过程控制模式及特性参数，包括不同生物膜处理反应器类型及过程控制方式（进水或曝气方式等）、pH、温度、溶解氧（DO）、水力停留时间（HRT）、底物污泥负荷、水力负荷等。

（1）废水水质特性

① 底物浓度　稳定的生物膜系统中，短时底物浓度升高会增加传质推动力，促进生物膜生长；短时底物浓度降低时，底物在生物膜内传质推动力降低，底物多在生物膜表面得到降解，系统的处理效能仍然良好，故生物膜对底物的低浓度耐受力一般高于活性污泥。

② 底物可生物降解性　生物膜处理过程去除污染效能不同，所要求污染物质的可生物降解性也不同，其影响特性与活性污泥过程相似，所不同的是，由于生物膜较活性污泥吸附能力强，而且成熟生物膜内菌群丰富，好氧菌和厌氧菌在不同区域共存，当难降解污染物质被吸附后，可缓慢被厌氧区菌群水解为简单、小分子物质，废水的可生化性即得到提高，故生物膜较活性污泥更能承受底物的难降解性。

（2）生物膜自身特性

① 生物膜厚度　生物膜过厚的危害：一方面，阻碍底物向内部传质，内部菌群活性降低，内层生物膜与载体间黏附减弱而造成生物膜脱落；另一方面，孔隙内积累大量杂质或代谢产物，阻碍底物传质，且对微生物造成毒性或抑制作用，加强了膜内细菌自身的禁锢作用，生物膜活性降低。工程运行中，适宜的生物膜厚度因生物膜过程模式不同而异，如淹没式生物滤池中生物膜厚度一般为 $300 \sim 400 \mu m$，而好氧生物转盘生物膜厚度可控制在 3mm 以内。

② 生物膜活性　生物膜活性与厚度直接相关，一般来说，薄层生物膜或厚生物膜外层活性高，而厚生物膜内层活性低。研究表明，在考虑了生物膜密度的因素下，认为厚度小于 $20 \mu m$ 的生物膜层为高活性区。因此，工程运行中，为保持高活性的生物膜，需采取反冲洗，以维持系统效能稳定。

③ 生物膜内菌群结构　生物膜内的菌群结构决定于废水特性和环境条件，当然其菌群结构也决定了生物膜系统的除污染效能。工程运行中，需要通过宏观过程控制影响生物膜微环境条件，进而形成稳定的菌群结构。

（3）生物膜处理过程控制模式及特性参数

① 生物膜处理反应器类型及过程控制方式　根据生物膜载体的状态可将生物膜反应器的类型分为固定床、流化床、膨胀床、移动床等，每种类型中底物传质效率不同、适宜废水特性也不同。

生物膜反应器过程控制方式主要包括进水方式、供氧方式、反冲洗方式等。一般来说，进水方式的选择需考虑布水均匀、控制水流剪切力以维持生物膜厚度、冲走脱落生物膜防止堵塞等，常见的有直流式进水（包括升流式和降流式）和侧流式进水等；供氧方式根据反应器类型不同而异，供氧方式的选择首先满足 DO 的供给，其次要考虑气、水混合效能，以及气流对生物膜的剪切等因素；目前反冲洗方式主要为气、水联合反冲洗，需考虑反冲洗气、水强度及反冲洗时间等参数，并以更新生物膜但不损伤生物膜为原则。

② pH　pH 对生物膜净化底物的影响与活性污泥过程相似，主要是对系统内优势菌群的影响。如对于好氧生物膜而言，pH 值一般控制在 6.0～9.0 较好；而对于厌氧生物膜而言，pH 值应保持在 6.5～7.8。

③ 温度　生物膜处理过程较活性污泥处理过程更能承受低水温的影响，生物膜系统在 3℃时仍能保证一定的除污效能，而活性污泥在水温低于 10℃时，净化效能大幅下降。当然，生物膜内优势菌群不同，其适宜的水温范围也不同。

④ 溶解氧（DO）　在生物膜处理过程中，DO 不仅与除污染过程直接相关，而且由于生物膜内 DO 传质阻力较活性污泥强，故两者除污染效能相同时，生物膜系统要求的 DO 水平要高于活性污泥系统。当然 DO 的数值也与生物膜反应器类型、过程控制方式、生物膜厚度、底物负荷等相关。

⑤ 水力停留时间（HRT）　生物膜处理系统的净化效能和反应器类型不同时，所需要的水力停留时间也不同。在实际工程中，需要根据除污染效能和反应器类型，确定适合的水力停留时间。

⑥ 底物负荷　在生物膜处理系统中，底物负荷直接决定生物膜厚度、活性及生物膜内菌群结构。底物负荷高，则传质速率快、膜内菌群括性高、生长快，生物膜迅速增厚，运行周期短；则底物负荷低，则传质速率慢，膜内菌群营养水平低、生长慢，生物膜仅外层活性高，生物膜厚度较稳定，运行周期长。当然不同生物膜反应器类型所要求的底物负荷亦有所不同，如流化床底物负荷较固定床高，工程中，需视具体情况而定。

⑦ 水力负荷　水力负荷是运行过程中决定生物膜厚度的主要参数。水力负荷高，则水流剪切力强，老化生物膜可及时脱落，延迟了生物膜系统的堵塞，延长了运行周期。同时，水力负荷高也相当于缩短了水力停留时间，势必影响系统除污染效能，故必要时可采用处理水回流以增加水力负荷的操作，如高负荷生物滤池。

（三）生物膜法的主要特征

1. 微生物相的特征

由于生物内微生物菌群不必如活性污泥那样承受剧烈的搅拌冲击，相对而言，生物膜内菌群聚居的微环境较安定、干扰较小，而且生物固体的平均停留时间（相当于活性污泥系统的污泥龄）较长，故生物膜内能够生长多种微生物菌群，包括世代时间长、比增殖速率小的自养菌等。因此，生物膜内菌群种类多样化、菌群数量更多，微生物菌群结构更合理。

由于生物膜内稳定的微环境，微生物菌群的增殖速率较快，微生物量较多，处理能力强，净化功能显著提高。由于微生物附着生长并使生物膜含水率较低，单位反应器内的生物量可高达活性污泥过程的 5～20 倍。

生物膜内的微生物中，既存在微生物菌群，主要以有机底物和营养物为食；也存在大量的微型动物如原生动物和后生动物，主要以微生物菌群为食，为动物性营养。因此，生物膜上形成的生物链要长于活性污泥过程，产生的生物污泥量也少于活性污泥过程。

2. 处理过程的特征

① 对环境条件适应能力强　生物膜中的微生态结构完善，微生物生存环境稳定，故生物反应器对废水的水质、水量的冲击负荷耐受能力较强。实际工程中，即使停止运行一段时间后再进水，生物膜的净化效能也不会明显恶化，系统能够很快恢复。

② 产泥量少、污泥沉降性能好　由生物膜上脱落下来的生物污泥，所含动物成分较多，密度较大，而且污泥颗粒个体较大，沉降性能良好，易于固液分离。但生物膜内部形成的厌

氧层过厚时，其脱落后将有大量非活性的细小悬浮物分散在水中，使处理水的澄清度降低。

在活性污泥过程中，易发生污泥膨胀问题而使固液分离困难，而生物膜反应器中微生物附着生长，即使丝状菌大量生长，也不会导致污泥膨胀，相反还可利用丝状菌较强的分解氧化能力，提高处理效果。

③ 处理效能稳定、良好　由于生物膜反应器具有较高的生物量，不需要污泥回流，易于维护和管理。而且，生物膜中微生态结构丰富、微生物活性较强，各种菌群之间存在着竞争、互生的平衡关系，具有多种污染物质转化和降解途径，故生物膜反应器具有处理效能稳定、处理效果良好的特征。

二、生物膜的主要形式

（一）生物膜法的分类

目前，生物膜法处理有机污染物的方法主要有以下几种类型。

（1）润壁型生物膜法　指运行时废水中的有机物、空气沿附着生长有生物膜的接触介质表面流过，形成浸润生物膜的水膜，空气中的分子氧透过水膜向生物膜传递的方式，如生物滤池和生物转盘。

（2）浸没型生物膜法　指运行时，附着生长有生物膜的接触介质完全浸没在水中，需进行人工供氧的方式，如生物接触氧化法。

（3）流化床型生物膜法　指使附着生物膜的活性炭、砂等小粒径接触介质悬浮流动于曝气池内的方式，如生物流化床。后面将分别进行论述。

生物滤池、生物转盘、生物接触氧化法是生物膜法中应用最广泛的几种技术。

（二）生物滤池

生物滤池是在污水灌溉的实践基础上发展起来的人工生物处理法。首先于 1893 年在英国试验成功，从 1900 年开始应用于废水处理中。但早期出现的这类生物滤池处理负荷低，一般称为普通生物滤池，普通生物滤池中污水以渗滤或洒滴通过滤料，所以又称为滴滤池（Trickling Filter）。后来，为克服普通生物滤池的弊端，开发出了一种伴有处理水回流的生物滤池。1951 年，德国化学工程师舒尔茨又开发了塔式生物滤池，这两种生物滤池的水力负荷、有机负荷都有了很大提高，被称为高负荷生物滤池。近年来，在借鉴污水处理接触氧化法和给水快滤池的基础上还开发了曝气生物滤池。其工艺流程见图 5-24。

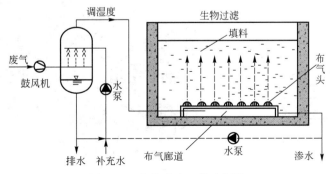

图 5-24　生物滤池工艺流程图

1. 构造及类型

普通生物滤池的基本构造由池体、滤料、改进布水装置和排水系统四部分组成（见图 5-25）。其他生物滤池都是在普通生物滤池基础上进行的。

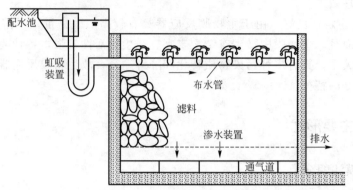

图 5-25 普通生物滤池结构图

（1）池体 普通生物滤池在平面上多呈方形、矩形或圆形；池壁多用砖石筑造，一般应高出滤料表面 0.5～0.9m，具有围护滤料的作用，并防止风力对池表面均匀布水的影响。池底一般具有 1%～2% 的坡度，其作用是支撑滤料和排除处理后的污水；池底部四周设有通风孔，其表面积不小于滤池表面积的 1%。

（2）滤料 滤料对生物滤池的工作影响很大，起主要作用的微生物就生长在滤料的表面上。滤料的比表面积越大，可供微生物栖息的空间面积就越大，系统的微生物量相应也就越充足；但比表面积过大，滤料颗粒粒径过小，颗粒间隙小，会影响滤其通风条件。因而，单位体积滤料的表面积和空隙率都较大才是较为理想的。

此外，滤料要有一定的强度，以抵抗废水及空气侵蚀作用。因此，要选择质坚、高强、耐腐蚀、具有合适的比表面积和空隙率的滤料，滤料还要不含影响微生物活动的杂质，并考虑就地取材等条件。

长期以来，国内外一般多采用碎石、卵石、炉渣和焦炭等实心拳状无机滤料，其比表面积一般为 60～100m²/m³，孔隙率为 45% 左右。但是近年来也已经广泛使用由聚氯乙烯、聚苯乙烯和聚酰胺等材料制成的呈波形板状、多孔筛状和筛窝状等人工有机滤料（见图 5-26、图 5-27），更具有比表面积大（100～200m²/m³）和空隙率高（80%～95%）的优势，可以有效提高单位体积滤料的比表面积和空隙率，改善滤池的通风状况，因而可大大提高滤池的处理能力。

图 5-26 环状塑料滤料

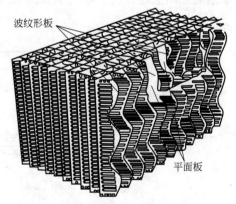

图 5-27 波纹塑料滤料

滤料层一般由底部的承托层和其上的工作层所组成。承托层厚 0.2m，无机滤料粒径为 60～100mm；工作层厚 1.3～1.8m，无机滤料粒径为 30～50mm。对有机物浓度较高的废水，应采用粒径较大的滤料，以防滤料被生物膜堵塞。

（3）布水装置　生物滤池布水系统的作用是向滤料表面均匀地布水。滤池的布水系统很重要，只有在滤池的表面上均匀分布废水，才能充分发挥每一部分滤料的作用，提高滤池的效率；若布水不均匀，会造成某一部分滤料负荷过大，而另一部分负荷不足。布水装置有两种，一种是固定布水装置，另一种是旋转（回转）布水器。

固定布水装置如图 5-28 所示。固定喷嘴式布水系统是由投配池、虹吸装置、布水管道和喷嘴四部分所组成。污水进入配水池，当水位达到一定高度后，虹吸装置开始工作，污水进入布水管路。配水管设有一定坡度以便放空，布水管道敷设在滤池表面下 0.5～0.8m，喷嘴安装在布水管上，伸出滤料表面 0.15～0.2m，喷嘴的口径为 15～20mm。当水从喷嘴喷出，受到喷嘴上部设有的倒锥体的阻挡，使水流向四周分散，形成水花，均匀喷洒在滤料上。当配水池水位降到一定程度时，虹吸被破坏，喷水停止。这种布水系统布水不够均匀，而且不能连续冲刷生物膜，所需水头也较大，但它不受生物滤池池形的限制。

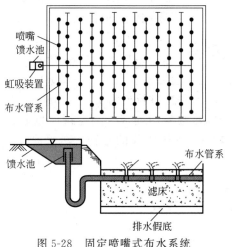

图 5-28　固定喷嘴式布水系统

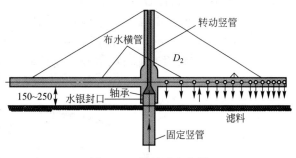

图 5-29　旋转式布水器

旋转式布水器适用于圆形或多边形的生物滤池，它主要由固定不动的进水竖管、配水短管和可以转动的布水横管组成（见图 5-29）。进水竖管固定，通过转轴和外部的配水短管相连，配水短管又和布水横管直接连在一起并共同转动。布水横管的数目可根据具体情况确定，距滤料表面 0.15～0.25m，横管一侧方向上开有直径为 10～15mm 的小孔，孔间距由池中心向池边逐渐减小，相邻两横管上小孔的位置应错开，以便均匀布水。废水由竖管进入配水短管，然后分配至各布水横管，在水压力作用下喷出小孔并产生反作用力，推动布水管向相反方向旋转。

旋转布水器虽然布水较均匀，淋水周期短，水力冲刷能力强，但由于布水水头和横管上的小孔孔径较小，易产生堵塞问题。在北方的冬季，要采取措施防止布水器的冻结。

（4）排水系统　排水系统位于滤池的底部，包括渗水装置、汇水沟和排水沟等。图 5-30 是滤池池底排水系统及渗水装置的示意图。

常用的渗水装置是混凝土板式装置，排水孔隙的总表面积不低于滤池总表面积的 20%，与池底之间的距离不小于 0.4m，其主要作用在于支撑滤料，排出滤池处理后的污水，并保

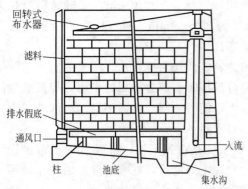

图 5-30　滤池池底排水系统及渗水装置示意图

证通风良好。

池底以 1‰～2‰ 的坡度斜向汇水沟（宽 0.25m，间距 2.5～4.0m）；汇水沟再以 0.5‰～10‰ 的坡度斜向总排水沟，总排水沟的坡度不小于 0.5‰，其过水断面面积应该小于总断水面积 50%，沟内流速应大于 0.7m/s，以免发生沉积和堵塞现象。当滤池面积较小时，可以不设汇水沟，以 1‰ 的坡度直接斜向总排水沟。

2. 生物滤池的类型

（1）普通生物滤池　普通生物滤池为第一代生物滤池。这种装置是将污水喷洒在由粒状介质（石子等）堆积起来的滤料上，污水从上部喷淋下来，经过堆积的滤料层，滤料表面的生物膜将污水净化，供氧由自然通风完成，氧气通过滤料的空隙，传递到流动水层、附着水层、好氧层。此种方法处理污水的负荷较低，一般只有 1～4m³/(m²·d)，BOD 负荷也仅为 0.1～0.4kg/(m³·d)，故亦称为低负荷生物滤池。普通生物滤池虽出水水质好，但处理水量负荷低，占地面积又大，而且容易堵塞，因此应用上受到了限制，目前已很少采用。

（2）高负荷生物滤池（回流生物滤池）

① 结构特征　高负荷生物滤池是普通生物滤池的第二代工艺，结构如图 5-31 所示。高负荷生物滤池构造和普通生物滤池不同之处在于：在平面上多呈圆形。滤料直径增大，多采用 40～100mm。滤料层也是由底部的承托层（厚 0.2m，无机滤料粒径为 70～100mm）和其上的工作层（厚 1.8m，无机滤料粒径为 40～70mm）两层充填而成，当滤层厚度超过 2.0m 时，一般应采用人工通风措施。高负荷生物滤池多采用连续工作的旋转式布水器，旋转式布水器可采用水流反力驱动，也可采用电力驱动。

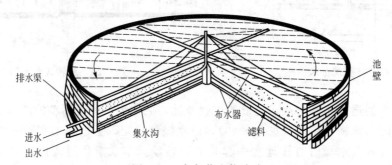

图 5-31　高负荷生物滤池

② 运行特征　高负荷生物滤池和普通生物滤池存在着不同的过程控制。首先，高负荷生物滤池大幅度提高了滤池的负荷率，其 BOD 容积负荷高于普通生物滤池 6～8 倍，水力负荷则高达 10 倍；其次，高负荷生物滤池的高滤率是通过限制进水 BOD₅ 值和运行上采取处理水回流等技术措施达到的；再次，高负荷生物滤池进水 BOD₅ 值必须低于 200mg/L，否则以处理水回流加以稀释。利用处理水回流不但具有加大水力负荷，均化与稳定进水水质、抑制滤池蝇滋长和减轻散发臭味的作用，还可及时冲刷过厚和老化的生物膜，从而使生物膜迅速更新并经常保持较高的活性。

③ 回流及回流比　高负荷生物滤池在技术上采取了限制进水 BOD₅ 值和回流措施。

回流的处理水量（$q_{v,r}$）与进入滤池的原污水量（q_v）之比称为回流比 R，计算式如下：

$$R = \frac{q_{v,r}}{q_v}$$

（3）塔式生物滤池　1951年，德国化学工程师舒尔茨根据气体洗涤塔原理开发了塔式生物滤池，结构如图5-32所示。

应用在污水处理中的塔式生物滤池，高度一般为8～24m，可使污水、生物膜、空气三者充分接触，水流紊动剧烈，改善了通风条件，氧从空气中经过污水向生物膜内的传质过程得到加强，有较高的负荷，加快了生物膜的增长和脱落，使塔式生物滤池单位体积填料去除有机物能力有较大的提高。

① 结构特征　塔式生物滤池在平面上，一般呈矩形或圆形，高8～24m，直径1～3.5m，直径与高度比介于 1∶6～1∶8，这使滤池内部形成较强烈的拔风状态，因此通风良好。它的主要部分包括塔体、滤料、布水设备、通风装置和排水系统。

滤料的种类、强度、耐腐蚀等的要求与普通生物滤池基本相同。但由于塔身高，滤料如果很重，塔体必须增加加固承

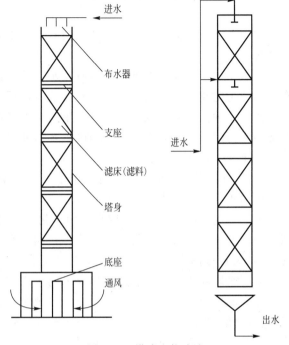

图 5-32　塔式生物滤池

重结构，不但增加了造价，而且施工安装比较复杂，因此还要求滤料的容重要小。另外塔式生物滤池的负荷很高，生物膜增长快，需氧量大，因此对滤料除要求有大的表面积外，还要求有大的空隙率，以利于通风和排出脱落的生物膜。目前国内外发展一种玻璃布蜂窝填料和大孔径波纹塑料板滤料，兼具上面两个优点，获得了广泛应用。

塔式生物滤池的布水器、通风和排水系统与普通生物滤池或高负荷生物滤池基本相同。一般采用自然通风，但如自然通风供氧不足，出现厌氧状态，就必须采用机械通风。

② 运行特征　塔式生物滤池也为高负荷生物滤池，其负荷远比一般高负荷滤池高，其水力负荷比高负荷生物滤池高 2～10 倍，达 30～200m³/(m²·d)，BOD 负荷高达 1000～2000g/(m³·d)，进水 BOD 浓度可以提高到 500mg/L。由于高度大，水力负荷高，使池内水流紊流强烈，污水与空气及生物膜的接触非常充分，很高的 BOD 负荷使生物膜生长迅速，但较高的水力负荷又使生物膜受到强烈的水力冲刷，从而使生物膜不断脱落、更新。以上这些特征都有助于微生物的代谢、繁殖，有利于有机污染物的降解。

塔式生物滤池占地面积较其他生物滤池大大缩小，对水质、水量适应性强，但废水抽升费用大，而且池体过高使得运行管理不便，因此只适宜处理小水量废水。

（4）厌氧生物滤池　厌氧生物滤池（Anaerobic Biofilter，AF）由美国 Standford 大学的 Young 和 Mc.Carty 于 1967 年在生物滤池的基础上研发，是公认的早期高效厌氧生物反应器。厌氧生物滤池是一种内部装填有微生物载体（即滤料）的厌氧生物反应器。厌氧微生

物部分附着生长在滤料上，形成厌氧生物膜，部分在滤料空隙间悬浮生长。污水流经挂有生物膜的滤料时，水中的有机物扩散到生物膜表面，并被生物膜中的微生物降解转化为沼气，净化后的水通过排水设备排至池外，所产生的沼气被收集利用。

厌氧生物滤池的结构如图 5-33 所示。

① 结构特征　厌氧生物滤池根据水流方向的不同，可分为升流式和降流式两大类，降流式厌氧生物滤池亦称降流式固定膜反应器（DSFF）。近年来也出现了升流式混合型厌氧反应器。

在生产及试验研究中最常用的滤料有实心块状滤料、空心块状滤料、管流型滤料、纤维滤料等。

厌氧生物滤池除滤料外，还设有布水系统和沼气收集系统。布水系统的作用是使进水分布均匀，为防止堵塞，其孔口大小及流速应选用及控制适当。沼气收集系统的作用是收集产生的沼气作为能源加以利用，沼气收集系统上设有水封、气体流量计及安全火炬。厌氧生物滤池多为封闭型，可以保证良好的厌氧环境并尽可能多地收集沼气，其中滤料层低于污水水位，处于淹没状态。

② 运行特征　厌氧生物滤池适用于不同类型、不同浓度有机废水的处理，其有机负荷取决于污水性质及浓度，一般为 $0.2\sim16\mathrm{kg}(\mathrm{m}^3\cdot\mathrm{d})$（以 COD 计），滤池中生物膜厚度为 $1\sim4\mathrm{mm}$，生物量浓度沿滤料层高度而变化，如升流式厌氧生物滤池底部的生物量浓度可达其顶部的几十倍。实际运行结果表明，在相同水质条件及水力停留时间下，升流式厌氧生物滤池的 COD 去除率比降流式高，升流式混合型厌氧反应器则具更多运行上的优点。

温度是影响厌氧生物滤池处理效果的因素之一。厌氧生物滤池大多在中温条件（35℃）下运行。温度降低会影响处理效率，经验表明，温度骤降会使效率下降幅度增大，若长时间稳定在较低温的条件下运行，则会由于滤池中较长的固体停留时间而使温度影响减弱，因此为了节约加温所需能量，亦可在常温下运行。

滤池高度对处理效果有一定影响。研究表明，绝大部分 COD 是在 0.4m 以下被去除的，因此滤池内填料高度不必超过 1.2m。

（5）曝气生物滤池　曝气生物滤池工艺是 20 世纪 80 年代末 90 年代初在普通生物滤池的基础上，并借鉴给水滤池工艺而开发兴起的污水处理新工艺，最初用于污水的三级处理，后来发展成直接用于二级处理，其已在欧美和日本等发达国家广为流行。该工艺具有去除 SS、COD、BOD、硝化脱氮的作用，其最大特点是集生物氧化和截留悬浮固体于一体，节省了后续沉淀池（二沉池）。此外曝气生物滤池工艺具有容积负荷高、水力负荷大，水力停留时间短，所需基建投资少，出水水质好，运行能耗较低，运行费用较省等特点。

曝气生物滤池是普通生物滤池的一种变形形式，也可看成是生物接触氧化法的一种特殊形式，其构造如图 5-34 所示。即在生物反应器内装填高比表面积的颗粒填料，以提供微生物膜生长的载体，并根据污水流向不同分为下向流或上向流。

曝气生物滤池工作原理是，在滤池中填装一定量粒径较小的粒状滤料，滤料表面及滤池内部微孔生长生物膜，滤池内部曝气，污水流经时，利用滤料上高浓度生物量的强氧化降解能力对污水进行快速净化，此为生物氧化降解过程；同时，污水流经时，利用滤料粒径较小的特点及生物膜的生物絮凝作用，截留污水中的大量悬浮物，且保证脱落的生物膜不会随水漂出，此为截留作用；当滤池运行一段时间后，因水头损失增大，需对其进行反冲洗，以释放截留的悬浮物并更新生物膜，使滤池的处理性能得到恢复，此为反冲洗过程。

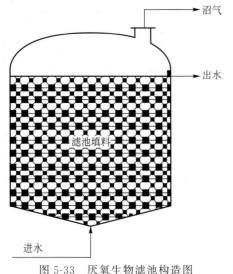

图 5-33　厌氧生物滤池构造图

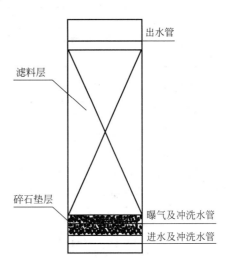

图 5-34　曝气生物滤池构造图

一般说来，曝气生物滤池具有以下特征：①用粒状填料作为生物载体；②明显区别于一般生物滤池及生物滤塔；③高水力负荷、高容积负荷及高的生物膜活性；④具有生物氧化降解和截留 SS 的双重功能，生物处理单元之后不需再设二次沉淀池；⑤需定期进行反冲洗，清洗滤池中截留的 SS，同时更新生物膜。

普通生物滤池现已不常采用，目前大多采用高负荷生物滤池。表 5-4 列出了普通生物滤池、高负荷生物滤池和塔式生物滤池这三种生物滤池的基本参数。

表 5-4　普通生物滤池、高负荷生物滤池和塔式生物滤池基本参数比较

项目	普通生物滤池	高负荷生物滤池		塔式生物滤池
表面负荷 /[m³/(m²·d)]	0.9～3.7	9～36(包括回流)		16～97(不包括回流)
BOD₅负荷 /[kg/(m³·d)]	0.11～0.37	0.37～1.84		1.0～3.0
深度/m	1.8～3.0	0.9～2.4		8～25
回流比	无	1～4		—
填料	碎石、焦炭、矿渣	块状填料	塑料填料	波纹或蜂窝塑料填料
比表面积/(m²/m³)	65～100	43～65	98～201	82～220
空隙率/%	45～60	45～60	90～99	93～98
动力消耗/(W/m³)	无	2～10	—	2～10
蝇	多	很少,幼虫被冲走	很少	很少
生物膜脱落情况	间歇	连续	连续	连续
运行要求	简单	需要一些技术	较复杂	需要一些技术
投配时间的间歇	不超过 5min,一般间歇投配,也可连续投配	不超过 15s,必须连续投配	必须连续投配	连续投配
二次沉淀池污泥	黑色,高度氧化的轻质细粒	棕色,未充分氧化的易腐化细颗粒	片状大颗粒	棕色,未充分氧化

续表

项目	普通生物滤池	高负荷生物滤池		塔式生物滤池
处理出水	高度硝化,进行到硝化盐阶段,BOD$_5$≤20mg/L	未充分硝化,BOD$_5$≥30mg/L	有限度的硝化,BOD$_5$≥30mg/L	未充分硝化 BOD$_5$≥30mg/L
BOD$_5$去除率/%	85~95	75~85	65~85	65~85

3. 生物滤池的工艺流程

生物滤池的基本流程是由初沉池、生物滤池、二沉池组成,如图 5-35 所示。进入生物滤池的污水,必须先通过预处理,去除悬浮物、油脂等会堵塞滤料的物质,并使水质均化稳定。一般在生物滤池前面设初沉池,但也可以根据水质而采取其他方式进行预处理,达到同样的效果。生物滤池后面的二沉池,用于截留滤池中脱落的生物膜,以保证出水水质。

图 5-35　生物滤池的基本流程

高负荷生物滤池流程:通过调整采用处理水回流措施,可使高负荷生物滤池具有多种多样的处理流程类型。

(1) 单池回流流程　高负荷生物滤池中由单池组成的处理流程类型如图 5-36 所示。

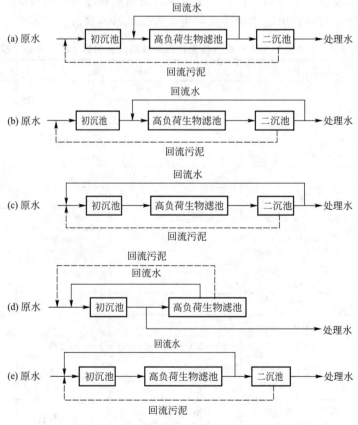

图 5-36　高负荷生物滤池单池流程示意图

图 5-36 流程（a）中滤池出水直接向滤池回流，并由二沉池向初沉池回流生物污泥，利于生物膜的接种；流程（b）中二沉池出水回流到滤池前，可避免加大初沉池的容积；流程（c）中二沉池出水回流到初沉池，加大了滤池的水力负荷；流程（d）中滤池出水直接回流到初沉池，初沉池的效果从而得到提高并兼作二沉池，可免去二沉池；流程（e）中滤池出水回流至初沉池，生物污泥由二沉池回流到初沉池。其中流程（a）和（b）的应用最为广泛。

流程（a）、（d）、（e）适合废水浓度低的情况，三种流程中以流程（e）除污效能最好，但基建费用最高；以流程（d）除污效能最差，但基建费用最低；流程（b）、（c）适合废水浓度高的情况，两种流程中以流程（c）除污效能最好，但基建费用最高。

（2）高负荷生物滤池两段串联工艺流程　工程应用中，当废水浓度较高，或者对处理水质要求较高时，为了提高整体工艺的处理效能，避免单池高度过大，可考虑两段滤池串联处理系统。另外，有些地方条件不允许提高滤池高度时，也可采用两段滤池系统。两段滤池串联处理系统有多种形式，如图 5-37 所示。

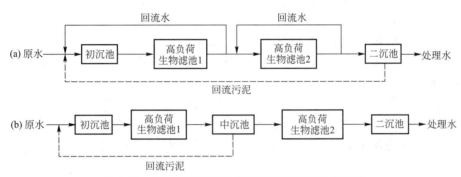

图 5-37　高负荷生物滤池两段串联工艺流程示意图

在图 5-37 中，流程（b）中间沉淀池的作用是减轻第二段滤池的负荷，避免堵塞。在两段高负荷生物滤池串联系统中，不仅可达到有机底物去除率高达 90％以上的效能，而且滤池中也能发生硝化反应，出水中也能含有硝酸盐和溶解氧。

在两段高负荷生物滤池串联系统中，两级滤池负荷率不均造成生物膜生长不均衡是主要弊端，体现在：一段滤池负荷高，生物膜生长快，脱落后易堵塞滤池；二段滤池负荷低，生物膜生长不佳，滤池容积利用率不高。

（3）交替式二级生物滤池　为了解决上述两段串联工艺中两级滤池生长不均的弊端，可以采用两级滤池交替配水的方式，即两级串联的滤池交替作为一级滤池和二级滤池。

图 5-38 是交替式二级生物滤池法的流程。运行时，滤池是串联工作的，废水初步沉淀后进入一级生物滤池，出水经相应的中间沉淀池中去除残膜后用泵送进二级生物滤池，二级生物滤池的出水经过沉淀后排出。工作一段时间后，一级生物滤池因表层生物膜的累积，即将出现堵塞，改作二级生物滤池，而原来的二级生物滤池则改作一级生物滤池。运行中每个生物滤池交替作为一级和二级滤池使用，循环无穷。这种方法在英国城市污水厂中曾广泛采用。交替式二级生物滤池法流程比并联流程负荷可提高 2～3 倍。

采用交替式二级生物滤池法流程时，两滤池滤料粒径应相同，构筑物高程上也应考虑水流方向互换的可能性。此外，还需增设泵站，增加建设成本是交替配水系统的主要缺点。

4. 影响生物滤池性能的因素

生物滤池中有机物的降解过程非常复杂，同时发生着有机物在污水和生物膜中的传质过程；有机物的好氧和厌氧代谢，氧在污水和生物膜中的传质过程以及生物膜脱落等物理、化

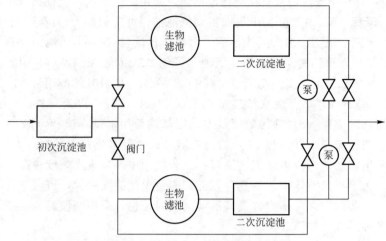

图 5-38 交替式二级生物滤池流程

学、物理化学和生物化学过程。影响这些过程的主要因素如下。

（1）负荷率　生物滤池的负荷率是一个集中反应生物滤池工作性能的参数。负荷率直接影响生物滤池的工作。

生物滤池的负荷以水力负荷和 BOD_5 容积负荷表示。水力负荷以滤池面积计，单位为 $m^3/(m^2 \cdot d)$。由于生物滤池的作用是去除废水中有机物或特定有机物，因此它的负荷率应以有机物或特定污染物质为准较合适，对于一般废水则常以 BOD_5 为准，负荷的单位以 $kg/(m^3 \cdot d)$ 表示。

（2）滤池高度　人们早就发现，滤床的上层与下层相比，生物膜量、微生物种类和去除有机物的速率均不相同。滤床的上层，污水中有机物浓度较高，微生物繁殖速率高，种属较低级，以细菌为主，生物膜量较多，有机物去除速率较高。随着滤床深度增加，微生物从低级趋向高级，种类逐渐增多，生物膜量从多到少。滤床中的这一递变现象类似污染河流在自净过程中的生物递变现象，因为微生物的生长和繁殖同环境因素息息相关，所以当滤床各层的进水水质互不相同时，各层生物膜中的微生物就不相同，处理废水的功能也随之不同。

研究表明，生物滤池的处理效率在一定条件下是随着滤床高度的增加而增加，在滤床高度超过某一数值（随具体条件而定）后，处理效率的提高是微不足道、不经济的。研究还表明：滤床不同深度处的微生物不同，反映了滤床高度对处理效率的影响同废水水质有关。对水质比较复杂的工业废水来说，这一点是值得注意的。

（3）回流　利用污水厂的出水或生物滤池出水稀释进水的方法称回流，回流水量与进水量之比叫回流比。

回流对生物滤池性能有明显的影响：回流可以提高生物滤池的滤率，它是使生物滤池由低负荷率演变为高负荷率的方法之一；当进水缺氧、腐化、缺少营养元素或含有毒有害物质时，回流可以改善进水的腐化状况，提供营养元素和降低毒物浓度；进水的水质、水量有波动时，回流有调节和稳定进水的作用。

回流将降低入流污水中的有机物浓度，减小水膜与附着水中有机物的浓度差，因而降低传质和去除有机物的速率。另一方面，回流增加水膜的紊流程度，加快传质和有机物去除速率，当后者的影响大于前者时，回流可以改善滤池工作。

一些研究表明，用生物；滤池出水回流，增加滤床内的生物量，可以改善滤池的工作。但是悬浮微生物的增加，又可能影响氧向生物膜的转移，影响生物滤池的效率。可见回流对生物滤池性能的影响是多方面的，不可一概而论，具体问题必须具体研究和分析。

（4）供氧　生物滤池中，微生物所需的氧一般直接来自大气，靠自然通风供给，影响生物滤池通风的主要因素是自然拔风和风速。入流废水有机物浓度较高时，供氧条件可能成为影响生物滤池工作的主要因素。为保证生物滤池能正常工作，根据试验研究和工程实践，有人建议滤池进水 COD 应小于 400mg/L。当进水浓度高于此值时，可以通过回流的方法降低滤池进水有机物浓度，以保证生物滤池供氧充足，正常运行。

（三）生物接触氧化池

生物接触氧化池是一种介于活性污泥法与生物滤池之间的生物膜法工艺，它于 20 世纪 70 年代初开创，近年来在国内外都得到了广泛的研究与应用。生物接触氧化法又称为淹没式生物滤池，它在滤池内部布设浸没于水中的挂膜介质填料，利用栖附在填料上的生物膜和充分供应的氧气，通过生物氧化作用，将废水中的有机物氧化分解，达到净化目的。

实际上，接触氧化过程是生物膜与活性污泥共存，兼具两者的优点，但仍以生物膜除污染过程为主，剩余污泥的产量远远少于活性污泥处理过程。

1. 生物接触氧化池的构造及形式

（1）生物接触氧化池的构造　生物接触氧化池主要由池体、填料和进水布气装置等组成，见图 5-39。

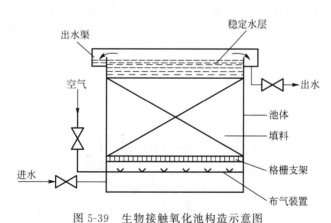

图 5-39　生物接触氧化池构造示意图

池体在平面上多呈圆形、矩形或方形，用钢板焊接制成或用钢筋混凝土浇灌砌成。池体总高一般为 4.5～5.0m，其中填料高度一般为 3.0～3.5m；底部布水层高为 0.6～0.7m，顶部稳定水层为 0.5～0.6m。

填料是接触氧化处理工艺的关键部位，它直接影响处理效果，并关系到接触氧化池的基建费用，故填料的选择应从技术和经济两个方面加以考虑。从技术上看，要求接触氧化池填料的比表面积大、空隙率大、水力阻力小、性能稳定。从经济上看，要价格低廉。

目前在我国常用的填料有蜂窝状填料、波纹板状填料、软性纤维填料、半软性填料等，见图 5-40。有关的特性指标见表 5-5。

 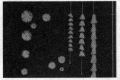

(a) 蜂窝状填料 (b) 软性填料 (c) 半软性填料

图 5-40 生物接触氧化池填料

表 5-5 生物接触氧化池填料有关的特性指标

种类	材质	比表面积/(m²/m³)	孔隙率/%
蜂窝状填料	玻璃钢、塑料	133~360	97~98
波纹状填料	硬聚氯乙烯	113,150,18	>96,>93,>90
半软性填料	变形聚氯乙烯	87~93	97
软性填料	化学纤维	2000	99

进水装置一般多采用穿孔管进水，穿孔管上孔眼直径为 5mm，间距为 2cm 左右，水流喷出孔眼时的流速一般为 2m/s。穿孔管可直接设在填料床的上部或下部，使污水均匀布入填料床。污水、空气和生物膜三者之间相互均匀接触可提高填料床工作效率，但同时还要考虑到填料床发生堵塞时有加大进水量的可能。出水装置可根据实际情况选择堰式出水或穿孔管出水。

曝气装置多用穿孔管布气，孔眼直径为 5mm，孔眼中心距为 10cm 左右。布气管可设在填料床下部或其一侧（侧面曝气，见图 5-41），并将孔眼作均匀布置，而空气则来自鼓风机或射流器。在运行中要求布气均匀，并考虑到填料床发生堵塞时能适当加大气量及提高冲洗能力。当采用表曝机供氧时，则应考虑填料床发生堵塞时有加大转速、加快循环回流，提高冲刷能力的可能。

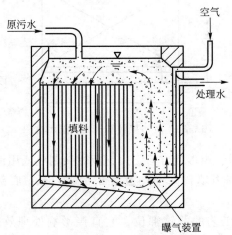

图 5-41 侧面曝气的生物接触氧化池

（2）生物接触氧化法的形式及典型工艺流程

a. 生物接触氧化池的形式 根据充氧与接触方式的不同，生物接触氧化池直流式和分流式，如图 5-42 所示。

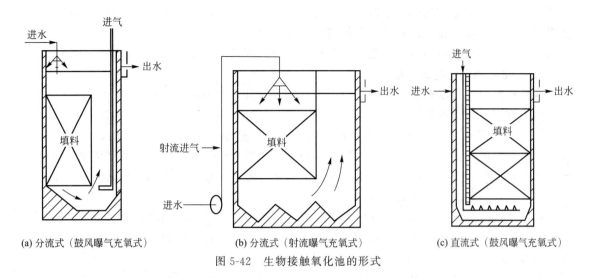

(a) 分流式（鼓风曝气充氧式）　　　(b) 分流式（射流曝气充氧式）　　　(c) 直流式（鼓风曝气充氧式）

图 5-42　生物接触氧化池的形式

分流式的曝气装置在池的一侧，填料装在另一侧，依靠泵或空气的提升作用，使水流在填料层内循环，给填料上的生物膜供氧。此法的优点是废水在隔间充氧，氧的供应充分，对生物膜生长有利。缺点是氧的利用率较低，动力消耗较大；因为水力冲刷作用较小，老化的生物膜不易脱落，新陈代谢周期较长，生物膜活性较小；同时还会因生物膜不易脱落而引起填料堵塞。

直流式是在氧化池填料底部直接鼓风曝气。生物膜直接受到上升气流的强烈扰动，更新较快，保持较高的活性；同时在进水负荷稳定的情况下，生物膜能维持一定的厚度，不易发生堵塞现象。一般生物膜厚度控制在 1mm 左右为宜。此外，上升气流不断冲击滤料，增加了接触面积，提高了氧的转移效率，在一定程度上降低了能耗。

b. 生物接触氧化法的典型工艺流程　　生物接触氧化法的工艺流程一般可分为一级（见图 5-43）、二级（见图 5-44）及多级几种形式。

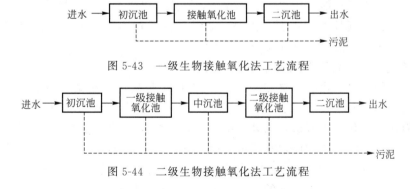

图 5-43　一级生物接触氧化法工艺流程

图 5-44　二级生物接触氧化法工艺流程

在一级处理流程中，原废水经初沉池预处理后进入接触氧化池，出水经二沉池进行泥水分离后作为处理水排放；在二级处理流程中，两段接触氧化池串联运行，可根据实际需要进行调整，如将氧化池分格，不设中沉池等；多级处理流程中连续串联三座或以上的接触氧化池。

一级和二级工艺流程相比较，一级法生物膜生长快，活性大，降解有机物速度快，操作方便，投资少，但氧化池有时会引起短路；二级法适应原水水质变化，使出水水质趋于稳定和改善，氧化池的流态属于完全混合型，能提高生化效率，缩短生物氧化时间，但由于二级法需增加工艺流程的设施设备，使得投资费用比一级法高。一般地说，当有机负荷较低而水力负荷较大时，可采用一级法；当有机负荷较高时，可采用二级法。

2. 生物接触氧化池的特征

生物接触氧化技术在工艺、功能以及运行等方面具有下列主要特征。

（1）在工艺方面的特征

a. 本技术目前多使用蜂窝式或列管式填料，上下贯通，污水在管内流动，每个孔管都像是一条静静流动的小溪，水利条件好，又加上充沛的有机物和溶解氧，适于微生物栖息增殖，因此，生物膜上的生物是丰富的，除细菌和多种种属的原生动物和后生动物外，还能够生长氧化能力较强的球衣菌属的丝状菌，而无污泥膨胀之虑。

b. 填料表面全为生物膜所布满，形成了生物膜的主体结构，由于丝状菌的大量滋生，有可能形成一个呈立体结构的密集的生物网，污水在其中通过，类似"过滤"作用能够有效地提高净化效果。

c. 由于进行曝气，生物膜表面不断地接受曝气吹脱，有利于保持生物膜的活性，抑制厌氧膜的增殖，也利于提高氧的利用率，因此，能够保持较高浓度的活性生物量。据实验资料，每平方米填料表面上的活性生物膜量可达125g，如折算成MLSS，则达13g/L。正因如此，生物接触氧化处理技术能够接受较高的有机负荷率，处理效率较高，有利于缩小水池，减少占地面积。

（2）在运行方面的特征

a. 对冲击符合有较强的适应能力，在间歇运行条件下，能够保持良好的处理效果，对排水不均匀的企业，更具有实际意义；

b. 操作简单、运行方便、易于维护管理，无需污泥回流，不产生污泥膨胀现象，也不产生滤池蝇；

c. 污泥生成量少，污泥颗粒较大，易于沉淀。

（3）在功能方面的特征　生物接触氧化处理技术具有多种净化功能，除有效地去除有机污染物外，如运行得当还能够用以脱氮和除磷，因此可以作为三级处理技术。

生物接触氧化处理技术的主要缺点是：如设计或运行不当，填料可能堵塞；此外，布水、曝气不易均匀，可能在局部部位出现死角。

3. 生物接触氧化法的研究与应用

（1）两级生物接触氧化法　早在1978年，生物接触氧化法在城市污水中试成功后，以其高效而闻名全国，并很快在工业废水处理中获得广泛应用，但市政工程界的人员却迟迟未能接受，因而接触氧化法在城市污水处理中发展较为缓慢。其主要原因：①限于当时条件，城市污水中试和生产性试验的原水水质浓度偏低，限制了试验结果的推广；②为什么接触氧化法只需1h左右即能达到活性污泥法8h的效果，在理论上阐述得不够清楚；③缺乏经久耐用和价格低廉的填料，以及大型池的均匀布水、布气尚有困难等。

1983年，太原市殷家堡污水处理厂开始运转，规模为10000m^3/d，处理工艺为生物接触氧化法（其装置构造同北京市保护科学研究院的中试，也为两级法），以一种价廉耐用的炼钢炉渣为填料，并根据进水浓度选用适当的粒径，可做到长期运行不发生堵塞。整个装置连续稳定运行近20年，期间，接触氧化池的年平均进水浓度，随城市生活和节水工作发展，已从最初118.4mg/L逐步升高到186.9mg/L，而出水水质却多年来一直优于活性污泥法的二级处理水平，运行的鼓风电耗只及传统活性污泥法的1/5。

（2）LINPOR-C工艺　LINPOR-C工艺是在传统活性污泥曝气池中直接投加10%～30%的多孔泡沫塑料颗粒改造而成。其工艺设施与传统活性污泥处理厂相同，由曝气池、二沉池、污泥回流系统和剩余污泥排放系统等单元组成，但实际上该工艺的生物体由两部分组成，一部分附着生长在多孔泡沫塑料颗粒上，另一部分悬浮于混合液中。

（四）生物转盘

生物转盘（Rotating Biological Contactor，RBC）开创于20世纪50～60年代，是目前处理污水最有效的手段之一，我国于20世纪70年代开始进行研究，在印染、造纸、皮革和石油化工等行业的工业废水处理中得到应用，效果较好。生物转盘不会堵塞，运转费低，且较生物滤池更适合处理高浓度废（污）水，但生物转盘占地面积大，易产生气味、滋生蚊蝇、影响环境。

1. 生物转盘的结构

传统的生物转盘主要由盘片、接触反应槽、转轴及驱动装置所组成，如图5-45所示。为了增强生物转盘的好氧条件，可增加供氧设施，形成好氧生物转盘；而为了增强其厌氧条件可密封接触反应槽，并使盘片大部分或全部处于淹没状态，形成厌氧生物转盘。下面主要介绍好氧生物转盘。

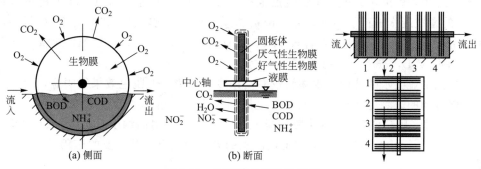

图5-45　生物转盘构造示意图

（1）盘片　盘片成组固定在转轴上并随转轴旋转。制作盘片的材质要求为轻质、耐磨、不变形的材料。盘片直径一般为1～4m，厚度一般为2～10mm。盘片间距要考虑运行时生物膜堵塞问题，并保持良好的通风条件，标准间距为30mm。如果采用多级转盘，则级数排在前面的盘片间距为25～35mm，级数排后面的盘片间距为10～20mm。有些转盘利用表面积生长藻类处理废水，其盘片间距要增大到50mm。

（2）转轴　转轴是用来固定盘片并带动其旋转，一般为实心钢轴或无缝钢管，转轴两端固定安装在反应槽两端的支架上。驱动装置包括动力设备、减速装置以及链条等，通过转轴带动生物转盘转动。盘体的旋转速度对氧的溶解程度和槽内水流状态影响很大，搅拌强度过小，影响充氧效果，并使槽内的水流混合不好；而搅拌强度过大，易损坏设备，并会使生物膜过早脱落。

（3）接触反应槽　一般由钢筋混凝土或钢板、塑料板制成，其结构形态与盘片外形相吻合，有半圆形、矩形或梯形等。反应槽底部没有排泥管和放空管，大型反应槽的转盘下部还设有刮泥装置。出水槽可设置于反应槽一侧，通过溢流堰控制水位及出水的均匀性。

（4）驱动装置　驱动装置包括动力设备、减速装置、传动链条等，动力设备分为电机机械传动、空气传动及水力传动等。

转盘浸入（厌氧生物转盘）或部分浸入（好氧生物转盘）充满废水的接触反应槽内，在驱动装置的驱动下，转轴带动转盘一起以一定的线速度不停地转动，转盘交替地与废水和空气接触，经过一段时间的转动后，盘片上将附着一层生物膜。在转入废水中时，生物膜吸附废水中的有机污染物，并吸收生物膜外水膜中的溶解氧，分解有机物，微生物在这一过程中以有机物为营养进行自身繁殖；转盘转出废水时，空气不断地溶解到水膜中去，增加其溶解氧。生物膜交替地与废水和空气接触，变成一个连续地吸氧、吸附、氧化分解过程。

2. 生物转盘的研究与应用

（1）处理城市污水　从生物转盘用于生活污水方面的中试研究及工程应用实例可知，生物转盘是一种高效的废水处理反应器，在水力停留时间小于 2.5h 的情况下，对生活污水的处理效率平均能达到 90% 左右；但另一方面，在工程应用中生物转盘处理量不大，因此在大水量城市污水处理方面还需进一步的研究。

（2）生物转盘用于废水的脱氮除磷　生物脱氮包含缺氧与好氧两个环境。用于氨氮废水的处理工艺纷繁复杂，长期以来，生物转盘法用于该类废水的处理实例也屡见不鲜。Weng、Torpey 等采用多级生物转盘系统对合成废水及城市污水中的碳、氮去除进行了研究。研究结果表明，在碳氮比很低的情况下其氨氮的平均去除率也可达 90%。

另外，对于含磷废水处理，生物转盘也有研究，Ouyang 等采用 A^2/O 生物转盘对含磷为 4mg/L 的合成废水进行了中试研究，该系统包括四级生物转盘，盘片为 PVC 材料，每级 12 个片，系统总体积是 160L，在各段 HRT 分别为 1.65h、0.71h、2.01h 的条件下，出水中含磷仅 0.6mg/L，去除率达到了 85%。

（3）其他工业废水的处理　生物转盘对高浓度染料废水的脱色效果很明显，对重金属及其他毒性化合物的去除更是有效，如对重金属的去除率可达 90% 以上，对 SCN— 的去除能达 99.99%，对多环芳烃 PAH 的去除率也能达 90% 以上；对高浓度有机废水的 COD_{Cr} 去除率能达 90% 以上。因此，生物转盘在工业废水的处理中具有极其重要的作用。

（五）生物流化床

生物流化床废水处理技术是 20 世纪 70 年代初期发展起来的，它以生物膜法为基础，吸收了化工操作中的流态化技术，形成了一种高效的废水处理工艺，是生物膜法的重要突破。

其基本特征是以砂、陶粒、活性炭等颗粒状物质作为载体，为微生物的生长提供巨大的表面积。废水或废水和空气的混合液由下而上以一定速度通过床层时使载体流化，彼此不接触的流化粒子具有很大的比表面积，一般可以达到 $2000 \sim 3000 m^2/m^3$，生物栖息于载体表面，形成由薄薄的生物膜所覆盖的生物粒子，生物固体浓度可达普通活性污泥法的 $5 \sim 10$ 倍。由于该粒子与废水的比例有较大的差别，载体上丝状菌过度增长也不会出现活性污泥法中经常发生的污泥膨胀现象。生物载体在床层中被上升的废水和空气流化，不仅可防止生物滤池中生物膜堵塞，而且由于生物载体、废水、空气三者之间的密切接触，可大大改善传质状况，使有机物去除速率增快，所需反应器容积减小。此外，生物流化床采用的高径比远大于一般的废水生物处理构筑物，其占地面积可大大缩小。

由于好氧生物流化床具有上述特点，具有很大的发展潜力。目前已有多种不同类型的好氧生物流化床应用于废水处理领域。

1. 生物流化床的构造

生物流化床由床体、载体、布水装置、充氧装置和脱膜装置等部分组成。

床体：床体平面多呈圆形，多由钢板焊接而成，需要时也可以由钢筋混凝土浇灌而成。

载体：载体是生物流化床的核心部件，通常采用细石英砂、颗粒活性炭、焦炭、无烟煤球、聚苯乙烯等。一般颗粒直径为 0.6～1.0mm，所提供的表面积很大。

布水装置：布水装置一般位于滤床的底部，它能起到均匀布水和承托载体颗粒的作用，因而是生物流化床的关键技术环节。

脱膜装置：及时脱除老化的生物膜，使生物膜经常保持一定的活性，是生物流化床维持正常净化功能的重要环节。

2. 生物流化床的类型

按照使载体流化的动力来源不同，生物流化床一般可分为以液流为动力的两相流化床和以气流为动力的三相流化床两大类。

（1）两相流化床　两相流化床是以液流（污水）为动力使载体流化，在流化床反应器内只有作为污水的液相和作为生物膜载体的固相相互接触。两相流化床主要由床载体、布水装置及脱膜装置等组成，构造如图 5-46 所示。

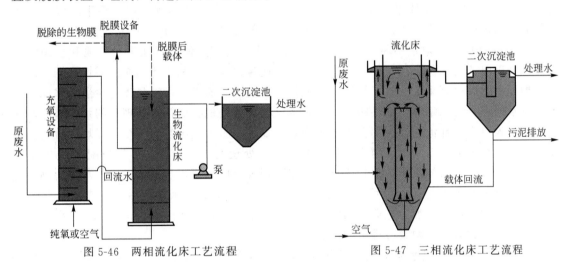

图 5-46　两相流化床工艺流程　　　　图 5-47　三相流化床工艺流程

按照进入流化床的污水是否预先充氧曝气，两相流化床又可能处于好氧状态或厌氧状态，前者主要用于去除污水中有有机物和氨氮等，而后者主要用于处理污水中的有机物、亚硝酸盐和硝酸盐等。

（2）三相流化床　三相流化床是以气体为动力使载体流化，构造如图 5-47 所示。在流化床反应器内有作为污水的液相、作为生物膜载体的固相和作为空气或纯氧的气相三相相互接触。实际运行经验表明，三相流化床能高速去除有机物，BOD_5 容积负荷率可高达 5kg/$(m^3 \cdot d)$，处理水 BOD_5 可保证在 20mg/L 以下；便于维护运行，对水量和水质波动具有一定的适应性；占地少，在同一进水水量和水质条件下，并达到同一理想水质要求时设备占地面积仅为活性污泥法的 20% 以下。

与好氧的两相流化床相比，由于空气直接从床体底部引入流化床，故不需另外再设充氧设备；又由于反应器内空气的搅动，载体之间的摩擦较强烈，一些多余的或老化的生物膜在流化过程中即已脱落，故亦不需另设专门的脱膜装置。

三、生物膜法的运行管理

1. 生物膜的培养与驯化

使具有代谢活性的微生物污泥在生物处理系统中的填料上固着生长的过程称为挂膜。挂膜也就是生物膜处理系统膜状物污泥的培养和驯化过程。

生物膜法刚开始投运时需要有个挂膜阶段，有两方面目的：其一是使微生物生长繁殖直至填料表面布满生物膜，其中微生物的数量能满足污水处理的要求；另一方面还要使微生物逐渐适应所处理污水的水质，即对微生物进行驯化。挂膜过程中回流沉淀池出水和池底沉淀，可促进挂膜的早日完成。

（1）挂膜的方法　挂膜过程使用的方法一般有直接挂膜法和间接挂膜法两种。

在各种形式的生物膜处理设施中，生物接触氧化池和塔式生物滤池由于具有曝气系统，而且填料量和填料空隙均较大，可以使用直接挂膜法；而普通生物滤池和生物转盘等设施需要使用间接挂膜法。

a. 直接挂膜法　该方法是在适合的水温、溶解氧等环境条件及合适的 pH、BOD_5、C/N 等水质条件下，让处理系统连续进水正常运行。对于生活污水、城市污水或混有较大比例生活污水的工业废水可以采用直接挂膜法，一般经过 7～10d 就可以完成挂膜过程。

b. 间接挂膜法　对于不易生物降解的工业废水，尤其是使用普通生物滤池和生物转盘等设施处理时，为了保证挂膜的顺利进行，可以通过预先培养和驯化相应的活性污泥，然后再投加到生物膜处理系统中进行挂膜，也就是分步挂膜。通常的做法是先将生活污水或其与工业废水的混合污水培养出活性污泥，然后将该污泥或其他类似污水处理厂的污泥与工业废水一起放入一个循环池内，再用泵投入生物膜法处理设施中，出水和沉淀污泥均回流到循环池。循环运行形成生物膜后，通水运行，并加入要处理的工业废水。可先投配 20% 的工业废水，经分析进出水的水质，生物膜具有一定处理效果后，再逐步加大工业废水的比例，直到全部都是工业废水为止。也可以用掺有少量（20%）工业废水的生活污水直接培养生物膜，挂膜成功后再逐步加大工业废水的比例，直到全部都是工业废水为止。

（2）培养和驯化生物膜过程中的注意事项

① 开始挂膜时，进水流量应小于设计值，可按设计流量的 20%～40% 启动运转。在外观可见已有生物膜生成时，流量可提高至 60%～80%，待出水效果达到设计要求时，即可提高流量至设计标准。

② 在生物转盘法中，用于硝化的转盘，挂膜时间要增加 2～3 周，并注意进水 BOD 应低于 30mg/L，因自养性硝化细菌世代时间长，繁殖生长慢，若进水有机物过高，可使膜中异养细菌占优势，从而抑制了自养菌的生长。

③ 当出水中出现亚硝酸盐时，表明生物膜上硝化作用进程已开始；当出水中亚硝酸下降，并出现大量硝酸盐时，表明硝化菌在生物膜上已占优势，挂膜工作宣告结束。

④ 挂膜所需的环境条件与活性污泥培菌时相同，要求进水具有适合的营养、温度、pH 等，尤其是氮磷等营养元素的数量必须充足（可按进水 COD：N：P=100：5：1 估算），同时避免毒物的大量进入。

⑤ 因初期膜量较少，反应器内充氧量可稍少（对生物转盘，盘片转速可稍慢），使溶解氧不至过高；同时采用小负荷进水方式，减少对生物膜的冲刷作用，增加填料或填料的挂膜速度。

⑥ 在冬季 13℃时挂膜，整个周期比温暖季节延长 2～3 倍。

⑦ 在生物膜培养挂膜期间，由于刚刚长成的生物膜适应能力较差，往往会出现膜状污泥大量脱落的现象，这可以说是正常的，尤其是采用工业废水进行驯化时，脱膜现象会更严重。

⑧ 要注意控制生物膜的厚度，保持在 2mm 左右，不使厌氧层过分增长，通过调整水力负荷（改变回流水量）等形式使生物膜的脱落均衡进行。同时随时进行镜检，观察生物膜生物相的变化情况，注意特征微生物的种类和数量变化情况。

2. 生物膜法的日常管理

（1）生物滤池的日常管理　生物滤池的日常运行管理需要注意以下事项。

① 布水系统　布水系统的喷水需定期检查，清除喷口的污物，防止堵塞。冬天停水时，不可使水存积在布管中以防管道冻裂。旋转式布水器的轴承需定期加油。

② 填料　滤池底部填料应硬而结实，卵石填料大小应均一，删除小的石块可增加空隙率，并防止堵塞。滤池表面的落叶等杂物应及时清除，以免堵塞和影响通风，并可使布水更均匀。

长期以来生物滤池都采用碎石、卵石、炉渣、焦炭等作填料。近年来开始应用塑料填料，它的比表面积和空隙率都比一般填料大大增加；质轻、有利于膜的脱落和通风；耐腐蚀性好，为提高滤池的负荷和采用塔式滤池创造了有利条件；缺点是价格比较昂贵。

③ 排水系统　排水系统应定期检查，以确保不被过量生物物质所堵塞，堵塞处应冲洗。新建滤池有时会有小的填料石块冲下，这时应将其冲净，但不应排入二沉池，不然会引起管道堵塞或减少池子容积，可将它与沙砾一起处理。

④ 运转方式　根据污水的水质水量及不同处理要求，可以采用不同的运转方式和工艺流程。

a. 回流　回流就是将生物滤池的一部分出水回流到滤池前与进水混合。当进入滤池的污水流量不大，而有机物浓度较高时，容易造成填料空隙被生物膜堵塞的现象，严重时甚至会使生物滤池的工作不能正常进行，这时常采用回流的运转方式。

b. 二级滤池　在出水水质要求高时，可采用两个滤池串联起来运行，这样 BOD 去除率往往可达 90％ 以上，出水净化深度较高，常能达到硝化阶段。此外，二级滤池的运行也较灵活。若污水水量增加，也可将两个滤池并联运动，当然出水水质相应下降。为了防止一级滤池膜过厚，也可将串联的两个滤池交替地用作第一级滤池或第二级滤池。

⑤ 滤池蝇　滤池蝇是一种小型昆虫，幼虫在滤池的生物膜上滋生，成体蝇在滤池周围飞翔，可飞越普通的窗纱，进入人体的眼、耳、口、鼻等处，它的飞翔能力仅为方圆数百米，但可随风飞得更远。滤池蝇的生长周期随气温上升而缩短，从 15℃ 的 22 天减少到 29℃ 的 7 天不等。在环境干湿交替条件下发生最频。滤池蝇的害处主要是影响环境卫生。

防止方法：使滤池连续受水，不可间断；除去过剩的生物膜；隔 1～2 周淹没滤池 24h；彻底冲淋滤池暴露部分的内壁，如可延长布水横管，使污水能洒布于壁上，若池壁保持潮湿，则滤池蝇不能生存；在厂区内铲除滤池蝇的避难所；在进水中加氯，使余氯为 0.5～1mg/L，加药周期为 1～2 周，以避免滤池蝇完成生命周期；在滤池壁表面施杀虫剂，以杀死欲进入滤池的成蝇，加药周期约 4～6 周，蝇即可控制；在施药前应考虑杀虫剂对受水水体的影响。

⑥ 气味　滤池是好氧的，一般不会有严重臭味，若有臭皮蛋味表明有厌氧条件。

防止方法：整个系统应维持好氧条件，包括沉淀池和污水管线；减少污泥和生物膜的累积；在进水中短期加氯，最好在流量小时进行，可节省加药量；出水回流；整个厂很好地保养；疏通出水渠道中所有死角；清洗所有通气口；在排水系统中鼓风，以增加流通性；避免高负荷冲击，如避免高浓度牛奶加工、罐头污水的进入，因它可引起污泥的积累。

⑦ 滤池泥穴

a. 滤池泥穴产生原因　石块或其他填料太小或大小不均匀；石块或其他填料因恶劣气候而破碎，引起堵塞；初沉池运行不良，使大量悬浮物进入。

b. 防治方法　在进水中加氯，剂量合游离氯 5mg/L，或隔几周加氯数小时，最好在流量小时进行以减少用氯量，1mg/L 氯即会抑制真菌的生长；使滤池停止运行 1 至数天，使膜干；使滤池至少淹没 24h（当滤池壁坚固、不漏水、出水道也能堵死时）；当上述方法失效时只能重新铺填料，用新的填料往往比用旧的填料冲干净后铺更经济。

⑧ 滤池表面结冻　冬天不仅处理效率低，有时还可结冻，使滤池完全失效。

防治方法：减小出水回流倍数，有时可完全不回流，直至天气暖和；当采用两级滤池时，可使它并联运行，回流小或无，直至天气转暖；调节喷嘴，使之能均匀布水；滤池上风头设挡风；经常破冰，并将冰去除。

⑨ 布水管及喷嘴堵　塞布水管及喷嘴的堵塞使污水在填料上分配不匀，结果受水面积减少，效率降低，严重时大部分喷嘴堵塞，会使布水器内压力增高而爆裂。

防治方法：清洗所有喷嘴，有时还需清洗布水器管道；提高初沉池对油脂和悬浮物的去除率；维持足够的水力负荷；按设备说明书润滑布水器。

⑩ 防止滋生蜗牛、苔藓和蟑螂　滋生蜗牛、苔藓和蟑螂常见之于南方地区，可引起滤池泥穴或其他操作问题。蜗牛本身无害，但其繁殖快，可在短期内迅速增多；死亡后，蜗牛壳堵塞布水器或泵。

防治方法：在进水中加氯，剂量为余氯 0.5~1mg/L，维持数小时；用最大回流比的水冲淋滤池。

（2）生物转盘的日常管理　生物转盘日常运行管理需注意的事项如下。

① 预处理　生物转盘同其他生物处理法一样，需对污水进行预处理或以初沉池去除悬浮物、沙砾和大的有机物颗粒；若不除去这些，它们可沉积在氧化槽底部，减少了槽的有效容积，沉积的固体将变成厌氧状态，腐败后会产生臭气，使水中溶解性 BOD 值上升。初沉池去除率不足、氧化槽底部固体物积累过多的证据是：沉淀池表面见有气泡释放；污水通过初沉池后 pH 下降。

由于所有生物处理对毒物的耐受都有一定的限度，故对毒物的预处理与其他工艺不同。

② 转盘分级　转盘分级可以改进污水在氧化槽内逗留时间的分配，防止短路，从而提高处理的效果。而且在污水净化程度逐级提高过程中，每级可以培养出相应的微生物，以适应不同浓度和不同处理程度的要求。

然而转盘分级过多对提高处理效果并不显著，如处理生活污水时，三级转盘 BOD 去除率可达 75%~90%，四级以后增加很少。级数过多，不仅要增加设备，加大投资，而且容易造成前几级实际负荷过高、严重缺氧、处理效果反而不好的现象。考虑到负荷的影响，转盘级数一般以 2~4 级为妥。当出水标准高时取高限，当欲增加负荷及提高去除有机物绝对量时可取低限。

③ 流量和负荷的波动　一般盘片上的生物量极高，可达 50g/L 左右，短期内流量和负荷的波动对处理效果影响效果并不大，但长时间的超负荷运行可使多级转盘系统中的第一级

超负荷，造成生物膜过厚、厌氧发黑、BOD去除率下降，且脱落的生物膜沉降性能差，给后处理带来困难。

④ 进水方向　进水方向与转盘旋转方向并不重要，因为与污水流速相比，转盘的转速和局部紊流速度极大，混合极完全，进水方面对流量的分配影响不大。

⑤ 覆盖物　转盘应予以覆盖，其原因如下：一是由于转盘受气温的影响最大，在冬季低温时可防止热量的散失；二是防止藻类生长、防止晒太阳、防止受雨水冲淋而影响生物膜的正常生长及处理效果的下降。

⑥ 二沉池　从盘片上脱落下来的生物膜呈大块絮状，它们在氧化槽中受旋转盘片的带动而悬浮，部分随出水带出，故必须处理之，处理方法与传统二沉池相同。由于二沉池中污泥不回流，应定期排除二沉池中的污泥，通常每隔4h排一次，使之不发生腐化。排泥频率过高，泥太稀，会加重后道处理工艺的压力。

⑦ 溶解氧　氧化槽中混合液的溶氧值在不同级上有所变化。用来去除BOD的转盘，第一级DO为0.5～1.0mg/L，后几级可增至1.0～3.0mg/L，常为2.0～3.0mg/L，最后一级达4.0～8.0mg/L。此外，混合液DO值随水质浓度和水力负荷而相应变化。

⑧ 出水悬浮物　生物转盘中出水悬浮物主要是脱落的生物膜，亦即增长的生物量。对仅去除BOD的转盘，出水悬浮物浓度为进水BOD的1/2左右；对硝化转盘，出水悬浮物浓度为进水BOD的1/3左右。

⑨ 生物相的观察　生物转盘与生物滤池同属生化处理中的膜法处理系统，因此，生物膜的特点与生物滤池上的生物膜完全相同，生物呈分级分布的现象。第一级生物膜往往以菌胶团细菌为主，膜亦最厚；随着有机物浓度的下降，以下的数级分别出现丝状菌、原生动物及后生动物，生物的种类不断增多，但生物量即膜的厚度减少，依污水水质的不同，每级都有其特征的生物类群。当水质浓度或转盘负荷有所变化时，特征性生物层次也随之前移或后移。

正常的生物膜较薄，厚度约1.5mm左右，外观粗糙、黏性，呈灰褐色。盘片上过剩生物膜不时脱落，这是正常的更替，随后即被新膜覆盖。用于硝化的转盘，其生物膜薄得多，外观较光滑，呈金黄色。

⑩ 设备维修　为保证生物转盘正常运行，应对所有设备定期进行检查维修，如转轴的轴承、电机是否发热；有无不正常的杂音，传动皮带或链条的松紧程度；减速器、轴承、链条的润滑情况，盘片的变形程度等；应及时更换损坏的零部件。

一般来说，生物转盘是生化处理中工艺控制最为简单的一种处理方法，只要设备运行正常，往往有令人满意的效果。但是，若水质、水量、气候大幅度变化，加上操作管理不慎，也会严重影响或破坏生物膜的正常工作，并导致处理效果下降。

生物转盘常见的异常现象及对策如下。

a. 生物膜严重脱落　在生物转盘启动后的2周内，盘面上生物膜大量脱落是正常的，若转盘采用其他水质的活性污泥来接种，脱落现象更为严重。但在正常运行阶段，膜大量脱落可给运行带来困难。

产生这种情况的主要原因如下。

Ⅰ. 进水中含有过量毒物或抑制生物生长的物质　例如重金属、氯或其他有机毒物。这时，应首先查明引起中毒的物质和它的浓度，立即将氧化槽内的水排空，以其他污水稀释。长远的解决办法是防止毒物进入，但这往往难以办到，这时应设法缓冲高峰负荷，使毒物在允许范围内均匀进入，如可调节池使毒物稀释后均衡进入。

Ⅱ. pH 发生突变　当进水 pH 在 6.0~8.5 时，运行正常，膜不会大量脱落。但若进水 pH 急剧变化，在 pH<5 或 pH>10.5 时，将引起生物量的减少。这时，应投加化学药剂予以中和，使其保持在正常范围内。

b. 产生白色生物膜　当进水已发生腐败或含有高浓度的含硫化合物（如 H_2S，Na_2S，亚硫酸钠等）或负荷过高使氧化槽混合液缺氧时，生物膜中硫细菌（如贝氏硫细菌和发硫细菌）会大量产生，并占优势生长。有时除上述条件外，进水偏酸性，使膜中丝状真菌大量繁殖，这时盘面会呈白色，处理效果大大下降。

解决方法：对原水进行预曝气，或在氧化槽增设曝气装置；投加氧化剂，以提高污水的氧化还原电位，如可投加 H_2O_2、$NaNO_3$ 等；从污水中脱硫；消除超负荷状况，增加第一级转盘的面积，将一、二级串联运行改成并联运行以降低第一级转盘的负荷。

c. 处理效率降低　凡存在不利于生物的环境条件，皆会影响处理效果，主要有以下几个方面。

Ⅰ. 污水温度下降　当污水温度低于 13℃ 时，生物活性减弱，有机物去除率降低。

Ⅱ. 流量或有机负荷的突变　短时间的超负荷对转盘影响不大，持续超负荷会使 BOD 去除率降低。大多数情况下，当有机负荷冲击小于全日平均值的 2 倍时，出水效果下降不多。在采取措施前，必须先了解存在问题的确切程度，如进水流量、停留时间、有机物去除率等，如属昼夜瞬间冲击，则很易人工调整排放污水时间或设调节池予以解决；若长时期流量或负荷偏高，则必须从整个布局上加以调整。

Ⅲ. pH　氧化槽内 pH 必须保持在 6.5~8.5，进水 pH 一般要求调整在 6~9，经长期驯化后，范围略可扩大，超过这一范围处理，效果将明显下降。

硝化转盘对 pH 和碱度的要求比较严格，硝化时，pH 应尽可能控制在 8.4 左右，进水碱度至少应为进水 NH_3-N 浓度的 7.1 倍，以使反应完全进行而不影响微生物的活性。

d. 固体的累积　沉砂池或初沉池中固体物去除率不佳，会使悬浮固体在氧化槽内积累并堵塞污水进入的通道。挥发性悬浮物（主要是脱落的生物膜）在氧化槽中大量积累也会产生腐败，发出臭气，并影响系统的运行。

在氧化槽中积累的固体物数量上升时，应用泵将它们抽去，并检验固体物的类型，以针对产生的原因解决之。

(3) 生物接触氧化的日常管理　生物接触氧化法由于具有泥量大、负荷高、耐冲击、运行管理较简便等特点而在中小型有毒有害、高浓度工业废水处理中受到青睐。由于生物膜上附着生长的微生物菌龄较长，因此在硝化、反硝化系统中也得到广泛应用；由于其占地省，因此在建造于大楼地下室内的生活污水处理系统中有很大发展。

生物接触氧化在运行中应注意如下四方面问题。

① 填料的选择　填料是附着生物膜生长的介质，可影响到接触氧化池中微生物生长数量、空间分布、状态和代谢活性等，还对接触氧化池中布水、布气产生影响。除使用寿命长、价格适中等通常的条件外，填料还受制于污水的性质和浓度等条件。例如，在处理高浓度污水时由于微生物产率高、生长快、微生物往往过厚。相反在处理低浓度污水时，生物膜往往较薄，为增加其生物膜菌量，可选择易于挂膜和比表面积较大的软性纤维填料。在生物脱氮系统的硝化区段，由于硝化细菌是一类严格好氧微生物，只生长于生物膜的表层，因此最好选择空间分布均匀，但比表面积又大的悬浮填料或弹性立体填料。目前，集硬、软性填料优点于一体的组合式填料在污水处理中得到了较广泛应用。为了使倾向于悬浮生长的硝化细菌能够附着于填料上生长，还可将纤维填料表面"打毛"，造成高低不平的粗糙表面。若

生物膜在填料上成团生长甚至结球，那么硝化细菌仅限于在生物团块的表面生长，其内层往往生长着大量的兼性好氧甚至厌氧微生物，导致硝化作用低下。

对悬浮填料除了按上述标准注意其空间形状结构外，还应注意其相对密度，以附着生物膜后相对密度略大于水为佳，这样在曝气后可使填料似活性污泥一样在接触氧化池内上下翻腾，以利于污水中有机物向生物膜中转移和对曝气气泡的切割，增强传质效果，并有利于过厚的生物膜脱落。

填料选择的经济性应综合考虑填料本身的价格，填料使用周期以及配套设施的维护费用。虽然球形填料本身价格明显高于半软性填料，但由于球形填料使用寿命长，可以省去安装费和支架维护费，从长远看选择球形填料在经济上可能更合算。

在污水生物处理中填料的研究和开发是生物处理中的热点，不时有新型专利产品推出，应根据污水的性质和处理要求，选选择适合于自己的产品。

② 防止生物膜过厚、结球　在采用生物接触氧化法工艺的处理污水系统中，在进入正常运行阶段后的初期，效果往往逐渐下降，究其原因是因为在挂膜结束后的初期生物膜较薄，生物代谢旺盛、活性强，随着运行的兼性生物膜不断生长加厚，由于周围悬浮液中溶解氧被生物膜吸收后须从膜表面向内渗透转移，途中不断被生物膜上的好氧微生物所吸收利用，膜内层微生物活性低下，进而影响到处理的效果。

在固定悬浮式填料的处理系统中，应在氧化池不同区段悬挂下部不固定的一段填料。操作人员应定期将填料提出水面观察其生物膜的厚度，在发现生物膜不断增厚、生物膜呈黑色并散发出臭味、运行日报表也显示处理效果不断下降时应采取措施"脱膜"，此外可通过瞬间的大流量、大气量的冲刷使过厚的生物膜从填料上脱落下来。此外还可以采用"闷"的方法，即停止曝气一段时间，使内层厌氧生物膜在厌氧条件下发酵，产生二氧化碳、甲烷等气体，产生的气体使生物膜与填料间的"黏性"降低，此时再大气量冲刷脱膜效果较佳。

某些工业废水中含有较多黏性污染物（如饮料废水中的糖类，腈纶废水中的低聚物，衬布废水中的聚乙烯醇等）导致填料严重结球，此时的生物膜几乎是"死疙瘩"，大大降低了生物接触氧化法的处理效率，因此在设计中应选择空隙率较高的漂浮填料或弹性立体填料等，对已经结球的填料应瞬间使用气或水进行高强度冲洗，必要时应立即更换填料。在实际运行管理中，发现有些污水处水厂（站）保留结球生物膜不予冲洗或更换，这需要引起足够重视。

③ 及时排出过多的积泥　如上一节所述，在接触氧化池中悬浮生长的活性污泥主要来源于脱落的老化生物膜，预处理阶段未分离彻底的悬浮固体也是其中的一个来源。较小絮体及解絮的游离细菌可随出水外流，而吸附了大量砂砾杂质的大块絮体相对密度较大，难以随出水流出而沉积在池底。这类大块的絮体若未能从池中及时排出，会逐渐自身氧化，同时释放出的代谢产物称为"二次基质"，会提高处理系统的负荷，其中一部分代谢产物属于不可生物降解的组分，会使出水 COD 升高，并因此而影响处理的效果。另外，池底积泥过多还会引起曝气器微孔堵塞。为了避免这种情况发生，应定期检查氧化池底部是否积泥，池中悬浮固体的浓度（即脱落的生物膜）浓度是否过高，一旦发现池底积有黑臭的污泥或悬浮物浓度过高应及时借助于氧化池中的排泥系统排泥。

由于排泥口较少，在排泥时常常发现排泥数分钟甚至几十秒后黑臭污泥迅速减少，而代之以上层的悬浊液，这是因为沉积在池底的污泥流动性较差所致。这时可采用一面曝气一面排泥的方式，通过曝气使池底积泥松动后再排；必要时还可以在空压机的出气口中临时安装橡皮管，管前端安装一细小的铜管或塑料管，以人工移动的管口朝着池子的四角及易积泥的底部充气，使积泥重新悬浮后随出水外排或从排泥口排走。如此操作有利于污泥的更新，促使污泥的"吐故纳新"。在实际运行管理中，已经发现多家处理单位因舍不得排泥而出水日趋恶化甚至超标，在采取上述排泥措施后迅速恢复到原先的良好状态。实际工作中，还发现某些生物接触氧化池根本没有排泥措施，导致污泥在池底长期积存，这种问题应引起设计者和运行管理方的足够重视。

④ 二沉池的运行管理　生物膜在更新过程中脱落下来的老化生物膜除了增加氧化池中的悬浮污泥外，有一部分沉降性能较差的细小絮体甚至使解絮后的游离细菌可随出水外漂。为此在氧化池后常设二沉池，以减少出水的悬浮物量，提高出水水质。这类外漂的老化生物膜形成的污泥沉降性能往往较差，应在设计时适当放大二沉池的容积，减少二沉池的表面负荷率，使出水更加澄清。若非如此，会使接触氧化池的出水水质差于污泥沉降性能良好的同类活性污泥法处理系统。

在二沉池中沉积下来的污泥可定时外排进入污泥处理系统中，经过浓缩脱水后外运处置；也可以有部分重新回流进入接触氧化池，应视具体情况而定。例如在培菌挂膜充气、生物膜较薄、生物膜活性较好时，将二沉池中沉积下来的污泥全部回流。在处理有毒有害工业废水或污泥增长较慢的生物接触氧化法系统中，也可视生物膜及呈悬浮状污泥的数量多少，使二沉池中污泥全部或部分回流，增加氧化池污泥的数量，提高系统的耐冲击负荷能力。

二沉池的排泥通常间隔一定时间进行，例如间隔几小时甚至几十小时排一次泥，应视氧化池中脱落并随水流入二沉池的悬浮污泥数量多少而定。一般二沉池底部沉积的污泥数量越少，排泥时间间隔就越长；然而不能无限制地延长排泥间隔时间，而应以二沉池底部浓缩污泥不产生厌氧腐化或反硝化为度，若二沉池中污泥不及时排放可厌氧发酵产生二氧化碳、硫化氢和氨气等气体。在氧化池中已经达到氮素硝化的系统中，导致反硝化产生氮气，这些气体都会集结于污泥絮体中，使其相对密度降低而浮上池表面随出水漂走，影响出水水质。

第三节　厌氧生物处理

20 世纪 70 年代以来，由于城市的扩大和工业的迅速发展，有机废水如仍用好氧法处理则需要消耗大量的能量。随着全球性能源问题的日益突出，在废水处理领域内，人们便逐渐对厌氧生物处理工艺产生了新的认识。

厌氧生物处理对象经历了从有机污泥、动植物残体及粪便，到中高浓度有机工业废水、城镇污水的过程。早期用于废水处理的厌氧消化构筑物为化粪池和双层沉淀池。通过近几十年的研究，出现了多种高效的厌氧消化工艺设备，如厌氧接触法、厌氧滤池（AF）、上流式厌氧污泥床反应器（UASB）等。使得厌氧生物处理技术的理论和实践都有了很大进步。

一、概述

（一）厌氧生物处理的发展过程

人们有目的的利用厌氧生物处理法已有近百年的历史，追溯其起源，甚至比好氧处理的历史更长。自 1881 年法国的 Louis Mouras 发明"自动净化器"以来，在生物学家、水处理学家、环境科学家、化学家等的共同努力下，厌氧生物处理技术经历了从处理有机污泥，到处理高浓度有机工业废水，到处理低浓度污水（如城市污水），以及从常温条件下到控温（中温或高温）条件下进行厌氧处理的发展过程。

厌氧生物处理技术的发展大致可以分为三个阶段。

1. 第一阶段

厌氧生物过程广泛地存在于自然界中，但人类第一次有意识地利用厌氧生物过程来处理废弃物，则是从 1881 年由法国的 Louis Mouras 所发明的"自动净化器"开始的，随后人类开始较大规模地应用厌氧消化过程来处理城市污水（如化粪池、双层沉淀池等）和剩余污泥（如各种厌氧消化池等）。这些厌氧反应器现在通称为"第一代厌氧生物反应器"。

2. 第二阶段

当进入 20 世纪 50~60 年代，特别是 70 年代的中后期，随着世界范围的能源危机的加剧，人们对利用厌氧消化过程处理有机废水的研究得以强化，相继出现了一批被称为现代高速厌氧消化反应器的处理工艺，从此厌氧消化工艺开始大规模地应用于废水处理，真正成为一种可以与好氧生物处理工艺相提并论的废水生物处理工艺。这些被称为现代高速厌氧消化反应器的厌氧生物处理工艺又被统一称为"第二代厌氧生物反应器"。

3. 第三阶段

进入 20 世纪 90 年代以后，随着以颗粒污泥为主要特点的 UASB 反应器的广泛应用，在其基础上又发展起来了同样以颗粒污泥为根本的颗粒污泥膨胀床（EGSB）反应器和厌氧内循环（IC）反应器。其中 EGSB 反应器利用外加的出水循环可以使反应器内部形成很高的上升流速，提高反应器内的基质与微生物之间的接触和反应，可以在较低温度下处理较低浓度的有机废水，如城市废水等；而 IC 反应器则主要应用于处理高浓度有机废水，依靠厌氧生物过程本身所产生的大量沼气形成内部混合液的充分循环与混合，可以达到更高的有机负荷。这些反应器又被统一称为"第三代厌氧生物反应器"。

（二）厌氧生物处理优缺点

厌氧生物处理技术与好氧生物处理技术比较，有如下优缺点。

1. 厌氧生物处理的优点

① 应用范围较广。可用于处理污泥；可用于处理不同浓度、不同性质的有机废水，如 COD 浓度为几百毫克每升到几万毫克每升甚至高达 3×10^5 mg/L，以悬浮 COD 为主或以溶解性 COD 为主的废水可用不同工艺的厌氧处理法处理；可用于处理好氧法难降解的有机物（如蒽醌、偶氮染料等），也可处理含有毒有害物质较高的有机废水。

② 能耗大大降低，而且还可以回收生物能（沼气）。因为厌氧生物处理工艺无需为微生物提供氧气，所以不需要鼓风曝气，减少了能耗，而且厌氧生物处理工艺在大量降低废水中的有机物的同时，还会产生大量的沼气，其中主要的有效成分是甲烷，是一种可以燃烧的气体，具有很高的利用价值，可以直接用于锅炉燃烧或发电。

③ 污泥产量很低。厌氧菌世代期长，如产甲烷菌的倍增时间为 4~6d，增殖速率比好氧微生物低得多。所以厌氧微生物的产率系数（Y）比好氧小，厌氧微生物产酸菌的产率（Y）为 0.15~0.34kg/kg，产甲烷菌的产率（Y）为 0.03kg/kg 左右，而好氧微生物的产率约为 0.25~0.6kg/kg。另外，有机物在好氧降解时，如碳水化合物，其中约有 2/3 被合成为细胞，约有 1/3 被氧化分解提供能量。厌氧降解时，只有少量有机物被同化为细胞，而大部分被转化为 CH_4 和 CO_2。所以好氧处理产泥量高，而厌氧处理产泥量低，且污泥稳定，可降低污泥处理费用。

④ 对氮和磷的需要量较低。氮、磷等营养物质是组成细胞的重要元素，采用生物法处理废水，如废水中缺少氮磷元素，必须投加氮和磷，以满足细菌合成细胞的需要。

前已述及，厌氧生物处理要去除 1kg BOD$_5$ 所合成细胞量远低于好氧生物处理，因此可减少 N 和 P 的需要量，一般情况下只要满足 BOD$_5$：N：P＝（200～300）：5：1。对于缺乏 N 和 P 的有机废水采用厌氧生物处理可大大节省 N 和 P 的投加量，使运行费用降低。

⑤ 厌氧消化对某些难降解有机物有较好的降解能力。随着化学工业的发展，越来越多的自然界本来没有的有机化合物被合成。据估计，总数超过 500 万种，并且还继续以很快的速度不断合成新的有机物，这些人工合成的有机物大多产自制药、石油化工、有机溶剂和染料制造等工业。这些新问世的有机物，有些可以生物降解，有些则难于生物降解或根本不能生物降解，甚至是有毒的。这些有机物进入常规的好氧废水生物处理系统，不仅得不到理想的处理效果，而且对微生物产生毒害，影响生物处理的正常运行。

实践证明，一些难降解的有机工业废水采用常规的好氧生物处理工艺不能获得满意的处理效果，如炼焦废水、煤气洗涤废水、农药废水、印染废水等。而采用厌氧生物法则可取得较好的处理效果。经研究发现，厌氧微生物具有某些脱毒和降解有害有机物的功效，而且还具有某些好氧生物不具有的功能，如多氯链烃和芳烃的还原脱氯，芳香烃还原成烷烃的环断裂等。

应用厌氧处理工艺作为前处理可以使一些好氧处理难以处理的难降解有机物得到部分降解，并使大分子降解成小分子，提高了废水的可生化性，使后续的好氧处理变得比较容易。所以，常常使用厌氧-好氧串联工艺来处理难降解有机废水。

2. 厌氧生物处理的缺点

（1）厌氧生物法不能去除废水中的氮和磷　采用厌氧生物处理技术，一般不能去除废水中氮和磷等营养物质。含氮和磷的有机物通过厌氧消化，其所含的氮和磷被转化为氨氮和磷酸盐，由于只有很少的氮和磷被细胞合成利用，所以绝大部分的氮和磷以氨氮和磷酸盐的形式在出水排出。所以当被处理的废水含有过量的氮和磷时，不能单独采用厌氧法，而应采用厌氧和好氧工艺相结合的处理工艺。

（2）厌氧法启动过程较长　因为厌氧微生物的世代期长，增长速率低，污泥增长缓慢，所以厌氧反应器的启动过程很长。一般启动期长达 3～6 个月，甚至更长。如要达到快速启动，必须增加接种污泥量，这就会增加启动费用，在经济上不合理。

（3）运行管理较复杂　由于厌氧菌的种群较多，如产酸菌与产甲烷菌性质各不相同，但互相又密切相关，要保持这两大类种群的平衡，对运行管理较为严格。稍有不慎，可能使两类种群失去平衡，使反应器不能工作。如进水负荷突然提高，反应器的 pH 会下降，如不及时发现控制，反应器就会出现"酸化"现象，使产甲烷菌受到严重抑制，甚至使反应器不能再恢复正常运行，必须重新启动。

（4）卫生条件差　一般废水中均含有硫酸盐，厌氧条件下会产生硫酸盐还原作用而放出硫化氢等气体。而硫化氢是一种有毒，而且具有恶臭的气体，如反应器不能做到完全密封，就会散发出臭气，引起二次污染。因此，厌氧处理系统的各处理构筑物应尽可能做成密封，以防臭气散发。

（5）厌氧生物方法去除有机物不彻底　厌氧方法处理废水中的有机物往往不够彻底，一般单独采用厌氧生物处理不能达到排放标准，所以厌氧处理必须和好氧处理相配合。

（三）厌氧生物处理的基本原理

厌氧生物处理是指在无氧情况下，利用兼性厌氧菌和专性厌氧菌的生物化学作用，对废水中的有机物进行生化降解过程，最终产物是 CH_4、CO_2 以及少量的 H_2S、NH_3、H_2 等。厌氧生物处理也称为厌氧消化。

有机物厌氧消化过程是一个非常复杂的由多种微生物共同作用的生化过程。随着人们研究的深入，厌氧处理原理经历了从"两阶段"、"三阶段"到"四种群"的过程。

1. 两阶段理论

在 20 世纪 30~60 年代，人们普遍认为厌氧消化过程可以简单地分为两个阶段，即两阶段理论。

第一阶段，复杂的有机物，如糖类、脂类和蛋白质等，在产酸菌（厌氧和兼性厌氧菌）的作用下发生水解和酸化反应，被分解成低分子的中间产物，主要是一些低分子的有机酸（如乙酸、丙酸、丁酸等）和醇类（如乙醇）、H_2、CO_2、NH_4^+、H_2S 等产生。因为该阶段中有大量的脂肪酸产生，使发酵池的 pH 降低，所以，此阶段被称为酸性发酵阶段或产酸阶段。

第二阶段，产甲烷菌（专性厌氧菌）将第一阶段产生的中间产物继续分解成 CH_4 和 CO_2 等。由于有机物不断被分解成 CH_4 和 CO_2，同时系统中有 NH_4^+ 的存在，使发酵液的 pH 不断升高。所以，此阶段被称为碱性发酵阶段或产甲烷阶段。

在不同的厌氧消化阶段，随着有机物的降解，同时存在新细菌的生长。细菌生长与细胞的合成所需的能量由有机物分解过程中放出的能量提供。

厌氧消化过程两阶段理论这一观点，几十年来一直占主导地位，在国内外有关厌氧消化的专著和教科书中一直被广泛使用。

2. 三阶段理论

随着厌氧微生物学研究的不断进展，人们对厌氧消化的生物学过程和生化过程认识不断深化，厌氧理论得到不断发展。

M. P. Bryant（1979）根据对产甲烷菌和产氢产乙酸菌的研究结果，认为两阶段理论不够完善，提出了三阶段理论。三阶段理论如图 5-48 所示。该理论认为产甲烷菌不能利用除乙酸、H_2/CO_2 和甲醇以外的有机酸和醇类，长链脂肪酸和醇类必须经过产氢产乙酸菌转化为乙酸、H_2、CO_2 等后，才能被产甲烷菌利用。

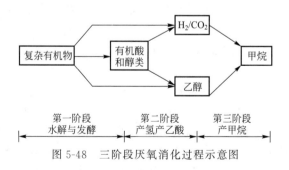

图 5-48　三阶段厌氧消化过程示意图

第一阶段为水解发酵阶段。在该阶段，复杂的有机物在厌氧胞外酶的作用下，首先被分解成简单的有机物，如纤维素经水解转化成较简单的糖类；蛋白质转化成较简单的氨基酸；脂类转化成脂肪酸和甘油等。继而这些简单的有机物在产酸菌的作用下经过厌氧发酵和氧化转化成乙酸、丙酸、丁酸等脂肪酸和醇类等。

第二阶段为产氢产乙酸阶段。在该阶段，产氢产乙酸菌将除乙酸、甲酸、甲醇以外的第一阶段产生的中间产物，如丙酸、丁酸等脂肪酸和醇类等转化成乙酸和氢，并有 CO_2 产生。

第三阶段为产甲烷阶段。在该阶段中，产甲烷菌将第一阶段和第二阶段产生的乙酸、H_2 和 CO_2 等转化为甲烷。

3. 四种群理论

几乎与提出三阶段理论的同时，J. C. Zeikus 提出了四种群学说即四种群理论。该理论认为复杂有机物的厌氧消化过程有四种群厌氧微生物参与，这四种群为：水解发酵菌、产氢产乙酸菌、同型产乙酸菌（又称耗氢产乙酸菌）以及产甲烷菌。

该理论认为：复杂有机物在第 I 类种群水解发酵菌作用下被转化成有机酸和醇类。第 II 类种群产氢产乙酸菌把有机酸和醇类转化为乙酸和 H_2/CO_2、一碳化合物（甲醇、甲酸等）。第 III 类种群同型产乙酸菌能利用 H_2 和 CO_2 等转化为乙酸，一般情况下这类转化数量很少。第 IV 类种群产甲烷菌把乙酸、H_2/CO_2 和一碳化合物转化为 CH_4 和 CO_2。

与三阶段理论相比，四种群理论增加了同型（耗氢）产乙酸菌群（Homoacetogenic Bacteria），该菌群的代谢特点是能将 H_2/CO_2 合成为乙酸。但是研究结果表明，这一部分乙酸的量较少，一般可以忽略不计。

从两阶段理论发展到三阶段理论和四种群理论过程，是人们对有机物厌氧消化不断深化认识的过程。目前为止，三阶段理论和四种群理论是对厌氧生物处理过程较全面和较准确的描述。

(四) 厌氧生物处理影响因素

产甲烷反应是厌氧消化过程的控制阶段，因此，一般来说，在讨论厌氧生物处理的影响因素时主要讨论影响产甲烷菌的各项因素。一般认为，控制厌氧处理效率的基本因素有两类。一类是环境因素，如温度、pH 值、氧化还原电位、毒性物质等；另一类是基础因素，包括微生物量（污泥浓度）、营养比、混合接触状况、有机负荷等。

1. 环境因素

（1）温度　温度对厌氧微生物的影响尤为显著。厌氧细菌可分为嗜热菌（或高温菌）、嗜温菌（中温菌），相应地，厌氧消化分为高温消化（55℃左右）和中温消化（35℃左右），高温消化的反应速率为中温消化的 1.5～1.9 倍，产气率也较高，但气体中甲烷含量较低。因中温消化与人体温度接近，故对病原菌和寄生虫卵的杀灭率较低，高温消化对寄生虫卵的杀灭率可达到 99%，但高温消化需要的热量比中温消化要高得多。

厌氧消化系统对温度的突变比较敏感，温度的波动对去除率影响很大，如果突变过大，会导致系统停止产气。

（2）pH 值和碱度　厌氧反应器中的 pH 值对不同阶段的产物有很大影响。产甲烷菌对 pH 值的变化非常敏感，一般认为，其最佳 pH 值范围为 6.8～7.2，在小于 6.5 或大于 8.2 时，产甲烷菌会受到严重抑制，产甲烷速率将急剧下降；而产酸菌的 pH 值范围在 4.0～7.5。因此，当厌氧反应器运行的 pH 值超出甲烷菌的最佳 pH 值范围时，系统中的酸性发酵可能超过甲烷发酵，会导致反应器内出现"酸化"现象。

碱度曾一度在厌氧消化中被认为是一个至关重要的影响因素，但实际上其作用主要是保证厌氧体系具有一定的缓冲能力，维持合适的 pH 值。重碳酸盐及氨氮等是形成厌氧处理系统碱度的主要物质，碱度越高，缓冲能力越强，这有利于保持稳定的 pH 值，一般要求系统中的碱度在 2000mg/L 以上。

（3）氧化还原电位　厌氧环境是厌氧消化赖以正常运行的重要条件，并主要以体系中的氧化还原电位来反映。不同的厌氧消化系统要求的氧化还原电位不尽相同，即使同一系统中，不同细菌菌群所要求的氧化还原电位也不同。非产甲烷菌可以在氧化还原电位为 $+100\sim-100\text{mV}$ 的环境正常生长和活动；产甲烷菌的最适氧化还原电位为 $-350\sim-400\text{mV}$。

一般情况下，氧的溶入无疑是引起发酵系统的氧化还原电位升高的最主要和最直接的原因。但是，除氧以外，其他一些氧化剂或氧化态物质的存在（如某些工业废水中含有的 Fe^{3+}、$Cr_2O_7^{2-}$、NO_3^-、SO_4^{2-} 以及酸性废水中的 H^+ 等），同样能使体系中的氧化还原电位升高。当其浓度达到一定程度时，同样会危害厌氧消化过程的进行。

(4) 有毒物质　凡对厌氧处理过程起抑制或毒害作用的物质，都可称为毒物。常见的抑制性物质有硫化物、氨氮、重金属、氰化物及某些有机物。

① 硫化物和硫酸盐的毒害作用　硫酸盐和其他硫的氧化物很容易在厌氧消化过程中被还原成硫化物，而这种可溶的硫化物达到一定浓度时，会对厌氧消化过程主要是产甲烷过程产生抑制作用。投加某些金属如 Fe 可以去除 S^{2-}，或从系统中吹脱 H_2S 可以减轻硫化物的抑制作用。

② 氨氮的毒害作用　氨氮是厌氧消化的缓冲剂，但浓度过高，则会对厌氧消化过程产生毒害作用，当 NH_4^+ 浓度超过 150mg/L 时，消化受到抑制。

③ 重金属离子的毒害作用　重金属被认为是使反应器失败的最普通和最主要的因素。它通过与微生物酶中的巯基、氨基、羧基等结合而使酶失活，或者通过金属氢氧化物凝聚作用使酶沉淀。

④ 有毒有机物的毒害作用　对微生物来说，带醛基、双键、氯取代基、苯环等结构的物质往往具有抑制性，五氯苯酚和半纤维素衍生物主要抑制产乙酸和产甲烷菌的活动。

有毒物质的最高容许浓度与处理系统的运行方式、污泥的驯化程度、废水的特性、操作控制条件等因素有关。

2. 基础因素

(1) 厌氧活性污泥量（微生物量）　厌氧活性污泥主要由厌氧微生物及其代谢和吸附的有机物和无机物组成。厌氧活性污泥的浓度和性状与消化效能有密切的关系。厌氧活性污泥的性质主要表现在它的作用效能与沉淀性能，活性污泥的沉降性能是指污泥混合液在静止状态下的沉降速率，它与污泥的凝聚状态及密度有关，以 SVI 衡量。一般认为，在颗粒污泥反应器中，当活性污泥的 SVI 为 $15\sim20\text{mL/g}$ 时，可认为污泥具有良好的沉降性能。厌氧处理时，废水中的有机物主要是靠活性污泥中的微生物分解去除，故在一定范围内，活性污泥浓度愈高，厌氧消化的效率也愈高，但至一定的程度以后，消化效率的提高不再明显。这主要是因为厌氧污泥的生长率低，增长速度慢，积累时间过长后，污泥中的无机成分比例增高，活性下降。

(2) 污泥泥龄　由于产甲烷菌的增殖速率较慢，对环境条件的变化十分敏感，因此，要获得稳定的处理效果就需要保持较长的污泥泥龄。

(3) 有机负荷　在厌氧生物处理法中，有机负荷通常指容积有机负荷，简称容积负荷，即消化器单位容积每天接受的有机物量（以 COD 计）[$\text{kg/(m}^3\cdot\text{d)}$]。厌氧生物处理的有机物负荷较好氧生物处理更高（以 COD 计），一般可达 $5\sim10\text{kg/(m}^3\cdot\text{d)}$，甚至可达 $50\sim80\text{kg/(m}^3\cdot\text{d)}$。有机负荷是影响厌氧消化效率的一个重要因素，直接影响产气量和处理效率。在一定时间内，随着有机负荷的提高，产气量增加，但处理程度下降，反之亦然。对于具体的应用场合，进料的有机物浓度是一定的，有机负荷的提高意味着水力停留时间缩短，有机物分解率将下降，势必使处理程度降低，但因反应器相对处理量增多了，单位容积的产量将提高。

（4）营养物与微量元素　厌氧微生物的生长繁殖需要一定比例地摄取碳、氮、磷等主要元素及其他微量元素，但其对 N、P 等营养物质的要求低于好氧微生物。不同的微生物在不同的环境条件下所需的碳、氮、磷的比例不完全一致。一般认为，厌氧法 C：N：P 控制在 200：5：1 为宜；此比值大于好氧法的 100：5：1。多数厌氧菌不具有合成某些必要的维生素或氨基酸的功能，因此为保持细菌的生长和活动，有时还需要补充某些专门的营养物：①K、Na、Ca 等金属盐类；②微量元素 Ni、Co、Mo、Fe 等；③有机微量物质酵母浸出膏、生物素、维生素等。

二、厌氧生物处理的工艺和设备

厌氧工艺经百余年的发展已从最初的第一代的厌氧消化池发展到第二代的厌氧滤器（AF）、厌氧生物转盘（ARBC）、厌氧流化床反应器（AFB）、上流式厌氧污泥床（UASB）以及第三代的膨胀颗粒污泥床反应器（EGSB 和 IC）这几种反应器形式。

（一）第一代厌氧反应器

1. 普通消化池（CADT）
最早用于处理废水的厌氧消化构筑物为普通消化池，其构造如图 5-49 所示。

借助消化池内的厌氧活性污泥对待处理的有机污泥（在工艺中称之为生污泥）进行降解。生污泥从池顶部进入池内，通过搅拌与池中原有的厌氧活性污泥混合接触，进行厌氧消化。使污泥中的有机污染物转化、分解。从消化池池顶收集厌氧消化产生的气体（沼气），消化后的污泥从池底排出。

2. 厌氧接触法（ACP）
在普通厌氧消化池的基础上，为提高处理效率，采取连续搅拌使废水中的有机物与厌氧污泥充分接触，并将间断进排水改为连续进排水；为解决由此所产生的厌氧污泥流失问题，在原有消化池后增设一个沉淀池，将沉淀下来的污泥回流到消化池；为消除消化池出流污泥所携带的气泡，在沉淀池前增设一个脱气装置，保证沉淀池的沉淀效率。由此形成的新的厌氧消化处理工艺称作厌氧接触法，其工艺流程如图 5-50 所示。

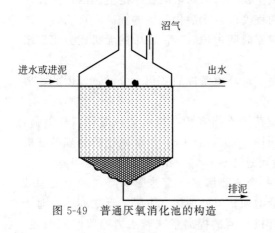

图 5-49　普通厌氧消化池的构造

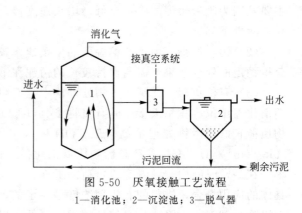

图 5-50　厌氧接触工艺流程
1—消化池；2—沉淀池；3—脱气器

厌氧接触法的特点是在厌氧消化池后设沉淀池，上清液排除，沉淀污泥回消化池，以便增加消化池中的生物量，降低污泥的有机物负荷，加速消化过程。消化池中生物量的多少，可通过回流比进行适当控制，从而可克服传统消化池的缺点，处理负荷和效率显著提高。消化池内的污泥浓度（以 VSS 计），一般控制在 3～4g/L。

厌氧接触法对悬浮固体高的有机废水（如肉类加工污水等）效果很好，悬浮颗粒成为微生物的载体，并且很容易在沉淀池中沉淀。在消化池中，要进行适当搅拌以使污泥保持悬浮状态。

上述普通厌氧消化池、厌氧接触工艺反应器等被称为第一代厌氧反应器。由于厌氧微生物生长缓慢，世代时间长，而厌氧消化池无法将水力停留时间和污泥停留时间分离，由此造成水力停留时间必须较长，一般来讲厌氧反应器处理废水的停留时间至少需要 20～30 天。早期的低负荷厌氧系统使人们认为厌氧系统的运行结果不理想是本质上不及好氧系统。

（二）第二代厌氧反应器

第二代厌氧消化工艺属于高效处理系统，这种高效厌氧处理系统必须满足的原则是：①能够保持大量的厌氧活性污泥和足够长的污泥龄；②保持废水和污泥之间的充分接触。为了满足第①条原则，可以采用固定化（生物膜）或培养沉淀性能良好的厌氧污泥（颗粒污泥）的方式来保持厌氧污泥，从而在采用高的有机和水力负荷时不发生严重的厌氧活性污泥流失。

1. 厌氧生物滤池（AF）

依照第①条原则，1969 年 McCarty 和 Young 在早期 Coulter 等（1955）工作的基础上发展并确立了第一个基于微生物固定化原理的高速厌氧反应器即厌氧滤器（AF）。相同的温度条件下，AF 的负荷可高出厌氧接触工艺 2～3 倍，同时有很高的 COD 去除率，而且反应器内易于培养出适应有毒物质的厌氧污泥。

这种生物滤池和好氧生物滤池相类似，在反应器内充填有各种类型的固体填料，如卵石、炉渣、瓷环、塑料等，或充填软性或半软性填料。废水从池底连续进入并向上流过反应器的滤料层，由池顶排出，池顶部设有沼气收集管。厌氧生物滤池的构造如图 5-51 所示。

污水在流动过程中与生长并保持有厌氧细菌的填料相接触，在短的水力停留时间下可取得长污泥龄，平均的细胞停留时间可以长达 100 天以上。

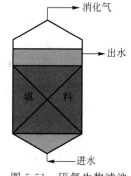

图 5-51　厌氧生物滤池

厌氧生物滤池主要用于处理含悬浮物较少的可溶性有机废水，如化工废水、小麦淀粉污水、生活污水等。美国 Celanese 化学公司采用完全混合的上流式 AF 工艺，每小时处理含甲醛的化工废水 543m³。

采用厌氧生物滤池的主要优点是：处理废水能力高，滤池内可保留很高的微生物浓度而不需要搅拌设备；不需另设泥水分离设备，出水 SS 较低；无需回流污泥，设备简单，操作简单。它的主要缺点是：滤料费用较贵；滤料容易堵塞，尤其是下部，生物膜很厚，堵塞后，没有简单有效的清洗方法。因此悬浮浓度高的废水不适用此法。

2. 厌氧流化床（AFB）

厌氧流化床（AFB）与好氧流化床相似，但它是在厌氧条件下，封闭水力循环式的生物过滤式反应器。厌氧流化床构造见图 5-52。

固体流态化技术是一种改善固体颗粒与流体之间接触并使整个系统具有流体性质的技

术，从取得的实验成果来看，由于流态化技术使厌氧反应器中的传质得到强化，同时小颗粒生物填料具有很大表面积，流态化避免了生物滤池（AF）会堵塞的缺点。因此污水的处理效率高，有机容积负荷率大，占地少。

AF 可充分处理易生物降解的废水，而 AFB 则更适用于处理含难降解有害废物的废水。如用 AFB（用颗粒活性炭作载体）处理含甲醛的高浓度有机废水，在持续负荷下去除率为99.99%，而在循环负荷下为 97.4%～99.9%；AFB 系统处理发动机燃料废水的实验室及实地运行中 COD 负荷为 5kg/(m³·d) 时去除率为 90%；日本一家处理含酚废水的流化床反应器对酚的去除使出水中酚浓度不到 1mg/L。

但 AFB 内部稳定的流化态难以保证；且有些还需要有单独的预酸化反应器及用大量的回流水来保证其高的上升速度，能耗加大，成本增加。

3. 升流式厌氧污泥床反应器（UASB）

1974 年，荷兰 Wagningen 农业大学 Lettinga 教授领导的研究小组研究和开发了升流式厌氧污泥床（UASB）反应器，UASB 反应器集生物反应与污泥沉淀于一体，是一种结构十分紧凑的高效厌氧反应器。典型的 UASB 反应器沿高程从下至上可分为反应区（包括污泥床层、污泥悬浮层区）、三相分离区和沉淀区，其构造及功能分区如图 5-53 所示。

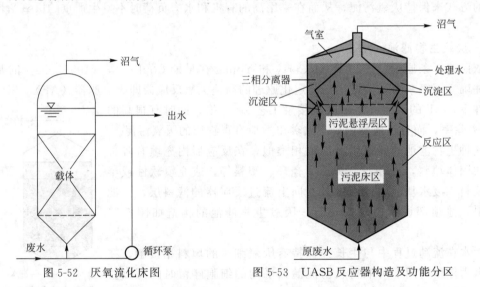

图 5-52 厌氧流化床图　　　　　图 5-53 UASB 反应器构造及功能分区

（1）污泥床层　位于反应器的底部，是一层由颗粒污泥组成的沉淀性良好的污泥，其浓度在 40000～80000mg/L，容积约占整个 UASB 反应器的 30%，它对反应器的有机物降解量占整个反应器全部降解量的 70%～90%。因此，在污泥床层内产生大量的沼气，并通过上升作用使得整个污泥床层得到良好的混合。颗粒污泥的形成主要与有机负荷、水力负荷及温度、pH 值等有关。

（2）污泥悬浮层　位于反应器的中上部，其容积约占整个 UASB 反应器床体的 70%。悬浮层的污泥浓度低于污泥床，通常为 15000～30000mg/L 或更小，由絮体污泥组成，为非颗粒污泥，靠来自污泥床中的上升气泡使该层污泥得到良好的混合。它对反应器的有机物降解量占整个反应器全部降解量的 10%～30%。

（3）沉淀区　位于反应器的上部，其作用为：①沉淀分离由上升流水夹带进入出水区的固体颗粒，并使之沿沉淀区底部的斜壁滑下，重新回到反应区（包括污泥床和污泥悬浮层），以保证反应器中的污泥不致流失，维持污泥床中的污泥浓度；②通过合理调整沉淀区的水位高度来保证整个反应器的集气室有效空间高度。

（4）三相分离器　三相分离器是 UASB 反应器的关键组成部分，它由集气收集器和折流挡板组成，有时也可将沉淀区看作三相分离器的一个组成部分。三相分离器一般设在沉淀区的下部，但也可设在反应器的顶部。三相分离器的主要作用是将反应过程中所产生的气体、反应器中的污泥固体以及被处理的废水这三相物质加以分离，将沼气引入集气室，将处理的水引入出水区，将固体颗粒导入反应区。

图 5-54 是 3 种目前常用的分离器。图 5-54(a) 中，气、液、固三相流体进入分离器后，气体由集气罩收集后排出反应器，泥和水则通过集气罩和阻气板之间的缝隙进入沉淀区，进行泥水分离，上清液排出，沉淀污泥则返回反应区。这种三相分离器结构简单，气室面积和容量都比较大，但由于进水和污泥回流都在同一个环形缝隙上，因而回流污泥必然要受到进水水流的干扰。此外，沉淀器出水槽和进水口在同一侧，易引起短流现象，影响固、液分离。因此这种分离器常用于污泥沉降性能良好，水力停留时间长的反应器。

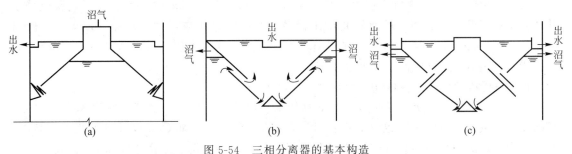

图 5-54　三相分离器的基本构造

图 5-54(b) 中与气体分离后的液固混合物沿一狭形通道进入沉淀区，澄清液从溢流口排出，污泥在回流口形成污泥层，增加了回流推动力。该结构使污水进入与污泥回流严格分开，有利于污泥沉降，提高沉淀效率。但沉淀区的入流口面积较小，上升流速较快，沉淀区沉降性能较差的污泥可能被带出反应器。

图 5-54(c) 所示三相分离器由集气室、挡气板、配水管、扩张区和再次分离区组成。气体分离后，固体悬浮物和液体进入沉淀室，在处于层流状态的沉淀室中污泥被分离出来，并在回流隔室下部形成污泥层，利用密度差，浓缩污泥由隔室板滑返至反应器，这种分离器将沉淀区与扩张和回流隔室分隔开，分离效率高。但结构复杂，所占空间大，适用于大型反应器中。另一方面，当 UASB 反应器水力负荷较高时，三相分离器中沉淀区表面负荷也较大，泥水分离效率下降，易引起污泥流失。

UASB 在运行过程中，废水以一定的流速从反应器的下部向上通过厌氧污泥床进行有机物和微生物的接触。水流依次经过污泥床、污泥悬浮层、三相分离器及沉淀区；UASB 反应器中的水流呈推流形式，进水与污泥中的微生物充分混合接触并进行厌氧分解；分解过程中所产生的沼气在上升过程中，将一部分小污泥冲起，随着反应器产气量不断增加，气泡上升所产生的搅拌和浮升作用日趋剧烈；气、水、泥三相混合液上升到三相分离器中，气体遇到反射板或挡板后折向集气室而被有效地分离排出；污泥和水进入上部沉淀区，在重力作用下进行泥水分离。由于三相分离器的作用，使得反应器混合液中的污泥拥有良好的沉淀、分离与再絮凝的环境。在一定的水力负荷条件下，大部分污泥能在反应器内保持较长的停留时间，使反应器有足够的污泥量。

UASB 反应器最大的特点是反器内污泥颗粒化保证了高浓度的厌氧污泥层。反应器内有机负荷高，水力停留时间短，处理周期大为缩短；反应器无填料，无污泥回流装置，无搅拌装置，成本大量降低；初次启动后可直接以颗粒污泥接种。UASB 反应器目前已成为应用最广泛的厌氧处理方法。目前，世界上最大的反应器是墨西哥一处理工业废水和生活污水的反应器，容积为 83700m³，将来可能会扩充到 133920m³。较大的还有荷兰 Paques 公司为加拿大建造的处理造纸废水的反应器，容积为 15600m³，日处理能力为 COD 185t。在世界范围内 UASB 系统占厌氧处理系统的 67%。同时，UASB 也越来越多地应用于复合反应系统中。

但 UASB 反应器内可能出现短流现象，影响处理能力；进水中的悬浮物如果比普通消化池高会对污泥颗粒化不利，或减少反应器的有效容积，甚至引起堵塞；初次启动需要很长时间，且对水质和负荷突然变化比较敏感。需要设计合理的三相分离器专利技术，对厌氧污泥的颗粒化及 UASB 的初次启动进行深入研究，将不利因素减少到最低程度。

（三）第三代厌氧反应器

为研究解决 UASB 的短流现象，及扩大其水力和负荷适用范围，第三代厌氧反应器及其工艺得到了开发与利用。目前研究得比较多的有：厌氧颗粒污泥膨胀床（EGSB）、厌氧内循环（IC）反应器、厌氧升流式流化床（UFB）、厌氧膜生物系统（AMBS）、分级"多相"厌氧（SMPA）反应器及其处理系统等。

1. 膨胀颗粒污泥床（EGSB）反应器

直至今天，大部分高效厌氧反应器，如厌氧接触法、UASB、AF 等，一般只是处理中、高浓度工业废水。近年来，也有向着处理较低浓度工业废水（如 COD<1g/L）发展的意图。但是，用上述厌氧反应器处理较低浓度有机废水存在一些问题，如由于进水 COD 较低，使反应器的负荷率较低，甲烷产量少。因此，混合强度较低，使基质与微生物接触不好。

膨胀颗粒污泥床（EGSB）反应器是在 UASB 反应器的基础上于 20 世纪 80 年代后期在荷兰 Wageningen 农业大学环境系开始研究的新型厌氧反应器。EGSB 反应器通过采用出水循环回流获得较高的表面液体升流速度，这种反应器典型特征是具有较大的高径比，这是提升流速所需要的。EGSB 反应器液体的升流速度可达到 5～10m/h，这比 UASB 反应器的升流速度（一般在 1.0m/h 左右）要高得多。在 UASB 反应器中污泥床是静态的，反应区集中在反应器底部 0.4～0.6m 的高度，污水通过污泥床时 90% 的有机物被降解。而在 EGSB 反应器中，可以认为反应器内厌氧污泥是完全混合的，它比 UASB 反应器有更高的有机负荷，因此产气量也大，这有利于加强泥水的混合程度，提高有机物处理效率。

（1）EGSB 反应器的构造特点　EGSB 反应器由布水器、三相分离器、集气室及外部进水系统组成一个完整系统，EGSB 反应器的基本构造如图 5-55 所示。EGSB 反应器一般做成圆形，其顶部可以是敞开的，也可是封闭的，封闭的优点是防止臭味外溢。废水由底部配水管系统进入反应器，向上升流过膨胀的颗粒污泥床，使废水中的有机物与颗粒污泥均匀接触被转化为甲烷和二氧化碳等。混合液升流至反应器上部，通过设在上部的三相分离器进行气、固、液分离。分离出来的沼气通过反应器顶或集气室的导管排出，沉淀下来的污泥自动返回膨胀床区，上清液通过出水渠排出反应器外。如前所述，该反应器的特点是具有较大的高径比，一般可达 3～5，生产性装置反应器的高可达 15～20m。

（2）EGSB 反应器的运行性能　在 EGSB 反应器中，溶解性有机物可以被高效去除，但由于水力流速很大，停留时间短，难溶解性有机物、胶体有机物、SS 的去除率都不高，一般 EGSB 的有机物负荷（以 COD 计）可达 40kg/(m³·d)，HRT 1～2h，COD 去除效率为

50%～70%。与 UASB 反应器相比，EGSB 反应器特别适合于处理低温（10～25℃）低浓度（≤1000mg/L）的城市废水。

EGSB 反应器不仅适于处理低浓度废水，而且可处理高浓度有机废水。但在处理高浓度有机废水时，为了维持足够的液体升流速度，使污泥床有足够大的膨胀率，必须加大出水的回流量，其回流比大小与进水浓度有关。一般进水 COD 浓度越高，所需回流比越多。

从实际运行情况看，EGSB 厌氧反应器对有机物的去除率高达 85% 以上，运行稳定，出水稳定，此 EGSB 厌氧技术已经非常成熟，已经广泛运用到国内中大型企业。

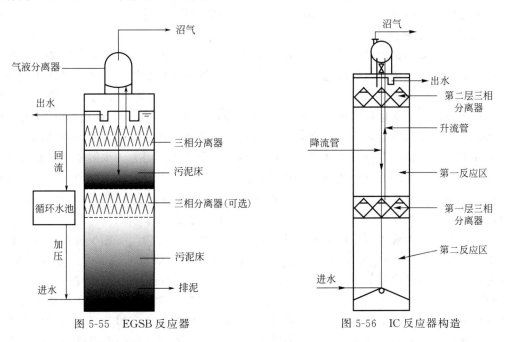

图 5-55　EGSB 反应器　　　　　　图 5-56　IC 反应器构造

2. 内循环膨胀污泥床（IC）反应器

IC 工艺是基于 UASB 反应器颗粒化和三相分离器的概念而改进的新型反应器。它由 2 个 UASB 反应器的单元相互重叠而成，底部一个处于极端的高负荷，上部一个处于低负荷。IC 反应器的基本构造如图 5-56 所示，其构造特点是具有很大的高径比，一般可达到 4～8，反应器的高度可达 16～25m。所以从外形上看，IC 反应器实际上是个厌氧生化反应塔。

由图 5-56 可知：进水由反应器底部进入第一反应室，与厌氧颗粒污泥均匀混合。大部分有机物在这里被转化为沼气，所产生的沼气被第一厌氧反应室的集气罩收集，沼气沿提升管上升。上升过程中将第一厌氧反应室中的混合液提升至反应器顶的气液分离器。被分离出的沼气从气液分离器的顶部导管排走，泥水混合液将沿着回流管返回到第一厌氧反应室的底部，与底部颗粒污泥和进水充分混合。此过程即 IC 反应器的内部循环。内循环的结果是使第一厌氧反应室不仅有很高的生物量，很长的污泥龄，并且具有很大的上升流速，使该室内的颗粒污泥完全达到流化状态，因此具有很高的传质速率，提高了生化反应速率，提高了对有机物的去除能力。

废水经过第一厌氧反应室处理后，自动进入第二厌氧反应室继续进行处理。废水中剩余有机物可被第二厌氧反应室中的厌氧颗粒污泥进一步降解，使出水得到进一步净化。产生的沼气由第二厌氧反应室的集气罩收集，通过集气管进入气液分离器。第二厌氧反应室的泥水在混合液沉淀区进行固液分离，处理过的上清液由出水管排走，沉淀的污泥可自动返回第二厌氧反应室。由此完成了废水处理的全过程。

综上所述可以看出，IC反应器实际上是由两个上下重叠的UASB反应器串联所组成。由下部第一个UASB反应器产生的沼气作为提升的内动力，使升流管与回流管的混合液产生一个密度差，实现了下部混合液的内循环，使废水获得强化预处理。上部的第二个UASB反应器对废水继续进行后处理（或称精处理），使出水达到预期的处理要求。

荷兰PAQUES公司在1985年初建造了第一个IC中试反应器，采用UASB的颗粒污泥接种，处理高浓度土豆加工废水。1988年建立了第一个生产性规模的IC反应器。目前，在啤酒行业处理废水中IC反应器由于其效率高、占地面积小，已被广泛采用。

3. 两相厌氧消化法

（1）两相厌氧消化原理及其特点　在厌氧消化过程中起消化作用的细菌主要由产酸菌群和产甲烷菌群组成。由于两类细菌的生理特点及对环境条件要求均不一致（如产甲烷菌对基质的反应速度低于产酸菌），两者共同存于同一个厌氧池中时，需要维持严格的工艺运行条件，不利于管理。基于这种情况，根据厌氧消化分阶段性的特点，开发了两相厌氧消化法，即将水解酸化阶段和甲烷化阶段分在两个不同的反应器中进行，以便使两类厌氧菌群各自在最佳条件下生长繁殖，发挥自身优势。其中，第一阶段主要作用为：水解酸化有机基质，使之成为可被甲烷菌利用的有机酸，缓和由基质浓度和进水量引起的冲击负荷，截留进水中的难溶物质；第二阶段主要作用为：在较为严格的厌氧条件和pH值条件下，降解有机物使之熟化稳定，产生含甲烷较多的消化气，截留悬浮固体，保证出水水质。

与此相对应，出现了两相厌氧消化法，即第一阶段的容器为产酸相反应器，采用较高的负荷率，pH值多在5.0～6.0，采用常温或中温发酵；第二阶段的容器为产甲烷相反应器，主要进行气化，负荷率较低，pH值控制在中性或弱碱件范围，温度在33℃为宜。

两相厌氧消化过程还具有如下优点：当进水负荷有大幅度变动时，酸化反应器存在一定的缓冲作用，对后续产甲烷化反应器影响能够缓解，因此两相厌氧过程具有一定耐冲击负荷的能力；酸化反应器对COD浓度去除率达20%～25%，能够减轻产甲烷反应器的负荷；酸化反应器负荷率高，反应进程快，水力停留时间短，容积小，相应的基建费用也较低；两相厌氧工艺的启动可以在几周内完成，而无需几个月。

但两相厌氧消化也有其不足：分相后原厌氧消化微生物共生关系被打破；设备较多、流程复杂，难于管理；缺乏对各种废水的运行经验；底物类型与反应器型式之间的关系不确定。

有研究者认为，从微生物的角度来看，厌氧消化过程是由多种菌群参与的生物过程，这些微生物种群之间通过代谢的相互连贯、制约和促进，最终达到一定的平衡，在厌氧消化最优化的条件下不能分开，否则不符合最优化条件，而两相厌氧过程势必会改变稳定的中间代谢产物水平，有可能对某些特殊营养型的细菌产生抑制作用，甚至造成热力学上不适于中间产物继续降解的条件。然而从目前的研究结果来看，虽然相分离后中间代谢产物发生了变化，但相的分离基本上都是不完全的，所以产甲烷相中的污泥仍是由多种菌群组成的，可以适应变化了的各种中间产物，因此相分离后中间产物的变化对产甲烷相没有不利影响。相反，由于产酸相去除了大量的氢及某些抑制物，可以为后一阶段的产甲烷菌提供更适宜的底物。

（2）两相厌氧消化处理过程及反应器　两相厌氧过程的处理流程及装置的选择主要取决于所处理污染物的理化性质及其生物降解性能，通常有两种工艺流程。

一种是处理易降解、含低悬浮物的有机工业废水，其中的产酸相反应器一般可以为完全混合式厌氧污泥反应池、UASB以及厌氧滤池等不同的厌氧反应器，产甲烷相反应器主要为

UASB、IC、污泥床滤池（UBF），也可以是厌氧滤池等，流程中不必设置沉淀池。

另一种是处理难降解、含高浓度悬浮物的有机废水或污泥的两相厌氧工艺流程，其中产酸相和产甲烷相反应器均主要采用完全混合式厌氧污泥反应池，产甲烷相反应器采用 UASB 也可以，流程中反应器后需设置泥水分离构筑物，如沉淀池。流程如图 5-57 所示。

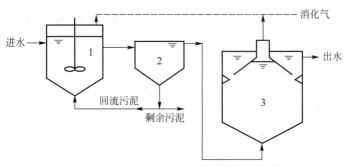

图 5-57　厌氧接触法和上流式厌氧污泥床串联的二段厌氧处理法
1—混合接触池；2—沉淀池；3—上流式厌氧污泥床反应器

两段厌氧消化法并不是对各种废水都能提高负荷，比如对于容易降解悬浮物浓度不高的废水，采用一段法或两段法，负荷效果都相差无几。因此，采用何种反应器进行组合，要根据具体情况而定。

（3）两相厌氧消化工艺的应用　两相厌氧处理过程的工艺特点保证了流程中不同厌氧菌群都能处于最适环境条件，解决了不同特性菌群间的矛盾。两相厌氧工艺可用于处理多种废水，如酒厂废水、垃圾渗滤液、大豆加工废水、酵母发酵废水、乳清废水、牛奶工业废水、淀粉废水、制浆造纸废水、染料废水等。

（四）几种厌氧生物处理工艺的比较

到目前为止，厌氧生物反应器已经发展三代，部分典型的厌氧反应器及其特点详见表 5-6。

表 5-6　厌氧生物反应器发展历程及其特点

历程	反应器	反应器特点及有机负荷
第一代	CADT	普通厌氧消化池，厌氧微生物生长缓慢，世代时间长，需要足够长的停留时间；主要用于污泥的消化处理；有机负荷（以 COD 计）$<3.0kg/(m^3 \cdot d)$
	ACP	厌氧接触工艺，采用二沉池和污泥回流系统，提高了生物量浓度，泥龄较长，处理效果有所提高。有机负荷（以 COD 计）为 $2.0 \sim 6.0kg/(m^3 \cdot d)$
第二代	AF	厌氧滤池，池中放置填料，表面附生厌氧性生物膜，泥龄较长，处理效果较好。适用于含悬浮物较少的中等浓度或低浓度有机废水。有机负荷（以 COD 计）为 $5.0 \sim 10.0kg/(m^3 \cdot d)$
	UASB	上流式厌氧污泥床，主要由颗粒污泥床、污泥悬浮层、三相分离器、沉淀区等组成。反应器结构紧凑，处理能力大，效果好，工艺成熟。但不适宜处理高 VSS 废水。有机负荷（以 COD 计）为 $8.0 \sim 30.0kg/(m^3 \cdot d)$
	ABR	厌氧折流板反应器，用一系列垂直安装的折流板使废水沿折流板上下流动，微生物固体借助消化气在各个隔室内作上下膨胀和沉淀运动。优势在于产酸过程和产甲烷过程的部分分离，具有结构简单、系统的稳定性好、耐冲击负荷、出水水质好等优点
	AFB	厌氧流化床，依靠在惰性填料表面形成的生物膜来保留厌氧污泥，通过调整上流速度，使填料颗粒处于自由悬浮状态，因此具有良好的传质条件，处理效率较高，对高、低浓度有机废水均适用。有机负荷（以 COD 计）为 $10.0 \sim 40.0kg/(m^3 \cdot d)$

历程	反应器	反应器特点及有机负荷
第三代	IC	内循环式反应器,由底部和上部2个UASB反应器串联叠加而成。利用沼气上升带动污泥循环,具有强烈搅拌作用和高的上流速度,有利于改善传质过程,抗冲击负荷能力强,结构紧凑,有很大的高径比,占地面积小。有机负荷(以COD计)为20~40.0kg/($m^3 \cdot$ d)
	EGSB	厌氧膨胀颗粒污泥床,在UASB基础上采用较大的高径比和出水循环,提高上流速度,引起颗粒污泥床膨胀,使颗粒污泥处于悬浮状态,传质效果更好,可以消除死区。可应用于含悬浮固体和有毒物质的废水处理,对低温、低浓度废水,含硫酸盐废水,毒性或难降解的废水的处理具有潜在优势
	UBF	上流式污泥床-过滤器复合式厌氧反应器,下部是高浓度颗粒污泥组成的污泥床,上部是填料及其附着的生物膜组成的滤料层,可以最大限度地利用反应器的体积,具有启动速度快,处理效率高,运行稳定等优点
	USSB	上流式分段污泥床反应器,在UASB基础上通过竖向添加多层斜板来代替UASB装置中的三相分离器,使整个反应器被分割成多个反应区间,相当于多个USAB反应器串联而成。抗有机负荷冲击能力较强,出水VFA浓度较低。目前尚处于试验研究阶段

三、厌氧设备的运行管理

(一) 厌氧微生物的培养与驯化

厌氧设备在进入正常运行之前应进行气密性试验,氮气吹扫,然后进行厌氧污泥的培养和驯化。

厌氧消化系统试运行的一个主要任务是培养厌氧活性污泥,即消化污泥。厌氧活性污泥培养的主要目标是厌氧消化所需要的甲烷细菌和产酸菌,当两菌种达到动态平衡时,有机质才会被不断地转化为甲烷气,即厌氧沼气。

1. 培菌前的准备工作

厌氧消化系统的启动,就是完成厌氧活性污泥的培养或甲烷菌的培养。当厌氧消化池经过满水试验和气密性试验后,便可开始甲烷菌的培养。

培养厌氧活性污泥的准备工作主要包括:人员准备、设备准备和其他准备工作。

(1) 人员准备

① 工艺、化验、设备、自控、仪表等相关专业技术人员各一名。

② 接受过培训的各岗位人员到位,人数视岗位设置和可以进行轮班而定。

(2) 设备准备和其他准备工作

① 收集工艺设计图及设计说明、自控仪表和设备说明书等相关资料;

② 检查化验室仪器、器皿、药品是否齐全,以便开展水质分析;

③ 检查各构筑物及其附属设施尺寸、标高是否与设计相符,管道及构筑物中有无堵塞物;

④ 检查总供电及各设备供电是否正常;

⑤ 检查设备能否正常开机,各种闸阀能否正常开启和关闭;

⑥ 检查仪表及控制系统是否正常;

⑦ 检查维修、维护工具是否齐全,常用易损件有无准备;

⑧ 准备合适的絮凝剂。

2. 培菌方法

污泥的厌氧消化中，甲烷细菌的培养与驯化方法主要有两种：接种培养方法和逐步培养法。

（1）接种培养方法 接种污泥一般取自正在运行的厌氧处理装置，尤其是城市污水处理厂的消化污泥，当液态消化污泥运输不便时，可用污水经机械脱水后的干污泥。在厌氧消化污泥来源缺乏的地方，可从废坑塘中取腐化的有机底泥，或以人粪、牛粪、猪粪、酒糟或初沉池底泥代替。大型污水处理厂，若同时启动所需接种量太大，可分组分别启动。

接种污泥培养法是向厌氧消化装置中投入容积为总容积 10%～30% 的厌氧菌种污泥，接种污泥一般为含固率 3%～5% 的湿污泥。再加入新鲜污泥至设计液面，然后通入蒸汽加热，升温速度保持 1℃/h，直至达到消化温度。如污泥呈酸性，可人工加碱（如石灰水）调整 pH 至 6.5～7.5。维持消化温度，稳定一段时间（3～5d）后，污泥即可成熟。再投配新鲜污泥并转入正式运行。此法适用于小型消化池，因为对于大型消化池，要使升温速度为 1℃/h，需热量较大，锅炉供应不上。

（2）逐步培养法 逐步培养法指向厌氧消化池内逐步投入生泥，使生污泥自行逐渐转化为厌氧活性污泥的过程。该方法要使活性污泥经历一个由好氧向厌氧的转变过程，加之厌氧微生物的生长速率比好氧微生物低很多，因此培养过程很慢，一般需要 6～10 个月，才能完成甲烷菌的培养。

或者通过加热的方法加速污泥的成熟：将每日生产的新鲜污泥投入消化池，待池内的污泥量为一定数量时，通入蒸汽，升温速度控制在 1℃/h，当池内温度升到预定温度时，可减少蒸汽量，保持温度不变，并逐日投加一定数量的新鲜污泥，直至达到设计液面时停止加泥。整个成熟过程一直维持恒温，成熟时间需 30～40d。污泥成熟后，即可投配新鲜污泥并转入正式运行。

3. 培养菌注意事项

培菌过程中，需注意以下四点：加快培养启动过程；控制污泥投加量；无需加入营养物质；沼气安全问题。

（1）加快培养启动过程 厌氧消化系统的处理主要对象是活性污泥，不存在毒性问题。但是厌氧消化菌繁殖速度太慢，为加快培养启动过程，除投入接种污泥以外，还应做好厌氧消化污泥的加热。

（2）控制污泥投加量 厌氧消化污泥培养，初期生污泥投加量与接种污泥的数量及培养时间有关，在早期可按设计污泥量的 30%～50% 投加，到培养了 60d 左右，可逐渐增加投泥量。若从监测结果发现消化不正常时，应减少投泥量。

（3）无需加入营养物质 厌氧消化系统处理城市污水处理厂的活性污泥，由于活性污泥中碳、氮、磷等营养是均衡的，能够适应厌氧微生物生长繁殖的需要，因此，即使在厌氧消化污泥培养的初期也不需要像处理工业废水那样，加入营养物质。

（4）沼气安全问题 城市污水厌氧消化系统，产生沼气的时间较早，沼气产量也较大。为防止发生爆炸事故，投泥前，应使不活泼的气体（氮气）将输气管路系统中的空气置换出去，以后再投泥；产生沼气后，再逐渐把氮气置换出去。

4. 驯化

驯化的目的是选择适应实际水质情况的微生物，淘汰无用的微生物，对于厌氧生物处理工艺，是通过驯化使厌氧菌成为优势菌群。具体做法首先是保持工艺的正常运转，然后严格控制工艺控制参数，DO 在厌氧池控制在 0.1mg/L 以下，外回流比 50%～100%，内回流比

200％～300％，并且，每日排除日产泥量 30％～50％的剩余污泥。在此过程中，每天测试进出水水质指标，直到出水达到设计要求。

（二）厌氧设备的启动

厌氧处理工艺的特点之一是微生物增殖缓慢，设备启动时间长，若能取得大量的厌氧活性污泥就可缩短投产期。

厌氧活性污泥可以取自正在工作的厌氧处理构筑物或江河湖泊沼泽地、下水道及污水积集腐臭处等厌氧环境中的污泥，最好选择同类物料厌氧消化污泥，如果采用一般的未经消化的有机污泥自行培养，所需时间更长。一般来说，接种污泥量为反应器有效容积的 10％～90％，SS 40～60kg/cm³，依消化污泥的来源方便情况酌定，原则上接种量比例增大，使启动时间缩短，其次是接种污泥中所含微生物种类的比例也应协调，特别要求含丰富的产甲烷细菌，因为它繁殖的世代时间较长。

在启动过程中，控制升温速度 $1℃/h$，达到要求温度即保持恒温并搅拌；注意保持 pH 值在 3.8～4.8；此外有机负荷常常成为影响启动成功的关键性因素。

启动的起初有机负荷因工艺类型、废水性质、温度等的工艺条件以及接种污泥的性质而异。常取较低的初始负荷，继而通过逐步增加负荷而完成启动。有的工艺对负荷的要求格外严格，例如厌氧污泥床反应器启动时，初始负荷（以 COD 计）仅为 0.1～0.2kg/(kg·d)（相应的容积负荷则依污泥的浓度而异），至可降解的 COD 去除率达 80％，或者反应器出水中挥发性有机酸的浓度已较低（低于 1000mg/L）的时候，再以每一步按原负荷的 50％递增幅度增加负荷。如果出水中挥发性有机酸浓度较高，则不宜再提高负荷，甚至应酌情降低。其他厌氧消化器对初始负荷以及随后负荷递增过程的要求，不如厌氧污泥床反应器严格，故启动所需的时间往往较短些。此外，当废水的缓冲性能较佳时（如猪粪液类），可取较高的负荷（以 COD 计）下完成启动，如 1.2～1.5kg/(kg·d)，这种启动方式时间较短，但对含碳水化合物较多、缺乏缓冲性物质的料液，需添加一些缓冲物质才能高负荷启动，否则易使系统酸败，启动难以成功。

正常的成熟活性污泥呈深灰到黑色，带焦油气味，无硫化氢臭味，pH 值在 7.0～7.5，污泥易脱水和干化，当进水量达到要求，并取得较高的处理效率，产气量大，含甲烷成分高时，可认为启动基本结束。正常的厌氧消化系统指标见表 5-7。在污泥培养过程中应对这些指标连续检测，并随时调整至最佳范围。

表 5-7　成熟厌氧消化污泥的基本参数

项目	允许范围	最佳范围
pH 值	3.4～4.8	3.5～4.5
氧化还原电位 OPR/mV	−490～−550	−520～−530
挥发性 VFA/(mg/L,以乙酸计)	50～2500	50～500
碱度 ALK/(mg/L,以 $CaCO_3$ 计)	1000～5000	1500～3000
VFA/ALK	0.1～0.5	0.1～0.3
沼气中 CH_4 含量(体积分数)/%	＞55	＞60
沼气中 CO_2 含量(体积分数)/%	＜40	＜35

（三）厌氧生物处理的日常管理

启动后，厌氧消化系统的操作与管理主要是对产气量、气体成分、池内碱度、pH 值、有机物去除率等进行监测和监督，调节和控制好各项工艺条件，保持厌氧消化作用的平衡性，使系统符合设计的效率指标稳定工作。

① 定期取样分析检测，并根据情况随时进行工艺控制。与活性污泥系统相比，厌氧系统对工艺条件及环境因素的变化，反应更敏感。因此对厌氧系统的运行控制，需要更多细心和严格。

② 运行一段时间后，一般将厌氧池停运并泄空，进行清砂和清渣。池底积砂太多，一方面会造成排泥困难，另一方面还会缩小有效池容，影响消化效果。池顶部液面如积累浮渣太多，则会阻碍沼气自液相向气相的转移。一般来说，连续运行五年后应进行清砂，如果运行时间不长，积渣就很多，则应检查沉砂池和格栅的除污效果，加强对预处理的工艺控制和维护管理。日本一些处理厂在消化池底部设有专门的排砂管，用泵定期强制排砂，一般每周排砂一次，从而避免了消化池积砂。实际上，用厌氧池的放空管定期排砂，也能有效防止砂在厌氧池的积累。

③ 搅拌系统应给予定期的维护。沼气搅拌立管常有被污泥及污物堵塞的现象，可以将其他立管关闭，大气量冲洗被堵塞的立管。机械搅拌桨有污物缠绕，一些处理厂的机械搅拌可以反转，定期反转可甩掉缠绕的污物。另外，定期检查搅拌轴穿顶板的气密性。

④ 加热系统亦应定期检查维护。蒸汽加热立管常有被污泥和污物堵塞的现象，可用大气量冲吹。当采用池外热水循环加热时，泥水热交换器常发生堵塞。可用大水量冲洗或拆开清洗。

套管式和管壳式热交换器堵塞，螺旋板式一般不发生堵塞，可在热交换器前后设置压力表，观测堵塞程度。如压差增大，则说明被堵塞，如堵塞特别频繁，则应从污水的预处理寻找原因，加强预处理系统的运行控制与维护管理。

⑤ 消化过程的特点，使系统内极易结垢。原因是进泥中的硬度（Mg^{2+}）以及磷酸根离子（PO_4^{3-}）在消化液中会与产生的大量 NH_4^+ 结合，生成磷酸铵镁沉淀，反应式如下：$Mg^{2+} + NH_4^+ + PO_4^{3-} \longrightarrow MgNH_4PO_4 \downarrow$。如果管道内结垢，将增大管道阻力；如果热交换器结垢，则降低热交换效率。在管路上设置活动清洗口，经常用高压水清洗管道，可有效防止垢的增厚。当结垢严重时，最基本的方法是用酸清洗。

⑥ 厌氧池使用一段时间后，应停止运行，进行全面的防腐防渗检查与处理。厌氧池内的腐蚀现象很严重，既有电化学腐蚀也有生物腐蚀。电化学腐蚀主要是消化过程产生的 H_2S 在液相形成氢硫酸导致的腐蚀。生物腐蚀常不被引起重视，而实际腐蚀程度很严重，用于提高气密性和水密性的一些有机防渗水涂料，经过一段时间常被微生物分解掉，而失去防渗水效果。厌氧池停运放空后，应根据腐蚀程度，对所有金属部件进行重新防腐处理，对池壁应进行防渗处理。另外，放空厌氧池后，应检查池体结构变化，是否有裂缝，是否为通缝，并进行专门处理。重新投运时宜进行满水试验和气密性试验。

⑦ 一些厌氧池有时会产生大量泡沫，呈半液半固状，严重时可充满气相空间并带入沼气管路系统，导致沼气利用系统的运行困难。当产生泡沫时，一般说明消化系统运行不稳定，因为泡沫主要是由于 CO_2 产量太大形成的，当温度波动太大，或进泥量发生突变等，均可导致消化系统运行不稳定，CO_2 产量增加，导致泡沫的产生。如果将运行不稳定因素排

除，则泡沫也一般会随之消失。在培养厌氧污泥的某个阶段，由于 CO_2 产量大，甲烷产量少，因此也会存在大量泡沫。随着甲烷菌的培养成熟，CO_2 产量降低，泡沫也会逐渐消失。厌氧池的泡沫有时是由于污水处理系统的卡诺菌引起的，此时曝气池也必然存在大量生物泡沫，对于这种泡沫，控制措施之一是暂不向厌氧池投放剩余活性污泥，但根本性的措施是控制污水处理系统内的生物泡沫。

⑧ 消化系统内的许多管路和阀门为间隙运行，因而冬季应注意防冻，应定期检查厌氧池及加热管路系统的保温效果，如果不佳，应更换保温材料。因为如果不能有效保温，冬季节热的耗热量会增至很大。很多处理厂由于保温效果不好，热损失很大，导致需热量超过了加热系统的负荷，不能保证要求的消化温度，最终造成消化效果的大大降低。

⑨ 安全运行。沼气中的甲烷系易燃易爆气体，因而在消化系统运行中，尤应注意防爆问题。首先所有电器设备均应采用防爆型，其次严禁人为制造明火，例如，吸烟、带钉鞋与混凝土之间的摩擦、铁器工具相互撞击、电气焊均可产生明火，导致爆炸危险。经常对系统进行有效维护，使沼气不泄漏是防止爆炸的根本措施。另外，沼气中含有的 H_2S 能导致中毒，沼气含量大的空间含氧必然少，容易导致窒息。因此，在一些值班或操作位置应设置甲烷浓度超标及氧亏报警装置。

（四）厌氧生物处理运行异常问题的分析与排除

1. 现象一：VFA（挥发性有机酸）/ALK（碱度）升高

VFA/ALK 升高，说明系统已出现异常，应立即分析原因。如果 VFA/ALK＞0.3，则应立即采取控制措施。其原因及控制措施如下。

（1）水利超负荷　水利超负荷一般是由于进泥量太大，消化时间缩短，对消化液中的甲烷菌和碱度过度冲刷，导致 VFA/ALK 升高，如不立即采取控制措施，可进而导致产气量降低和沼气中甲烷的含量降低。首先应将投泥量降至正常值，并减少排泥量；如果条件许可还可将消化池部分污泥回流至一级消化池，补充甲烷菌和碱度的损失。

（2）有机物投配超负荷　进泥量增大或泥量不变，而含固率或有机物浓度升高时，可导致有机物投配超负荷。大量的有机物进入消化液，使 VFA 升高，而 ALK 却基本不变，VFA/ALK 会升高。控制措施是减少投泥量或回流部分二消污泥；当有机物超负荷系由于进水中有机物增加所致时（如大量化粪池污水或污泥进入），应加强上游污染源管理。

（3）搅拌效果不好　搅拌系统出现故障，未及时排除，搅拌效果不佳，会导致局部 VFA 积累，使 VFA/ALK 升高。

（4）温度波动太大　温度波动太大，可降低甲烷菌分解 VFA 的速率，导致 VFA 积累，使 VFA/ALK 升高。温度波动如因进泥量突变所致，则应增加进泥次数，减少每次进泥量，使进泥均匀。

如因加热量控制不当所致，则应加强加热系统的控制调节。有时搅拌不均匀，使热量在池内分布不均匀，也会影响甲烷菌的活性，使 VFA/ALK 升高。

（5）存在毒物　甲烷菌中毒以后，分解 VFA 速率下降，导致 VFA/ALK 积累，使 VFA 升高。此时应首先明确毒物的种类，如为重金属类中毒，可加入 Na_2S 降低毒物浓度；如为 S^{2-} 类中毒，可加入铁盐降低 S^{2-} 浓度。解决毒物的根本措施是加强上游污染源的管理。

2. 现象二：沼气中的 CO_2 含量升高，但沼气仍能燃烧

该现象是现象一的继续，其原因及控制措施同现象一。现象一是 VFA/ALK 刚超过

0.3，在一定的时间内还不至于导致 pH 值下降，还有时间进行原因分析及控制。但现象二是 CO_2 已经开始升高，此时 VFA/ALK 往往已经超过 0.5，如果原因分析及控制措施不及时，很快导致 pH 值下降，抑制甲烷菌的活性。如今已确认 VFA/ALK＞0.5，应立即加入部分碱液，保持混合液的碱度，为寻找原因并采取控制措施提供时间。

3. 现象三：消化液的 pH 值开始下降

该现象是现象二的继续。出现现象二，但没有予以控制或措施不当时，会导致 pH 值下降。其原因及控制对策与现象一和现象二完全一样。当 pH 值下降时，VFA/ALK 往往大于 0.8，沼气中甲烷含量往往在 $42\% \sim 45\%$，此时沼气已不能燃烧。该现象出现时，首先，应立即向消化液中投入碱液，补充碱度，控制住 pH 值的下降并使之回升，否则如果 pH 值下降至 0.3 以下，甲烷菌将全部失去活性，则需放空消化池重新培养消化污泥。其次，应尽快分析产生该现象的原因并采取相应的控制对策，待异常排除之后，可停止加碱。

4. 现象四：产气量降低

其原因及解决对策如下：

① 有机物投配负荷太低。在其他条件正常时，沼气产量与投入的有机物成正比，投入有机物越多，沼气产量越多；反之，投入有机物越少，则沼气产量也越少。出现此种情况，往往是由于浓缩池运行不佳，浓缩效果不好，大量有机固体从浓缩池上清液流失，导致进入消化池的有机物降低。此时可加强对污泥浓缩的工艺控制，保证要求的浓缩效果。

② 甲烷菌活性降低。由于某种原因导致甲烷菌活性降低，分解 VFA 速率降低，因而沼气产量也降低。水力超负荷，有机物投配超负荷，温度波动太大，搅拌效果不均匀，存在毒物等因素，均可使甲烷菌活性降低，因此应具体分析原因，采取相应的对策。

5. 现象五：消化池气象出现负压，空气自真空安全阀进入消化池

其原因及控制对策如下。

① 排泥量大于进泥量，使消化池液位降低，产生真空。此时应加强排泥量的控制，使进排泥量严格相等，溢流排泥一般不会出现该现象。

② 用于沼气搅拌的压缩机的出气管路出现泄漏时，也可导致消化池气相出现真空状态，应及时修复管道泄漏处。

③ 加入 $Ca(OH)_2$、NH_4OH、$NaOH$ 等药剂补充碱度，控制 pH 值时，如果投加过量，也可导致负压状态，因此应严格控制该类药剂的投加量。

④ 一些处理厂用风机或压缩机抽送沼气至较远的使用点，如果抽气量大于产气量，也可导致气相出现真空状态，此时应加强抽气与产气量的调度平衡。

6. 现象六：消化池气象压力增大，自压力安全阀逸入大气

其原因及控制对策如下。

① 产气量大于用气量，而剩余的沼气又无畅通的去向时，可导致消化池气相压力增大，此时应加强运行调度，增大用气量。

② 由于某种原因（如水封液位太高或不及时排放冷凝水）导致沼气管路阻力增大时，可使消化池压力增大。此时应分析沼气管阻力增大的原因，并及时予以排除。

③ 进泥量大于排泥量，而溢流管又被堵塞，导致消化池液位升高时，可使气相压力增大，此时应加强排泥量的控制，保持消化池工作液位的稳定。

7. 现象七：消化池排放的上清液含固量升高

水质下降，同时还使排泥浓度降低。其原因及控制对策如下。

① 上清液排放量太大，可导致含固量升高。上清液排放量一般应是相应每次进泥量的1/4以下，如果排放太多，则由于排放的不是上清液，而是污泥，因而含固量升高。

② 上清液排放太快时，由于排放管内的流速太大，会携带大量的固体颗粒被一起排走，因而含固量升高，所以应缓慢地排放上清液，且排放量不宜太大。

③ 如果上清液排放口与进泥口距离太近，则进入的污泥会发生短路，不经泥水分离直接排走，因而含固量升高。对于这种情况，应进行改造，使上清液排放口远离进泥口。

8. 现象八：消化液的温度下降，消化效果降低

其原因及控制对策如下。

① 蒸汽或热水量供应不足，导致消化池温度也随之下降。

② 投泥次数太少，一次投泥量太大时，可使热系统超负荷因加热量不足而导致温度降低，此时应缩短投泥周期，减少每次投泥量。

③ 混合搅拌不均匀时，会使污泥局部过热，局部由于热量不足而导致温度降低，此时应加强搅拌混合。

（五）分析测量与记录

1. 分析测量项目

厌氧生物处理分析测量的项目包括以下多方面内容。

① 流量：包括投泥量、排泥量和上清液排放量，应测量并记录每一运行周期内的以上各值。

② pH 值：包括进泥、消化液排泥和上清液的 pH 值，每天至少测 2 次。

③ 含固量（%）：包括进泥、排泥和上清液的含固量，每天至少分析 1 次。

④ 有机分（%）：包括进泥、排泥和上清液干固体中的有机分，每天至少分析 1 次。

⑤ 碱度（mg/L）：包括测定进泥、排泥、消化液和上清液中的碱度，每天至少 1 次，小型处理厂可只测消化液中的 ALK。

⑥ VFA（mg/L）：测定进泥、排泥、消化液和上清液中的 VFA 值，每天至少 1 次，小型处理厂只测消化液中的 VFA。

⑦ BOD_5（mg/L）：只测上清液中的 BOD_5 值，每 2 天 1 次。

⑧ SS（mg/L）：只测上清液中的 SS 值，每 2 天 1 次。

⑨ NH_3-N（mg/L）：包括进泥、排泥、消化液和上清液中的 NH_3-N 值，每天 1 次。

⑩ TKN（mg/L）：包括进泥、排泥、消化液和上清液中的 TKN 值，每天 1 次。

⑪ TP（mg/L）：只测上清液中的 TP，每天 1 次。

⑫ 大肠菌群：测进泥和排泥的大肠菌群，每周 1 次。

⑬ 蛔虫卵：测进泥和排泥的蛔虫卵数，每周 1 次。

⑭ 沼气成分分析：应分析沼气中的 CH_4、CO_2、H_2S 3 种气体的含量，每天 1 次。

⑮ 沼气流程：应尽量连续测量并记录沼气产量。

2. 记录指标

通过其上分析数据，计算并记录以下指标。

① 有机分解率：η（即污泥的稳定化程度），%。

② 分解单位质量有机物的产气量：m^3/kg。

③ 有机物投配负荷（以 VSS 计）：$kg/(m^2 \cdot d)$。

④ 消化时间：t，d。

⑤ 消化温度：T，℃。

另外，还应记录每个工作周期的操作顺序及每一操作的历时。

第六章

污泥处理与处置

第一节　概　述

一、污泥的来源及其分类

在工业废水和生活污水的处理过程中，会产生大量的固体悬浮物质，这些物质统称为污泥。

污泥既可以是废水中早已存在的，也可以是废水处理过程中形成的。前者如各种自然沉淀中截留的悬浮物质，后者如生物处理和化学处理过程中，由原来的溶解性物质和胶体物质转化而成的悬浮物质。

污泥按照来源和成分的不同，主要可分为以下几类。

① 初次沉淀污泥：来自初次沉淀池，其性质随废水的成分而异。

② 剩余活性污泥与腐殖污泥：来自活性污泥法和生物膜法后的二次沉淀池。前者称为剩余活性污泥，后者称为腐殖污泥。

③ 消化污泥：初次沉淀污泥、剩余活性污泥和腐殖污泥等经过消化稳定处理后的污泥称为消化污泥。

④ 化学污泥：用混凝、化学沉淀等化学法处理废水，所产生的污泥称为化学污泥。

⑤ 有机污泥：有机污泥主要含有有机物，典型的有机污泥是剩余生物污泥，如活性污泥和生物膜、厌氧消化处理后的消化污泥等，此外还有油泥及废水固相有机污染物沉淀后形成的污泥。

⑥ 无机污泥：无机污泥主要以无机物为主要成分，亦称泥渣，如废水利用石灰中和沉淀、混凝沉淀和化学沉淀的沉淀物等。

二、污泥的性质指标

考察污泥的性质和制定相应的考核指标不仅能够科学地认识各种污泥的性质，而且污泥性能指标对选择污泥的处置方法也有重要的指示作用。

污泥的性质指标主要包括以下几种。

① 含水率：指单位质量污泥中所含水分的百分数。污泥含水率的大小，对污泥的运输、提升、处理和利用都有很大的影响。污泥的体积、质量及所含固体浓度之间的关系可用下式

表示：

$$\frac{V_1}{V_2}=\frac{W_1}{W_2}=\frac{100-P_2}{100-P_1}=\frac{C_2}{C_1}$$

式中，P_1、V_1、W_1、C_1 分别为污泥含水率为 P_1 时的污泥体积、质量和固体物浓度；P_2、V_2、W_2、C_2 分别为污泥含水率为 P_2 时的污泥体积、质量和固体物浓度。

② 污泥的相对密度：指污泥质量与同体积水质量之比。由于污泥含水率很高，污泥相对密度往往接近于 1。

③ 污泥的比阻：指单位过滤面积上，单位质量干污泥所受到的过滤阻力，称为比阻。比阻的大小与污泥中有机物含量及其成分有关。

④ 毛细吸水时间：指污泥中的水在吸水纸上渗透距离为 1cm 所需的时间。比阻与毛细吸水时间之间存在一定的对应关系，通常比阻越大，毛细吸水时间越长。

⑤ 挥发性固体（VSS）和灰分（NVSS）：挥发性固体表示污泥中的有机物含量，又称为灼烧减量；灰分则表示污泥中的无机物含量，又称为灼烧残渣。

⑥ 污泥的可消化程度：污泥中的有机物是消化处理的对象。一部分是可以被消化降解的；另一部分是不易或不能被降解的，如脂肪和纤维素等。用可消化程度表示污泥中可被消化降解有机物的比例。

⑦ 污泥的肥分：主要指氮、磷、钾、有机质、微量元素等的含量。肥分指标直接决定污泥是否适合于作为肥料进行综合利用。

⑧ 污泥的卫生学指标：从废水生物处理系统排出的污泥含有大量的微生物，包括病原体和寄生虫卵。未经卫生处理的污泥直接排放到环境或施用于农田是不安全的。卫生学指标指污泥中微生物的数量，尤其是病原微生物的数量。

三、污泥处理的目标

污泥处理的目标如下。

① 减量化：由于污泥含水率很高，体积很大，经过减量处理后，污泥体积减至原来的十几分之一，且由液态转化成固态，便于运输和消纳。

② 稳定化：污泥中有机物含量很高，极易腐败并产生恶臭，经消化处理后，易腐败的部分有机物被分解转化，不易腐败，恶臭大大降低，方便运输及处理。

③ 无害化：污泥中，尤其是初次沉淀池污泥中，含有大量病原菌、寄生虫卵及病毒，易造成传染病大面积传播。经消化处理，可以杀灭大部分的蛔虫卵、病原菌和病毒，大大提高污泥的卫生指标。

④ 资源化：污泥是一种资源，可以通过多种方式进行利用。如污泥厌氧消化可以回收沼气，采用污泥生产建筑材料，从某些工业污泥中提取有用的重金属等。

四、污泥处理系统

一个完整的污泥处理系统通常是由不同的污泥处理单元组成，污泥处理单元主要有污泥的浓缩、稳定、脱水、干化等。在实际中，应该根据污泥的最终处置方案、污泥的数量和性质，并结合当地的具体条件，选取不同的污泥处理单元，以组成相应最佳的污泥处理系统。

1. 污泥处理工业流程的选择

污泥处理的一般方法与流程的选择决定于当地条件、环境保护要求、投资情况、运行费用及维护管理多种因素。可供选择的方案大致如下。

① 生污泥→浓缩→消化→自然干化→最终处置；

② 生污泥→浓缩→消化→机械脱水→最终处置；

③ 生污泥→浓缩→自然干化→堆肥→农肥；

④ 生污泥→浓缩→机械脱水→干燥焚烧→最终处置；

⑤ 生污泥→湿污泥池→农用；

⑥ 生污泥→浓缩→消化→最终处置；

⑦ 生污泥→浓缩→消化→机械脱水→干燥焚烧→最终处置。

这里要说明的是：以上是污泥处理和处置系统，它不只是处理过程，它还包含了处置过程。严格意义上的污泥处理过程在下面的典型污泥处理工艺流程上可以看出，它仅仅包含浓缩、消化、脱水阶段。

2. 典型污泥处理工艺流程

典型污泥处理工艺流程如图 6-1 所示。

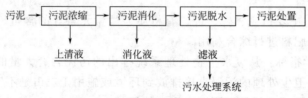

图 6-1　典型污泥处理工艺流程图

① 污泥浓缩阶段：主要目的是使污泥初步减容，缩小后续处理构筑物的容积或设备容量。常用的工艺有重力浓缩、离心浓缩和气浮浓缩等。

② 污泥消化阶段：主要目的是分解污泥中的有机物，减小污泥的体积，并杀死污泥中的病原微生物和寄生虫卵。污泥消化可分为厌氧消化和好氧消化两大类。

③ 污泥脱水阶段：使污泥进一步减容，污泥由液态转化为固态，方便运输和消纳。污泥脱水可分为自然干化和机械脱水两大类。

④ 污泥处置阶段：目的是最终消除污泥造成的环境污染并回收利用其中的有用成分。主要方法有污泥填埋、污泥焚烧、污泥堆肥、用作生产建筑材料等。

由于中小型污水处理厂的污泥产量较小，许多处理厂在设计时不再设污泥消化系统，直接对污泥进行浓缩、脱水和最终处理。其优点是投资少、占地小，减少生产环节；缺点是生产效率低、降低污泥含水率困难。目前很多处理厂使用了这种浓缩脱水一体化污泥处理设备。

第二节　污泥的储存与运输

一、污泥的储存

在污泥处理过程中，都会遇到污泥的储存问题。污泥储存的作用是平衡污泥产量的波动，为污泥处理工序提供均匀的进料条件。对于城市污水处理厂产生的污泥，还可通过曝气和混合减小病原体数量，进一步稳定污泥，并为污泥的进一步处理作准备。

污泥储存（调节）单元包括：沉淀池、污泥浓缩池、消化池、储泥池、污泥储存仓以及厌氧好氧池、二沉池等。

在污泥储存过程中应该注意以下几点。

① 避免污泥受到雨淋或水的浸泡，以免污泥中的污染物溶出，造成二次污染。

② 应当尽量缩短有机污泥在厂里的储存时间，尤其在夏季，以免污泥发生腐败，产生臭味。

③ 对含有病原微生物、寄生虫卵的污泥，应该进行充分的消毒，并避免蚊蝇等的滋生。

④ 对于含有特殊有毒有害物质的污泥，应该严格按照国家有关规定进行储存，以免产生危害。

二、污泥的运输

污泥运输的方式主要决定于污泥的含水率的大小，并应考虑污泥的利用途径。一般有管道运输、汽车和驳船运送等。经验表明，对同样数量的污泥在运送距离不超过 10km 时，采用管道输送是比较经济的，也是比较卫生的方法。管道输送的污泥的固体含量以 5% 为宜。当运送距离较远时，应考虑通过脱水及干化等过程缩小污泥体积后再运送。

当污泥用管道输送时，必须掌握污泥流动的如下特性。

① 流速：污泥在管道中流动，流动减慢至层流状态时，污泥黏滞性大，悬浮物易在管道中沉降，污泥的流动阻力比水流大；当流速提高到紊流时，污泥的黏滞性能消除管道中边界层产生的漩涡，使管壁的粗糙度减小，污泥的流动阻力反而比水流小。所以，污泥在管道内流动，应采用较大流速，使污泥在管道中处于紊流状态。

② 含水率：含水率越低，污泥的黏滞性越大；含水率越高，污泥的黏滞性越小。阻力越小，流动状态就越接近水。

污泥管道输送可分为压力输送和重力输送两种形式。含固率低、黏度较小、流动性较好的污泥，可以考虑重力输送；含固率高、黏度大、流动性差的污泥，应该采用压力输送。

污泥的压力输送系统一般都设有污泥泵站和污泥储存池。输送污泥的泵有：柱塞泵、多腔螺旋泵、离心泵、旋流泵；提升浮渣时可用隔膜泵。

在污泥输送过程中，一般需检测其压力、温度、流量及污泥浓度。流量和浓度是控制污泥输送的重要指标。常用的污泥流量测定装置有：电磁流量计、超声波流量计、文丘里流量计、容积式柱塞泵。常用的污泥浓度测定装置有：放射性同位素浓度计、超声波浓度计、MLSS 浓度计。

第三节　污泥浓缩

一、污泥浓缩概述

污水处理过程中产生的污泥，其含水率很高，一般为 96%～99.8%，体积很大，对污泥的处理、利用和运输造成很大困难。污泥浓缩就是使污泥的含水率、体积得到一定程度的降低，从而降低污泥后续处理设施的建设费用和运行费用。

（一）污泥的水分

污泥中所含水分大致分为：①空隙水；②毛细水；③表面吸附水；④内部水。空隙水一般占总水分的 70% 左右，毛细水约占总水分的 20%，表明吸附水和内部水约占总水分的 10% 左右。如图 6-2 所示。

常规污泥浓缩只能去除空隙水部分。

（二）污泥浓缩方法简介

污泥浓缩的方法主要有：重力浓缩、离心浓缩、气浮浓缩三种。

城市污水处理厂常使用重力浓缩，工业上主要采用后两种。

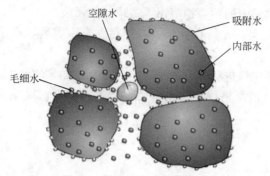

图 6-2　污泥所含水分示意图

三种浓缩方法比较见表 6-1。

表 6-1　污泥浓缩方法的优缺点比较

方法	优点	缺点
重力浓缩	1. 储存污泥的能力高 2. 操作要求不高 3. 运行费用少，尤其是电耗低	1. 占地面积大 2. 会产生臭气 3. 对于某些污泥工作不稳定
气浮浓缩	1. 浓缩后污泥的含水率较低 2. 比重力浓缩法所需土地少，臭气问题少 3. 可使沙砾不混于浓缩污泥中 4. 能去除油脂	1. 运行费用较高 2. 占地比离心浓缩法大 3. 污泥储存能力小 4. 操作要求比重力浓缩法高
离心浓缩	1. 占地面积小 2. 没有或几乎没有臭气问题	1. 要求专用的离心机 2. 电耗大 3. 对操作人员要求高

二、常用污泥浓缩法及运行管理

（一）重力浓缩法

1. 重力浓缩法原理

利用重力将污泥中的固体与水分离，使污泥的含水率降低的方法称为重力浓缩法，它适用于浓缩比重较大的污泥和沉渣，也是使用最广泛和最简便的一种浓缩方法。其处理构筑物称为污泥浓缩池，可以用于浓缩：初次沉淀池污泥、初次沉淀池污泥与二次沉淀池剩余污泥的混合污泥、初次沉淀池污泥与生物膜法二次沉淀池污泥的混合污泥、曝气池的剩余污泥。

2. 重力浓缩池的运行方式

重力浓缩池的运行方式分为以下两种。

① 间歇运行：首先把待浓缩的污泥排入，经一定的浓缩时间后，依次开启设在浓缩池上不同高度的清液管上的阀门，分层放掉上清液，然后通过排泥管排放污泥后，再次向浓缩池排入下一批待处理的污泥，如图 6-3 所示。浓缩池一般不少于 2 座，轮换操作，不设搅拌装置。

② 连续运行：连续运行的浓缩池一般有竖流式或辐流式两种。竖流式一般池体直径较小，池深较深，可设刮泥设备、旋流推流器。辐流式一般池体直径较大，池深较浅，可设刮泥设备、搅拌栅，如图 6-4 所示。

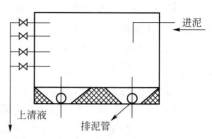

图 6-3　间歇运行式重力污泥浓缩池

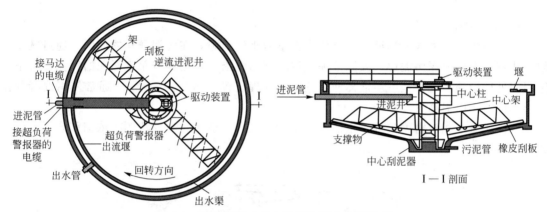

图 6-4　连续运行式重力污泥浓缩池（辐流式）

3. 重力浓缩池的运行管理

（1）主要工艺参数　间隙式浓缩池的工艺参数主要是浓缩时间，其数值最好经试验确定。对于没有条件试验的场合，通常采用 9～12h，以不大于 24h 来设计和控制。时间太长，一是占地大、投资高，二是出现厌氧状态会破坏浓缩过程、剩余污泥还会导致磷被释放。

连续流重力浓缩池的主要工艺参数如下。

① 固体负荷宜采用 30～60kg/(m² · d)。

② 浓缩时间采用不宜小于 12h。

③ 污泥含水率：二次沉淀池进入污泥浓缩池的污泥含水率。

④ 采用 99.2%～99.6%时，浓缩后污泥含水率为 97%～98%。有效水深一般宜为 4m。

⑤ 刮泥机外缘线速度一般宜为 1～2m/min，池底坡度不宜小于 0.05。

（2）日常维护及异常问题排除

① 浓缩池表面的浮渣应及时清除。

② 初次沉淀池污泥与活性污泥混合浓缩时，应保证两种污泥混合均匀，否则进入浓缩池会由于密度流扰动污泥层，降低浓缩效果。

③ 温度较高，极易产生污泥厌氧上浮。当污水生化系统中产生污泥膨胀时，丝状菌会随活性污泥进入浓缩池，使污泥继续处于膨胀状态，致使无法进行浓缩。对于上述情况，可向浓缩池入流污泥中加入氯、高锰酸钾、臭氧等氧化剂，抑制微生物的活动，保证浓缩效果，同时还应从污水处理系统中寻找膨胀原因，予以排除。

④ 在浓缩池入流污泥中加入部分二次沉淀池出水，可以防止污泥厌氧上浮，提高浓缩

效果，同时还可以适当降低恶臭程度。

⑤ 浓缩池较长时间没排泥，应先排空浓缩池，严禁直接开启污泥浓缩机。

⑥ 由于浓缩池容积小，热容量小，在冬天时浓缩池液面如果出现结冰，应先破冰并使之溶化后，再开启污泥浓缩机。

⑦ 应定期检查上清液溢流堰的平整度，如不平整应予以调整，否则会导致池内流态不均匀，产生短路现象，降低浓缩效果。

⑧ 浓缩池是恶臭很严重的一个处理单元，因而应对池壁、出水堰等部位定期清洗，尽量降低恶臭。

⑨ 应定期（半年）排空，检查是否积泥、积砂，并对水下部件予以防腐处理。

（二）气浮浓缩法

1. 气浮浓缩法原理

气浮浓缩与重力浓缩相反，它是依靠大量微小气泡附着在污泥颗粒的周围，通过减小颗粒的比重，形成上浮污泥层，撇除浓缩污泥层到污泥槽，并用浮渣泵把污泥槽污泥送到下一段污泥处理设施，气浮池下层液体回流到废水处理装置，如图 6-5 所示。通常使用混凝剂作为浮选助剂，以提高气浮性能。

气浮法对于相对密度接近于水的、疏水的污泥尤其适用。气浮法用于浓缩剩余活性污泥或腐殖污泥。

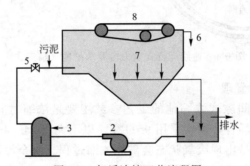

图 6-5 气浮浓缩工艺流程图

1—溶气罐；2—加压泵；3—空气；4—出水；5—减压阀；6—浓缩污泥；7—气浮浓缩池；8—刮泥机械

最常用的是出水部分回流加压溶气气浮工艺，见图 6-6。出水回流加气溶气，减少对絮状污泥的剪切作用，避免加压泵、压力容器、减压阀的阻塞。

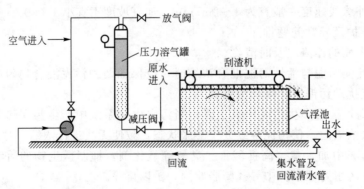

图 6-6 回流加压溶气气浮工艺流程图

2. 气浮浓缩法特点

气浮浓缩法主要适用于相对密度接近于 1、疏水的污泥，或容易发生膨胀的污泥，气浮法用于浓缩剩余活性污泥或腐殖污泥。其浓缩效果好于重力浓缩法，时间短，耐冲击负荷，耐温度变化，泥处于好氧环境，基本没有气味。

气浮浓缩法的优点是单位池容积的处理能力大、脱水效率高，占地面积小，富含氧分的污泥不易腐化变质，适用于废水生物处理系统有机性污泥的浓缩脱水。但缺点是运行电耗高，设施较多，操作管理比较繁琐。

（三）离心浓缩法

离心浓缩法是利用污泥中的固体即污泥与其中的液体即水之间的密度有很大的不同，因此在高速旋转的离心机中具有不同的离心力，从而可以使二者分离。一般离心浓缩机可以连续工作，污泥在离心浓缩机中的 HRT 仅为 3min，而出泥的含固率可达 4% 以上，即出泥的含水率可以达到 96% 以下。

1. 离心浓缩法原理

离心浓缩法是利用污泥中固、液比重不同，在高速旋转的机械中具有不同的离心力而进行分离浓缩的，经分离的固体颗粒和污泥分离液，由不同的通道导出机外。

2. 离心浓缩装置的种类及其特点

用于污泥浓缩的离心装置和设备有：转盘式离心机、螺旋卸料离心机、筐式离心机。

污泥离心浓缩装置具有工作场地卫生条件好、占地面积小、浓缩后污泥含水离较低等优点。缺点有：离心浓缩装置的电耗高，设备维修工作量大；在浓缩剩余活性污泥时，为了取得好的浓缩效果，得到较高的出泥含固率和固体回收率，一般需添加聚合硫酸铁、PAM 等助凝剂，使运行费用提高；电耗高；此外，由于离心设备在运行时产生振动和噪声，因此要装设在坚实防振的底座上，而且在使用时要考虑防止噪声的措施。

3. 离心浓缩装的主要技术参数和运行时注意的问题

① 转盘式离心装置要求污泥先进行预筛滤，以防止该离心装置排放嘴的堵塞。

② 当停止、中断离心装置进料或进料量减少到最低值以下时，应及时用压力水冲洗，以防排出孔堵塞。

③ 转盘装置的转动部件，每两周必须进行人工冲洗。

④ 对于螺旋式离心机装置，磨损是一个严重的问题，应注意及时清洗设备。

⑤ 离心滤液会有相当多的悬浮物固体，应回流到处理装置。

（四）浓缩池的运行管理与工艺控制

1. 进泥量控制

对于某一确定的浓缩池和污泥种类来说，进泥量存在一个最佳的控制范围。

进泥量太大，超过浓缩能力时，会导致上清液浓度太高，排泥浓度太低，起不到应有的浓缩效果。

进泥量太低，不但降低处理量，浪费池容，还可导致污泥上浮，从而使浓缩不能顺利进行下去。

浓缩池进泥量可根据固体表面负荷确定，固体表面负荷大小与污泥种类及浓缩池构造和温度有关，是综合反映浓缩池对某种污泥的浓缩能力的一个指标。

2. 浓缩效果的评价

在浓缩池的运行管理中，浓缩效果常用以下三个指标评价：浓缩比（f）、固体回收率（η）、分离率（F）。

① 浓缩比：指浓缩池排泥浓度与入流泥浓度的比，用 f 表示。

$$f = \frac{C_u}{C_i}$$

式中，C_u 为排泥浓度，kg/m^3；C_i 为入流污泥浓度，kg/m^3。

② 固体回收率：指被浓缩到排泥中的固体占入流总固体的百分数，用 η 表示。

$$\eta = \frac{Q_u}{Q_i} \times \frac{C_u}{C_i}$$

式中，Q_u 为浓缩池排泥量，m^3/d；Q_i 为入流污泥量，m^3/d。

③ 分离率：指浓缩池上清液量占入流污泥量的百分比，用 F 表示。

$$F = \frac{Q_e}{Q_i} = 1 - \frac{\eta}{f}$$

式中，Q_e 为浓缩池上清液量，m^3/d。

f 表示污泥经浓缩后被浓缩了多少倍；η 表示污泥经浓缩后，有多少干污泥被浓缩出来；F 表示污泥经浓缩后，有多少水分被分离出来。

以上三个指标相辅相成，可衡量实际浓缩效果，对于浓缩初沉池污泥时，浓缩比应大于2.0，固体回收率要大于90%，浓缩活性污泥和初沉池污泥时，浓缩比应大于2.0，固体回收率要大于85%。

三个指标主要由污泥的性质、池型、设备选用、负荷率、设计停留时间等综合影响，不可概论。

3. 排泥量控制

污泥浓缩池进泥操作包括连续排泥和间歇排泥。

注意：每次排泥一定不能过量，否则排泥速度会超过浓缩浓度，使排泥变稀，并破坏污泥层。

4. 日常运行与维护

观察进泥量、含固率、排泥量等；防止污泥厌氧上浮观测污泥沉降情况；保证初沉池与活性污泥浓缩时混合均匀；浮渣清除情况；结冰时的运行维护；定期排空检查积泥积砂情况；定期检查上清液溢流堰的平整度；较长时间没排泥时，先排空清池；定期清刷浓缩池，降恶臭；做好分析测量与记录。

5. 异常问题分析与排除

浓缩池常见异常问题、产生原因及解决对策见表6-2。

表6-2　浓缩池常见异常问题、产生原因及解决对策

现象	产生原因	解决对策
污泥上浮，液面有小气泡逸出，且浮渣量增多	集泥不及时	可适当提高浓缩机的转速，从而加大污泥收集速度
	排泥不及时，排泥量大，或排泥历时太短	加强运行调度，及时排泥
	进泥量太小，污泥在池内停留时间太长，导致污泥厌氧上浮	一是加氧化剂，抑制微生物活动；二是减少投运池数，缩短停留时间
	由于初次沉淀池排泥不及时，污泥在初沉池内已经腐败	加强初沉池的排泥操作

现象	产生原因	解决对策
排泥浓度太低,浓缩比太小	进泥量太大,超过浓缩池的浓缩能力	降低入流污泥量
	排泥太快	排泥速率超过浓缩率,应降低排泥速率
	浓缩池内发生短流	对堰板予以调节
	进泥口深度不合适,入流挡板或导流筒脱落	予以改造或修复
	温度突变、入流污泥含固量突变、冲击式进泥,导致短流	根据不同原因予以处理

第四节 污泥消化

污泥消化时利用微生物的代谢作用,使污泥中的有机物稳定化,减少污泥体积,降低污泥中病原体数量。当污泥中的挥发性固体(VSS)含量降低到40%以下时,即可认为达到稳定化。污泥消化稳定可分为厌氧消化和好氧消化两类,其中厌氧消化最为常用,这里主要介绍厌氧污泥消化。

一、厌氧消化原理和功能

厌氧消化是利用兼性菌和厌氧菌进行厌氧生化反应,分解污泥中有机物的一种污泥处理工艺。

消化后的污泥称熟污泥或消化污泥,这种污泥易于脱水,所含固体物数量减少,不会腐化,氨氮浓度增高,污泥中的致病菌和寄生虫卵大为减少。一般消化后的污泥其体积可减少60%～70%。在污泥消化过程中将产生大量高热值的沼气,可作为能源利用,使污泥资源化。另外,污泥经消化后,其中的部分有机氮转化为氨氮,提高了污泥的肥效。

二、污泥厌氧消化法的分类

常用的污泥厌氧消化法主要有:低负荷消化法、高负荷消化法、两相消化法。

① 低负荷消化法:低负荷污泥消化池通常为单级消化过程,见图6-7。低负荷污泥消化池内不加热,不设搅拌装置,间歇投加污泥和排出污泥。污泥加入后进行快速消化并产气后,气泡的上升所起的搅拌作用是唯一的搅拌作用。池内形成三个区——上部浮渣区、中间为上清液、最下层为污泥区。经消化的污泥在池底浓缩并定期排出,上清液回到水处理流程的前端进行处理。产生的沼气从池顶收集和导出。一般负荷率(以VSS计)为 $0.4～1.6kg/(m^3 \cdot d)$。由于这种单

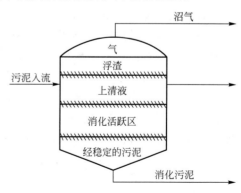

图6-7 低负荷率厌氧消化池

级消化池存在池内分层、温度不均匀、有效容积小等问题，使其消化时间长达 30～60d，此种低负荷消化法，仅适用于小型污水处理厂的污泥处理。

② 高负荷消化法：高负荷消化法是在高负荷消化池中进行，见图 6-8。消化池内设有搅拌设备，其搅拌、污泥投配及熟污泥排除等工序在 24h 连续进行，不存在分层现象，全池都处于活跃的消化状态。消化时间仅为低负荷消化池的 1/3 左右（10～15d），固体负荷率约提高 4～6 倍。

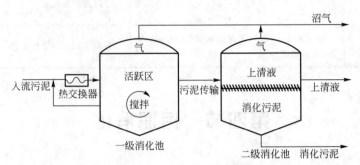

图 6-8　两级高负荷厌氧消化系统

按运行方式可分为单级消化、两级消化、厌氧接触消化等。

③ 两相消化法：在两相消化系统内，产酸和甲烷阶段分别在两个单独的池内完成，见图 6-9。采用这种方法，可为各大类微生物提供最佳的繁殖条件，得到最佳的消化效果。目前对两相消化法的研究还没有完成，仍然处于试验阶段。

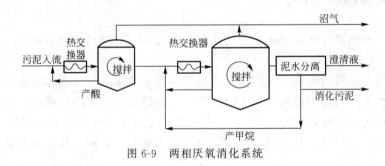

图 6-9　两相厌氧消化系统

三、厌氧消化系统的组成

厌氧消化系统由以下五部分组成。

① 消化池：消化池按其容积是否可变，分为定容积式和动容积式两类。国内目前普遍采用的是定容积式消化池，池型有细高型、粗矮型、卵型。

② 进排泥系统：消化池的进泥和排泥形式包括上部进泥下部直排（需要严格控制进排泥量的平衡，稍有不慎不是真空就是污泥溢流）、上部进泥下部溢流排泥（既不需控制排泥，也不会将未经充分消化的污泥排走）、下部进泥上部溢流排泥（消化不完全，消化效果差）等形式。从运行管理的角度看，普遍认为上部进泥下部溢流排泥方式为最佳。

③ 搅拌系统：消化池良好的混合搅拌可防止池内料液分层，保持池内污泥浓度、pH、微生物种群均匀一致，热量传递到各部，降低池底泥沙沉积与池面浮渣的形成。

常用的搅拌方式有：机械搅拌、水利循环搅拌、沼气搅拌。以上搅拌方式各有利弊，具体与消化池的形式有关；现有中小型城市污水处理厂使用较多的还是机械搅拌（操作方便、效果直观可控）。

④ 加热系统：要使消化液保持在所需的温度，就必须加热。加热方式分为池内加热和池外加热两类。池内加热有热水循环（效率低，形成泥壳）和蒸汽直接加热（效率高，增加含水率）；池外加热有生污泥预热（入池前）和循环加热（抽出池外）。

⑤ 集气系统：集气系统包括气柜和管路。气柜常用低压浮盖式湿式气柜，储气容量一般为消化系统 $6\sim10d$ 的产气量。沼气管路系统应设置压力控制及安全、取样、测湿、测压、除湿、脱硫、水封阻火、通气报警等装置。

四、消化池的运行与管理

(一) 消化污泥的培养与驯化

新建的消化池，需要培养消化污泥。培养方法有以下两种。

1. 逐步培养法

将每天排放的初沉池污泥和浓缩后的活性污泥投入消化池，然后加热，使每小时温度升高 $1℃$，当温度升到消化温度时，维持温度，然后逐日加入新鲜污泥，直至设计泥面，停止加泥，维持消化温度，使有机物水解、液化，约需要 $10\sim40d$，待污泥成熟、产生沼气后，方可投入正常运行。

2. 一步培养法

将初沉池污泥和浓缩后的活性污泥投入消化池内，投加量占消化池容积的 1/10，以后逐日加入新鲜污泥至设计泥面。然后加温，控制温升速度为 $1℃/h$，最后达到消化温度，控制池内 pH 为 $6.5\sim7.5$，稳定 $3\sim5d$，污泥成熟、产生沼气后，再投加新鲜污泥。如有消化池，则取消化污泥更为简便。

(二) 消化池的工艺控制

1. 进泥量控制

① 进排泥控制——进泥　衡量消化能力——最短允许消化时间、最大允许有机负荷。

最短允许消化时间：污泥在消化池内的最短水力停留时间，常用 T_m 表示。

最大允许有机负荷：达到要求消化效果时，单位消化池容积在单位时间内所能消化的最大有机物量，用 F_v 表示。

T_m 越小，F_v 越大，系统的消化能力也越大。

F_v 主要取决于消化池的构造，以及消化温度的稳定性和混合搅拌效果。消化温度波动越小，混合搅拌越均匀充分，T_m 就越小，F_v 越大，系统的消化能力就越大，处理厂实践中应摸出本厂 T_m 和 F_v 范围。

当进泥浓度较高时，投泥量主要受 F_v 制约；当进泥浓度较低时，投泥量主要受 T_m 制约。

投泥量不能超过系统的消化能力，否则将降低消化效果，但投泥量也不能太低，若是远低于系统的消化能力，虽能保证消化效果，但污泥处理量大大降低，造成消化能力浪费。最佳投泥量（Q_i）与消化时间（T）计算：

$$Q_i = \frac{VF_v}{C_i f_v}$$

式中，V 为消化池有效容积，m^3；F_v 为消化池的最大允许有机负荷，$kg/(m^3 \cdot d)$；C_i 为进泥的污泥浓度，kg/m^3；f_v 为进泥干污泥中有机成分，%。

$$T = \frac{V}{Q_i} \geqslant T_m$$

式中，T 为污泥消化时间，d；T_m 为最短允许消化时间，d。

对于污泥消化来说，进泥浓度越高越好，因为较高的进泥浓度，可使实际消化时间大大延长，从而大大提高系统的稳定性。当进泥浓度较低时，消化时间不可能很长，当进泥量或进泥浓度发生波动时，消化效果降低。

提高进泥浓度的关键是运行好前级浓缩处理单元。最理想的进泥方式是 24h 连续进泥，这对所有的处理厂是不可能的，故在实际运行中应尽最大的可能使投泥接近连续。

每次进泥量越少越好，进泥次数越多越好。

② 进排泥控制——排泥　排泥量应与进泥量完全相等，并在进泥之前先排泥。

绝大部分的污水厂采用底部直接排泥，尤应注意排泥量与进泥量的平衡。

若是排泥大于进泥，导致消化池工作液位下降，出现真空，破坏真空安全阀，空气进入池内将产生爆炸。

若是排泥小于进泥，消化池的液位上升，污泥自溢流管溢走，得不到消化处理，如果溢流的管道堵塞或不畅，破坏压力安全阀，使沼气逸入大气，存在沼气爆炸的危险。

最佳进排泥方式为上部进泥、底部溢流排泥，该种方式可使泥位保持稳定，并保证充分消化的污泥排走。

③ 进排泥控制——上清液排放　消化池上清液排放量和排泥量应等于每次的进泥量，否则消化池工作液位将上升或下降。

上清液每次排放量应确定，排放量太少，起不到浓缩消化污泥的作用，排放量太大，会使上清液中固体物质浓度太高，回到水区的固体负荷太大。

一般来说，上清液排放量不超过进泥量的 1/4，具体取决于本厂污泥的浓缩分离性能。

2. pH 值及碱度控制

正常运行时，产酸菌和甲烷菌会自动保持平衡，并将消化液的 pH 值控制在 6.5～7.5，碱度一般在 1000～5000mg/L（以碳酸钙计），由于以下原因，将导致 pH 及碱度发生变化，挥发性脂肪酸（VFA）变化。

一是进水中有强酸排入，导致入流污水 pH 值降低，因而混合液的 pH 值也随之降低；二是当污水中的碱度不足而 TKN 负荷又较高时，便会耗尽污水中的碱度，使混合液中的 pH 值降低。

控制措施：a. 将投泥量降到正常值；b. 加强上游排污单位的预处理，降低污水处理厂进水中有毒物质的含量；c. 加强供热系统的控制和调节；d. 提高全池搅拌均匀性。

3. 毒物控制

入流中工业废水成分较高的污水处理厂，其污泥消化系统经常会出现中毒问题，中毒问题常常不易察觉。

当出现重金属类型的中毒时，根本的解决方式是控制上游有毒物质的排放，加强污染源的管理。

常采用的临时性方法是向消化池内投加硫化钠，使之与重金属形成沉淀物而去除毒性。

4. 加热系统控制

甲烷菌对温度波动非常敏感，一般应将消化液的温度波动控制在 ±1℃内，最好控制在 0.5℃内。

温度的波动与投泥次数以及每次投泥量有很大的关系。为了便于加热系统的控制，投泥控制尽量接近均匀连续。

5. 搅拌系统的控制

良好的搅拌可提供一个均匀的消化环境，有助于提供消化效果。一般而言，消化池的有效容积仅为池容的 70% 左右。

搅拌效果常用的评价方法有纵横取样法和示踪法。

取样法是在消化池的不同位置以及不同深度取泥样，测定含固量。若效果最不利点与平均值绝对偏差不超过 0.5%，说明搅拌效果较好。

示踪法采用放射性同位素或染料作为示踪剂，测定停留时间分布。若实测停留时间与理论停留时间越接近，说明效果越好。

常见的示踪剂有 Na^{24}、氚、$LiCl$、KCl 等。

沼气搅拌采用沼气用量控制搅拌强度。

沼气用量由下式计算确定：

$$Q_a = KA$$

式中，Q_a 为沼气用量，m^3/h；A 为消化池的表面积，m^2；K 为搅拌强度，一般取 $1\sim 2m^3/(m^2 \cdot h)$。

机械搅拌，一般用搅拌设备的功率控制搅拌强度。

搅拌功率由下式确定：

$$P = N_P \times \rho \times N^3 \times d^5$$

式中，ρ 为介质密度；N 为转速；d 为直径；N_P 为搅拌功率准数。

6. 操作顺序与操作周期

在消化池日常运行中有五大操作，分别是进泥、排泥、排上清液、搅拌、加热等。

合理操作顺序是排上清液-排泥-进泥-加热-搅拌等。总历时为一个周期，周期越短，说明越接近连续运行，消化效果就越好。

7. 沼气收集系统控制

沼气收集系统的运行应能充分适应沼气产量的变化。

沼气产量计算如下：

$$Q_a = (Q_i C_i f_i - Q_u C_u f_u) q_a$$

式中，Q_a 为总沼气产量，m^3/d；Q_i，Q_u 分别为进排泥量，m^3/d；C_i，C_u 分别为进排泥浓度，kg/m^3；f_i，f_u 分别为进排泥干固体有机分，%；q_a 为厌氧分解单位质量的有机物所产生的沼气量，m^3/kg。

一般，q_a 取 $0.75\sim 1.0m^3/kg$。

（三）消化池的日常维护

消化池的日常维护操作内容如下。

① 取样分析：定期取样分析检测，并根据情况随时进行工艺控制。与活性污泥系统相比，消化系统对工艺条件及环境因素的变化，反应更敏感。

② 清砂和清渣：运行一段时间后，一般应将消化池停用并泄空，进行清砂和清渣。一般清砂周期为五年。如果运行时间不长，积砂积渣很多，则应检查沉砂池和格栅除污的效果。实际上，用消化池的放空管定期排砂，也能有效防止砂在消化池内的积累。

③ 搅拌系统维护：搅拌是高效消化的最关键操作。目前运行的消化系统绝大部分采用

间歇搅拌运行。投泥时应搅拌，保证混合均匀；蒸汽加热时搅拌，防止局部过热；底部排泥不搅拌，上部排泥应搅拌。

④ 加热系统维护：甲烷菌对温度波动非常敏感，一般应将消化液的温度波动控制在±1℃内，最好控制在0.5℃内。温度的波动与投泥次数以及每次投泥量有很大的关系。为了便于加热系统的控制，投泥控制尽量接近均匀连续。

⑤ 消化系统结垢：管道和热交换器。主要采用酸洗。

⑥ 消化池停运的检查和处理：消化池使用一段时间后，应停运进行全面的防腐、防渗检查与处理。对池体进行防水、防渗，对钢制件进行防腐。

⑦ 消化池泡沫与控制：产生泡沫一般说明消化系统运行不稳定，温度、进泥量变化都有可能引起。有时是污水处理系统产生的诺卡菌引起的，此时应暂不投放剩余污泥，控制污泥处理系统内的生物泡沫。

⑧ 消化系统保温：冬季注意防冻。

⑨ 安全运行：沼气系统的防爆问题和防止气体中毒事件。

(四) 消化池的异常问题分析和排除

1. VFA（挥发性有机酸）/ALK（碱度）升高

其原因如下。① 水力超负荷：一般是由于进泥量太大，消化时间缩短，对消化液中的甲烷菌和碱度过度冲刷，导致VFA/ALK升高。应将投泥量降至正常值，并减小排泥量。

② 有机物投配超负荷：进泥量增大或泥量不变，而含固率或有机成分升高时，可导致有机物投配超负荷。控制措施是减小投泥量或回流部分二级消化池污泥；当有机物超负荷是由于进厂水中有机物增加所致时，应加强上游污染源管理。

③ 搅拌效果不好：搅拌系统故障、搅拌效果不佳，会导致局部VFA积累。

④ 温度波动太大：可降低甲烷菌分解VFA的速率，导致VFA积累。进泥量突变、加热量控制不当、搅拌不均匀可致温度波动。

⑤ 存在毒物：甲烷菌中毒，分解VFA速率下降导致。如为重金属类中毒，可以加入 Na_2S 降低毒物浓度；如为 S^{2-} 类中毒，可加入铁盐降低 S^{2-} 浓度。根本措施是加强上游污染源的管理。

2. 产气量降低

原因：有机物投配负荷太低；甲烷菌活性太低。

3. 消化池气相出现负压，空气自真空安全阀进入消化池

原因：排泥量大于进泥量，使消化液位降低；用于沼气搅拌的压缩机的出气管路出现泄漏，可导致消化池气相出现真空状态。

加入 $Ca(OH)_2$、NH_4OH、$NaOH$ 等药剂补充碱度；用风机或压缩机抽送沼气至较远的使用点。

4. 消化池气相压力增大，自压力安全阀逸入大气

原因：①产气量大于用气量，剩余的沼气又无畅通的去向时，可导致消化池气相压力增大，可使消化池压力增大。②由于某种原因（水封罐液位太高或不及时排放冷凝水）导致沼气管路阻力增大。③进泥量大于排泥量，溢流管被堵塞。

5. 消化池排放的上清液含固量升高，水质下降，同时还使排泥浓度降低

原因：① 上清液排放量太大，导致含固量升高。

② 上清液排放得太快，由于排放管内的流速太大，会携带大量的固体颗粒。

③ 上清液排放口与进泥口距离太近，则进入的污泥会发生短路，不经泥水分离直接排走。

6. 消化液的温度下降，消化效果降低

原因：① 蒸汽或热水量供应不足，导致消化池温度下降。

② 投泥次数太少，一次投泥量太大，可至加热系统超负荷，因加热热量不足而导致温度降低，此时应缩短投泥周期，减少每次投泥量。

③ 混合搅拌不均匀，会使污泥局部过热，局部由于热量不足而导致温度降低。

7. 沼气中的 CO_2 含量升高，但沼气仍能燃烧

原因：VFA/ALK 升高，超过了 0.5。应立即加入部分碱源，保持混合液的碱度，为寻找原因并采取控制措施提供时间。

8. 消化液的 pH 值开始下降

原因：VFA/ALK 升高，超过了 0.8，沼气不能燃烧。应立即补充碱源，补充碱度，控制 pH 值的下降并使之回升。

第五节　污泥的脱水与干化

污泥经浓缩、消化后，尚有 95%～96% 的含水率，体积依然很大。为了综合利用和进一步处置，必须对污泥进行脱水处理。

将污泥的含水率降低到 80%～85% 以下的操作叫脱水。脱水后的污泥已经成为泥块，具有固体特性，能装车运输，便于最终处置和利用。

将脱水污泥的含水率进一步降低到 50%～65% 以下（最低达 10%）的操作叫干化（或称干燥）。

污泥的脱水与干化方法，主要有机械脱水和自然干化两种。

一、污泥的机械脱水

（一）机械脱水的原理

污泥机械脱水原理是以过滤介质（多孔性材料）两面的压差作为推动力，使污泥中的水分强制通过过滤介质（称滤液），固体颗粒被截留在介质上（称滤饼），从而达到脱水的目的。污泥机械脱水的方法有真空吸滤法、压滤法和离心法等。

造成压力差推动力的方法有以下三种。

① 在过滤介质的一面造成负压（如真空吸水过滤）；

② 加压把污泥中的水分压过过滤介质（如压滤脱水）；

③ 通过离心作用使固液分离（如离心机脱水）。

影响污泥机械脱水性能的因素有污泥性质、污泥浓度、污泥过滤液的黏滞度、混凝剂的种类及投加量等。

（二）机械脱水的预处理——污泥的调理

有机污泥（包括初次沉淀池污泥、腐殖污泥、活性污泥和消化污泥）均由亲水性带负电荷的胶体颗粒组成，颗粒大小不匀而且很细，挥发性固体含量高，比阻也大，脱水性能较差。一般认为上述污泥均不适合直接进行机械脱水，必须进行改善污泥脱水性能的预处理，这一操作称为污泥的调理。

污泥调理的实质是要克服污泥颗粒的水合作用和电性排斥作用，使污泥颗粒脱稳，颗粒凝聚增大，易于脱水；此外，还要改善污泥颗粒间的结构，减小过滤阻力，使污泥颗粒不致堵塞过滤介质（如滤布）。

常用的污泥调理方法如下。

① 化学调理：向污泥中投入化学调节剂（如混凝剂、助凝剂）使污泥凝聚，提高脱水性能，这也是目前污泥调理的主要方法。采用的调节剂有无机混凝剂、高分子聚合电解质。前者一般是石灰、三氯化铁、三氯化铝、硫酸铝等；后者包括有机合成高分子聚合电解质（如聚丙烯酰胺等）和无机高分子混凝剂（如聚铁、聚铝等）。

② 物理调理：加热（破坏胶体结构、杀菌）、冷冻（破坏固体与结合水的联系）、添加惰性助凝剂（灰、锯末）等。

③ 水力调理：也叫淘洗，就是利用处理过的污水与污泥混合，然后再澄清分离，以此冲洗和稀释原污泥中的高碱度并带着细小颗粒。一般仅用于消化污泥。

（三）常用机械脱水设备

常用的机械脱水设备主要有：真空过滤机、压滤机、离心脱水机三种。

评价机械脱水设备性能好坏的指标有：产率和固体回收率。单位时间（h）单位面积（m^2）所能提供的一定含水率的污泥的量（kg）称为产率 [$kg/(h \cdot m^2)$]。脱水后泥饼中的固体量占脱水前污泥中固体量的比例称为固体回收率。对于不同性质的污泥和不同的脱水设备，有不同的产率和固体回收率。

1. 真空过滤机

主要用于初次沉淀池污泥和消化污泥的脱水，常见的真空过滤机见图 6-10、图 6-11。

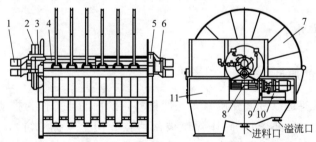

图 6-10　圆盘真空过滤机结构图

1—左分配头体；2—涡轮；3—涡轮箱；4—中心轴；5—轴承座；6—右分配头体；
7—扇形板；8—蜗杆；9—联轴器；10—减速机；11—槽体

真空过滤机的优点是能够连续操作，运行平稳，可自动控制；缺点是附属设备较多，工序复杂，运行费用较高。

真空过滤机的产率一般为 $15\sim40kg/(h \cdot m^2)$，固体回收率为 $85\%\sim99.5\%$，泥饼含固率为 $15\%\sim40\%$。

真空过滤机脱水效果的影响因素如下。

① 污泥的性质：污泥种类、污泥浓度、储存时间、调理情况。一般情况下，过滤时污泥的最适合固体浓度为 $8\%\sim10\%$。

② 真空度：直接关系到过滤的产率及运行费用，影响比较复杂。一般说来真空度越高，

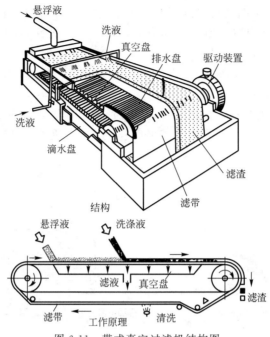

图 6-11　带式真空过滤机结构图

滤饼厚度越大，回收率越低，但过滤速度提高并不明显；真空度过高，滤布容易被堵塞与损坏，动力消耗与运行费用增加。

③ 转鼓浸深：深，泥饼形成区及吸干区的范围广，产率高，但泥饼的含水率也高。浅，泥饼薄，含水率低，产率也低。

④ 转鼓转速快慢：快，周期短，泥饼含水率高，产率也高，滤布磨损加剧。慢，泥饼含水率低，产率低。

⑤ 滤布性能：滤布网眼大小决定于污泥颗粒的大小及性质。网眼太小，容易堵塞，阻力大，固体回收率高，产率低；网眼过大，阻力小，固体回收率低，滤液浑浊。滤布阻力的大小还与其编织方法、材料、孔眼形状等因素有关。

2. 污泥压滤机

压滤机的推动力是正压和大气压之差造成的，是在高压下使水从污泥中挤出。

常用的污泥压滤机主要有：板框压滤机、带式压滤机。

① 板框压滤机：板框压滤机由板和框相间排列而成，见图 6-12。在滤板两面覆有滤布，用

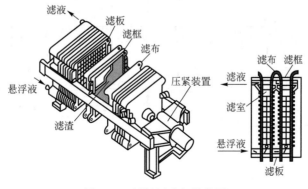

图 6-12　板框压滤机结构图

压紧装置把板与框压紧,即在板与板之间构成压滤室。分人工板框压滤机和自动板框压滤机。

板框压滤机的优点是构造简单,推动力大,适用于各种性质的污泥,泥饼的含固量较高,滤液清澈,化学药剂消耗较少;缺点是操作较麻烦,不能连续工作,产率也较低。

在操作压力为 0.4～1.0MPa 时,泥饼含固率:初沉污泥的为 45%～50%,混合污泥的为 35%～45%,活性污泥的为 25%。

② 带式压滤机:其主要特点是把压力施加在滤布上,用滤布的压力和张力使污泥脱水,而不需要真空或加压设备,动力消耗少,可以连续生产,见图 6-13。目前这种脱水方法应用广泛。

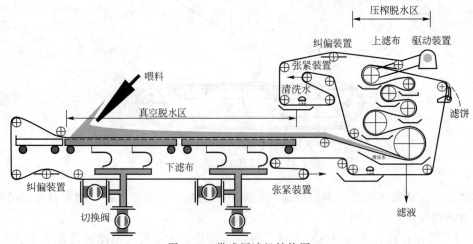

图 6-13　带式压滤机结构图

滚压的方式有两种,一种是滚压轴上下相对,另一种是滚压轴上下错开。

影响带式压滤脱水的主要因素:a. 助凝剂的种类和用量(通常多采用高分子混凝剂进行化学调节);b. 滤带行走速度(带速)(不同的污泥有不同的最佳带速,应选择合适的带速);c. 压榨压力(受张力限制,直接影响泥饼的含水率);d. 滤带冲洗(冲洗水应达到或高于设计压力,水量充足,喷头无堵塞)。

3. 离心脱水机

离心脱水机(见图 6-14)根据分离因数 (α) 的不同,可分为低速离心机、中速离心

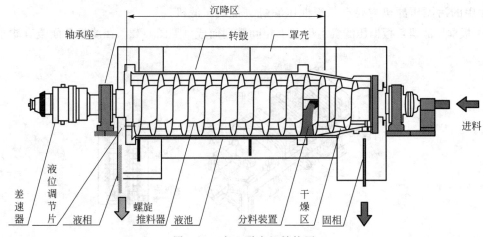

图 6-14　离心脱水机结构图

机、高速离心机，污泥脱水通常采用中低速离心机。根据现状可分为转筒式离心机、盘式离心机，常用的是转筒式离心机。

离心脱水的优点是可连续生产，操作方便，可自动控制，卫生条件好，占地面积小。但污泥的预处理要求较高，必须使用高分子聚合电解质。

一般情况，真空过滤的脱水泥饼含水率为 60%～80%，压滤脱水为 45%～80%，滚压带式脱水为 78%～86%，离心脱水为 80%～86%。

(四) 机械脱水设备的日常维护与管理

用于污泥脱水的机械有真空滤机、带式压滤机、板框压滤机、离心机等，其中带式压滤机较为常用。下面主要介绍带式压滤机的日常维护与管理。

1. 带式压滤机的工艺控制

在实际运行中，应根据进泥泥质的变化，随时调整脱水机的工作状态。

带式压滤机脱水工艺控制包括以下几种。

① 带速的控制：滤带的行走速度控制着污泥在每个工作区的脱水时间，对出泥泥饼的含固量、泥饼厚度及泥饼剥离的难易度都有影响。带速越低，泥饼含固量越高，泥饼越厚，越易从滤带上剥离；反之，带速越高，泥饼含固量越低，泥饼越薄，越不易剥离。从泥饼质量上看，带速越低越好。但带速越低，其处理能力越小。带速一般控制在 0.3～0.7m/min。

② 滤带张力的控制：一般来说，滤带张力越大，泥饼的含固量越高。但张力太大时，会将污泥在低压区或高压区挤出滤带，导致跑料，或压进滤带造成堵塞。一般将张力控制在 0.3～0.7MPa，常在 0.5MPa。

③ 调理效果的控制：污泥的调理效果直接影响脱水效果。带滤机对调理效果的依赖性更强。

表 6-3 列举了各种污泥进行带式压滤脱水的性能参考数据。

表 6-3 各种污泥进行带式压滤脱水的性能参考数据

污泥种类		进泥含固量 /%	进泥固体负荷 /[kg/(m² · h)]	PAM 投加量 /(kg/t)	泥饼含固率 /%
生污泥	初沉污泥	3～10	360～680	1～5	28～44
	活性污泥	0.5～4	45～230	1～10	20～35
	混合污泥	3～6	180～590	1～10	20～35
厌氧消化污泥	初沉污泥	3～10	360～590	1～5	25～36
	活性污泥	3～4	40～135	2～10	12～22
	混合污泥	3～9	180～680	2～8	18～44
好氧消化污泥	混合污泥	1～3	90～230	2～8	12～20

2. 带式压滤机异常问题的分析及解决对策

带式压滤机异常问题的分析及解决对策见表 6-4。

表 6-4　带式压滤机异常问题的分析及解决对策

现象	原因	对策
泥饼含固量下降,固体回收率降低	调质效果不好。一般是加药不足,使进泥泥质发生变化,应试验确定投药量。配药浓度过高也会导致调质效果不好。加药点位置不合理,导致絮凝时间太长或太短	试验并调整
	滤带张力太大	及时降低带速,一般应保证泥饼厚度为 5~10mm
	滤带堵塞,水分不能滤出,含固量降低	停止运行,冲洗滤带
	带速太大,挤压区跑料	适当降低带速
	滤带张力太小	适当增加张力
	张力太大,挤压区跑料,并使部分污泥随滤液流失	减小张力
滤带打滑	进泥超负荷	降低进泥量
	滤带张力太小	增加张力
	滚压筒损坏	修复或更换
滤带时常跑偏	进泥不均匀,滤带上摊铺不均匀	调整进泥口或更换平泥装置
	滚压筒之间相对位置不平衡	检查调整
	滚压筒局部损坏或过度磨损	予以检查更换
	纠偏装置不灵敏	检查修复
滤带堵塞严重	冲洗不彻底,滤带张力太大	增加冲洗时间或冲洗水压,适当减小滤带张力
	加药过量,黏度增加,堵塞滤带	适当减小药量
	进泥含沙量太大	加强污水预处理系统的运行控制

3. 带式压滤机的日常维护与管理

① 注意时常观察滤带的损坏情况,并及时更换滤带。

滤带的使用寿命一般为 3000~10000h,如过早损坏,应分析原因。滤带的损坏:撕裂、腐蚀、老化。滤带的材质、尺寸不合理、接缝不合理、滚压筒不整齐、张力不均匀、纠偏系统不灵敏均会导致滤布损坏,应予以及时排除。

② 每天保证足够的滤带冲洗时间。脱水机停止工作,必须立即冲洗滤带。还应定期冲洗脱水机周身及内部,保证清洁,降低臭味。

③ 按照机械的要求,及时检修维护。按时润滑,及时更换易损部件。

④ 定期对易腐蚀部件机械防腐处理,加强室内通风。

⑤ 定期分析滤液水质,判断脱水效果。滤液一般:$SS=200\sim1000mg/L$;$BOD_5=200\sim800mg/L$。

⑥ 分析测量及记录。每班监测:进泥量及含固率、泥饼产量及含固率;滤液流量及水质;絮凝剂的投加量;冲洗水量及水质;冲洗次数及历时。还有滤带张力、带速、固体回收率、干污泥投药量、进泥固体负荷。

二、污泥的自然干化

污泥自然干化的主要构筑物是干化场。

（一）干化场的分类与构造

干化场可分为自然滤层干化场与人工滤层干化场两种。前者适用于自然土质渗透性能好、地下水位低的地区。人工滤层干化场的滤层是人工铺设的，又分为敞开式和有盖式两种。

人工滤层干化场由不透水底层、排水系统、滤水层、输泥管、隔墙及围堤等部分组成。

（二）干化场的脱水特点及影响因素

干化场脱水主要依靠渗透、蒸发与人工撇除。

渗透过程约在污泥排入干化场最初的 2~3 天内完成，可使污泥含水率降低至 85% 左右。此后水分不能再被渗透，只能依靠蒸发脱水，约经 1 周或数周（决定于当地的气候条件）后，含水率可降低至 75% 左右。

研究表明，水分从污泥中蒸发的数量约等于从清水中直接蒸发量的 75%。

影响干化场脱水的因素包括以下两方面。

① 气候条件：包括当地的降雨量、蒸发量、相对湿度、风速和冰冻期等。

② 污泥性质：消化污泥在消化池中承受着高于大气压的压力，污泥中含有很多沼气泡，一旦排到干化场后，压力降低，气体迅速释放，可把污泥颗粒夹带到污泥层的表面，使水的渗透阻力减小，提高了渗透脱水性能。初沉池污泥或浓缩的活性污泥，由于比阻较大，水分不易从稠密的污泥层中渗透过去，往往会形成沉淀，在污泥表面形成上清液，故这类污泥主要依靠蒸发脱水，可在围堤或围墙的一定高度上开设撇水窗，撇除上清液，加速脱水过程。

在天气好的情况下，使用良好消化的生活污泥或混合污泥，在 2~6 周内可以获得含 40%~45% 干固体的污泥饼。采用化学药剂，脱水时间可缩短 50% 或更多。

消化不好、不稳定、含油的污泥不适合自然干化。

干化场一般适用于小型处理厂的污泥脱水。

（三）污泥干化场的操作控制

污泥干化场的操作主要从以下三方面进行控制

① 工作周期：向场地灌入污泥、脱水和清除污泥，构成一个工作周期。对于城市污泥，平均工作周期是 35~60 天。影响工作周期的因素甚多，尤其是受气候条件的影响很大。

② 每次灌泥深度：一般为 20cm。

③ 污泥的暂储存：当气候恶劣时，干化场的工作周期会拉得很长，会出现场地不够，从而出现污泥暂时储存的情况。一般在消化池提供储存容积，也可另设储泥池。

第六节　污泥干燥与焚烧

脱水后的污泥，体积与质量仍很大，如需进一步降低它的含水率，可进行干燥处理或加以焚烧。干燥的脱水对象是毛细管水、吸附水和颗粒内部水。干燥处理的污泥含水率可降至

10％～20％，便于运输，还可以作为农田和园艺的肥料使用。焚烧可使污泥成为灰尘，处理的对象是吸附水、颗粒内部水和有机物，含水率降至零，污泥的体积和质量最大限度地减小，卫生条件大为提高。

一、污泥干燥

经常使用的污泥干燥过程有以下几种。

① 回转圆筒式干燥器：它是由一圆筒组成，圆筒稍微倾斜，并以 5～8r/min 的转速旋转。在干燥器内装有刮板或在搅拌轴上装设破碎搅拌叶片，以便破碎污泥。加热方式是采用热空气，将污泥的水分蒸发，使含水率降至 10％左右。在干燥前，应采用机械脱水将污泥的水分尽可能减小，以降低干燥处理的费用。

② 闪蒸干燥：也称为急骤干燥。将污泥导入热气流中，使水分从固体中瞬时蒸发。

③ 喷雾干燥器：喷雾干燥器使用高速离心转筒，液体污泥加入转筒内，离心力使其雾化成细粒，喷入干化室的顶部，在干化室内，水被均匀地转移到热气体中。热气体夹带的尘粒，经旋风除尘器除去后，废气排往大气。喷雾干燥器的离心转筒有并流式、逆流式、并逆流式三种。

除上面三种外，还有真空干燥器、多层炉干燥器、移动层干燥器等多种形式。

污泥加热干燥处理，成本很高，且要求操作人员有较高的操作技能。如果系统操作和维护不当，则存在爆炸和对环境空气造成污染的潜在可能性。以此，只有在干燥污泥所回收的价值能满足干燥处理运行费用时，或者有特殊要求时，才会考虑使用。

二、污泥焚烧

焚烧是目前最终处置含有毒物质的有机污泥最有效的方法。因为这些污泥不能作为肥料，同时本身又不稳定，而且具有较高的热值。

污泥焚烧时，水分蒸发需消耗大量的能量，为了减小能量消耗，应尽可能在焚烧前减小污泥的含水率。

焚烧过程大致可分为以下四个阶段。

① 加热到 80～100℃，除了内部结合水之外的水分蒸发掉。

② 升温到 180℃，蒸发内部结合水。

③ 加热到 300～400℃，干化的污泥分解，析出可燃气体，开始燃烧。

④ 最终加热到 800～1200℃，使可燃固体成分完全燃烧。

为了不造成二次污染，一些有机物的燃烧温度应高于污泥燃烧温度，而且还需对焚烧产生的烟气进行处理。

污泥焚烧主要有：回转炉、立式多段炉及流化床炉等。

第七节　污泥的处置和利用

污泥的处置，是用适当的技术措施为污泥提供出路，同时要兼顾经济问题及污泥处置带来的环境问题，并按照相关的法规或条例妥善地解决问题。污泥的最终处置，不外是部分利用或全部利用，或以某种形式回到环境中去。

在污泥的综合利用方面，诸如将无毒的有机污泥中的营养成分和有机物，用在农业或从中回收饲料或能量，以及从污泥中回收有价值的原料及物资，这是污泥处置首先要考虑的。有时，由于某些因素所限，可能无法选择污泥的利用和产品回收，这时就不得不考虑以环境作出路的处置方案，如卫生填埋、焚烧等。

① 有机污泥用于农业：把有机污泥用作肥料和土壤改良剂是污泥最终处置的重要方法之一。一些没有毒性的生物污泥，尤其是经消化处理后的污泥含有各种肥分。有机污泥用于农业应按规定要求，合理使用。

② 污泥固化：污泥固化是通过物理和化学方法如采用固化剂固定废物，使之不再扩散到环境中去的一种处置方法。所使用的固化剂有水泥、石灰、热塑性物质、有机聚合物等。这种方法主要适用于有毒无机物（如重金属）的污泥。

③ 污泥填埋：在建有废物填埋场的城市，可将脱水的泥饼及焚烧的灰渣送去填埋处置。填埋场底部铺有衬层，可防止浸出液渗透入土壤污染地下水。浸出液经管道收集后，送废水处理装置处理。

④ 污泥中有用物质的回收：利用化学沉淀法去除废水中重金属而产生的污泥，可通过酸化处理回收金属盐。

第七章

附属设施操作管理

第一节　泵及泵的管理

通过将机械能转换为液体能量，并用于输送液体的机械设备称为泵。在污水处理行业中，通常用离心泵进行污水的提升与输送；用螺杆泵进行脱水前污泥及絮凝剂溶液的加压与输送；用隔膜泵进行药液的投加与计量。可以说，泵是污水处理行业中的关键设备，泵的性能好坏及使用维护是否得当，将直接影响污水处理过程的进行，因此有必要对泵的相关知识进行深入的了解。

一、水处理常用泵的分类与性能参数

在废水处理厂，水泵类设备约占机械设备总投资额的 15% 以上，且从能耗讲也是主要耗能设备，所以是主要的动力设备。

1. 叶片泵

叶片式水泵在水泵中是一个大类，其特点都是依靠叶轮的高速旋转完成能量的转换。由于叶轮中叶片形状的不同，旋转时水流通过叶轮受到的质量力就不同，水流流出叶轮时的方向也就不同，根据叶轮出水的水流方向可将叶片式水泵分为径向流、轴向流和斜向流三种。径向流的叶轮称为离心泵，液体质点在叶轮中流动时主要受到的是离心力作用。轴向流的叶轮称为轴流泵，液体质点在叶轮中流动时主要受到的是轴向升力的作用。斜向流的叶轮称为混流泵，它是上述两种叶轮的过渡形式，液体质点在这种水泵叶轮中流动时，既受离心力的作用，又有轴向升力的作用。在城镇污水处理工程中，大量使用的水泵是叶片式水泵，其中以离心泵最为普遍。

叶片式泵是依靠高速旋转的具有叶片的工作轮，将旋转时产生的离心力传给流体介质，使液体获得能量达到增压和输送的效果。按叶轮对流体的作用原理，可分为离心式、轴流式、混流式三种基本类型。

（1）离心泵　离心泵具有效率高、启动迅速、工作稳定、性能可靠、容易调节等优点，在污废水系统中被广泛采用。

离心泵的种类很多，一般可按以下方式分类。

a. 根据液体流入叶轮的形式分类。分为单吸式与双吸式。单吸式泵，液体从一侧进入叶轮。双吸式泵叶轮两侧都有吸入口，液体从两侧进入叶轮，在相同条件下比单吸式泵流量增加一倍；但由于叶轮两面吸入液体，液体在叶轮出口汇合处有冲击现象，会产生噪声和振动。

b. 按叶轮数分类。分为单级泵和多级泵。单级泵只有一个叶轮，扬程较低，构造简单，

适用于工矿企业、城市给水排水、农田排灌。经常使用的单级单吸离心泵的泵型主要是 IS 型泵，其外形如图 7-1 所示。

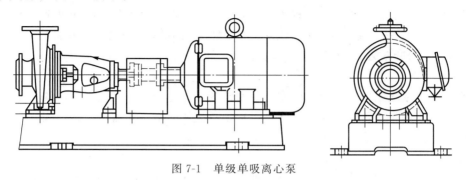

图 7-1 单级单吸离心泵

多级离心泵是清水泵，适用于工矿企业、城市给水排水。泵的吸入口为水平方向，排出口为垂直向上。多级泵在同一根轴上串装两个以上叶轮，可以产生较高的扬程，但构造相对复杂些。在水处理中多级离心泵与射流器组合，常用于生产气浮溶气水。多级离心泵通常用字母 D、DA 表示，其外形如图 7-2 所示。

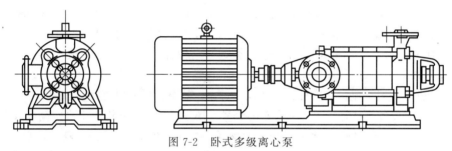

图 7-2 卧式多级离心泵

c. 按工作压力分类。低压泵，扬程低于 20m 水柱；中压泵，扬程在 20~160m 水柱；高压泵，扬程在 160m 水柱以上。

d. 按泵轴在空间的方位分类。可分为卧式泵和立式泵。

e. 按传送介质分类。可分为清水泵、污水泵、油泵和耐腐蚀泵。

离心泵在启动之前，一般在泵内应灌满液体，工程上称为"灌泵"或"引水"。启动后，原动轮带动叶轮旋转，叶轮中的液体在叶片的驱动下与叶轮一起转动，从而产生离心力。在此离心力的作用下，液体沿叶轮流道被甩向泵体出口，经过泵的排出室排出泵外。这样，液体不断进出叶轮，保证离心泵能连续输出有一定扬程的液体。

（2）轴流泵　轴流泵的特点是结构简单，流量大，扬程低；多数轴流泵的叶片安装角度可以改变，因而特性参数可以变化，运转的范围宽，使用效率高。

轴流泵有以下两种分类方法。

（a）根据泵轴的相对位置分为立式（泵轴竖直放置）、卧式（泵轴水平放置）和斜式三种。立式轴流泵工作时启动方便，占地面积小，目前生产的绝大多数是立式的。

（b）根据叶片调节的可能性分为固定叶片轴流泵，半调节叶片轴流泵和全调节叶片轴流泵三种。其中半调式既能调节流量和扬程，结构又较简单便于制造，因此，多数轴流泵作成半调节式的。

轴流泵适用于农业排灌、城市给排水、热电站或冶金炉输送循环水或其他水利工程排水等。

（3）混流泵　混流泵与卧式离心泵和轴流泵相比，其扬程低，流量大，所以叶轮形状比较特殊。由于叶轮的进口直径与出口直径相差较小，流道宽度与出口直径的比例相对较大，因此蜗壳的相对宽度比离心泵大。叶片从进口到出口均为扭曲形，叶片出口边倾斜，工作时产生离心力和推力，水流从叶轮出口流出的方向，既不是径向（如离心泵），也不是轴向（如轴流泵），而是介于二者之间的斜向，故混流泵也称为斜流泵。混流泵叶轮的形状。低比转数叶轮是封闭的，有前后盖板，与离心泵叶轮类似；高比转数叶轮是开敞式的，与轴流泵类似。

2. 容积泵

容积式泵是依靠泵内机械运动的作用，使泵内工作室的容积发生周期性的变化，对液体产生吸入和压出的作用，使液体获得能量，实现对流体的增压和输送。其形式有活（柱）塞式、齿轮式、隔膜式、螺杆式等。

3. 其他类型泵

其他类型泵是指除叶片泵和容积泵以外的一些特殊类型的泵，如射流泵、水锤泵、水环式真空泵等。这些泵的工作原理各不相同，如射流泵是利用调整气体或液体在一种特殊形状的管段（喉管）中运动，产生负压的抽吸作用来输送液体；水锤泵是利用水流从高处下泄的冲力，在阀门突然关闭时产生的水锤压力，把水送到更高的位置。

4. 泵的性能参数

我国规定，泵的型号一般由数字与汉语拼音字母两部分组成，数字表示该泵的吸入口直径、排出口直径、流量、扬程等，拼音字母表示该泵的类型、结构等。上述型号参数等均标示在设备铭牌上。由于大部分水泵的型号、类型、结构等的拼音字母构成由生产企业各自确定，所以这类水泵的类型相同，但表示方法并不一致。

常用泵的性能一般由流量、扬程、功率以及转速、效率、吸入口直径、排出直径、泵叶轮直径等参数组成。在设备选择时，主要考察泵的流量、扬程、功率、允许吸上真空高度等参数。

① 流量　泵在单位时间内抽吸或排出的水量称为泵的流量，用 Q 表示，单位为 m^3/h 或 L/s。叶片泵的流量与扬程成反比关系，流量减少扬程增大；反之，流量增加扬程降低。容积泵与叶片泵不同的是流量与扬程无关。容积泵在实际运行过程中，由于泄漏和阀门开启、关闭滞后，实际流量比理论流量要小些，在选择泵时需要注意。

② 扬程　单位质量的液体，从泵进口到泵出口的能量增值为泵的扬程，用 H 表示，单位为 m（水柱）或 Pa。1m（水柱）$=9.81 \times 10^3$ Pa。

虽然习惯上离心泵的扬程与高度的单位一致，但不应把泵的扬程简单理解为液体输送能达到的高度，因为泵的扬程包括液体的静压、速度和几何位能等能量增加值的总和。容积泵的扬程与泵本身动力、强度和填料密封有关，与流量无关，只要允许，可达到任何外界需要的扬程，只是轴功率随着扬程增高而增大。

③ 允许吸上真空高度　允许吸上真空高度指当泵轴线高于水池液面时，为了防止发生气蚀现象，所允许的泵轴线距水池液面的垂直高度，即在一个标准大气压下、水温为 20℃ 时水泵进口处允许达到的最大真空高度，用 H_s 表示，单位为 m。允许吸上真空度 H_s 是随流量变化的，一般来说，流量增加，H_s 下降。当泵轴线低于水池液面时，可不考虑此项参数。

④ 转速　转速指泵轴在单位时间内的转数，用 n 表示，单位为转/分（r/min）。

⑤ 功率与效率　泵的功率分为有效功率和轴功率。有效功率为单位时间内泵排出口流出的液体从泵中得到的有效能量，亦称为输出功率，用 N 表示，常用单位为 kW。轴功率为单位时间内，由原动机传递到主轴上的功率，亦称为输入功率，用 N_e 表示，常用单位为 kW。水泵铭牌上的功率一般指泵的轴功率，如指电动机功率须同时标示电动机型号。

泵效率是衡量泵工作经济性的指标，又称为泵的总效率，用 η 表示，$\eta = (N_e/N) \times 100\%$。

效率 η 可反映泵中能量利用的程度。因为泵在工作时存在各种能量的损失，不可能将原动机输入的功率全部变为液体的有效功率。泵的效率越高，说明能量利用率越高，损失越小。

二、泵简介

（一）离心泵

1. 离心泵的工作原理

在水力学中我们知道，当一个敞口圆筒绕中心轴作等角速旋转时，圆筒内的水面便呈抛物线上升的旋转凹面，如图 7-3 所示。圆筒半径越大，转得越快时，液体沿圆筒壁上升的高度就越大。离心泵就是基于这一原理来工作的，所不同的是离心泵的叶轮、泵壳都是经过专门的水力计算和设计来完成的。

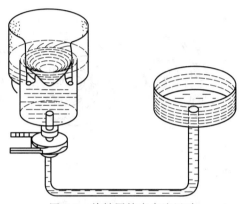

图 7-3　旋转圆筒中水流运动

图 7-4 所示为污废水处理工程中常用的单级单吸式离心泵的基本构造。水泵包括蜗壳形的泵壳 1，和装于泵轴 2 上旋转的叶轮 3。蜗壳形泵壳的吸水口与水泵的吸水管 4 相连，出水口与水泵的压水管 5 相连接。水泵的叶轮一般是由两个圆形盖板所组成，盖板之间有若干片弯曲的叶片，叶片之间的槽道为过水的叶槽，如图 7-5 所示。

叶轮的前盖板上有一个大圆孔，这就是叶轮的进水口，它装在泵壳的吸水口内，与水泵吸水管路相连通。离心泵在启动之前，应先用水灌满泵壳和吸水管道，然后，驱动电机，使叶轮和水作高速旋转运动，此时，水受到离心力作用被甩出叶轮，经蜗形泵壳中的流道而流入水泵的压水管道，由压水管道而输入管网中去。在这同时，水泵叶轮中心处由于水被甩出而形成真空，吸水池中的水便在大气压力作用下，沿吸水管而源源不断地流入叶轮吸水口，又受到高速转动叶轮的作用，被甩出叶轮而输入压水管道。这样，就形成了离心泵的连续输水。

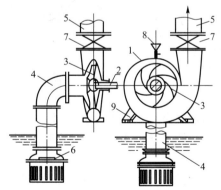

图 7-4　单级单吸式离心泵的构造

1—泵壳；2—泵轴；3—叶轮；4—吸水管；5—压水管；
6—底阀；7—闸阀；8—灌水漏斗；9—泵座

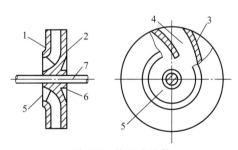

图 7-5　单吸式叶轮

1—前盖板；2—后盖板；3—叶片；4—叶槽；
5—吸水口；6—轮毂；7—泵轴

由上述可知，离心泵的工作过程，实际上是一个能量的传递和转化的过程，它把电动机高速旋转的机械能转化为被抽升液体的动能和势能。在这个传递和转化过程中，伴随着有许多能量损失，这种能量损失越大，该离心泵的性能就越差，工作效率就越低。

2. 离心泵的组成

离心泵的主要零部件有叶轮、泵壳、导叶、轴、轴承、密封装置及轴向力平衡装置等。

① 叶轮　叶轮是离心泵中最重要的零件，它将动力机的能量传给液体。图7-6为常见叶轮样式。图7-5所示为单吸式叶轮，它由两个轮盖构成，一个盖板带有轮毂，泵轴从其中通过，另一盖板形成了吸入孔。盖板之间铸有叶片，从而形成一系列流道，叶片一般为6～12片，视叶轮用途而定。图7-7所示为双吸式叶轮。在这种叶轮上，两个轮盖都有吸入孔，液体从两侧同时进入叶轮。

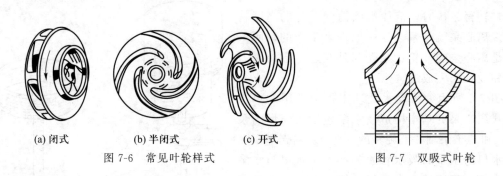

| (a) 闭式 | (b) 半闭式 | (c) 开式 |

图7-6　常见叶轮样式　　　　　　　图7-7　双吸式叶轮

② 泵壳　是一个液体能的转能装置，分为有导叶的透平泵泵壳和螺旋形的泵壳两种。螺壳泵的泵壳结构很简单，如图7-8、图7-9所示。

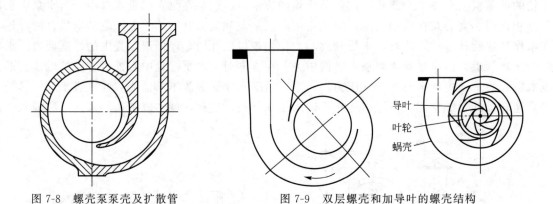

图7-8　螺壳泵泵壳及扩散管　　　　图7-9　双层螺壳和加导叶的螺壳结构

③ 导叶　导叶的作用与螺壳相同，它用于分段式多级泵中，具有结构紧凑和在各种工况下平衡径向力的优点。导叶按其结构型式可分为径向式导叶和流道式导叶。图7-10、图7-11中给出了径向式导叶和流道式导叶的结构。

④ 密封装置　从叶轮流出的高压液体，经过叶轮背面，沿着泵轴和泵壳的间隙流向泵外，称为外泄漏。在旋转的泵轴和静止的泵壳之间的密封装置称为轴封装置。它可以防止和减少外泄漏，提高泵的效率，同时还可以防止空气吸入泵内，保证泵的正常运行。特别在输送易燃、易爆和有毒液体时，轴封装置的密封可靠性是保证离心泵安全运行的重要条件，密封环见图7-12。常用的轴封装置有机械密封和填料密封两种，如图7-13、图7-14所示。

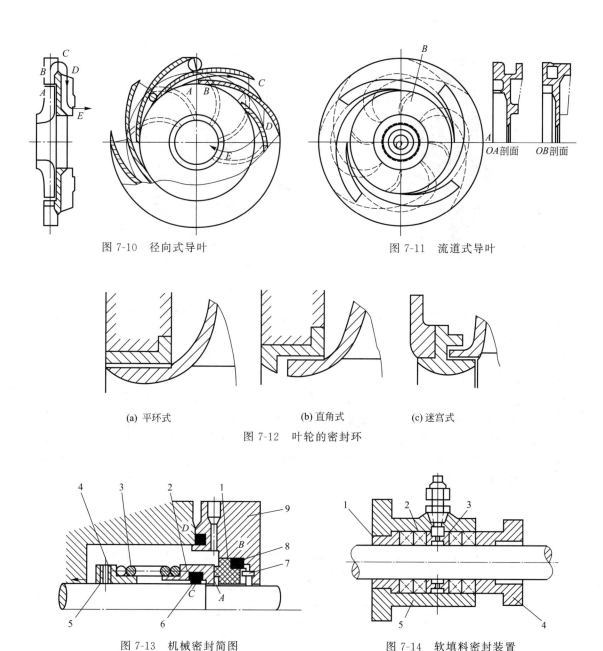

图 7-10　径向式导叶　　　　　　　　　　　图 7-11　流道式导叶

(a) 平环式　　　　　　　　(b) 直角式　　　　　　　　(c) 迷宫式

图 7-12　叶轮的密封环

图 7-13　机械密封简图

1—静环；2—动环；3—弹簧；4—传动弹簧座；5—固定螺钉；
6,8—密封圈；7—防转销；9—压盖

图 7-14　软填料密封装置

1—套筒；2—填料；3—封漏环；
4—压盖；5—填料盒

⑤ 轴承　轴承起支承转子重量和承受力的作用，见图 7-15。离心泵上多使用滚动轴承，其外圈与轴承座孔采用基轴制，内圈与转轴采用基孔制，配合类别国家标准有推荐值，可按具体情况选用。轴承一般用润滑脂和润滑油润滑。轴向力平衡装置见图 7-16。

3. 离心泵的性能曲线

对于废水处理厂的运行人员，了解水泵的性能曲线，才能对泵的运行进行正确有效地调度管理。性能曲线表示了水泵的流量、扬程、功率等特性参数之间的变化关系。图 7-17 就是离心泵最常见的一种特性曲线。

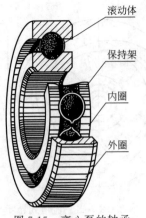

图 7-15　离心泵的轴承

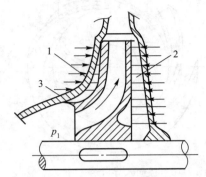

图 7-16　离心泵的轴向推力图
1,2—叶轮两侧空间；3—密封环

由曲线可以看出，随着流量的不同，总扬程、功率、效率都会随之相应变化。当流量增大时，功率相应增大，而总扬程却随之变小；相反的，当流量减小时，功率相应减小，总扬程随之增大。各种水泵的性能曲线都可以在该泵的样本及说明书中找到，了解性能曲线后，就可以控制水泵在较高效率的工况下运行。

图 7-17 中 Q-H 曲线表示水泵运行时总水头（H）和水泵流量（Q）之间的关系，可以根据标示数字及 H 或 Q 中任一值查得另一值。图中 Q-N 曲线表示功率（N）和水泵流量（Q）之间的关系，同样可以根据标示数字及 N 或 Q 中任一值查得另一值。图中 Q-η 曲线给出效率（η）与水量（Q）之间的关系，在设计和操作水泵时，都需要水泵尽可能处在效率最高的工况点附近。

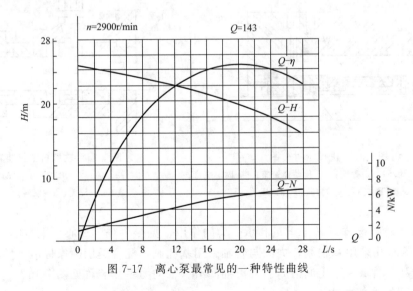

图 7-17　离心泵最常见的一种特性曲线

水泵的效率越高，则同等电耗下抽升水量越大或同等水量下电耗越低，所以在运行时，在满足扬程的前提下，尽可能使水泵运行在效率最高点左右的流量范围内。为达到这个目的，常采用以下几种措施：更换叶轮或切削叶轮；改变水泵转速；利用阀门进行水量调节。但当采用第三种办法时，会增大吸入管路的阻力，浪费较多的能量。

上面对单台水泵工作时各个性能参数之间的关系进行了讨论，但在实际工作中，常常需要多台水泵联合进行工作，当几台水泵分别用输水管向出水井或配水井输送时，其工作状况仍保持各自单独工作时的状态。当两台或更多水泵用公共输水管向后续输送时，每台泵的工作都会受到公共输水管的约束和影响，研究水泵的工作状况时，必须将几台泵当作整体来看，这种情况称为水泵的并联运行。

水泵并联运行的目的是为了充分利用水泵，水量少时可以只开一台泵，水量大时同时开启多台水泵进行抽吸，这样利用水泵进行水量调节，提高了水泵运行的可靠性和灵活性。当两台同型号水泵并联工作时，把同一扬程下的流量加倍，再把各工况点连接起来形成并联曲线，也就是扬程不变水量加倍。几台泵同时工作时，由于流量增大，管道阻力也增大，并联工作水量会小于单台水泵的水量和，其扬程会大于单台水泵的扬程，但增加的扬程是浪费的。由此可知水泵并联越多，每台水泵在其中发挥的作用越小。所以，并联水泵的台数不宜过多，在条件允许的前提下，几台水泵分别向出水井或配水井输水的方式能更好发挥每台泵的作用，也能节约能源。

4. 离心泵的气蚀与安装

根据物理学可知，当液面压强降低时，相应的汽化温度也降低。例如，水在一个大气压下（101.3kPa）下的汽化温度为 100%，一旦水面压强降至 2.43kPa，水在 20% 时就开始沸腾。开始汽化的液面压强叫做汽化压力，用 P_0 来表示。如果泵内某处压强（P）低至该处液体温度下的汽化压力，即 $P_0 \geqslant P$，部分液体开始汽化，形成气泡；与此同时，由于压强降低，原来溶解于液体的某些活泼气体，如水中的氧也会逸出而成为气泡。这些气泡随液体流进泵内高压区，由于该处压强较高，气泡迅速破裂，于是在局部地区产生高频率、高冲击力的水击，不断打击泵内部件，特别是工作叶轮，使其表面成为蜂窝状或海绵状。此外，在凝结热的助长下，活泼气体还将对金属发生化学腐蚀，以致金属表面逐渐脱落而破坏，这种现象就是气蚀。

当气泡不太多，气蚀不严重时，对泵的运行和性能还不致产生明显的影响。如果气蚀持续发展，气泡大量产生，就会影响正常流动，噪声和振动剧增，甚至造成断流现象，此时，泵的流量、扬程和效率都显著下降，最后必将缩短泵的寿命。因此，泵在运行中应严防气蚀现象的产生。

产生气蚀的具体原因有以下几种。

① 泵的安装位置高出吸液面的高度太大，即泵的几何安装高度过大；

② 泵安装地点的大气压较低，如安装在高海拔地区；

③ 泵所输送的液体温度过高；

④ 集水井吸水口液位过低，造成空气与水同时被吸入。

如上所述，正确决定泵吸入口的压强（允许吸上真空高度），是控制泵在运行时不发生气蚀而正常工作的关键。

5. 离心泵的选用

离心泵的选用考虑以下几项内容。

① 离心泵的类型　由于生产中输送的液体是多种多样的，工艺要求提供的流量和压头也是差别很大。为了适应各种不同的需要，离心泵的种类很多。按时轮吸入方式可分为单吸泵和双吸泵；按叶轮数目可分为单级泵和多级泵；按泵送液体的性质可分为清水泵、耐腐蚀泵、油泵、杂质泵等。

② 离心泵的选用

a. 确定输送系统的流量与压头。液体的输送量一般为生产任务所规定，如果流量在一定范围内波动，选泵时应按最大流量考虑。根据输送系统管路的安排，用伯努利方程式计算在最大流量下管路所需的压头。

b. 选择泵的类型与型号。首先应根据输送液体的性质和操作条件确定泵的类型，然后按已确定的流量（Q_e）和压头（H_e）从泵的样本或产品目录中选出合适的型号。显然，选出的泵所能提供的流量和压头不见得与管路所要求的流量（Q_e）和压头（H_e）完全相符，且考虑到操作条件的变化和备有一定的余量，所选泵的流量和压头可稍大一点，但在该条件下对应泵的效率应比较高，即点（Q_e、H_e）坐标位置应靠在泵的高效率范围所对应的 H-Q 曲线下方。泵的型号选出后，应列出该泵的各种性能参数。

（二）轴流泵

1. 轴流泵工作原理

如图 7-18 所示，轴流泵在叶轮上安装着 4～6 个扭曲形叶片，叶轮上部装有固定不动的导轮，其上有导水叶片；下方为进水喇叭管。当叶轮旋转时，水获得能量经导水叶片流出。这种泵由于水流进叶轮和流出导叶都是沿轴向的，故称轴流泵。

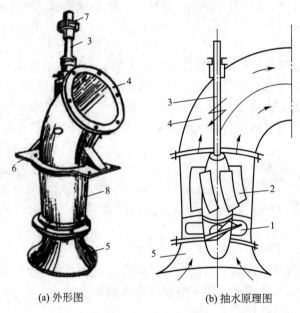

(a) 外形图　　　　　(b) 抽水原理图

图 7-18　立式轴流泵

1—叶轮；2—导叶；3—泵轴；4—出水弯管；5—喇叭管；
6—泵支座；7—联轴器；8—导叶体

2. 轴流泵基本构造

① 泵壳。由三段管组成：吸水喇叭管、导叶管、出水弯管。

② 叶轮。把叶片装在一个大的轮毂体上，叶片可分为：固定式，叶片和轮毂体铸成一体，叶片的安装角度不能调节；半固定式，叶片用螺母栓紧在轮毂体，按要求可调整角度（−4、−2、0、+2、+4）；全调式，根据 Q、H，通过一套油压装置来改变叶片的安装角度，结构复杂，适于大型轴流泵站。

③ 导叶。是固定在导叶管上不动的叶片，其作用是把旋转上升的水流变为轴向向上

（导水向上），把旋转的动能变为压能。

④ 轴和轴承。轴下端连叶轮，上端连电机，吊装在电机的基座和基础上，以止推轴承承重；止推轴承承重（轴重、叶轮重、水向下的压力等）；导轴承（上导轴承、下导轴承）承受轴向力，起径向定位的作用，保持泵轴铅直。

⑤ 密封。填料函、水封管等组成。

⑥ 联轴器。

轴流泵可以垂直安装（立式）和水平安装（卧式），也可以倾斜安装（斜式）。

（三）混流泵

1. 混流泵工作原理

混流泵是介于离心泵和轴流泵之间的一种泵。当原动机带动叶轮旋转后，对液体的作用既有离心力又有轴向推力，是离心泵和轴流泵的综合，液体斜向流出叶轮。混流泵的比转速高于离心泵，低于轴流泵，一般在300～500。它的扬程比轴流泵高，但流量比轴流泵小，比离心泵大。

2. 混流泵分类

混流泵根据其压水室的不同，通常可分为蜗壳式和导叶式两种，详见图7-19、图7-20。从外形上看，蜗壳式与单吸式离心泵相似；导叶式与立式轴流泵相似。

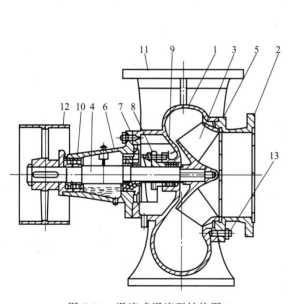

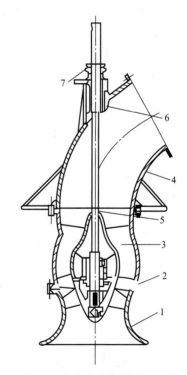

图 7-19　涡流式混流泵结构图

1—泵壳；2—泵盖；3—叶轮；4—泵轴；5—减漏环；6—轴承盒；
7—轴套；8—填料压盖；9—填料；10—滚动轴承；
11—出水口；12—皮带轮；13—双头螺丝

图 7-20　导叶式混流泵结构图

1—进水喇叭；2—叶轮；3—导叶体；4—出水
弯管；5—泵轴；6—橡胶轴承；7—填料函

(四) 潜水排污泵

1. 潜水排污泵工作原理

潜污泵的特点是全泵（包括电机）潜入水下工作，因此这种泵的结构紧凑、体积也小。由于安装这种泵不需要牢固的基座，不需要庞大的泵房及辅助设备，不需要吸水管及吸水阀门，更不需要呼水泵、真空泵等设施，因此可以在很大程度上节约构筑物及辅助设备的费用。大部分潜水泵维修时可将其整体从水中吊出，而不需要排空吸水井中的积水，因此检修工作比一般离心泵要方便一些。由于全泵潜入水中，因而不存在最大允许吸上真空高度问题，也不会发生气蚀现象。潜水式电泵的缺点是，对电机的密封要求非常严格，如果密封质量不好，或者使用管理不善，会因漏入水而烧坏电机。

2. 潜水排污泵的作用

大中型潜污泵可安装于污水处理厂的进水泵站、回流泵房等地，担负污水及活性污泥的抽升任务。目前国外生产的潜污泵电机的最大功率可达 400kW，最大流量可达 $2.4m^3/s$。

中小型潜污泵在污水处理厂使用则更为广泛。由于其机动性强，可随时调动，为维修各种设备及构筑物时用于排除各沉淀池、曝气池、渠道、管道及各个井中的积水与污泥。特别是遇到暴雨、潮汐等灾害性天气时，可集中数台大小潜水泵紧急排出低洼地、管廊及地下构筑物的积水。另外，一些中小型潜污泵还被安装于泵吸式吸泥机上，用于吸取池底的活性污泥，安装于刮泥机上，用于冲洗浮渣槽及浮渣管中的积渣。

潜水式砂泵主要使用在污水处理厂的除砂工序中，如桁车泵吸式除砂机一般就是使用潜水式砂泵来吸取曝气沉砂池底部的沉砂。而洗砂及砂水分离工序也要安装使用潜水砂泵。

潜水泵主要由电机、水泵和扬水管组成，电机与水泵相连，完全浸没于水中。

(五) 螺杆泵

1. 螺杆泵的工作原理

螺杆泵的工作原理与齿轮泵相似，是借助转动的螺杆与泵壳上的内螺纹、或螺杆与螺杆相互啮合将液体沿轴向推进，最终由排出口排出。

螺杆泵分单螺杆泵、双螺杆泵及三螺杆泵，污水处理厂的污泥输送主要使用单螺杆泵（下面简称螺杆泵）。

2. 螺杆泵的构造

单螺杆泵又称莫诺泵，见图 7-21。它是一种有独特工作方式的容积泵，主要由驱动马达及减速机、连轴杆及连杆箱（又称吸入室）、定子及转子等部分组成。

① 螺杆泵的转子　螺杆泵的转子是一根具有大导程的螺杆，根据所输送介质的不同，转子由高强度合金钢、不锈钢等制成。为了抵抗介质对转子表面的磨损，转子的表面都经过硬化处理，或者镀一层抗腐蚀、高硬度的铬层。转子表面的光洁度非常高，这样才能保证转子在定子中转动自如，并减少对定子橡胶的磨损。转子在其吸入端通过联轴器等方式与连轴杆连接，在其排出端则是自由状态。在污水处理行业，螺杆泵所输送的主要介质有生污泥、消化污泥以及浮渣等，这些介质有较强的腐蚀性及砂粒，因而螺杆泵的转子都采用高强度合金钢加表面硬

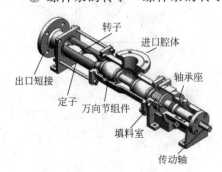

图 7-21　单螺杆泵结构图

转子
进口腔体
出口短接
轴承座
定子
万向节组件
填料室
传动轴

化处理并镀铬而制成。

② 定子　定子的外壳一般用钢管制成，两端有法兰与连杆箱及排出管相连接，钢管内是一个具有双头螺线的弹性衬套，用橡胶或者合成橡胶等材料制成。

③ 工作原理　由电机驱动，转子在定子内作行星转动，相互配合的转子和定子的弹性衬套形成了几个互不相通的密封空腔。由于转子的转动，密封空腔沿轴向由泵的吸入端向排出端方向运动，介质在空腔内连续地由吸入端输向排出端。由于独特的结构及工作方式，单螺杆泵可有效地输送像污泥、浮渣等高黏稠度并含有固体物质的介质。

④ 连轴杆　由于转子在作行星转动时有较大的摆动，与之连接的连轴杆也必须随之摆动。目前常用的有两种连轴杆：一种是使用特殊的高弹性高强度材料制成的挠性连轴杆。它的两端与减速机输出轴和转子之间用法兰作刚性连接，靠连轴杆本身的挠曲性去驱动转子转动并随转子摆动。为了防止介质中的砂粒对挠性轴磨损和介质对轴的腐蚀，在轴的外部包裹有橡胶及塑料护管。这种挠性轴价格昂贵，据了解，目前只有英国莫诺公司及其子公司生产安装这种挠性轴的螺杆泵。另一种是在连轴杆的两端，在与转子的连接处和与减速机输出轴的连接处各安装一个万向连轴节，这样就可以在驱动转子转动的同时适应转子的摆动。为了保护连轴节不受泥沙的磨损，每一个连轴节上都有专用的橡胶护套。

有些螺杆泵为了输送一些自吸性差的物质（如浮渣）时，在吸入腔内的连轴杆上还设置了螺旋输送装置。

⑤ 减速机与轴承架　一般在污水处理厂用作输送污泥与浮渣的螺杆泵，其转子的转速在 $150 \sim 400 \mathrm{r/min}$，因此必须设置减速装置。减速机采用一级至两级齿轮减速，一些需要调节转速的螺杆泵还在减速机上安装了变速装置。减速机使用重载齿轮油来润滑。为了防止连轴杆的摆动对减速机的影响，在减速机与连轴杆之间还设置了一个轴承座，用以承受摆动所造成的交变径向力。

⑥ 螺杆泵的密封　螺杆泵的吸入室与轴承座之间的密封是关键的密封部位，一般有以下三种密封方式。

a. 填料密封：这是使用较为广泛的密封方式。由填料盒、填料及压盖等构成，它利用介质中的水作为密封、润滑及冷却液体。填料密封在本节离心泵及轴流泵中都作了介绍。

b. 带轴封液的填料密封：在数圈填料中加进一个带有很多水孔的填料环，用清水式缓冲液提供密封压力、润滑和防止介质中的有害物质及空气对填料及轴径的侵害，这种方式操作较为复杂，但能大大提高填料的寿命。

c. 机械密封：机械密封的形式很多，如单端面及双端面的，它的密封效果较好，无滴漏或有很少滴漏，但有时要加接循环冷却水系统。

（六）螺旋泵

螺旋泵是一种古老形式的提水设备，在 2000 多年前由阿基米德发明，故又称阿基米德螺旋泵。当时由人力驱动，后经发展用风力或者水力驱动，现代的螺旋泵一般则由电机或者柴油机驱动。

螺旋泵是放在倾斜的水槽中，使螺旋旋转的扬水机构，因为转速低，可靠性高，被广泛采用。污水处理厂一般使用螺旋泵作为回流污泥泵和剩余污泥泵，中小型污水处理厂的提水泵站内有时也采用螺旋泵。

螺旋泵的工作原理如下所述。

确切一点说，螺旋泵不能算泵，它的提水原理与我国古代的龙骨水车十分相似。如

图 7-22 所示，螺旋泵的螺旋倾斜放置泵槽中，螺旋的下部浸入水中，由于螺旋轴对水面的倾角小于螺旋叶片的倾角，当螺旋低速旋转时，水就从叶片的 P 点进入叶片，水在重力的作用下，随叶片下降到 Q 点，由于转动时的惯性力，叶片将 Q 点的水又提升到 R 点，而后在重力作用下，水又下降到高一级叶片的底部。如此不断循环，水沿螺旋轴一级一级地往上提，最后升到螺旋槽的最高点而流出。由此看来，螺旋泵的提水原理不同于叶片泵，也不同于容积泵，是一种特殊形式的提水设备。

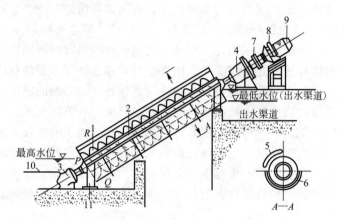

图 7-22　螺旋泵的工作原理图

1—螺旋轴；2—轴心管；3—下轴承座；4—上轴承座；5—罩壳；6—泵壳；

7—联轴器；8—减速箱；9—电机；10—润滑水管；11—支架

螺旋泵主要分为以下几个部分。

（1）螺旋部分　如图 7-22 所示，螺旋泵的主体为螺旋，螺旋是在钢管（中心管）外焊钢叶片制成的，钢管的直径是螺旋外径的 1/2 左右，叶片的板厚为 5～10mm，有三头螺纹的，也有双头螺纹的。有些污水处理厂为防腐需要，采用了不锈钢叶片，叶片常以 30～120r/min 的速度旋转，与水泥槽形成一个不断上升的封水区，达到使水（或活性污泥）提升的目的。

（2）下部轴承　下部轴承浸没于污水之中，也称水中轴承。轴承座是一个密封的壳体，内装一个径向滚珠轴承，这个轴承承担着 1/2 的径向载荷。壳体内充满润滑脂，上部有密封垫或者填料函，用以防止污水及泥砂的渗入。近年来，有些螺旋泵用机械密封的方式保护水中轴承。为了防止因螺旋长度方向热胀冷缩所造成的影响，轴承支架做成浮动式的，同时螺旋中心杆因自重及扬水重会产生挠曲，也会对下部轴承产生不良影响，因此水中轴承的工作条件是较恶劣的。为保证其正常工作须经常加注润滑脂，润滑脂是通过油管加到下部轴承壳体内的，用油枪加注润滑脂时，会把受污染的原润滑脂挤出壳体。油管有的是通过空心轴通到上部轴承，从驱动部分加入的；也有的是直接从下轴承座引出露到水面之外。操作及维修人员在每一次加油时应注意密封垫及盘根的情况，如有泄漏，应及时紧盘根或者更换失效了的密封垫。

（3）上部轴承　上部轴承完全工作在水面之上，由壳体、径向滚珠轴承和止推轴承组成。同水中轴承一样，径向轴承也承担着 1/2 的径向载荷，而止推轴承则要承担全部的轴向载荷。由于不接触污泥与污水，它的工作条件要好一些，可以直接从油杯向壳体内加注油脂。上部轴承在设计及安装中，同样也要考虑螺旋轴挠曲所造成的不利影响。

（4）驱动装置　据经验公式，螺旋泵的最佳工作转速为：

$$n = \frac{50 \sim 55}{\sqrt[3]{D}}$$

式中，n 为螺旋的转速，r/min；D 为叶片的外径，m。

因此螺旋泵的外径为 0.5m 时，其转速应在 73～79r/min，对于同步转速为 1500r/min 的电机驱动时，减速机应为 1：21～1：18。为了减小体积，国产的螺旋泵广泛地采用了摆线针轮行星减速器。这里要注意，由于螺旋泵的构造特点，驱动电机及其减速机必须倾斜安装，这样会影响减速机的润滑效果。加油时应使油位比正常油位高一些，排油时，如果无最低位放油口，应设法将死区的残油抽出。

至于驱动装置与螺旋的连接方式，小型泵由三角皮带连接。皮带连接的好处是，如出现卡死等现象皮带可打滑，保护了设备，还可通过移动皮带改变其转速；缺点是传递功率小。大中型螺旋泵一般采用弹性联轴器。

驱动的动力部分一般采用三相异步电机，也有使用柴油机的；电机可以两种速度运转，而柴油机则可通过调节油门来调节速度。

为了防止雨雪的侵害，驱动部分一般安装在机房内。

三、一般泵的运行与维护

1. 试车前的准备工作

① 将所有阀门打开（除压力表、真空表阀外），用压缩空气吹洗整个管路系统。

② 检查各部分螺栓、连接件是否有松动，如有松动的要加以紧固。在紧固地脚螺栓时要重新对中找正。

③ 用手盘动联轴器使泵转子转动数圈，观察机组转动是否灵活，是否有响声和轻重不匀的感觉，以判断泵内有否异物或轴是否弯曲、各部件安装是否恰当、是否太紧等。

④ 检查机组转向。在检查电动机转向时，最好将联轴器脱开或采用点动（即一开即停），以免干转。特别是较长时间的检查与调试时。

⑤ 如果是大型水泵机组，需要检查冷却水系统是否接入。

2. 泵启动前的准备工作

① 启动前最好先关闭压力表阀，启动后再慢慢将其打开，以避免冲击损坏。

② 检查水池或水井的水位是否适合开机。

③ 检查进水阀门是否开启，出水阀门是否关闭。

④ 对离心泵进行灌泵，待泵体上部放气旋塞冒出全是液体而无气泡时，说明泵已灌满，拧紧旋塞。对安装在液位以下的离心泵、潜水泵等可不需要灌泵。

⑤ 启动电动机，打开压力表阀。

3. 泵启动与启动后的检查

① 按下启动按钮开关时，要沉着、果断，并注视电流表的变化。

② 注意电动机、水泵声音与电动机温度是否正常。

③ 缓慢打开泵压力表阀门，观察压力是否正常。

④ 达到额定转速时缓慢开启出水阀门。

⑤ 观察电流表电流是否正常。

⑥ 检查滑动轴承的油环是否带油，轴承是否正常。

⑦ 检查填料室滴水是否正常，滴水过大或过小时应调节。

⑧ 检查电动机、水泵、管路振动是否正常。

⑨ 检查出水量是否正常。

⑩ 检查压力是否正常。

⑪ 水泵机组达到正常运转后，监视人员方可离开。

4. 水泵机组的运行要求

① 应随时注意水池或水井的水位变化。一般根据工艺要求，水池或水井都有一个最低水位限制，操作人员必须遵守此规定，并随时注意水位变化。

② 运行中要求泵进口处的真空度小于该流量下泵的允许上吸真空高度。作为操作运行人员应掌握每台水泵的气蚀特性，能够从水泵运行时真空表的真空值或水位情况判断水泵是否产生了气蚀。如产生气蚀现象应减少该泵的出水量或提高吸水池水位，严重时应停止运行。

③ 观测机组的振动与声音

a. 由于泵的型号不同，振动允许值也不相同。操作人员在巡视中，可用手摸或用仪器判断是否振动过大，如发现振动不正常或强烈振动，应采取倒机或立即停机等应急措施。

b. 机组运行的声音检测是操作人员例行巡视的重要项目之一。可用听针或电子监视器对机泵运行时的电动机、水泵内部运行情况进行检测，做到防患于未然，以保护设备安全。

④ 监测机组温度

a. 根据规定，泵和电动机内的滚动轴承的运行温度不得超过75℃，滑动轴承的运行温度不得超过70℃。虽然大型机泵装有报警装置，但操作人员巡视检查时仍应以手摸方式检查，以防报警装置失灵而造成意外故障。小型机泵没有报警装置时，更应加强监测。一般当温度达到60℃以上时，人手将不能承受，此时可粘贴一支酒精温度计在机组上测试较精确的温度。

b. 对电动机各部允许温度和温升的要求见表7-1。根据国家行业标准《城镇供水厂运行、维护及安全技术规程》（CJJ 58—1994）要求。

表7-1　电动机各部允许运行温度和温升

项目	名称	允许温度/℃	允许温升/℃	测定方法
定子绕组	A级绝缘	100	60	电阻法
	E级绝缘	110	70	
	B级绝缘	120	80	温度计法
	F级绝缘	140	100	
转子绕组	A级绝缘	105	65	电阻法
	B级绝缘	130	90	
定子	A级绝缘		60	温度计法
	E级绝缘		75	温度计法
	B级绝缘		80	
铁芯	F级绝缘		100	温度计法
	A级绝缘		60	
滑环	B级绝缘		80	

大型电动机一般在绕组内装有温度传感器，可随时知道电动机内温度状况，一般中、小

型电动机没有传感器，而工作人员用手感只能测试 60℃ 以下温度，60℃ 以上就烫手了，故最好在机壳和轴承部位粘贴酒精温度计，以随时监测电动机温度状况。

⑤ 对电动机运行电流的要求见表 7-2。电动机除启动过程外，运行电流一般不应超过额定值，不平衡电流不得超过 10%。

表 7-2　电动机允许运行电流

冷却空气(进风)温度/℃	25	30	35	40	45	50
允许运行电流相当于额定电流的倍数	1.100	1.080	1.050	1.000	0.950	0.875

⑥ 电动机运行时对电源电压的要求。电动机的运行电压应在其额定电压的 90%～110% 的范围内变动。按额定功率运行时，三相最大不平衡线电压不得超过正常值 5%；运行中任一相电流不超过额定值时，不平衡电压不应超过正常值 10%。根据上述规定，操作人员在启动前和运行中要注意电压值是否符合规定，在电压过高或过低时都不能运行。

⑦ 对水泵的真空表和压力表进行监测记录。真空表和压力表可以测量水泵的吸入压力（低压）和出水压力（高压），操作人员必须按时观察和记录，每半小时记录一次，以判断水泵运行是否正常。

⑧ 对水泵填料室滴水的要求。按规程要求，填料室滴水每分钟 30～60 滴，这样可以提高水泵的容积效率和防止水封进气，减小轴套与填料之间的摩擦损失，避免发生过热而产生抱轴故障。操作人员应随时掌握填料室滴水情况，在巡视中要注意填料室是否时时有水滴出，必要时应调整水封管上节门，既保证有水封，又要做到滴水不成流。

5. 水泵的停止

当得到上级值班调度或本班值班负责人的命令后方可停止水泵运行。

① 切断电动机电源，停止机泵运转。

② 关闭出水阀门。

③ 关闭压力表阀及冷却水管的阀门。如停泵时间较长时，应将泵及表管内、冷却水管内的水排空。

④ 做好机泵与周围环境的卫生清洁工作。

⑤ 填写停机记录，抄写水量、电表底数。

6. 泵的运行故障及排除

机组由于使用不当或维修不及时，有时会发生一些设备故障。现将一些故障原因及排除方法列表如下，供在发生故障时分析处理。

① 水泵启动后不出水。见表 7-3。

表 7-3　水泵启动后不出水的原因及排除方法

故障原因	排除方法
吸水底阀漏水；水泵充水不足	检查吸水管底阀和吸水管路是否不严，可采用管网水回灌方式冲击一下底阀，如无效应检修底阀
抽真空引水不足，未将泵内及吸水管内充满水	检查真空泵及抽气系统有无问题，重开真空泵抽气直至水注满泵体后，关闭排气节门重新启动机泵
吸水管路或填料密封有气进入	检查吸水管路、阀门和水泵填料处是否有水密封或有进气现象，应予排除

故障原因	排除方法
水泵旋转方向不对	改变电动机电源接线,将三根线中任意两根对换后再启动
出水阀门未开启或阀门板脱落	阀门传动机构有故障,阀门丝杆或丝杆螺母损坏,应解体检修
泵出水位置高,出水管窝气	应在出水管最高处装一排气阀,使出水管内充满水,随时将气排除

② 水泵启动后出水量少。见表 7-4。

表 7-4　水泵启动后出水量少的原因及排除方法

故障原因	排除方法
吸水管路不严密而进气,出水呈乳白色气泡	检查吸水管路,堵塞漏洞
水泵旋转方向不对	可在配电控制箱将电源二相互换,使电动机改变旋转方向
阀门开度不够	检查阀门开关位置,查明原因后全部打开阀门
水泵转速不够	检查电源电压是否过低;调速泵应提高转速,以提高出水扬程
泵扬程不足	应换扬程高一些的机泵
流量计故障	重新标定流量许或修理、更换
吸水管路或叶轮流道有异物堵塞	在判断排除其他可能原因后才能停机解体检查

③ 水泵振动,噪声大。见表 7-5。

表 7-5　水泵振动噪声大的原因及排除方法

故障原因	排除方法
电动机、水泵地脚固定螺栓松动	重新调整、紧固松动螺栓
水泵、电动机不同心	重新调整水泵、电动机同心度
水泵出现较严重的气蚀现象	应采取减少出水量,或者提高吸水池或吸水井水位,减小吸上真空度,或更换吸上真空度更高的水泵
轴承损坏	更换新轴承
泵轴弯曲或磨损	修复泵轴或更换新泵轴
水泵叶轮或电动机转子不平衡	解体检查,必要时做静、动不平衡试验,此项工作只有排除其他原因时方可进行
泵内进杂物	打开泵盖检查,清除堵塞物
联轴器内柱销螺栓或橡胶柱磨损或损坏	检查联轴器内柱销,必要时修理或更换
流量过大或过小,远离泵的允许工况点	调整控制出水量或更新、改造设备,使之满足实际工况的需要

④ 轴承过热。见表 7-6。

表 7-6　轴承过热的原因及排除方法

故障原因	排除方法
滑动轴承油环转动慢带油少或油位低不上油	检查油位,观察油环转动速度,修整或更换油环

故障原因	排除方法
油箱冷却水供应不充分	检查冷却水管及节门,有堵塞物应清除
油箱内进水,破坏润滑油膜	检查油箱内冷却水管及油箱密封情况,解决漏洞、更换新油
润滑油牌号不符合原设计要求或油脏	按说明书中要求使用润滑油,定期检测油质情况,补充油量时一定使用同牌号润滑油,并做到周期性更换新油
轴与滚动轴承内座圈发生松动而产生摩擦	修补轴径或更换新泵轴和轴承

⑤ 填料室发热。见表7-7。

表7-7　填料室发热的原因及排除方法

故障原因	排除方法
填料压盖压得太紧	调整填料压盖螺栓,使松紧得当
密封冷却水管节门未开启或开启不足	开启冷却水管节门,控制填料室有水不断滴出,以每分钟30~60滴为好
换填料不当,使水封移位,将串水孔堵死	停机重新调整水封环位置,使其进水口对准冷却水注入孔
水泵未出水,无冷却水润滑	停机,重新按运行要求启动

7. 水泵机组异常时的紧急处理

① 水泵在运行中出现下列情况之一,应立即停机。

a. 水泵不吸水;

b. 突然产生极强烈的振动或杂音;

c. 轴承温度过高或轴承烧毁;

d. 冷却水进入轴承油箱;

e. 水泵发生断轴故障;

f. 机房管线、阀门、止回阀之一发生爆破,大量漏水;

g. 阀门或止回阀阀板脱落;

h. 水锤造成机座移位;

i. 发生不可预见的自然灾害,危及设备安全。

② 水泵在运行中出现下列情况之一,可先开启备用机组而后停机。

a. 泵内有异物堵塞使机泵产生较大振动或噪声;

b. 机泵冷却、密封管路堵塞经处理无效;

c. 密封填料经调节填料压盖无效,仍发生过热或大量漏水;

d. 泵进口堵塞,出水量明显减少;

e. 发生严重气蚀,短时间调节阀门或水位无效。

③ 电动机在运行中出现下列情况之一,应立即停机,再启动备用机组。

a. 电动机或控制系统发生打火或冒烟;

b. 电动机发生强烈振动；

c. 轴承过热或进水；

d. 发生缺相运行；

e. 同步电动机出现异步运行；

f. 与电动机匹配的水泵发生严重故障；

g. 滑环严重灼伤；

h. 滑环与电刷产生严重火花及电刷剧烈振动；

i. 励磁机整流子环火。

④ 电动机在运行中出现下列情况之一，可根据情况先启动备用机组后再停机。

a. 铁芯和出口空气温度升高较快；

b. 电动机出现不正常的声响；

c. 定子电流超过额定允许值；

d. 电流表指示发生周期性摆动或无指数。

8. 水泵机组的日常保养

日常保养工作对保证设备完好和安全运行是非常重要的，操作人员绝不能掉以轻心。

① 水泵的日常保养要求

a. 应及时补充轴承内的润滑油或润滑脂，保证油位正常，并定期检测油质的变化情况，按规定周期更换新油。

b. 根据运行情况，应随时调整填料压盖松紧度。填料密封滴水以每分钟 30～60 滴为好。

c. 根据填料磨损情况及时更换新填料。更换填料时，每根相邻填料接口错开应大于90°，水封管应对准水封环进水孔，填料最外圈填料开口应向下。

d. 应注意监测水泵振动情况，超标时应检查固定螺栓和与管道连接螺栓有无松动，故障不能排除时应立即上报。

e. 应检查阀门填料，必要时进行调整或更换。做到不漏水、无油污、无锈迹。

f. 应注意真空表、压力表、流量计、电流表、电压表、温度计有无异常情况，发现仪表失准或损坏时应上报更换。

g. 设备外部零部件，应做到防腐有效，无锈蚀，不漏油，不漏水，不漏电，真空管道及吸水管道不漏气。

h. 保持设备及室内外环境卫生。

② 电动机的日常保养要求

a. 应保持正常油位，缺油时应及时补充同样油质润滑油，对油质应定期检测，发现漏油、甩油现象应及时处理。油质不符合要求时应更换新油。

b. 电动机与附属设备外壳以及周围环境应保持整洁。

c. 设备铭牌及有关标识应清洁明晰。

d. 绕线转子异步电动机和同步电动机的电刷磨损到 2/3 时，应检修、更换新电刷。

e. 发现电刷打火应及时处理。

f. 潜水电动机应每月测一次引线及绕组绝缘电阻，检查符合运行要求。

四、离心泵的维护与检修

（一）离心泵的运行维护

1. 离心泵开车前的准备工作

水泵开车前，操作人员应进行如下检查工作以确保水泵的安全运行。

① 用手慢慢转动联轴器或皮带轮，观察水泵转动是否灵活、平稳，泵内有无杂物，是否发生碰撞；轴承有无杂音或松紧不匀等现象；填料松紧是否适宜；皮带松紧是否适度。如有异常，应先进行调整。

② 检查并紧固所有螺栓、螺钉。

③ 检查轴承中的润滑油和润滑脂是否纯净，否则应更换。润滑脂的加入量以轴承室体积的 2/3 为宜，润滑油应在油标规定的范围内。

④ 检查电动机引入导线的连接，确保水泵正常的旋转方向。正常工作前，可开车检查转向，如转向相反，应及时停车，并任意换接两根电动机引入导线的位置。

⑤ 离心泵应关闭闸阀启动，启动后闸阀关闭时间不宜过久，一般不超过 3~5min，以免水在泵内循环发热，损坏机件。

⑥ 需灌引水的抽水装置，应灌引水。在灌引水时，用手转动联轴器或皮带轮，使叶轮内空气排尽。

2. 离心泵运行中的注意事项

水泵运行过程中，操作人员要严守岗位，加强检查，及时发现问题并及时处理。一般情况下，应注意以下事项。

① 检查各种仪表工作是否正常，如电流表、电压表、真空表、压力表等。如发现读数过大、过小或指针剧烈跳动，都应及时查明原因，予以排除。如真空表读数突然上升，可能是进水口堵塞或进水池水面下降使吸程增加；若压力表读数突然下降，可能是进水管漏气、吸入空气或转速降低。

② 水泵运行时，填料的松紧度应该适当。压盖过紧，填料箱渗水太少，起不到水封、润滑、冷却作用，容易引起填料发热、变硬，加快泵轴和轴套的磨损，增加水泵的机械损失；填料压得过松，渗水过多，造成大量漏水，或使空气进入泵内，降低水泵的容积效率，导致出水量减少，甚至不出水。一般情况下，填料的松紧度以每分钟能渗水 20 滴左右为宜，可用填料压盖螺纹来调节。

③ 轴承温升一般不应超过 30~40℃，最高温度不得超过 60~70℃。轴承温度过高，将使润滑失效，烧坏轴瓦或引起滚动体破裂，甚至会引起断轴或泵轴热胀咬死的事故。温升过高时应马上停车检查原因，及时排除。

④ 防止水泵的进水管口淹没深度不够，导致在进水口附近产生漩涡，使空气进入泵内。应及时清理拦污栅和进水池中的漂浮物，以免阻塞进水管口，增大进水阻力，导致进口压力降低，甚至引起气蚀。

⑤ 注意油环，要让它自由地随同泵轴作不同步的转动。注意听机组声响是否正常。

⑥ 停车前先关闭出水闸阀，实行闭闸停车。然后，关闭真空表及压力表上阀，把泵和电动机表面的水和油擦净。在无采暖设备的房屋中，冬季停车后，要考虑水泵不致冻裂。

3. 离心泵的常见故障和排除

离心泵的常见故障现象有水泵不出水或水量不足、电动机超载、水泵振动或有杂音、轴承发热、填料密封装置漏水等多种。离心泵常见故障及其排除见表 7-8。

表 7-8 离心泵常见的故障及其排除

故障	产生原因	排除方法
启动后水泵不出水或出水不足	1. 泵壳内有空气,灌泵工作没做好	1. 继续灌水或抽气
	2. 吸水管路及填料有漏气	2. 堵塞漏气,适当压紧填料
	3. 水泵转向不对	3. 对换一对接线,改变。转向
	4. 水泵转速太低	4. 检查电路,是否电压太低
	5. 叶轮进水口及流道堵塞	5. 揭开泵盖,清除杂物
	6. 底阀堵塞或漏水	6. 清除杂物或修理
	7. 吸水井水位下降,水泵安装高度太大	7. 核算吸水高度。必要时降低安装高度
	8. 减漏环及叶轮磨损	8. 更换磨损零件
	9. 水面产生漩涡,空气带入泵内	9. 加大吸水口淹没深度或采取防止措施
	10. 水封管堵塞	10. 拆下清通
水泵开启不动或启动后轴功率过大	1. 填料压得太死,泵轴弯曲,轴承磨损	1. 松一点压盖,矫直泵轴,更换轴承
	2. 多级泵中平衡孔堵塞或回水管堵塞	2. 清除杂物,疏通回水管路
	3. 靠背轮间隙太小,运行中两轴相顶	3. 调整靠背轮间隙
	4. 电压太低	4. 检查电路,向电力部门反映情况
	5. 实际液体的相对密度远大于设计液体的相对密度	5. 更换电动机,提高功率
	6. 流量太大,超过使用范围太多	6. 关小出水闸阀
水泵机水泵机组振动和噪声	1. 地脚螺栓松动或没填实	1. 拧紧并填实地脚螺栓
	2. 安装不良,联轴器不同心或泵轴弯曲	2. 找正联轴器不同心度,矫直或换轴
	3. 水泵产生气蚀	3. 降低吸水高度,减少水头损失
	4. 轴承损坏或磨损	4. 更换轴承
	5. 基础松软	5. 加固基础
	6. 泵内有严重摩擦	6. 检查咬住部位
	7. 出水管存留空气	7. 在存留空气处,加装排气阀
轴承发热	1. 轴承损坏	1. 更换轴承
	2. 轴承缺油或油太多(使用黄油时)	2. 按规定油面加油,去掉多余黄油
	3. 油质不良,不干净	3. 更换合格润滑油
	4. 轴弯曲或联轴器没找正	4. 矫直或更换泵轴的正联轴器
	5. 滑动轴承的甩油环不起作用	5. 放正油环位置或更换油环
	6. 叶轮平衡孔堵塞,使泵轴向力不能平衡	6. 清除平衡孔上堵塞的杂物
	7. 多级泵平衡轴向力装置失去作用	7. 检查回水管是否堵塞,联轴器是否相碰,平衡盘是否损坏

故障	产生原因	排除方法
电动机过载	1. 转速高于额定转速	1. 检查电路及电动机
	2. 水泵流量过大,扬程低	2. 关小闸阀
	3. 电动机或水泵发生机械损坏	3. 检查电动机及水泵
填料处发热﹒漏渗水过少或没有	1. 填料压得太紧	1. 调整松紧度,使滴水呈滴状连续渗出
	2. 填料环装的位置不对	2. 调整填料环位置,使它正好对准水封管口
	3. 水封管堵塞	3. 疏通冰封管
	4. 填料盒与轴不同心	4. 检修,改正不同心地方

(二) 离心泵的检修与维护

离心泵一般一年大修一次,累计运行时间未满 2000h,可按具体情况适当延长。其内容如下。

① 泵轴弯曲超过原直径的 0.05％时,应校正。泵轴和轴套间的不同心度不应超过 0.05mm,超过时要重新更换轴套。水泵轴锈蚀或磨损超过原直径的 2％时,应更换新轴。

② 轴套有规则的磨损超过原直径的 3％、不规则磨损超过原直径 2％时,均需换新。同时,检查轴和轴套的接触面有无渗水痕迹,轴套与叶轮间纸垫是否完整,不合要求应修正或更换。新轴套装紧后和轴承的不同心度,不宜超过 0.02mm。

③ 叶轮及叶片若有裂纹、损伤及腐蚀等情况,轻者可采用环氧树脂等修补,严重者要更换新叶轮。叶轮和轴的连接部位如有松动和渗水,应修正或者更换连接键,叶轮装上泵轴后的晃动值不得超过 0.05mm（这一数值仅供参考,因有些高速叶轮对晃动值的要求更高一些）。修整或更换过的叶轮要求校验动平衡及静平衡,如果超出允许范围应及时修正,例如将较重的一侧锉掉一些等,但是禁止用在叶轮上钻孔的方法来实现平衡,以免在钻孔处出现应力集中造成破坏。

④ 检查密封环有无裂纹及磨损,它与叶轮的径向间隙不宜超过规定的最大允许值,超过时应该换新。在更换密封环时,应将叶轮吸水口处外径车削,原则是见光即可,车削时要注意与轴同心。然后将密封环内径按配合间隙值车好尺寸,密封环与叶轮之间的轴向间隙以在 3～5mm 为宜。

⑤ 滚珠轴承及轴承盖都要清洗干净,如轴承有点蚀、裂纹或者游隙超标,要及时更换。更换时轴承等级不得低于原装轴承的等级,一定要使用正规轴承厂的产品。更换前应用塞规测量游隙,大型水泵每次大修时应清理轴承冷却水套中的水垢及杂物,以保证水流通畅。

⑥ 填料函压盖在轴或轴套上应移动自如,压盖内孔和轴或轴套的间隙保持均匀,磨损不得超过 3％,否则要嵌补或者更新,水封管路要保持畅通。

⑦ 清理泵壳内的铁锈,如有较大凹坑应修补,清理后重新涂刷防锈漆。

⑧ 对吸水底阀要检修,动作要灵活,密封要良好。采用真空泵引水的要保证吸水管阀无漏气现象,真空泵要保持完好。

⑨ 检查止回阀门的工作状况,密封圈是否密封,销子是否磨损过多,缓冲器及其他装置是否有效,如有损坏应及时维修或更换。

⑩ 出水控制阀门要及时检查和更换填料，以防止漏水。

⑪ 水泵上的压力表、真空表，每年应由计量权威部门校验一次，并清理管路和阀门。

⑫ 检查与电机相连的联轴器是否连接良好，键与键槽的配合有无松动现象，并及时修正。

⑬ 电动机的维修应由专业电工维修人员进行，禁止不懂电的人员拆修电机。

⑭ 如遇灾难性情况，如大水将地下泵房淹没等，应及时排除积水，清洗及烘干电机及其他电器，并证明所有电器及机械设施完好后方可试运行。

⑮ 定时更换轴承内的润滑油、脂。对于装有滑动轴承的新泵，运行 100h 左右，应更换润滑油，以后每运转 300~500h 应换油一次，每半年至少换油一次。滚动轴承每运转1200~1500h 应补充黄油一次，至少每年换油一次。转速较低的水泵可适当延长。

⑯ 如较长时间内不继续使用或在冬季，应将泵内和水管内的水放尽，以防生锈或冻裂。

⑰ 在排灌季节结束后，要进行一次小修，累积运行 2000h 左右应进行一次大修。

五、轴流泵的运行维护

（一）轴流泵开车前的准备工作

① 检查泵轴和传动轴是否由于运输过程遭受弯曲，如有则需校直。

② 水泵的安装标高必须按照产品说明书的规定，以满足气蚀余量的要求和启动要求。

③ 水池进水前应设有拦污栅，避免杂物带进水泵。水经过拦污栅的流速以不超过 0.3m/s 为合适。

④ 水泵安装前需检查叶片的安装角度是否符合要求、叶片是否有松动等。

⑤ 安装后，应检查各联轴器和各底脚螺栓的螺母是否都旋紧。在旋紧传动轴和水泵轴上的螺母时要注意其螺纹方向。

⑥ 传动轴和水泵轴必须安装于同一垂直线上，允许误差小于 0.03mm/m。

⑦ 水泵出水管路应另设支架支承，不得用水泵本体支撑。

⑧ 水泵出水管路上不宜安装闸阀。如有，则启动前必须完全开启。

⑨ 使用逆止阀时最好装一平衡锤，以平衡门盖的重力，使水泵更经济地运转。

⑩ 对于用牛油润滑的传动装置，轴承油腔检修时应拆洗干净，重新注以润滑剂，其量以充满油腔的 1/2~2/3 为宜，避免运转时轴承温升过高。必须特别注意，橡胶轴承切不可触及油类。

⑪ 水泵启动前，应向上部填料涵处的短管内引注清水或肥皂水，用来润滑橡胶或塑料轴承，待水泵正常运转后，即可停止。

⑫ 水泵每次启动前应先盘动联轴器三四转，并注意是否有轻重不均等现象。如有，必须检查原因，设法消除后再运转。

⑬ 启动前应先检查电机的旋转方向，使它符合水泵转向后，再与水泵连接。

（二）轴流泵运行时注意事项

水泵运转时，应经常注意如下几点。

① 叶轮浸水深度是否足够，即进水位是否过低，以免影响流量，或产生噪声。

② 叶轮外圆与叶轮外壳是否有磨损，叶片上是否绕有杂物，橡胶或塑料轴承是否过紧

或烧坏。

③ 固紧螺栓是否松动，泵轴和传动轴中心是否一致，以防机组振动。

（三）轴流泵的常见故障及排除

表 7-9 所示为轴流泵的常见故障及排除方法。

表 7-9　轴流泵的常见故障及排除方法

故障现象	产生原因	原因分析	排除方法
启动后不出水或出水量不足	不符合性能要求	1. 叶轮淹没深度不够，或卧式泵吸程太高	1. 降低安装高度，或提高进水池水位
		2. 装置扬程过高	2. 提高进水池水位，降低安装高度，减少管路损失或调整叶片安装角度
		3. 转速过低	3. 提高转速
		4. 叶片安装角度太小	4. 加大安装角度
		5. 叶轮外圆磨损，间隙加大	5. 更换叶轮
	零部件损坏，内部有异物　安装、使用不符合要求	6. 水管或叶轮被杂物堵塞	6. 清除杂物
		7. 叶轮转向不符	7. 调整转向
		8. 叶轮螺母脱落	8. 重新旋紧，螺母脱落原因一般是停车时水倒流，使叶轮倒转所致，故应设法解决停车时水的倒流问题
		9. 泵布置不当或排列过密	9. 重新布置或排列
	进水条件不良	10. 进水池太小	10. 设法增大
		11. 进水形式不佳	11. 改变形式
		12. 进水池水流不畅或堵塞	12. 清理杂物
动力机超载	不符合性能要求	1. 因装置扬程过高、叶轮淹没深度不够、进水不畅等，水泵在小流量工况下运行，使轴功率增加，动力机超载	1. 消除造成超载的各项原因
		2. 转速过高	2. 降低转速
		3. 叶片安装角度过大	3. 减小安装角度
	零件损坏或内部有异物	4. 出水管堵塞	4. 清除
		5. 叶片上缠绕杂物（如杂草、布条、纱布纱线等）	5. 清理
		6. 泵轴弯曲	6. 校直或调换
		7. 轴承损坏	7. 调换

故障现象	产生原因	原因分析	排除方法
动力机超载	安装、使用不符合要求	8. 叶片与泵壳摩擦	8. 重新调整
		9. 轴安装不同心	9. 重新调整
		10. 填料过紧	10. 旋松填料压盖或重新安装
		11. 进水池不符合设计要求	11. 水池过小,应予以放大;两台水泵中心距过小,应予以移开;进水处有漩涡,设法消除;水泵离池壁或池底太近,应予以放大
扬程不够	不符合性能要求	1. 叶轮淹没深度不够或卧式吸程太高	1. 提高进水池水位或重新安装
		2. 转速过高	2. 降低转速
	零部件损坏或内部有异物	3. 叶轮不平衡或叶片缺损或缠有杂物	3. 调整叶轮、叶片或重新做平衡试验或清除杂物
		4. 填料磨损过多或变质发硬	4. 更换或用机油处理使其变软
		5. 滚动轴承损坏或润滑不良	5. 调换轴承或清洗轴承,重新加注润滑油
		6. 橡胶轴承磨损	6. 更换并消除引起的原因
		7. 轴弯曲	7. 校直或更换
	安装、使用不符合要求	8. 地脚螺丝或联轴器螺丝松动	8. 拧紧
		9. 叶片安装角度不一致	9. 重新安装
		10. 动力机轴与泵轴不同心	10. 重新调整
		11. 水泵布置不当或排列过密	11. 重新布置或排列
		12. 叶轮与泵壳摩擦	12. 重新调整
	进水条件不良	13. 进水池太小	13. 设法增大
		14. 进水池型式不佳	14. 改变型式
		15. 进水池水流不畅或堵塞	15. 清理杂物

六、潜水泵的运行维护

(一) 影响潜水泵正常运行的主要原因

一般情况下,影响潜水泵正常运行的主要因素如下。

① 漏电问题。潜水泵的特点是机泵一体,并一起没入水中,所以漏电问题是影响潜水泵正常运行的重要因素之一。

② 堵转。潜水泵堵转时,定子绕组上将产生5～7倍于正常满载电流的堵转电流,如无保护措施,潜水泵将很快烧毁。造成潜水泵堵转的原因很多,如叶轮卡住、机械密封碎片卡

轴、污物缠绕等。

③ 电源电压过低或频率太低。水泵动力不够，直接影响水泵出水。

④ 磨损和锈蚀磨损将大大降低电泵性能，流量、扬程及效率均随之降低，叶轮与泵盖锈住了还将引起堵转。潜水泵零件的锈蚀不仅会影响水泵的性能，而且会缩短使用寿命。

⑤ 电缆线破裂、折断。电缆线破裂、折断不仅容易造成触电事故，而且水泵运行时极有可能处于两相工作的状态，既不出水又易损坏电动机。

（二）潜水泵的运行维护

1. 使用以前的准备工作

① 检查电缆线有无破裂、折断现象。使用前既要观察电缆线的外观，又要用万用表或兆欧表检查电缆线是否通路。电缆出线处不得有漏油现象。

② 新泵使用前或长期放置的备用泵启动之前，应用兆欧表测量定子对外壳的绝缘不低于 $1M\Omega$，否则应对电机绕组进行烘干处理，提高绝缘等级。

潜水电泵出厂时的绝缘电阻值在冷态测量时一般均超过 $50M\Omega$。

③ 检查潜水电泵是否漏油。潜水电泵的可能漏油途径有电缆接线处、密封室加油螺钉处的密封及密封处封环。检查时要确定是否漏油。造成加油螺钉处漏油的原因是螺钉没旋紧，或是螺钉下面的耐油橡胶衬垫损坏。如果确定封环密封处漏油，则多是因为封环密封失效，此时需拆开电泵换掉密封环。

④ 长期停用的潜水电泵再次使用前，应拆开最上一级泵壳，盘动叶轮后再行启动，防止部件锈死，启动不出水而烧坏电动机绕组。这对充水式潜水电泵更为重要。

2. 潜水泵运行中的注意事项

① 潜污泵在无水的情况下试运转时，运转时间严禁超过额定时间。吸水池的容积能保证潜污泵开启时和运行中水位较高，以确保电机的冷却效果和避免因水位波动太大造成的频繁启动和停机。大中型潜污泵的频繁启动对泵的性能影响很大。

② 当湿度传感器或温度传感器发出报警时，或泵体运转时振动、噪声出现异常时，或输出水量水压下降、电能消耗显著上升时，应当立即对潜污泵停机进行检修。

③ 有些密封不好的潜水泵长期浸泡在水中时，即使不使用，绝缘值也会逐渐下降，最终无法使用，甚至发生绝缘消失现象。因此潜水泵在吸水池内备用时，有时起不到备用的作用，如果条件许可，可以在池外干式备用，等运行中的某台潜水泵出现故障时，立即停机提升上来后，将备用泵再放下去。

④ 潜水泵不能过于频繁开、停，否则将影响潜水泵的使用寿命。潜水泵停止时，管路内的水产生回流，此时若立即再启动则引起电泵启动时的负载过重，并承受不必要的冲击载荷。另外，潜水泵过于频繁开、停将损坏承受冲击能力较差的零部件，并带来整个电泵的损坏。

⑤ 停机后，在电机完全停止运转前，不能重新启动。

⑥ 检查电泵时必须切断电源。

⑦ 潜水泵工作时，不要在附近洗涤物品、游泳或放牲畜下水，以免电泵漏电时发生触电事故。

3. 潜水电泵的维护和保养

（1）经常加油，定期换油　潜水电泵每工作 1000h，必须调换一次密封室内的油，每年调换一次电动机内部的油液。对充水式潜水电泵还需定期更换上下端盖、轴承室内的骨架油封和锂基润滑油，确保良好的润滑状态。对带有机械密封的小型潜水电泵，必须经常打开密封室加油螺孔加满润滑油，使机械密封处于良好的润滑状态，使其工作寿命得到充分保证。

（2）及时更换密封盒　如果发现漏入电泵内部的水较多时（正常泄漏量为每小时0.1mL），应及时更换密封盒，同时测量电机绕组的绝缘电阻值。若绝缘电阻值低于0.5MΩ时，需进行干燥处理，方法与一般电动机的绕组干燥处理相同。更换密封盒时应注意外径及轴孔中封环的完整性，否则水会大量漏入潜水泵的内部而损坏电机绕组。

（3）经常测量绝缘电阻值　用500V或1000V的兆欧表测量电泵定子绕组对机壳的绝缘电阻数值，在1MΩ以上者（最低不得小于0.5MΩ）方可使用，否则应进行绕组维修或干燥处理，以确保使用安全性。

（4）合理保管　长期不用时，潜水泵不宜长期浸泡在水中，应在干燥通风的室内保管。对充水式潜水泵应先清洗，除去污泥杂物后再放在通风干燥的室内。潜水泵的橡胶电缆保管时要避免太阳光的照射，否则容易老化，表面将产生裂纹，严重时将引起绝缘电阻的降低或使水通过电缆护套进入潜水泵的出线盒，造成电源线的相间短路或绕组对地绝缘电阻为零等严重后果。

（5）及时进行潜水泵表面的防锈处理　潜水泵使用一年后应根据潜水泵表面的腐蚀情况及时地进行涂漆防锈处理。其内部的涂漆防锈应视泵型和腐蚀情况而定。一般情况下内部充满油时是不会生锈的，此时内部不必涂漆。

（6）潜水泵每年（或累计运行2500h）应维护保养一次　内容包括：拆开泵的电动机，对所有部件进行清洗，除去水垢和锈斑，检查其完好度，及时整修或更换损坏的琴部件；更换密封室内和电动机内部的润滑油密封室；密封室内放出的润滑油若油质浑浊且水含量超过50mL，则需更换整体式密封盒或动、静密封环。

（7）气压试验　经过检修的电泵或更换机械密封后，应该以0.2MPa的气压试验检查各零件止口配合面处O形封环和机械密封的二道封面是否有漏气现象，如有漏气现象必须重新装配或更换漏气零部件。然后分别在密封室和电动机内部加入N7（或N10）机械油，或用N15机械油，缝纫机油，10号、15号、25号变压器油代用。

4. 潜水泵的常见故障及排除

表7-10所示为潜水泵的常见故障和排除方法。

表7-10　潜水泵的常见故障和排除方法

故障现象	原因分析	排除方法
启动后不出水	1. 叶轮卡住	1. 清除杂物，然后用手盘动叶轮看其是否能够转动。若发现叶轮的端面同口环相擦则须用垫片将叶轮垫高一点
	2. 电源电压过低	2. 改用高扬程水泵，或降低电泵的扬程
	3. 电源断电或断相	3. 逐级检查电源的保险丝和开关部分，发现并消除故障；检查三相温度继电器触点是否接通，并使之正常工作
	4. 电缆线断裂	4. 查出断点并连接好电缆线
	5. 插头损坏	5. 更换或修理插头

故障现象	原因分析	排除方法
启动后不出水	6. 电缆线压降过大	6. 根据电缆线长度,选用合适的电缆规格,增大电缆的导电面积,减小电缆线压降
	7. 定子绕组损坏,电阻严重不平衡,其中一相或两相断路对地绝缘电阻为零	7. 对定子绕组重新下线进行大修,最好按原来的设计数据进行重绕
出水量过少	1. 扬程过高	1. 根据实际需要的扬程高度,选择泵的型号,或降低扬程高度
	2. 过滤网阻塞	2. 清除潜水泵格栅外围的水草等杂物
	3. 叶轮流通部分堵塞	3. 拆开潜水泵的水泵部分,清除杂物
	4. 叶轮转向不对	4. 更换电源线的任意两根非接地线的接法
	5. 叶轮或口环磨损	5. 更换叶轮或口环
	6. 潜水泵的潜水深度不够	6. 加深潜水泵的潜水深度
	7. 电源电压太低	7. 降低扬程
电泵突然不转	1. 保护开关跳闸或保险丝烧断	1. 查明保护开关跳闸或保险丝烧断的具体原因,然后对症下药,予以调整和排除
	2. 电源断电或断相	2. 接通电线
	3. 潜水泵的出线盒进水,连接线烧断	3. 打开线盒,接好断线包上绝缘胶带,消除出线盒漏水原因,按原样装配好
	4. 定子绕组烧坏	4. 对定子绕组重新下线进行大修。除及时更换或检修定子绕组外,还应根据具体情况找到产生故障的根本原因,消除故障
定子绕组烧坏	1. 接地线错接电源线	1. 正确地将潜水泵电缆线中的接地线接在电网的接地线或临时接地线上
	2. 断相工作,此时电流比额定值大得多,绕组温升很高,时间长了会引起绝缘老化而损坏定子绕组	2. 及时查明原因,接上断相的电源线,或更换电缆线
	3. 机械密封损坏而漏水,降低定子绕组绝缘电阻而损坏绕组	3. 经常检查潜水泵的绝缘电阻情况,绝缘电阻下降时,及时采取措施维修
	4. 叶轮卡住,电泵处于三相制动状态,此时电流为6倍左右的额定电流,如无开关保护,将很快烧坏绕组	4. 采取措施防止杂物进入潜水泵卡住叶轮,注意检查潜水泵的机械损坏情况,避免叶轮由于某种机械损坏而卡住。同时,运行过程中一旦发现水泵突然不出水应立即关机检查,采取相应措施检修

故障现象	原因分析	排除方法
定子绕组烧坏	5. 定子绕组端部碰潜水泵外壳,而对地击穿	5. 绕组重新嵌线时尽量处理好两端部,同时去除上、下盖内表面上存在的铁疙瘩,装配时避免绕组端部碰到外壳
	6. 潜水泵开、停过于频繁	6. 不要过于频繁地开、关电泵,避免潜水泵负载过重或承受不必要的冲击载荷,如有必要重新启动潜水泵则应等管路内的水回流结束后再启动
	7. 潜水泵脱水运转时间太长	7. 运行中应密切注意水位的下降情况,不能使电泵长时间(大于1min),在空气中运转避免潜水泵缺少散热和润滑条件

七、螺杆泵的使用、维护和注意事项

螺杆泵在初次启动前,应对集泥池、进泥管等进行清洁,以防止在施工中遗落的石块、水泥块及其他金属物品进入破碎机或泵内。平时启动前应打开进出口阀门并确认管道通畅后方可动作,对正在运转的泵在巡视中应主要注意其螺栓是否有松动、机泵及管线的振动是否超标、填料部位滴水是否在正常范围、轴承及减速机温度是否过高、各运转部位是否有异常声响。

① 作为螺杆泵,它所输送的介质在泵中还起对转子定子的冷却及润滑作用,因此是不允许空转的,否则会因摩擦和发热损坏定子及转子。在泵初次使用之前应向泵的吸入端注入流体介质或者润滑液,如甘油的水溶液或者稀释的水玻璃、洗涤剂等,以防初期启动时泵处于干摩擦状态。在污水处理行业有时会发生污泥或者浮渣中的大块杂质(如包装袋等)将吸入管道堵塞的情况,应尽量避免这种现象的出现。如不慎发生此类情况应立即停泵清理,以保护泵的安全运行。

② 泵和电机安装的同轴度精确与否,是泵是否平稳运转的首要条件。虽然泵在出厂前均经过精确的调定,但底座安装固定不当会导致底座扭曲,引起同轴度的超差。因此在首次运转前,或在大修后应校验其同轴度。

③ 基座螺栓及泵上各处的螺栓。在运行过程中,基座螺栓的松动会造成机体的振动、泵体移动、管线破裂等现象。因此对基座螺栓的经常紧固是十分必要的,对泵体上各处的螺栓也应如此。在工作中应经常检查电机与减速机之间、减速机与吸入腔之间以及吸入腔与定子之间的螺栓是否牢固。

④ 万向节或者挠性轴连接处的螺栓。尽管螺杆泵的生产厂家都对这些螺栓有各种防松措施,但由于此处在运行中振动较大,仍可能有一些螺栓发生松动,一旦万向节或挠性轴脱开,将使泵造成进一步的损坏,因此每运转 $300 \sim 500h$,应打开泵对此处的螺栓进行检查、紧固,并清理万向节或者挠性轴上的缠绕物。

⑤ 填料函。在正常运行时,填料函处同离心泵的填料函一样,会有一定的滴水,水在

填料与轴之间起润滑作用，减轻泵轴或套的磨损。正常滴水应在每分钟 50～150 滴，如果超过这个数就应拧紧螺栓。如仍不能奏效就应及时更换填料。在螺杆泵输送初沉池污泥或消化污泥时，填料函处的滴水应以污泥中渗出的清液为主，如果有很稠的污泥漏出，即使数量不多也会有一些砂粒进入轴与填料之间，会加速轴的磨损。当用带冷却的填料环时，应保持冷却水的通畅与清洁。

⑥ 尽量避免过多的泥砂进入螺杆泵。螺杆泵的定子是由弹性材料制作的，它对少量进入泵腔的泥砂有一定的容纳作用，但坚硬的砂粒会加速转子和定子的磨损。大量的砂粒随污泥进入螺杆泵时，会大大减少定子和转子的寿命，减少进入螺杆泵的砂粒要依靠除砂工序来实现。

⑦ 螺杆泵的润滑。螺杆泵的润滑部位主要有以下三个。

a. 变速箱：变速箱一般采用油润滑，在磨合阶段（200～500h）以后应更换一次润滑油，以后每 2000～3000h 应换一次油。所采用的润滑油标号应严格按说明书上的标号，说明书未规定标号的可使用质量较好的重载齿轮油。

b. 轴承架内的滚动轴承：这一部位一般采用油脂润滑，污水处理厂主要输送常温介质，可选用普通钙基润滑脂。

c. 联轴节：联轴节包裹在橡皮护套中，销子联轴节采用的是用脂润滑，一般不需要经常更换润滑脂，但如果出现护套破损或者每次大修时，应拆开清洗，填装新油脂，并更换橡皮护套和磨坏的销子等配件。如采用齿形联轴节，一般用油润滑，应每 2000h 清洗换油一次，输送污泥及浮渣的螺杆泵可使用 68 号机械油。使用挠性连轴杆的螺杆泵由于两端属刚性连接，可免去加油清洗的麻烦。

⑧ 定子与转子的更换。当定子与转子经过一段时间的磨损就会逐渐出现内泄现象，此时螺杆泵的扬程、流量与吸程都会减小。当磨损到一定程度，定子与转子之间就无法形成密封的空腔，泵也就无法进行正常的工作，此时就需要更换定子或转子。

更换的方法是：先将泵两端的阀门关死，然后将定子两端的法兰或者卡箍卸开，旋出定子，然后用水将定子、转子、连轴杆及吸入室的污泥冲洗干净，卸下转子后即可观察定子与转子的磨损情况。一般正常磨损情况是，在转子的突出部位，电镀层被均匀磨掉。其磨损程度可使用卡尺对比新转子量出，定子内部空腔均匀变大，但内部橡胶弹性仍然良好，如果发现转子有烧蚀的痕迹，有一道道深沟，定子内部橡胶炭化变硬，则说明在运转中有无介质空转情况。如发现定子内部橡胶严重变形，并且炭化严重，则说明可能出现过在未开出口阀门的情况下运转。上述两种情况都属非正常损坏，应提醒运行操作者注意。

螺杆泵常见故障及排除方法见表 7-11。

表 7-11　螺杆泵常见故障及其排除方法

故障现象	产生故障的可能原因	排除故障的方法
不能启动	1. 新泵或新定子摩擦太大	1. 可加入液体润滑剂
	2. 电压不适合,控制线路故障,缺相运行（缺相时,马达有"嗡"声）	2. 检查电路
	3. 泵内有杂物	3. 排除杂物
	4. 固体物质含量大、有堵塞	4. 清除固体物质,疏通堵塞
	5. 停机时介质沉淀、并且结块	5. 清除沉淀介质及结块
	6. 冬季冻结	6. 清除冻结
	7. 出口堵塞或者出口阀门未开	7. 清除出口堵塞物或者打开出口阀门
	8. 万向节等处被大量缠绕物塞死,无法转动	8. 清除缠绕物

故障现象	产生故障的可能原因	排除故障的方法
不出泥	1. 进口管道堵塞及进口阀门未开	1. 清除进口管道堵塞物及打开进口阀门
	2. 万向节或者挠性连接部位脱开	2. 修复万向节
	3. 定子严重损坏	3. 修复定子
	4. 转向相反	4. 调整转向
流量过小	1. 定子或转子磨损、出现内泄漏	1. 视情况更换定子或转子
	2. 转速太低	2. 调整转速
	3. 吸入管漏气	3. 解决漏气问题
	4. 轴封泄漏	4. 压紧填料或更换填料
噪声及振动过大	1. 进出口管道堵塞或进出口阀门未打开(此时伴有不出泥)	1. 清除进出口堵塞及打开进出口阀门
	2. 各部位螺栓松动	2. 紧固螺栓
	3. 定子或转子严重磨损(此时伴有出泥量小)	3. 更换定子或转子
	4. 泵内无介质,干运行	4. 停止运行
	5. 定子橡胶老化,炭化	5. 更换定子
	6. 电机减速器与泵轴不同心或者联轴器损坏	6. 调整联轴器同心度或更换联轴器
	7. 联轴节磨损松动	7. 更换联轴节
	8. 轴承损坏(此时伴有轴承架或变速箱发热)	8. 更换轴承
	9. 变速箱齿轮磨损点蚀	9. 更换齿轮
填料函发热	1. 填料质量不好或选用不当	1. 选用质量好的填料并更换
	2. 填料未压紧或者失效	2. 压紧填料或更换填料
	3. 轴磨损过多	3. 更换轴

八、蠕动泵常见故障及其排除方法

蠕动泵是容积泵的一种,它是通过滚轮或者滑块挤压胶管来工作的。泵可以干转,具有自吸能力,可以输送高黏度、高磨损介质。在水处理中,它可以用来进行泥浆、石灰浆、杂质的输送;泵体无须密封,完全无泄漏,并且每次旋转都能输出固定的流量。它具有转速低、无噪声等特点,广泛应用于冶金、稀土、脱硫环保、水处理、造纸、涂料、钛白粉、复合肥等行业。

蠕动泵常见故障及其排除方法见表 7-12。

表 7-12 蠕动泵常见故障及其排除方法

故障现象	产生故障的可能原因	排除故障的方法
没有流量	1. 泵的进出口管路中的阀门未打开	1. 打开全部阀门
	2. 泵的旋转方向不对	2. 改变电机的转向
	3. 吸入管路中大量漏气	3. 查找漏气原因并消除
	4. 吸入管路严重堵塞	4. 清除堵塞
	5. 软管破损严重	5. 更换软管
	6. 介质黏度太大	6. 加粗吸入管道,并采用倒灌工况
	7. 泵的吸程太大	7. 提高液位,减小吸程

故障现象	产生故障的可能原因	排除故障的方法
流量很小	1. 吸入管路中少量漏气	1. 查找漏气原因并消除
	2. 吸入管路部分被堵塞	2. 清除堵塞
	3. 介质黏度较大	3. 加粗吸入管道,并采用倒灌工况
	4. 介质液位很低,达到池底	4. 停止泵的工作
	5. 软管内壁磨损严重	5. 更换软管
噪声过大	1. 零件磨损严重或损坏	1. 检查并更换零件
	2. 介质中含大量气体	2. 消除气体或继续工作
	3. 出口阀门开得太小或损坏	3. 将出口阀门全开或更换阀门
	4. 出口压力太大	4. 降低装置扬程
电机和减速器发热	1. 排出压力太大	1. 降低排出压力
	2. 介质黏度过大	2. 降低介质黏度或加大电机功率
	3. 零件磨损严重	3. 更换零件
	4. 选型不当	4. 重新选型

九、螺旋泵使用和维护的注意事项

① 应尽量使螺旋泵的吸水位在设计规定的标准点或标准点以上工作,此时螺旋泵的扬水量为设计流量,如果低于标准点,哪怕只低几厘米,螺旋泵的扬水量也会下降很多。

② 当螺旋泵长期停用时,螺旋泵螺旋部分向下的挠曲会永久化,因而影响到螺旋与泵槽之间的间隙及螺旋部分的动平衡,所以,每隔一段时间就应将螺旋转动一定角度以抵消向一个方向挠曲所造成的不良影响。

③ 螺旋泵的螺旋部分大都在室外工作,在北方冬季启动螺旋泵之前必须检查吸水池内是否结冰、螺旋部分是否与泵槽冻结在一起,启动前要清除积冰,以免损坏驱动装置或螺旋泵叶片。

④ 确保螺旋泵叶片与泵槽的间隙准确均匀是保证螺旋泵高效运行的关键。应经常测量运行中的螺旋泵与泵槽的间隙是否在 $5 \sim 8mm$ 准确的程度。巡检时注意螺旋泵声音的异常变化,例如螺旋时片与泵槽相摩擦时会发出钢板在地面刮行的声响,此时应立即停泵检查故障,调整间隙。上部轴承发生故障时也会发出异常的声响且轴承外壳体发热,巡检时也要注意。

⑤ 由于螺旋泵一般都是 $30°$ 倾斜安装,驱动电动机及减速机也必须倾斜安装,这样一来会影响减速机的润滑效果。因此,为减速机加油时应使油位比正常油位高一些,排油时如果最低位没有放油口,应设法将残油抽出。

⑥ 要定期为上、下轴承加注润滑油,为下部轴承加油时要观察是否漏油,如果发现有泄漏,要放空吸水池紧固盘根或更换失效的密封垫。在未发现问题的情况下,也要定期排空吸水池空车运转,以检查水下轴承是否正常。

第二节　风机及风机的管理

风机是用来输送气体的一类通用机器，在水处理过程中被广泛用于曝气、通风等环节。水处理常用风机有离心风机和罗茨鼓风机。

按作用原理，鼓风机与压缩机分为容积式与透平式两类。容积式是靠在气缸内作往复或旋转运动的活塞作用，使气体体积缩小而提高压力。透平式是靠高速旋转叶轮的作用，提高气体的压力和速度，随后在固定元件中使一部分速度能进一步转化为气体的压力能。

```
          ┌ 罗茨式
     ┌回转式┤ 滑片式
     │     └ 螺杆式
容积式┤     ┌ 活塞式
     │往复式┤ 隔膜式
     └     └ 自由活塞式
     ┌ 离心式
透平式┤ 轴流式
     └ 混流式
```

图 7-23　风机按结构分类

按结构分类如图 7-23 所示。

按达到的压力区分为通风机、鼓风机和压缩机，见表 7-13。

表 7-13　通风机、鼓风机和压缩机的压力范围

分类	排气压力范围
通风机	$P \leqslant 0.15\text{kPa}$
鼓风机	$0.15\text{kPa} < P \leqslant 0.2\text{MPa}$
低压压缩机	$0.2\text{MPa} < P \leqslant 1\text{MPa}$
中压压缩机	$1\text{MPa} < P \leqslant 10\text{MPa}$
高压压缩机	$10\text{MPa} < P \leqslant 100\text{MPa}$
超高压压缩机	$P > 100\text{MPa}$

通风机和鼓风机主要用于输送气体，压缩机主要用于提高气体压力。

一、水处理常用风机的基本知识

1. 离心风机的特性、型式

（1）离心鼓风机的特性　离心式鼓风机是根据动能转换为势能的原理，利用高速旋转的叶轮将气体加速，然后减速、改变流向，使动能（速度）转换成势能（压力）。在单级离心鼓风机（见图 7-24）中，气体从轴向进入叶轮，气体流经叶轮时变成径向，然后进入扩压器（气流减速器）。在扩压器中，气体改变了流动方向造成减速，这种减速作用将动能转换成压力能。压力增高主要发生在叶轮中，其次发生在扩压过程。在多级鼓风机中，用回流器使气流进入下一个叶轮，产生更高的压力。

在水处理中常用的离心风机是 D 系列多级离心风机，如图 7-25 所示。多级离心风机采用了多级风叶组合，最多可有 8 级风叶。该风机采用后弯叶片式叶轮，压力损失小，效率高，适用于大风量、高风压的工作条件。

多级离心式鼓风机进口形式共有两种，即水平与垂直。出口形式共有三种，即上、左、右。按进口形式与出口形式的组合来分类，共可分成九类。

离心式涡轮鼓风机是通过装在外壳内的叶轮的高速旋转，增加通过叶涡气体的动量来提高压力和流速的。离心式涡轮鼓风机的特性，压力条件和气体密度对供风量有很大影响。图 7-26 为气温冬季为 $-2℃$，夏季为 $33℃$ 时，鼓风机的特性曲线。可以看出，冬季吸入密

度大的空气时，压力上升，所需动力增大，反之，夏季吸入密度小的空气时，压力下降，所需动力变小。因此，设计时，应考虑即使在冬季电动机也不会过载。

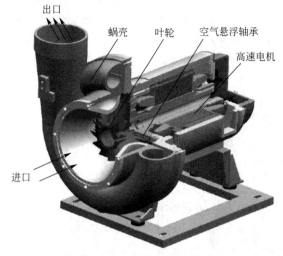

图 7-24　单级离心鼓风机示意图

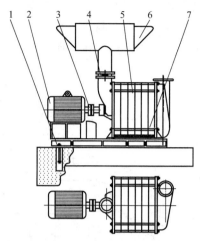

图 7-25　多级离心式鼓风机

1—地脚螺栓；2—电动机；3—联轴节；4—蝶阀；
5—主机；6—消声过滤器；7—底座

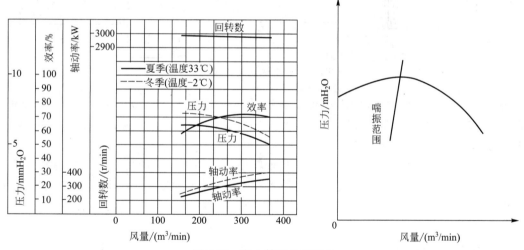

图 7-26　离心鼓风机的特性

关小风机出口侧的阀门，使阻力增大，则风量减少，当关小到特性曲线左上端的风量时，则会在管路系统发生空气的脉冲、振动和噪声，变成不稳定的运转状态。这种现象称为喘振。运行时防止喘振的方法有吸入调节法、排气法：吸入调节法是靠吸入挡板或缩小吸入叶片来改变压力曲线，使喘振界限变窄，防止喘振发生。排气法是在离心鼓风机出口侧排放部分空气，保持风机适当的风量运转。

（2）离心式涡轮鼓风机的型式

① 多级涡轮鼓风机　多级涡轮鼓风机不仅叶轮强度高，而且长期运转性能也稳定。风机每级升压 1000mmH$_2$O（9.8kPa）左右，处理厂用的多为 3~8 级。风机的驱动一般与 2

级绕线式电动机直接连接。转速根据电源的频率为 3000r/min（50Hz）或 6000r/min（60Hz）。

多级涡轮鼓风机为获得高压比，采用 3～8 级高转速的叶轮，需对转子的强度、部件的精度、风机整体的刚性等应充分考虑。构造如图 7-27 所示。由叶轮和外壳及附属装置构成。叶片用钢板或轻质合金制造。叶片数为 12～24 片。外壳一般用铸铁制造。由蜗壳、吸入口、排出口组成。为便于检查和修理，多采用上下两部分分开的形式。

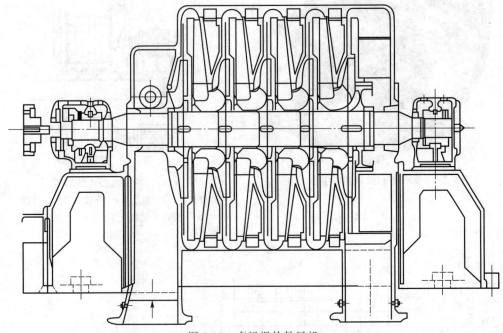

图 7-27　多级涡轮鼓风机

② 单级增速鼓风机　单级增速鼓风机通过叶轮的高速旋转，1 级升压，可达 10000mmH$_2$O（98kPa）左右，因高速旋转，所以运转声音大。风机的驱动，通常由 2 级或 4 级电动机通过增速机来驱动，转速为 8000～20000r/min。

为获得风机的高压比，通过增速传动装置等使用高转速单级叶轮，对风机的旋转转速、刚性等应充分考虑。由叶轮、外壳、增速装置和附属装置构成。叶轮以轻质合金或特种钢加工制作。外壳一般铸铁制造。由蜗壳、吸入叶片和排出口组成，多与增速机组成一体。

2. 罗茨鼓风机的特性、型式

容积式回转鼓风机有罗茨鼓风机和可变翼式鼓风机。污水处理厂主要使用罗茨鼓风机。罗茨鼓风机是使装在机壳内的两个转子相互反方向旋转，把转子与机壳间贮留的气体由吸入口送至排出口，通过气体压送到出口侧时的体积变化而使压力升高。

罗茨鼓风机的特性与离心式涡轮鼓风机相近，因压力条件变化使供风量的变化很小。风机不会发生喘振现象，但气体的压缩，因压力脉动而产生的噪声、振动和因压缩热而造成的温度上升现象显著。

罗茨鼓风机用 1 级可升压 700～7000mmH$_2$O。通常用 4 级鼠笼式电动机以 V 形皮带驱动，转速为 400～2500r/min。罗茨鼓风机的构造如图 7-28 所示，由 2～3 个瓣形转子、外壳、带动两个转子的定时齿轮、减速装置及附属装置构成。转子用铸铁或轻质合金制造，外壳一般用铸铁制造，上有吸入口和排出口。

罗茨鼓风机的特点是：当压力在一定范围内变化时，其流量为一常数；运行时适应性强，在流量要求稳定而阻力变化幅度较大时，可予自动调节；结构简单，制造、维修方便。

多级离心风机的特点是风量大，增压高，适用范围较广泛。

3. 罗茨鼓风机的结构与工作原理

罗茨鼓风机主要由机壳、传动轴、主动齿轮、从动齿轮与一对叶轮转子组成，见图 7-28。

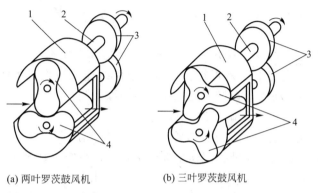

(a) 两叶罗茨鼓风机　　　(b) 三叶罗茨鼓风机

图 7-28　罗茨鼓风机结构图

1—机壳；2—主轴；3—同步齿轮；4—转子

① 机壳。罗茨鼓风机的机壳有整体式和水平剖分式，结构简单。在水处理中一般所用风机功率较小，大多采用整体式机壳。

② 密封。罗茨鼓风机的密封部件主要在伸出机壳的传动轴和机壳的间隙密封，其结构比较简单，一般采用迷宫式密封或涨圈式密封和填料密封。

③ 轴承。罗茨鼓风机一般采用滚动轴承，滚动轴承具有检修方便、缩小风机的轴向尺寸等优点，而且润滑方便。

④ 齿轮。罗茨鼓风机机壳内两转子的转动是靠各自的齿轮啮合同步传递转矩的，所以其齿轮也叫"同步齿轮"，同步齿轮既进行传动，又有叶轮定位作用。同步齿轮又分为主动轮和从动轮，主动轮一端与联轴器连接。

⑤ 转子。罗茨鼓风机的转子由叶轮和轴组成，叶轮又可分为直线型和螺旋型，叶轮的叶数有两叶和三叶。

罗茨鼓风机通过主、从动轴上一对同步齿轮的作用，叶轮转子同步等速向相反方向旋转，将气体从吸入口吸入，气流经过旋转的转子压入腔体，随着腔体内转子旋转容积变小，气体受压排出出口，被送入管道或容器内。

由于在制造罗茨鼓风机时两转子与壳体的装配间隙很小，故气体在压缩过程中回流现象较小，而且压力比其他形式的鼓风机高。根据操作要求，压力可在一定范围内变化，但体积流量不变，因此罗茨鼓风机特别适用于要求输气量不大、流量稳定的工作条件。

罗茨鼓风机结构简单，运行平稳、可靠，机械效率高，便于维护和保养；对被输送气体中所含的粉尘、液滴和纤维不敏感；转子工作表面不需润滑，气体不与油接触，所输送气体纯净。在污水处理中比较适合于好氧消化池曝气、滤池反冲洗，以及渠道和均和池等处的搅拌。

二、风机的运行与维护保养

风机的运行与维护掌握以下几点。

1. 风机的运行

（1）试车前的准备工作

① 检查所有仪表、联锁装置及电气设备，保证动作灵敏可靠。

② 手盘动联轴器，注意内部有无摩擦等杂音，并确认电动机与风机旋转方向一致。

③ 确保风机的油路及冷却系统无泄漏现象，油量、油质、油压、油温、油位符合要求。

④ 机组上面和四周的杂物要移开，以免开车后振落和操作不便。

⑤ 检测电动机电源电相电压是否符合规定，电源线连接与机组绝缘是否符合要求。特别是较长时间不运行的电动机，在投入运行前应作绝缘检测。

⑥ 检查启动装置是否位置正确无误。

⑦ 保持环境整洁无杂物，确保所有安全设施均符合要求。

（2）空负载试车　如试车前准备工作全部合格，可进行空负载试车。

（3）负载试车　在空负载试车的基础上，开启进、出阀门与系统连接，进行负载试车，以检查风量、风压、电流等各项工艺参数能否满足生产需要。电动机与风机各部升温、振动值等应符合规定要求。

2. 风机的维护和保养

（1）润滑　风机主要润滑部位是轴承、联轴器和变速箱。润滑剂采用润滑油或润滑脂。非金属材料制成的塑料轴承，也可用水作润滑剂。润滑油应作定期分析检查，质量降低应及时更换。一般滚动轴承的滑油一年换一次，滑动轴承的润滑油每 6 个月换一次。

（2）保养　在日常的维护检查中，应注意下列事项。

① 轴承温度。滑动轴承不得高于 65℃；滚动轴承不得高于 70℃。

② 紧固连接件。检查是否有松动现象。

③ 滑动轴承凡采用加压给油的，进入轴承的油温应在 25～45℃，轴承出口油温不得高于 65℃，润滑油的压力应保持在 130～150kPa，润滑油的油位不得低于最低刻度。

④ 注意风机运行的噪声或振动现象是否正常。

⑤ 注意传动带有无磨损或伸长，如有应及时更新或拉紧。

3. 风机的故障与排除

① 离心风机故障及排除方法，见表 7-14。

② 罗茨鼓风机故障及排除方法，见表 7-15。

表 7-14　离心风机故障及排除方法

故障现象	故障原因	排除方法
轴承温度高	油脂过多	更换油脂
	轴承烧痕	更换轴承
	对中不好	重新找正
	机组振动	频谱测振分析

故障现象	故障原因	排除方法
机组振动	转子不平衡	作动、静平衡测试
	转子结垢	清洗
	主轴弯曲	校正
	密封间隙过小,磨损	更换、修理
	找正不好	重新对中找正
	轴承箱间隙大	调整
	转子与壳体扫膛	解体调整
	基础下沉、变形	加固
	联轴器磨损、倾斜	更换、修理
	管道或外部因素	检查支座
转动声音不正常	定子、转子摩擦	解体检查
	杂质吸入	清理
	齿轮联轴器齿圈坏	更换
	进口叶片拉杆坏	重新固定
	喘振	调节风量
	轴承损坏	更换
性能降低	转数下降	检查电源
	叶轮粘有杂质	清洗
	进口叶片控制失灵	检查修理
	进口消声器过滤网堵	解体清理
	壳体内积灰尘多	清理
	轴封漏	更换修理
	进出口法兰密封不好	换垫

表 7-15 罗茨鼓风机故障及排除方法

故障现象	故障原因	排除方法
风量波动或不足	叶轮与机体因磨损而引起间隙增大	更换或修理磨损零件
	转子各部间隙大于技术要求	按要求调整间隙
	系统有泄漏	检查后排除
电动机过载	进口过滤网堵塞,或其他原因造成阻力增高,形成负压(在出口压力不变的情况下压力增高)	检查后排除
	出口系统压力增加	检查后排除

故障现象	故障原因	排除方法
轴承发热	润滑系统失灵,油不清洁,油黏度过大或过小	检修润滑系统,换油
	轴上油环没有转动或转动慢带不上油	修理或更换
	轴与轴承偏斜,风机轴与电动机轴不同心	找正,使两轴同心
	轴瓦研刮质量不好,接触弧度过小或接触不良	刮研轴瓦
	轴瓦表面有裂纹、擦伤、磨痕、夹渣	修理或重新浇轴瓦
	轴瓦端与止推垫圈间隙过小	调整间隙
	滚动轴承损坏,滚子支架破损	更换轴承
	轴承压盖太紧,轴承内无间隙	调整轴承压盖衬垫
	密封环与轴套不同心	调整或更换
	轴弯曲	调整轴
	密封环内进入硬性杂物	清洗
密封环磨损	机壳变形使密封环一侧磨损	修理或更换
	转子振动过大,其径向振幅之半大于密封径向间隙	检查压力调节阀,修理断电器
	轴承间隙超过规定间隙值	调整间隙,更换轴承
	轴瓦刮研偏斜或中心与设计不符	调整各部间隙或重新换瓦
振动超限	转子平衡精度低	按 G6.3 级要求校正
	转子平衡被破坏(如煤焦油结垢)	检查后排除
	轴承磨损或损坏	更换
	齿轮损坏	修理或更换
	紧固件松动	检查后紧固
机体内有碰撞声	转子相互之间摩擦	解体修理
	两转子径向与外壳摩擦	
	两转子端面与墙板摩擦	

第八章

污废水监测

污水处理厂的水质监测包括水样的采集与保存、水质分析、数据处理与评价等环节。水质监测不仅要求有灵敏度高、精密度好的分析方法，而且要根据监测目的，正确选定采样时间、地点、方法及样品的保存技术等，其重要意义并不低于进行分析时所要注意的其他因素。

第一节 城市污水处理厂的水质监测

一、水质监测的对象和目的

（1）水质监测对象 城市污水处理厂水质监测的对象为污水处理厂进、出水，以及各个工艺单元的进、出水或混合液。

（2）水质监测目的 为保证输配系统的安全运行，不堵塞，无严重腐蚀性物质进入，对重点污染源进入监控；保证污水处理厂的正常稳定运行，确保进水水质控制在允许范围；监控污水处理厂的出水水质，考核污水处理厂工艺运行成果，严格控制未达标水质的排放；监控污水处理厂污泥的安全性，监控污泥中的重金属含量在标准控制之内，以保证不造成二次环境污染。

二、水样的采集和保存方法

1. 水样采集方法

城市污水处理厂水质监测用水样的采集方法主要有人工采样和自动采样两种方法。

（1）人工采样 人工采样根据所采水样的深度分为浅层水采样和深层水采样。浅层水采样是利用容器或用聚乙烯塑料长把勺直接采集。深层水采样利用专制的深层采水样器采集，也可将聚乙烯筒固定在支架上，沉入到要求的深度采集。

（2）自动采样 自动采样是借助自动采样器进行自动采样。自动采样器可按以下方式进行采样：连续自动采样；按一定的时间间隔瞬时采样；由流量测定装置启动，按流量比例采样。不同形式的自动采样器所采得的样品的代表性略有不同。

2. 水样种类

用于污水处理厂水质监测的水样按其代表性分为瞬时水样和混合水样两种类型。

（1）瞬时水样 瞬时水样代表采样瞬间和采样地点的被采水的水质状况。只有当被采水的组分在相当长的时间或在相当大空间范围内相对稳定的情况下，瞬时水样才具有很好的代表性。当被采水的组分随时间变化时，应在适宜的时间间隔内采集瞬时水样，分别进行分析，测出水质变化程度、频率和周期；当被采水的组分随空间变化而不随时间变化时，应在各个相应的采样点同时采集瞬时水样。当测定项目与水样储存中很容易发生变化时，应采集瞬时水样，并立即分析其组分，如余氯、可溶性硫化物、溶解氧（DO）、温度、pH值等。用于保证污水处理厂的工艺过程控制目的的测定项目，通常采用瞬时水样。

（2）混合水样　混合水样是指在一段时间内，间隔一定的时间在同一采样点所采集的瞬时水样混合后的水样。混合水样代表一段时间间隔中的水质状况。混合水样常用于平均浓度的分析。城市污水处理厂出水的水质分析常采用混合水样。对于进水和出水随时间变化的城市污水处理厂，为了取得更有代表性的水样，可以根据水量的变化采集相应比例体积的瞬时水样，并最终加以混合，分析平均浓度。

污水处理厂采集水样的频率至少是2h一次，将24h的水样混合后进行检测分析。亦可根据构筑物运转需要而采集瞬时水样。

3. 水样的盛装与保存

所采集的水样如果不能及时进行检测必须放在避光阴凉的地方，防止灰尘与小虫、小动物的进入，有条件的可放在冰箱内，以保持水样的原状。储存水样的容器可能吸附待测组分，或者沾污水样，因此要选择性能稳定、杂质含量低的材料制作的容器。常用的容器材质有硼硅玻璃、石英、聚乙烯和聚四氟乙烯。其中石英和聚四氟乙烯杂质含量少，但价格昂贵，一般常规监测中广泛使用聚乙烯和硼硅玻璃材质的容器。

不能及时完成分析的水样，则应根据不同监测项目的要求，采取适宜的保存方法。水样最长储存时间一般为：清洁水样为72h；轻污染水样为48h；严重污染水样为12h。

应当注意，加入的保存剂不应干扰以后的测定；保存剂的纯度最好是优级的，还应做相应的空白实验，对测定结果进行校正。水样的储存期限与多种因素有关，如组分的稳定性、浓度、水样的污染程度等。

表8-1列出我国《水质采样》标准中建议的水样保存方法。

表8-1　常用水样保存方法

序号	待测项目	容器类别	保存方法
1	pH	P或G	最好现场测定,必要时 4℃保存,6h测定
2	DO(碘量法)	P或G	每250mL 水样中加入 2mL 2mol/L $MnSO_4$ 和 2mL 1mol/L 碱性 KI,现场加入,4～8h内测定完
3	BOD_5	P或G	冷藏于4℃保存,6h内测定完
4	COD_{Cr}	P或G	加 H_2SO_4 至 pH<2,7d内测定完
5	SS	P或G	冷藏于4℃保存,7d内测定完
6	总大肠杆菌群	消毒玻璃瓶	在 4h 内检验
7	总氮	P或G	4℃保存,24h测定完
8	氨氮	P或G	4℃保存,加 H_2SO_4 至 pH<2,24h内测定完

序号	待测项目	容器类别	保存方法
9	磷酸盐	P(A)	4℃保存,48h测定完
10	微生物	G	加入硫代硫酸钠至0.2～0.5g/L出去残余物,4℃保存

注：P为聚乙烯容器；G为玻璃容器；P(A)为(1+1)HNO₃清洗过。未注明保存方法的项目表示水样不需要特殊处理。

三、水质监测项目与方法

城市污水处理厂处理过程的监测有感官判断和化学分析两类方法。为有效地管理好活性污泥处理厂，这两种方法都必须采用。

1. 感官指标

在城市污水厂的运行过程中，操作管理人员通过对处理过程中的感官指标的观测直接感觉到进水是否正常，各构筑物运转是否正常，处理效果是否稳定。一个有经验的操作管理员往往能根据观测作出粗略的判断，从而能较快地调整一些运转状态。感官指标主要有以下几方面。

（1）颜色　城市污水处理厂，比较新鲜进水颜色通常为粪黄色，如果进水呈黑色且臭味特别严重，则污水比较陈腐，可能在管道内存积太久。曝气池中混合液的颜色应该呈现巧克力样的颜色。颜色也能够作为污泥的健康指标，一个健康的好氧活性污泥的颜色应是类似巧克力的棕色。深黑色的污泥典型地表明它的曝气不足，污泥处于厌氧状态（即腐败状态）。曝气池中一些不正常的颜色也可能表明某些有色物质（例如化学染料废水）进入处理厂。

（2）气味　污水厂的进水除了正常的粪臭外，有时在集水井附近有臭鸡蛋味，这是管道内因污水腐化而产生的少量硫化氢气体所致。气味也能够指示污水厂运行是否正常。正常的污水厂不应该产生令人讨厌的气味，从曝气池采集到完好的混合液样品应有轻微的霉味。一旦污泥的气味转变成腐败性气味，污泥的颜色显得非常黑，污泥还会散发出类似臭鸡蛋的气味（硫化氢气味）。如果有其他刺鼻的令人难以忍受的气味时，则表示有工业废水进入。

（3）泡沫　泡沫可分为两种，一种是化学泡沫，另一种是生物泡沫。化学泡沫是由于污水中的洗涤剂在曝气的搅拌和吹脱下形成的。在活性污泥的培养初期，化学泡沫较多，有时在曝气池表面会堆成高达几米的白色泡沫山。在日常的运行当中，若在曝气池内，发现有白浪状的泡沫，应当减少剩余污泥的排放量。浓黑色的泡沫表明污泥衰老，应当增加剩余污泥排放量。生物泡沫呈褐色，也可在曝气池上堆积很高，并进入二沉池随水流走。这可能是由于卡诺菌引起的生物泡沫，通常原因是由于进水中含有大量油及脂类物质，如宾馆污水等。

（4）气泡　二沉池中出现气泡表明在池中的污泥停留时间太长，应该加大污泥回流率，如果沉淀池中的污泥层太厚，底层污泥会处于厌氧状态，产生硫化氢、甲烷、二氧化碳等气体。这些气体以气泡形式逸出水面，当气泡上升时，会使絮凝体与气泡一起上升，随沉淀池出水一起流出，从而引起出水水质下降。

（5）水温　水温与曝气池的处理效率有着很大的关系。污水处理厂的水温随季节逐渐缓慢变化，一天内几乎无变化。如果发现一天内变化较大，则要进行检查，是否有工业冷却水进入。当曝气池中的水低于8℃时，BOD_5的去除率常低于80%。

（6）水流状态　观察曝气池的水流状态，可确定短路情况。短路是指污水从进口直接流到出水口，导致停留的有效时间低于设计值，并使处理效果降低。有时废水流的短路形式可通过观察池中的泡沫、悬浮固体和漂浮物质的流动状况识别。设置合适的挡板能解决这个问题。

（7）曝气器的水花式样　在曝气器周围如果浪花非常小，可能意味着曝气机浸没深度不适合；曝气池中的溶解氧浓度低，也表明叶片入水深度不适合。应注意观察叶片的浸没深度，使之达到最佳的充氧效率。

（8）出水观测　正常污水处理厂处理后出水透明度很高，悬浮颗粒很少，颜色略带黄色，无气味。在夏季，二沉池内往往有大量的水蚤（俗称鱼虫），此时出水BOD_5可能在3～5mg/L。有经验的操作管理者，能用肉眼粗略地判断出水的水质状况。如果出水透明度突然变差，含有较多的悬浮固体时，应马上检查排泥是否及时，排泥管是否被堵塞或者是否由于高峰流量对二沉池的冲击太大。

（9）排泥观测　首先要观测二沉池污泥出流井中的活性污泥是否连续不断地流出，且有一定的浓度。如果在排泥时发现有污水流出，则要从闸阀的开启程度和排泥时间的控制方面来调节。对污泥浓缩池要经过观测撇水中是否有大量污泥带出。

（10）各类流量的观测　充分利用计量设备或水位与流量的关系，牢牢掌握观测时段中的进水量、回流量、排泥量、空气压力的大小与变化。

（11）触摸检查　触摸是用来检查污水厂运行情况的一个重要手段。如果水泵、风机和电机的外表温度感觉到比平常热，就应该对它们进行进一步的检查，避免产生重大事故。水泵管道的剧烈振动的现象同样能预示着潜在的设备故障，应当检查振动的原因，及时进行修理，以免产生严重问题。

2. 化学监测指标

城市污水处理厂常规水质监测指标为：进出水的pH值、生化需氧量（BOD_5）、化学需氧量（COD_{Cr}）、总固体（TS）、悬浮固体（SS）、溶解氧（DO）、氨氮（NH_3-N）、亚硝酸盐氮（NO_2^--N）、硝酸盐氮（NO_3^--N）、总氮（TN）、总磷（TP）、挥发酚、碱度、挥发酸以及大肠菌群数等指标。

（1）pH值　pH值表示污水的酸碱程度。城市生活污水的pH值通常为7.2～7.8，过高或过低的pH值均表明有工业废水的进入。进入污水厂的污水的pH值大小对管道、水泵、闸阀和污水处理构筑物均有一定影响。废水pH值过低会腐蚀管道、泵体，甚至对人体产生危害。例如，污水中硫化物在酸性条件下，会生成H_2S。H_2S大量积累会使操作人员头痛、流涕、窒息而死。另一方面，污水pH值的高低，会影响活性污泥的活性，进而影响水处理效果。pH值通常采用pH酸度计进行测定。

（2）生化需氧量（BOD_5）　由于城市污水中所含成分十分复杂，很难一一分析确认，因此在城市污水处理中，常常用生化需氧量（BOD_5）这一综合指标反映污水中有机污染物的浓度。生化需氧量是在指定的温度和指定的时间段内，微生物在分解、氧化水中有机物的过程中所需要的氧的数量。

BOD_5指标对污水处理厂运行管理的主要作用表现在：①可以反映污水处理厂进水中有机物的浓度，BOD_5的数值越高，有机物的浓度越高，反之亦然；②反映污水处理厂的处理效率，确定处理构筑物的运行参数；③反映污水处理厂的技术经济参数，衡量污水可生化程度等。由此可见，BOD_5是污水处理厂最为重要的水质监测指标。

BOD_5的测定采用稀释倍数法（5天培养法）：将原水进行适当稀释；取经过适当稀释的水样测定其中的溶解氧含量；将稀释水样注入培养瓶内加盖或加水封后置于恒温箱内（20℃），培养5天后取出，测定其中溶解氧含量。5天前后溶解氧之差乘以稀释倍数即为该水样的BOD_5。

BOD_5是城市污水处理中常用的有机污染物浓度分析指标，但是BOD_5测定存在：测定时间长，一般需要5d；污水中难以生化降解的污染物含量高时误差大；工业废水中往往含有生物抑制物，影响测定结果；BOD_5测定条件较严格等缺点。

（3）化学需氧量（COD_{Cr}）　化学需氧量是指用化学方法氧化污水中有机物所需要氧化剂的氧量。COD_{Cr}是以重铬酸钾作为氧化剂测得的化学需氧量。化学需氧量在工业废水测定中被广泛采用，在城市污水分析时与BOD_5同时应用。

城市污水的COD一般大于BOD_5，两者的差值可反映废水中存在难以被微生物降解的有机物。在城市污水处理厂分析中，常用BOD_5/COD的比值来分析污水的可生化性：可生化性好的污水BOD_5/COD>0.3；小于此值的污水应考虑生物技术以外的污水处理技术，或对生化处理工艺进行试验改革。

（4）总固体（TS）　TS是指单位体积水样，在105~110℃烘干后，残余物质的质量。TS是污水中溶解性固体和非溶性固体的总和。通过对进出水TS的分析可以反映污水处理构筑物去除总固体的效果。

（5）挥发性固体（VS）　VS是指将水样中的固体物质（TS部分）置于马弗炉中，于650℃灼烧1h，固体中的有机物即被汽化挥发的部分，此即为挥发性固体（VS）。剩余的固体物质即为非挥发性固体物质（FS），FS主要由砂、石、无机盐等构成。

（6）悬浮固体（SS）　SS是指污水中能被滤器截留的固体物质。它既可以从总固体和溶解性固体之差得到，也可以通过滤纸过滤、烘干后称重得到。该指标是构筑物沉淀效率的重要依据。测定进、出水悬浮固体，可以反映污水经初沉池、二沉池处理后，悬浮固体减少的情况。

（7）溶解氧（DO）　在污水处理中常常测定曝气池和出水中的溶解氧含量。曝气池运行管理者可以根据溶解氧含量大小，调节空气供应量，了解曝气池内的耗氧情况，以及在各种水温条件下曝气池耗氧速率。曝气池中溶解氧含量通常维持在1mg/L以上，溶解氧含量过低表明曝气池处于缺氧状态，溶解氧过高，不仅浪费能耗，而且还会加速污泥老化。污水处理厂出水中含有一定量的溶解氧有益于接纳水体自净效果的提高，因此，污水处理厂出水中应含有一定量的溶解氧。测定溶解氧常采样碘量法和膜电极法。

（8）氮　污水中氮以有机氮、氨氮（NH_3-N）、亚硝酸氮（NO_2^--N）和硝酸氮（NO_3^--N）的形式存在，各类氮的总和称为总氮（TN）。有机氮可在微生物的作用下，被氧化分解为NH_3、NO_2^-和NO_3^-。

因此测定处理水中氮含量，可以反映有机物分解过程及污水处理效果。当二级处理出水中只含有少量NO_2^--N，表明该处理出水尚未完全无机化，当供氧量不足时，亚硝酸盐会还原为氨氮；当二级处理出水中，随着TN的去除率增加，NO_3^--N所占比例增加时，表面污水中大部分有机氮已被转化为无机物。

对具有脱氮处理工艺的污水处理厂，在硝化或反硝化段，要测定硝酸盐和亚硝酸盐，以了解曝气池内硝化和反硝化完成情况的脱氮效果。

（9）磷　磷是影响微生物生长重要的元素之一，因此，在污水生物处理过程中，对碳氮磷的比有一定的要求。在微生物的作用下，磷可在有机磷和无机磷之间、可溶性磷和不溶性磷之间进行转化。在天然水和废水中，磷主要以正磷酸盐、偏磷酸盐和有机磷的形式存在，有机磷与无机磷的总和即为总磷（TP）。在水体中，磷含量过高，可引起水体富营养化。因此磷也是废水污染程度与净化程度的指标。

水中磷的测定，通常按其存在形式而分别测定 TP、溶解性正磷酸盐和总溶解性磷。采集的水样未经过滤，经强氧化剂分解，测得水中 TP；若经微孔滤膜过滤后，其滤液供可溶性正磷酸盐的测定；滤液经强氧化剂的氧化分解，测得可溶性总磷。

（10）挥发酚　挥发酚是指沸点在 230℃ 以下的酚类，通常属于一元酚。挥发酚属于高毒物质，水中含量为 0.1~0.2mg/L 时，可使其中生长的鱼的鱼肉有异味，高浓度（>5mg/L）时，则造成其死亡。含酚废水不宜用于农田灌溉，否则，会使农作物枯死或减产。另外，处理水中含微量酚，在进行加氯消毒时，可产生特异的氯酚臭。挥发酚的分析测定方法各国普遍采用 4-氨基安替比林光度法。

（11）碱度　碱度反映城市污水中和酸的能力，一般城市污水处理厂的碱度达 200mg/L 左右（以 $CaCO_3$ 计）。碱度较高的城市污水具有较强的缓冲工业废酸水排入的影响，在城市污水处理的生化处理部分，可满足硝化反应消耗碱度的要求，在污泥消化系统中还有缓解超负荷运行带来的酸化作用，有利消化稳定运行。因此，碱度是污水处理过程的控制指标。碱度主要采用酸碱指示剂滴定法和电位滴定法测定。

（12）挥发酸　挥发酸是污泥厌氧消化过程的酸化产物。若挥发酸积累过多，将会抑制产甲烷菌的活性。厌氧反应器内挥发酸一般控制在 200mg/L 以内。挥发酸浓度分析测定方法通常采用气相色谱法。

（13）总大肠菌群数　城市污水既包括人们的生活排出的洗浴、粪尿，也包括公共设施排出的废水，这些污、废水都有可能带来大量的病毒和致病菌。由于病菌类别多样，因此在通常采用最有代表性的大肠菌群指标反映净化水的卫生质量。大肠菌群的分析方法有多试管发酵法和滤膜法。多试管发酵法的测试结果用最可能数进行表示，英文简写 MPN，单位为个/L。滤膜法的测试结果是培养皿上接种的大肠杆菌菌落数，单位为个/L。

表 8-2 所示为城市污水处理厂水质监测项目与监测频率。

表 8-2　城市污水处理厂水质监测项目与监测频率

工艺单元	取样位置	检测项目	取样目的	取样频率	水样类型
一级处理	进水	COD	质检	每日一次	混合
		BOD$_5$			
		TSS			
		pH	工艺控制	每周一次	瞬时
		TN	质检	每日一次	瞬时
		TP			
		NH$_3$-N			
	出水	BOD$_5$	质检	每周一次	混合
		TSS			
		DO			瞬时
		pH		每日一次	
	污泥	TS	工艺控制	每日一次	混合
		VS		每周一次	

工艺单元	取样位置	检测项目	取样目的	取样频率	水样类型
二级处理	混合液	DO	工艺控制	每日一次	瞬时
		温度			混合
		MLSS			混合
		MLVSS		每周一次	
		SVI			瞬时
		NO_3^-			
	回流污泥	TSS	工艺控制	每日一次	混合
	二沉池出水	COD	质检	每日一次	混合
		BOD_5			
		TSS			
		DO			
		TN		每周一次	瞬时
		TP			
		NH_3-N			
		NO_2^-			
		NO_3^-		每周一次	
		pH		每日一次	
		大肠菌群数		每周一次	
厌氧消化	消化进泥	TS	质检	每日一次	混合
		VS			
		pH	工艺控制	每周一次	瞬时
		碱度			
	消化池	温度	工艺控制	每日一次	瞬时
		挥发酸		每周一次	
		碱度		每周一次	
		pH		每日一次	
		重金属		每季一次	
	消化出泥	挥发酚	工艺控制	每周一次	瞬时
		TS	质检	每日一次	
		VS		每日一次	
		TN	工艺控制	每周一次	
	消化上清液	TS	质检	每日一次	混合
		TSS	工艺控制		
		BOD_5			
	沼气池	CH_4	工艺控制	每日一次	混合

3. 水质监测分析方法

城市污水处理厂水质监测分析方法（见表 8-3）主要采用国家标准方法或国家环境保护

部认定的替代方法、等效方法执行。

表 8-3　城市污水处理厂常用水质监测指标及分析方法

序号	检测项目	测定方法	检出限/(mg/L)	方法来源
1	化学需氧量(COD)	重铬酸钾法	10	GB 11914—89
2	生化需氧量(BOD)	稀释接种法	2	GB 7488—87
3	pH 值	玻璃电极法		*
4	溶解氧(DO)	碘量法		GB 7489—87
		膜电极法	5	GB 11901—89
5	悬浮固体(SS)	重量法	5	GB 11901—89
6	总悬浮固体(TSS)	重量法		*
7	挥发性悬浮固体(VSS)	灼烧重量法		
8	总氮(TN)	过硫酸钾氧化-紫外分光光度法	0.025	GB 11894—89
9	氨氮(NH₃-N)	纳氏剂光度法	0.01	GB 11894—89
10	硝酸氮(NO₃⁻)	酚二磺酸光度法	0.02	GB 7479—87
11	亚硝酸(NO₂⁻)	N-(1-萘基)-乙二胺光度法	0.003	GB 7480—87
12	总磷(TP)	钼锑抗分光光度法	0.01	GB 7493—87
13	挥发酚	4-氨基安替比林萃取光度法	0.002	GB 11893-89
14	碱度	酸碱滴定法		GB 7490-87
15	挥发酚	采用气相色谱法		①
16	总大肠菌群数	多管发酵法		

①资料来源于《水和废水监测分析方法》，第 4 版，北京：中国环境科学出版社。

第二节　城市污水处理厂活性污泥性质的测定

活性污泥法处理污水是一种好氧生物处理方法。由于这种方法具有高净化能力，是目前工作效率最高的人工生物处理法，因而得到广泛的应用。处理污水效果好的活性污泥应具有颗粒松散、易于吸附和氧化有机物的性能，且经吸气后澄清时，泥水能迅速分离，这就要求活性污泥有良好的混凝和沉降性能。活性污泥性质的测定通常有以下几个项目：混合液悬浮固体浓度（MLSS）、污泥沉降比（SV₃₀）、污泥体积指数（SVI）。

一、混合液悬浮物浓度（MLSS）和混合液挥发性悬浮物浓度（MLVSS）

MLSS 是指曝气池中单位体积活性污泥混合液中悬浮物的质量，单位为 mg/L。MLVSS 是指混合液悬浮物中有机物的质量（是指 600℃ 高温灼烧后减重的那部分物质）。MLSS 是计量曝气池中活性污泥浓度的指标，由于测定简便，往往以它作为粗略计量活性污泥微生物的指标。有时也以 MLVSS 表示活性污泥微生物浓度，这样可以避免污泥中惰性物质的影响，更能反映污泥的活性。

采用好氧活性污泥法处理时，曝气池中 MLSS 一般也维持在一定范围内。MLSS 的浓度过低时，必然使污泥中微生物性能差、污泥絮凝性差；MLSS 过高必然导致曝气池搅拌和氧气扩散阻力增加，二沉池负荷过大。若 MLSS 或 MLVSS 不断增高，表明污泥增长过快，排泥量过少。因此，需维持曝气池混合液 MLSS 在一定范围内。在城市污水处理中，MLSS 通常保持在 1000~3000mg/L。MLVSS/MLSS 比较固定，一般为 0.5~0.7。

二、污泥沉降体积（SV 或 SV_{30}）

污泥沉降体积是指曝气池混合液活性污泥混合液 1000mL 量筒（亦可采用 100mL 量筒）中，静置沉降 30min 后，沉降污泥与所取混合液体积之比。SV 值越小，污泥沉降性能越好。城市污水厂 SV 或 SV_{30} 一般为 20%~30%。

三、污泥体积指数（SVI）

污泥体积指数简称污泥指数，是指曝气池中活性污泥混合液经 30min 沉降后，1g 干污泥所占的体积（以 mL 计），即

$$SVI = \frac{混合液\,30min\,后污泥沉降体积（mL/L）}{混合液污泥浓度（g/L）}$$

污泥指数能较好地反映活性污泥的松散程度，是判断污泥沉降性能的常用参数。污泥指数过低，说明泥粒细小、紧密、无机物多，缺乏活性和吸附能力；污泥指数过高，说明污泥将要膨胀，或已膨胀，污泥不易沉淀，影响污水的处理效果。一般认为，SVI 小于 100~150，污泥沉降性能良好，SVI 大于 200 时，污泥膨胀，沉降性能差。

第三节　城市污水处理厂活性污泥生物相及其指示作用

活性污泥处理污水起作用的主体是微生物。活性污泥中的微生物主要有细菌、原生动物和藻类三种，此外还有真菌、病毒等。细菌在水处理过程中是分解有机物的主角，其次是原生动物。活性污泥中的细菌主要以菌胶团和丝状菌的形式存在，游离细菌很少。活性污泥中的原生动物种类较多，经常出现的原生动物主要是钟虫，还有楯纤虫、吸管虫、漫游虫、变形虫等。此外，还有一些后生微型动物，如轮虫和线虫。

一、样品的采集及保存方法

使用具柄勺或采水器在曝气池靠近出水口处取混合均匀水样。将盛有水样的容器摇匀后，再取样制片进行显微镜观察。若活性污泥浓度（以 MLSS 计）为 2000~3000mg/L 时，可直接制片进行观察；若浓度大于 3000mg/L 时，需用蒸馏水稀释后，再进行制片观察。

水样装瓶后应立即进行观察，活性污泥及生物膜的特性在存放期间会发生变化，尤其是高负荷处理系统中的活性污泥及生物膜。在缺氧情况下，微生物相会在短时间内发生重大改变。若水样无法立刻进行观察时，需在 4~7℃下储存，储存瓶中仅装 1/3 的水样量。高负

荷处理系统的水样只能储存 2～3 天，必须在 2 天内将所有水样观察完毕。

二、活性污泥中的微生物

活性污泥是微生物群体及它们所吸附的有机物质和无机物质的总称。微生物群体主要包括细菌、原生动物和藻类等。其中，细菌和原生动物是主要的两大类。

1. 细菌

细菌是单细胞生物，如球菌、杆菌和螺旋菌等。它们在活性污泥中种类多、数量大、体积微小，具有强的吸附和分解有机物的能力，在污水处理中起着关键作用。

在活性污泥培养的初期，细菌大量游离在污水中，但随着污泥的逐步形成，逐渐集合成较大的群体，如菌胶团、丝状菌、原生动物、后生微型动物。

(1) 菌胶团　菌胶团是细菌及其分泌的胶质组成的肉眼可见的细小颗粒。活性污泥中的细菌大多数包裹在胶质中，以菌胶团的形式存在，也称为絮状体或绒粒。菌胶团是活性污泥的结构和功能中心，具有吸附、氧化分解能力及凝聚沉降等性能。菌胶团有球形、分枝状、蘑菇形、垂丝形等各种形状（见图 8-1）。

球形菌胶团　　　　　分枝状菌胶团　　　　蘑菇形菌胶团

图 8-1　菌胶团形态

(2) 丝状细菌　丝状细菌是具有衣壳或不具衣壳的菌体细胞相连而形成丝状的一类细菌。活性污泥中的丝状细菌主要为球衣菌、发硫细菌和贝氏硫细菌（见图 8-2）等。丝状细菌往往附着在菌胶团上或与之交织在一起，构成活性污泥的骨架。球衣菌具有很强的氧化分解有机物的能力，起着一定的净化作用。但是，当它大量繁殖时，会使活性污泥的絮凝沉降性能变差，严重时，造成污泥膨胀。发硫细菌和贝氏硫细菌能将水中的 H_2S 氧化为 S^0，并以硫粒的形式存在于菌体中。当水中含有大量 H_2S，溶解氧浓度较低时，硫细菌大量繁殖，同样引起污泥膨胀。

球衣菌　　　贝氏硫细菌

图 8-2　活性污泥中的丝状细菌

2. 原生动物

原生动物为体积微小、结构简单的低等单细胞动物。在污水处理的活性污泥中存在大量的原生动物，它们通过将有机物颗粒（包括游离细菌和已经老化菌胶团）摄入体内参与废水的净化，另一方面，由于原生动物对环境条件比较敏感，其种群组成和数量会随环境变化而变化，因此，常被用作指示生物。活性污泥中常见的原生动物有钟虫类、变形虫类、鞭毛虫类、游泳型纤毛虫类等。活性污泥中常见的原生动物如图 8-3～图 8-5所示。

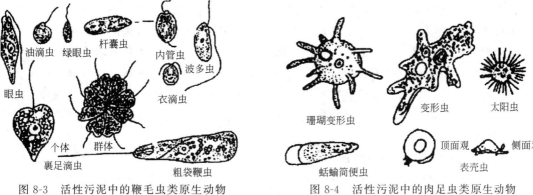

图 8-3　活性污泥中的鞭毛虫类原生动物

图 8-4　活性污泥中的肉足虫类原生动物

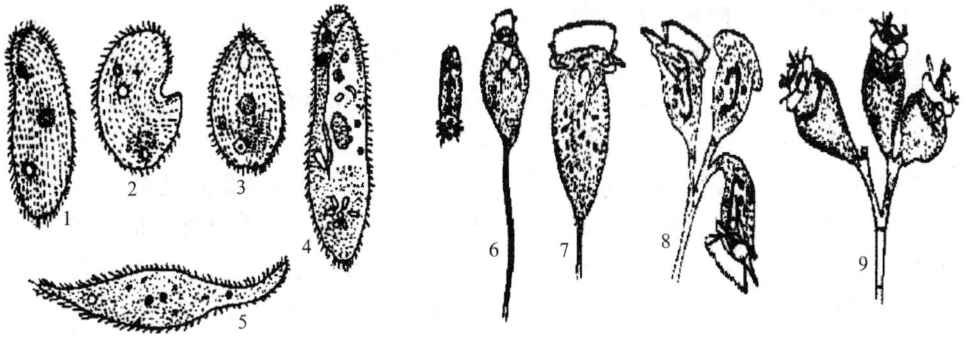

图 8-5　活性污泥中的纤毛虫类原生动物

1—豆形虫；2—肾形虫；3—梨形四膜虫；4—草履虫；5—漫游虫；6—小口钟虫；

7—沟钟虫；8—独缩虫；9—累枝虫

3. 微型后生动物

　　活性污泥中存在的微型后生动物主要有轮虫和线虫，有时偶尔出现腹毛类、寡毛类和甲壳类（见图 8-6）。一般情况下，活性污泥中的微型后生动物个体数目较少，但是在低负荷活性污泥中，特别是延时曝气池的活性污泥中，有时轮虫和寡毛类会成为优势种。

图 8-6　活性污泥中常见的微型后生动物

三、微生物对活性污泥状况的指示作用

　　原生动物、微小后生动物以及其他用显微镜能够鉴别的生物，将成为判断水处理装置的

环境条件和处理水质等好坏的指标性生物。特别是原生动物及微型后生动物比较容易鉴别和计数，因而在污水处理厂的运行管理方面将其作为重要的判断项目来进行观察。

运行正常的城市污水处理厂的活性污泥，污泥的絮体较大，边缘清晰，结构紧密，具有较强的吸附及沉降性能。污泥的絮体以菌胶团为骨架，穿插生长着一些丝状菌，但其数量少于菌胶团细菌。微型动物以固着型纤毛虫为主，如钟虫、盖纤虫、累枝虫等，偶尔可见到少量的游动纤毛虫等。在出水水质良好时，可见到轮虫。生物相能在一定程度上反映好氧处理系统运行状况和处理质量。下面是几种生物相对活性污泥状况的指示情况，及判断活性污泥功能的指标性生物。

1. 活性污泥良好时出现的生物

当活性污泥良好时出现的生物有钟虫属、累枝虫属、盖纤虫属、有肋楯纤虫属、独缩虫属、聚缩虫属、各种吸管虫类、轮虫类、寡毛类等固着型种属或者匍匐型种属。这些生物的存在表面活性污泥的处理功能得到充分发挥。

2. 活性污泥状态恶化时出现的生物

豆形虫属、肾形虫、草履虫属、瞬目虫属、波豆虫属、屋滴虫属、滴虫属等快速游泳型的种属是在活性污泥状态恶化时出现的生物。当这些生物出现的时候，絮凝体较小，往往在 $0.1\sim0.2mm$ 以下，活性污泥的形状恶化的时候，波豆虫属、屋滴虫属和滴虫属等微小鞭毛虫类所占的比例极高。而且，当处理功能严重恶化的时候，微型动物几乎不出现，而可以观察到大量分散状的细菌，活性污泥的凝聚能力下降，松散絮体所占的比例极端增高。另外，由于微小鞭毛虫类的体长大多为 $10\mu m$ 以下，因此，镜检时应加注意。原生动物少的现象，是在 BOD 负荷极高或者溶解氧不足或者有害物质流入的时候出现的。

3. 从活性污泥恶化恢复到正常时出现的生物（中间活性污泥性生物）

中间活性污泥性生物有漫游虫属、斜叶虫属、管叶虫属等慢速游泳的或匍匐行进的生物。这些生物很少是以优势出现的，而且这些生物是在过渡期内出现的，所以能大量地观察到的时间不过 $5\sim10$ 天。

4. 活性污泥分散、解体时出现的生物

活性污泥分散、解体时的指标性生物为变形虫属和简便虫属等肉足类，如在 1mL 混合液中出现 10000 个以上的个体时，絮凝体变小，出水浑浊并呈白色。出现这种状态之后再采取措施就已经太晚了，所以只要发现这些生物急剧增加，就要减少回流污泥泥量，通过这样的操作可以使解体现象得到某种程度的控制。

5. 活性污泥膨胀时出现的生物

球衣菌属、发硫菌属、诺卡菌属、各种霉菌等丝状微生物是导致活性污泥膨胀的主要生物。一旦这种丝状微生物异常增长，活性污泥呈棉絮状，而且在静置状态下也不容易沉淀。如将膨胀污泥置于显微镜下观察就可见到断线条状的丝状微生物互相缠绕着。在膨胀污泥中也出现微型动物，但其个体数一般比正常污泥少。由丝状微生物导致的污泥膨胀通常在下列几种情况下可以观察到的：①BOD：N 和 BOD：P 的比率高；②pH 值低；③BOD 负荷高；④流入废水中低分子碳水化合物多；⑤水温低；⑥流入重金属等有毒物质等。

6. 溶解氧不足时出现的生物

溶解氧不足时出现的生物主要有贝日阿托菌属、扭头虫属、新态虫属等。当这一类生物出现在曝气池内时，有时活性污泥呈黑色，并散发出腐败的臭味。所以当出现这种生物相时需要向构筑物内增加送气量，以提高溶解氧浓度。

7. 过分曝气时出现的生物

经持续地过分曝气而使溶解氧超过 5mg/L 时，就会出现各种肉足虫类和轮虫类。在形成这种生物相的情况下，减少送气量也不会有什么问题。

8. 污水浓度和 BOD 负荷很低时出现的生物

当污水浓度和 BOD 负荷很低时会出现以游仆虫属、旋口虫属、轮虫属、表壳虫属、鳞壳虫属等占优势的生物。这种生物多，也标志着硝化作用正在进行。在形成这种生物相的情况下，即使提高 BOD 负荷进行运转也不会有什么问题。因此，当采用两套处理系统时可只运行一套，以便节省能量。

9. 有害物质流入时生物相的变化

原生动物和轮虫类等微型动物受有害物质的影响比细菌更敏感，因此，根据微型动物的观察结果可以推断有害物质对活性污泥的影响。在活性污泥性生物中最容易受到影响的是楯纤虫属。因此，当出现楯纤虫属急剧减少的现象时，就可以判定为受到了有害物质的影响或者是某些环境条件的变化。此时，一方面要提高曝气池的微生物浓度，另一方面必须采取措施，去除污染源中的有害物质。

第四节 水质检测过程质量控制

一、水质检测过程质量控制要求

① 样品管理员对需检测的水样进行核查，并进行编号，填写检测项目，方可送入实验室。

② 全程序空白值测定 以实验用水代替样品，其他所加试剂和操作步骤与样品测定相同所测得的值为空白值。样品测试时，每批样品须测试 2 个全程序空白值，它们的相对偏差<50。

③ 校准曲线 校准曲线不得长期使用，校准曲线的适用效果依赖于各种因素，如实验条件的改变、试液的重新配置、仪器的稳定性等。因此，应在每次分析样品的同时，同步绘制校准曲线，或至少应在分析样品的同时，测定两个适当浓度及空白与原校准曲线的相同浓度进行校核，相对差值应在 5%~10%，否则，应重新绘制校准曲线。

绘制校准曲线的分析步骤与样品分析相同，校准曲线至少有 5 个浓度点，标准浓度范围应覆盖样品测定的浓度，校准曲线回归时应减去空白值，同时必须包括零浓度点。

校准曲线回归的相关系数一般要求 $R^2 \geqslant 0.999$ 为合格。

④ 精密度控制 在每次监测过程中，在实验室内随机抽取 10% 明码平行样品作为自控样同时进行测定，每批样品至少做 1 份样品平行样。

⑤ 准确度控制 采用质控样或加标回收分析，以检查分析的准确度。

⑥ 原始记录 原始记录使用墨水笔书写，做到字迹端正清晰。原始记录如有要更改的地方，应在更改处加两横，并盖上"校正"章，并在其右上方填上正确数据。

⑦ 测量数据的有效数据及规则 表示精密度的有效数字根据分析方法和待测物的浓度不同，一般只取 1~2 位有效数。

分析结果有效数字所能达到的位数不能超过方法最低检出浓度的有效位数所能达到的

位数。

原始记录审核制度：分析原始记录审核内容包括数据计算过程、质控措施、计量单位、样品编号。原始记录应有检测人员和审核人员的签字。

二、水质检测过程质量控制措施

主要质量控制措施有以下几种。

1. 平行样分析

在每次监测过程中，在实验室内随机抽取10％明码平行样品作为自控样同时进行测定，测定结果的相对偏差在允许范围之内者为合格；对于检测结果小于检出限的样品，可不作平行样。它可以检查分析的精密度。

$$平行双样相对偏差（\%）=\frac{A-B}{A+B}\times100$$

式中，A、B分别为同一水样两次平行测定的结果。

2. 加标回收率分析

能做加标回收的样品，随机抽取10％～20％的样品量进行加标回收实验，以检查分析的准确度。所得结果可按方法规定的水平进行判断或在质量控制图中检验。二者都无依据时，可按95％～105％的域限作判断。超出此域限的再按测定结果的标准差、自由度、给定的置信限和加标量计算可接受限。分析的准确度在偏差的允许范围之内为合格。加标回收率可以反映测试结果的准确度。

$$回收率（\%）=\frac{加标试样的测定值-试样测定值}{加标量}\times100$$

3. 密码样分析

由专职质控人员在所需分析的样品中，随机抽取检测人员未知浓度的10％的样品，当作平行样或加标样，发放给检测人员检测。

4. 标准物质（质控样）

标准物质可以是明码的也可以是密码的，明码样式指依据检测方法配制的已知浓度的质控样，密码样是指经过权威部门定值、有准确值的样品，它必须由专门人员保管。它可以检查分析的准确性。

第五节　突发性水质异常的监测

污水处理厂应对本厂纳污管网的重点污染源建档备案，并对其排放规律、水质状况有所了解，当出现进水水质超标，可能影响污水处理厂正常运行时，污水处理厂水质检测人员应对可疑污染源排放口的水样及时采样检测，查清污染来源。生产管理部门应根据实际进水超标情况增加采样检测频次。在有条件的情况下，检测人员可携带必要的简易快速检测器材和采样器材及安全防护装备尽快赶赴现场，利用检测管和便携式监测仪器等快速检测手段鉴别、测定污染物种类，并给出定量或半定量结果；对于不具备现场检测手段和现场无法鉴定或测定的项目的情况，应立即现场采集水样，及时将样品送回实验室检测。检测人员要将检测数据及时上报生产管理部门和相关负责人，由生产管理部门根据检测数据对相关工艺进行及时调整，采取应急措施并及时上报当地污水处理行业行政主管部门和环保行业行政主管部门。

当出水水质超标时，污水处理厂水质检测人员在确保检测结果准确无误时，将检测结果及时上报生产管理部门，由生产管理部门查找出水水质超标原因，及时调整相关工艺，形成闭环管理。检测人员应配合工艺调整进行过程检测。

对于因突发事件或事故造成污水处理厂关键设备停运的，污水处理厂水质检测人员应密切注意出水水质变化情况，做好进、出水水质情况跟踪检测直至抢修恢复正常运行。

出现上述突发性水质异常情况时，检测人员应留样保存，以备复检。

第九章
电气仪表与自动化

在废水处理系统中，需要大量的电机拖动及其控制系统工作，以保证系统运行中动力的有效供给，同时还需要测量多种运行控制参数，如水温度、液位、流量、压力、pH 等，以便保证现场测量和自动化控制有效地进行。随着科学技术的发展和废水处理工艺的发展，对废水处理过程的自动化控制的要求也会不断提高，因此应对系统中相关的机电、仪器及其控制系统的相关知识和操作技能有充分的认识和掌握。

第一节　污废水处理厂（站）供配电系统

一、供配电装置

为保证生产的正常运行和监控管理，及时掌握用电设备布局和用电量的大小等情况，污废水处理厂（站）内部要设置供配电系统。由于大多数用电设备的额定电压一般都在 10kV 以下，所以污水处理厂接受的从电力系统送来的高压电能，不能直接使用，必须经过降压才能分配到各用电车间。厂（站）内部供配电系统由高压及低压配电线路、变电所和用电设备所组成。如图 9-1 为供电系统示意图。

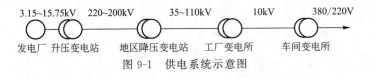

图 9-1　供电系统示意图

（一）供电线路

输送和分配电能的电路统称为供电线路。我国采用的供电电压有 500kV、330kV、220kV、110kV、35kV、10kV、6kV、0.4kV 等几种。供电线路按照电压高低，一般将 1kV 及其以下的线路，叫做低压线路，1kV 以上的线路，叫高压线路。一般中小型工厂企业与民用建筑的供电线路电压，主要是 10kV 及以下的高压和低压，而在三相四线制的低压供电系统中，380/220V 是最常采用的低压电源电压。低压供电线路的接线方式主要有放射式、树干式和环形接线等基本接线方式。

① 放射式接线　低压放射式接线如图 9-2 所示。放射式接线的特点是引出线发生故障时互不影响，供电可靠性高；但其有色金属消耗量较多，导线和开关设备用量大，且系统灵

活性较差。这种接线方式适合于对一级负荷供电，或多用于对供电可靠性要求较高的车间或公共场所，特别是用于大型设备供电。

② 树干式接线　低压树干式接线如图9-3所示。树干式接线的特点与放射式接线相反，其系统灵活性好，采用的开关设备较少，一般情况下有色金属消耗量较小；但干线发生故障时影响范围大，所以供电可靠性较低。树干式接线适于供电给容量较小而分布较均匀的用电设备。

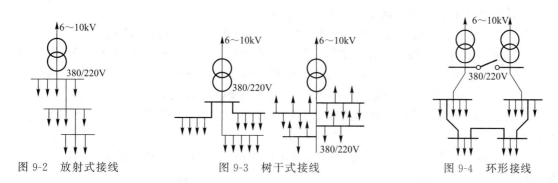

图 9-2　放射式接线　　　　　图 9-3　树干式接线　　　　　图 9-4　环形接线

③ 环行接线　两台变压器供电的环行接线方式如图9-4所示。环行接线供电可靠性较高，任一段线路发生故障或检修时，都不致造成供电中断，或只短时中断供电，一旦切断电源的操作完成，就能恢复供电。环形接线可使电能损耗和电压损失减少，既能节约电能又容易保证电压质量。其缺点是保护装置及其整定配合相当复杂，容易发生误动作，扩大故障停电范围。

低压380/220V配电系统的基本接线方式仍然是放射式和树干式两种，而实际用的多数是这两种形式的组合，或称为混合式。

（二）变电所

变电所是变换电压和分配电能的场所，它由电力变压器和配电装置组成。对于仅装有受、配电设备而没有电力变压器的，则称为配电所。变配电所的主接线（或称一次接线）是指由各种开关电器、电力变压器、母线、电力电缆、移相电容器等电气设备，依一定次序相连接的接受和分配电能的电路。电气主接线图通常画成单线图的形式（即用一根线表示三相对称电路）。

（三）变压器

变压器是远距离输送交流电时所使用的一种变换电压和电流的电气设备。变压器种类较多，按其用途和绝缘方式分类如下。

电力变压器主要分为升压变压器、降压变压器、配电变压器、厂用变压器等。这种变压器容量从几十千伏安到几十万千伏安，电压等级从几百伏到几百千伏。特种变压器根据交通、化工、自动控制系统等部门的不同要求，提供各种特殊电源或作其他用途。如冶金用的电炉变压器、电焊用的电焊变压器和化工用的整流变压器等。控制用变压器容量较小，用于自动控制系统如电源变压器、输入变压器、输出变压器、脉冲变压器等。调压器能均匀地调节电压，如自耦调压器、感应调压器等。

1. 电力变压器

变压器主要由铁芯、绕组两部分组成，大容量变压器一般还配有油箱、绝缘套管和冷却系统等。

变压器工作原理是通过电磁感应作用把交流电从变压器原边输送到副边，利用绕在同一铁芯上原、副绕组的匝数不同，把原绕组的电压电能变成同频率副绕组的另外一种电压电能。

① 变压器的铭牌一般标有 型号；额定电压；额定电流；额定容量；连接组别；阻抗电压。

a. 目前国产中小型变压器型号有 S、SL、SF、SZL_7 等。其中，SL 系列电力变压器是全国统一设计的更新换代产品，它主要技术数据都标在变压器产品的铭牌上。

b. 额定电压当变压器空载时，在额定分接下端子间电压保证值（线电压）称为变压器的额定电压。它分为原边（高压）和副边（低压）两种额定电压。配电变压器较多的采用 10/0.4（kV），即原边额定线电压为 10kV，副边额定线电压为 400V。

c. 额定电流指变压器原边和副边线电流，单位为 A。当变压器没有提供此数据时，可计算出来。

d. 额定容量额定工作状态下变压器的视在功率称为变压器的额定容量，单位为 kVA 或 VA。

e. 连接组别是指变压器原、副绕组的连接方法，常见的有"Y，yno"和"Y，dII"。前者表示原、副绕组均为星形连接并带零线 N，其中，"II"表示原、副绕组对应的线电压相位差为 30°（这是用时钟表示原、副边线电压相位关系的方法，即高压边线电压为时钟的长针，并永远指在钟面的"12"上。低压边线电压为短针，它指在钟面上的数字为连接组别的标号）。

f. 阻抗电压（短路电压）表示副绕组在额定运行情况下电压降落情况。一般都是以与额定电压之比的百分数表示。

g. 此外，变压器铭牌上还标有相数、运行方式、冷却方式和运输安装的有关数据等。

② 变压器使用时检查项目 变压器使用时检查以下项目：有无打火现象，声音有无异常；冷却装置工作是否正常，温度、湿度是否正常；接地装置连接是否良好；紧固件、连接件、标准件是否拧牢。

③ 操作技术要求

a. 变压器送电应由装有保护装置的电源侧进行，停电时先停负荷侧，后停电源侧。

b. 有开关时，应用开关投入或切出。

c. 变压器并联运行条件：连接组别相同；原、副边额定电压比相同，允许相差 ±0.5%；短路阻抗相对值相等，允许相差±10%。

④ 运行异常情况 内部声音异常，并有"噼啪"放电声；变压器着火燃烧；端子熔断形成两相运行；在正常冷却和负荷情况下，油温急剧上升，超出允许值；绝缘套管有放电和严重的破裂现象。如出现以上情况之一立即停止运行。

2. 互感器

互感器属于特种变压器，它是电力系统中供测量和保护用的重要设备，常见的互感器有电压互感器和电流互感器两类。

（1）电压互感器 电压互感器（又称仪用变压器 Prr）是将高电压降为低电压，再供给测量、电压仪表和继电器专用的电气设备。

安装电压互感器前，应对产品进行检查，如有下列情形不得使用：铭牌所列出的规格与要求不同；油箱焊缝处或密封垫处渗漏油；油位低于油位线；磁件与绕组件破损。

使用电压互感器应注意以下几点。

① 测绝缘电阻时，在温度为 15～30℃ 时，需用 2500V 的兆欧表测量各绕组间及对地的绝缘电阻。一次绕组对二次绕组及地的绝缘电阻不得低于出厂值的 70%。二次绕组间及对地的绝缘电阻不得低于 10MΩ。

② 测量空载电流和空载损耗。测量值与出厂值的差不得大于 30%。

③ 电压互感器二次绕组不能短路，因为电压互感器的负荷是阻抗很大的电压线圈，短路后二次回路阻抗仅仅是二次绕组的阻抗，二次电流增大，电压互感器就有烧坏的危险。

（2）电流互感器　电流互感器（又称变流器）是将高压电路内的大电流按比例变为适合通过仪表或继电器的低压小电流（一般为 5A）的电气设备。它的原绕组导线截面大，匝数很少，串联在测量电路中；副绕组导线截面小，线圈匝数很多，与仪表及继电器的电流线圈相串联。电流互感器一次侧电流完全由该电路的负载决定，原电流在额定范围内变化，二次电流即成比例的变化。由于电流互感器回路的阻抗很小，所以在使用时，副边绝对不能开路，要接入仪表或拆除仪表时必须将副边短路，否则它将处于空载状态，被测线路中的大电流全部变成电流互感器的定载电流，使副绕组感应出十分高的电势，可使绝缘击穿且危及工作人员。

电流互感器安装前，需进行外观检查，如有下列情形不得使用：铭牌所列出的规格与要求不同；油箱焊缝或密封垫处渗漏油；紧固件松动、短缺；磁件与绕组体有破损、开裂现象。

使用过程中注意事项如下：底座上的连接螺丝栓应可靠接地；运行中不使用二次绕组，应可靠短接；产品要定期检查内部绝缘情况，若发现内部受潮，应停止运行，合格后方可投入使用；应经常检查产品磁件和绕组体有无开裂、破损，声音及气味有无异常，一经发现应立即处理。

3. 自耦变压器

原、副绕组组合形成一个绕组的变压器称为自耦变压器，也叫调压变压器，其中高压绕组的一部分兼作低压绕组。

和普通变压器一样，当原绕组的两端加上电压后，铁芯中产生交变磁通，在整个绕组的每一匝上都产生感应电动势，且每一匝上感应电动势都相等，绕组上的感应电动势的大小必与匝数成正比。

自耦变压器具有构造简单，节省用铜量，效率比普通变压器高等优点。其缺点是原、副绕组之间有电的联系，容易造成低压边受到高压电的威胁，自耦变压器只能用于电压变化不大的地方（高低压比值不超过 2）。

自耦变压器分单相和三相，三相自耦变压器可作为大型异步电动机的启动设备，称为启动补偿器。

二、高低压电气设备

（一）高压电气设备

通常将 1kV 以上的电气设备称为高压电气设备，主要用于控制发电机、电力变压器和电力线路，也可用来启动和保护大型交流高压电动机。常用的高压电气设备有以下几种。

1. 高压断路器

高压断路器是变电所作为闭合和开断电器的主要设备。它有熄灭电弧的机构，正常供电时利用它通断负荷电流，当供电系统发生短路故障时，它与继电保护及自动装置配合能快速切断故障电流，防止事故扩大从而保证系统安全运行。高压断路器中采用的灭弧介质主要有液体、气体和固体介质。根据灭弧介质及作用原理，高压断路器可分为油断路器、压缩空气断路器、SR 断路器、真空断路器、自产气断路器、磁吹断路器 6 个类型。

在污水处理厂中广泛使用 SR 断路器，它是应用 SR 气体在电弧作用下分解为低氟化合物，大量吸收电弧能量，使电弧迅速冷却而熄灭。虽然这种断路器价格偏高，维护要求严格，但动作快，断流容量大，电寿命长，无火灾和爆炸危险，可频繁通断，体积小，一直被人们广泛使用。

2. 高压熔断器

高压熔断器是一种利用熔化作用而切断电路的保护电器，熔断器主要由熔体和熔断管两部分组成。其中熔体是主要部分，既是敏感元件又是执行元件。当它的电流达到或超过一定值时，由于熔体本身产生的热量使其温度升高到金属的熔点而自行熔断，从而切断电路，熔断器的工作包括以下几个物理过程。

① 流过过载或短路电流时，熔体发热至熔化；

② 熔体气化，电路断开；

③ 电路断开后的间隙又被击穿产生电弧；

④ 电弧熄灭。

熔断器的切断能力取决于最后一个过程。熔断器的动作时间为上述四个过程的时间的总和。

熔断器视其额定电压的不同有低压熔断器与高压熔断器之别，在工作原理上它们之间没有什么区别。

3. 隔离开关

隔离开关是与高压断路器配合使用的设备，主要用途是保证电气设备（变压器、线路、断路器等）检修时的工作安全，起到电压隔离作用。隔离开关没有灭弧装置，不能切断负荷电流和短路电流，必须先将与之连接的断路器开断后，才能进行操作。某些情况下，隔离开关也可以用来进行电路的切合操作，例如在双母线电路中将线路从工作母线切换到备用母线上；分合一定容量的空载变压器；分合一定长度的空载线路等。各种操作都应从隔离开关触头间不产生强大的电弧为条件，并应严格遵照电力操作规程的规定。隔离开关的型号意义，例如 GN 6-10T/600 表示户内式、10kV、600A 隔离开关。户内式隔离开关有单极式和三极式，额定电压 6～35kV，额定电流从 200～9100A 有不同的等级。

为了检修时工作的安全，隔离开关常装有接地刀闸。隔离开关的操作机构有手动操作机构、电动机操作机构、气动操作等多种。

4. 负荷开关

负荷开关是介于断路器与隔离开关之间的电器。就其结构而言，它与隔离开关相似，价格较便宜。在断开的状态下有可见的触点。由于它具有特殊的灭弧结构，能断开相应的负荷电流，而不能切断短路电流，一般与高压熔断器配合使用，多用于 10V 及以下的额定电压等级。切断短路电流由熔断器来完成。负荷开关均采用手动操作机构。

5. 避雷器

避雷器是保护电力系统和电气设备使其不受过电压侵袭的电器。避雷器应尽量靠近变压器安装，其接地线应与变压器低压侧接地中性点及金属外壳连在一起接地。如果进线是具有一段引入电缆的架空线路，则阀式避雷器或排气式避雷器应装在架空线终端的电缆头处。

6. 电压互感器与电流互感器

电压互感器与电流互感器是电能变换元件。用电压、电流互感器可将测量仪表、继电器和自动调整装置接入高压线路，这样就可以达到以下目的。

① 测量安全和保证仪表及继电器处于正常工作范围；

② 使仪表和继电器的参数标准化，减小误差；

③ 当线路发生短路时，保护测量仪表，使其不受或少受大电流的影响。

7. 电抗器

电抗器的主要功能是限制短路电流，以减轻开关电器的工作。当短路发生以后，由于电抗器的使用可以维持电厂或变电所母线上的电压在一定的水平，可以保证其他没有短路分支上的用户能继续用电。

（二）低压电气设备

通常指工作在交、直流电压 1200V 以下的电路中的电气设备。从应用角度看，低压电器可分为配电电器与控制电器两大类。配电电器主要用于配电系统中，系统对配电电器的基本要求是在正常工作及在故障工作情况下，使系统工作可靠，有足够的热稳定与动稳定性。这类电器有刀开关、断路器、熔断器。

1. 低压断路器

低压断路器又叫自动开关或自动空气断路器。它相当于刀闸开关、熔断器、热继电器和欠压继电器的组合，是一种自动切断电路故障的保护电器。用于低压配电电路、电动机或其他用电设备电路中，能接通、承载以及分断正常电路条件下的电流，也能在规定的非正常电路条件下接通、承载一定时间和分断电流的开关电器。其特点是分段能力高，具有多重保护，保护特性较完善。

低压断路器主要由触头系统、灭弧系统、各种脱扣器、开关机构以及与以上各部分连接在一起的金属框架或塑料外壳等部分组成。

低压断路器的品种较多，按使用场所、结构特点、限流性能、电流种类等可划分为不同种类。按用途分有：保护配电线路用断路器、保护电动机用断路器、保护照明线路用断路器和漏电保护用断路器。按结构形式分有：框架式断路器和塑料外壳式断路器。按极数有分：三极断路器、二极断路器和单极断路器。按限流性能分：有限流式断路器和普通式断路器。一般用途的断路器可用于交流电路及直流电路中。有些断路器专为交流或直流而设计，只能使用于某种电路中。与高压断路器相比低压断路器结构较为简单。

2. 控制电器

主要用于电力拖动控制系统和用电设备中（主要是指电动机的启动与制动、改变运转方向与调节速度等），对控制电器的要求是工作准确可靠、操作效率高、寿命长等。这类电器如下。

① 接触器主要用在远距离及频繁接通与分断正常工作的主电路或大容量的控制电路中。有交流电磁接触器、直流电磁接触器、真空接触器、半导体接触器等。

② 继电器如交流或直流电流继电器、电压继电器、时间继电器、中间继电器、热继电器等，是一种根据特定形式的输入信号而动作的自动控制电器。在控制系统中用来控制其他电器的动作或在主电路中作为保护用的电器。

③ 控制器用于电气传动控制设备中，按照预定顺序转换主电路或控制电路的接线以及变更电路中的参数的开关电器。如转换主电路或励磁电路的接法，可改变电路中的电阻值，以达到电动机的启动、换向和调速的目的。

④ 主令电器如按钮、行程开关、旋转开关等，用来发出命令或做程序控制用的开关电器。

⑤ 其他如启动器、电阻器、变阻器、电磁铁、刀开关也属于控制电器。

三、高低压电气设备运行操作

前面介绍了典型的高低压电气设备，它们在电路中的应用及运行操作原理可根据图解来加以说明。

1. 高压电气设备运行操作

如图 9-5 所示，2 台发电机 F_1、F_2 并联在 10kV 母线上，通过升压变压器升压以后与

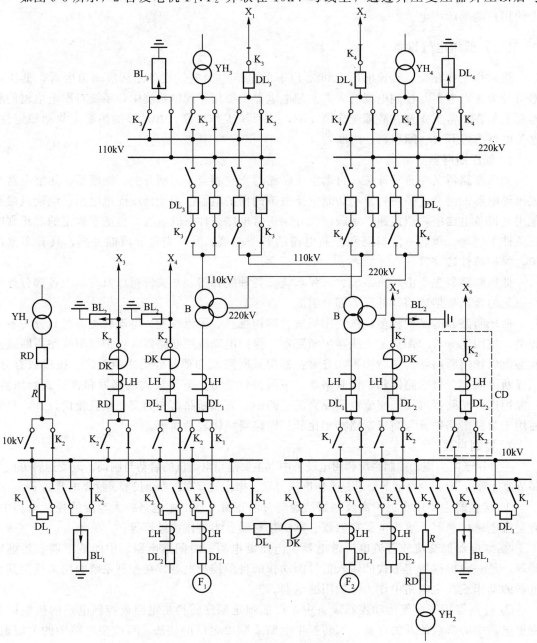

图 9-5　高压配电系统图

220kV 及 110kV 高压母线连接。通过输电线 X1、X2 向远方变电所输电；通过 X3、X4 及 X5。直接以 10kV 向近区供电；高压断路器路 DL₁、DL₂、DL₃ 及 DL₄ 用来对线进行分、合闸控制，并用它们来切断系统中发生的短路故障。电抗器 DK 用于限制电路电流。电流互感器 LH 及电压互感器 YH₁、YH₂ 等用来测量电流、电压及负载的大小，并作继电保护器动作的信号源。电阻器 R 用来限制电压互感器短路时的短路电流，熔断器 RD 将线路短路电流切除，避雷器 BL 限制过电压，以防线路及电气设备的绝缘遭受破坏。为了检修方便，在电力系统中还采用隔离开关 K 等。

如图 9-5 所示的电力系统中，发电厂和变电所内部均采用分段双母线接线系统。一条母线工作，另外一条母线备用，可提高供电的连续性和可靠性。

由图 9-5 可见，断路器和隔离开关必须配合使用。正常使用时，断路器 DL 用来接通或开断线路；故障情况时，在继电保护作用下使断路器切除故障线路；检修变压器、断路器时，隔离开关 K 断开起到隔离电压的作用。

接通高压线路时，断路器、隔离开关动作的次序为：先将隔离开关闭合，然后再将断路器闭合。断开时高压线路与接通高压线路时的动作次序相反，先断开断路器，后断开隔离开关，不允许反次序操作，因为隔离开关没有切断和接通负荷电流的能力。若反次序操作，在隔离开关触头之间将产生强大的电弧，会使设备受到损伤并危及人身安全。为此一般在断路器与隔离开关之间设有连锁装置，防止运行人员对这两种开关的误操作。

2. 低压电气设备运行

以污水处理厂配变电所为例说明低压电器的应用情况。污水处理厂内各种设备用电电压等级要求不同，如鼓风机这样的设备需要单独供电（高压进线 10 kV），在此只考虑其他设备（如离心泵，格栅除污机等）及办公、照明的配电。

图 9-6 为低压配电系统图，图中的配电线路可分为三部分：供电变压器至中央母线称主电路，中央配电母线下设分支线路到各动力配电柜，动力配电柜到负载（各污水处理池动力设备）为馈电线路。在这三个区域各装设了一些低压电器，通常前两个区域装置的低压电器大多属于配电电器，如图中的断路器（又叫自动空气开关）ZK、刀开关 P 等。后面一个区域的低压电器如接触器 C、热继电器 RJ 都属于控制电器，但这个区间也装有配电电器，如熔断器 RD。

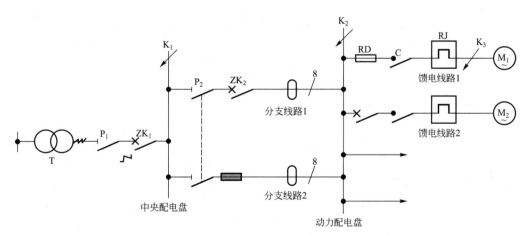

图 9-6　低压配电系统图

第二节　过程测量、计量和常用仪表

一、污废水处理过程的测量

污水处理过程的测量，是指为管理与控制污水处理设施，对污水处理全过程的监测与分析。在污废水处理厂（站）中，为了能使处理系统的运行安全可靠、合格地处理水，或者运行中出现故障，处理水质恶化时，能采取有效的措施，管理人员必须始终掌握流经各处理设施的污废水与污泥的质与量以及运行工艺等信息。还应当考虑检测哪些项目，何时、何地检测与检测频率，得到的数据具有什么意义，以及怎样利用这些数据等问题。显然，正确地设计和运行污水处理监测系统，对于处理的运行和管理具有重要意义。检测的目的还包括遵照有关法规对处理厂排出物的检测与记录，以及为扩建与改造提供有用的资料和统计数据等。

1. 污废水处理过程测量的检测项目与采样位置

为了正确管理和控制污水处理过程，污废水处理厂（站）的检测项目一般有量和质二大类。其中主要包括：流量、液位、水质和泥质。此外，还有反映技术经济性的指标和监控机械设备运行状态的指标，如耗电量、用水量、药剂消耗量、阀的开启度、机泵转速、压力等。

测量过程的检测项目和采样位置如下。

① 流量及其他相关量　如表 9-1 所示。

表 9-1　污水处理过程流量与其他相关量的检测项目与取样位置

设施名称	检测项目
沉砂池	进水管渠的水位、闸门的开启度、格栅前后的水位差、沉砂池斗的储砂量
雨水泵房、污水泵房	水泵集水井水位、泵的流量、出水后的水位、出水管闸阀的开启度、泵的出水压力、泵的转速（调速控制的数据）、水泵与电机的轴承温度、各机械与电机部分的温度、冷却水量
污水调节池	进水流量、出水流量、水位、闸开启度
预曝气池	空气量、污泥调解阀开启度
初次沉淀池	进水流量、排泥量
曝气池	进水流量、回流污泥量、供气量、污泥调解阀开启度、活动堰的开启度
鼓风机房	进气阀的开启度、空气量、空气出口压力、鼓风机与电机轴承温度、鼓风机转速
二次沉淀池	处理水量、剩余污泥量、污泥井的液位、泵的转速（用来控制调节转速的数据）、污泥调解阀开启度
消毒设备	氯瓶质量、氯瓶室的温度、氯的泄漏浓度、氯或次氯酸钠投加量、稀释水的用量、次氯酸钠的液位或生成量
排放管渠	排放水量、排放口的水位
污泥输送	送泥量、污泥储存池的液位
污泥浓缩池	进泥量、池中液位、排泥量、加压水量、加压罐的压力
污泥消化池	污泥投配量、池中液位、排放污泥量、排除上清液量、产生消化气量、消化气体压力、搅拌用气量、阀开启度

设施名称	检测项目
储气柜	储存气体量、气体压力(球形)
锅炉设备	给水量、重油量、燃料气体量、剩余气体量、加热蒸汽的压力、加温锅炉中的水位、锅炉内压
消化污泥储存池	液位
污泥脱水设备	供给污泥量、溶解(稀释)池的液位、储药池液位、药品投加量、凝聚混合池液位、真空过滤机液位、油压、水压、空气压、脱水泥饼量
变配电设备等	电压、电流、电功率、电量、功率因数、频率、变压器温度
发电设备	电压、电流、电功率、电量、功率因数、频率、燃料储存量、发电机、电机各部分温度、冷却水量
其他	降雨量、风向、风速、气压、气温

注：1. 不包括机器的检测。

2. 此表给出的检测项目并不是必须用仪表检测，也不都是绝对必需的。

除了以上这些标准检测之外，一些活性污泥法的新工艺，如 AB 法、A/O 法、A^2/O 法、氧化沟法等，还应根据其特点增加一些检测项目。为了实现处理系统的自动控制，应当通过在线仪表设备自动连续地测定某些项目。通常在处理厂中心监视控制室的流程管理图上，能观察到这些量的变化情况。

② 污水水质和污泥检测项目　表 9-2 和表 9-3 分别给出了污废水处理厂（站）中各个单元设施需要检测的项目。

表 9-2　与水质管理有关的检测项目与取样位置

取样口项目	沉砂池入口	初次沉淀池入口	初次沉淀池出口	二次沉淀池出口	排放口	曝气池中各处或出口
水温	◎					◎
外观	◎	◎	◎	◎	◎	◎
浊度	◎	◎	◎	◎	◎	
臭味	◎	◎	◎	◎	◎	◎
pH	◎	◎	◎	◎	◎△	◎
SS	◎	◎	◎	◎	◎△	◎
VSS						◎
溶解性物质	◎					
DO			◎	◎	◎	◎
BOD	◎	◎	◎	◎	△	
COD	◎	◎	◎	◎	△	◎
NH_3-N	◎		◎	◎		
NH_3-N	◎			◎		
有机氮	◎		◎	◎		
总磷	◎		◎		◎	
Cl^-	◎					
各种毒物	◎				△	

取样口项目	沉砂池入口	初次沉淀池入口	初次沉淀池出口	二次沉淀池出口	排放口	曝气池中各处或出口
大肠杆菌			◎	◎△		
30min污泥沉降比						◎
生物机						◎

注：◎通常检测；△法定检测。

表 9-3　与污泥管理有关的检测项目与取样位置

位置项目	浓缩池	消化池	淘洗池	投药池	脱水池	焚烧	处理或回水
污泥							
温度	◎	◎				◎	
pH	◎	◎					◎
固形物	◎	◎	◎	◎	◎		◎△
有机物	◎	◎	◎			◎	◎△
有机酸	◎	◎					
碱度	◎	◎	◎	◎			
毒物类		◎					◎△
过滤性					◎		
沉降性	◎	◎	◎				
发热量						◎	
废液等							
pH	◎	◎			◎	◎	◎
总固体	◎	◎	◎		◎	◎	◎
SS	◎	◎	◎				◎
BOD	◎	◎	◎				
COD							◎
有机酸	◎	◎					
气体类		◎				◎	
营养盐		◎					◎

注：◎通常检测；△法定检测。

　　为了实现污水处理系统的自动控制，应根据自动控制系统设计和工艺过程控制的要求，对水温、pH、SS、VSS、DO、BOD、COD、有机氮、总磷、污泥沉降比等指标，进行连续在线或间断检测。对污泥处理系统的控制，需要经常或连续地检测温度、有机酸、碱度、pH 等指标。

2. 污水处理监测系统示例

　　以城镇污水处理厂为例，图 9-7 给出了典型污水处理监测系统的基本组成。由图可知，为了使监测系统全面地反映污水处理系统的运行状况，必须按流程科学合理地确定沿程监测

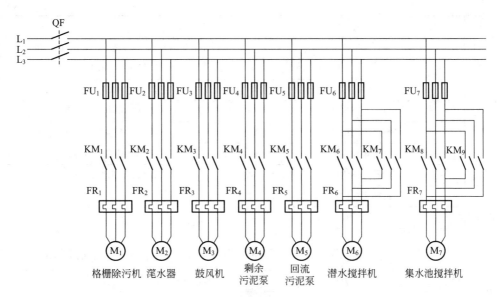

图 9-7　污水处理系统的基本构成

点和相应的监测项目，并设置适当的监测仪器、设备。

　　例如，沉砂池设置有液位计；初次沉淀池设置有流量、液位、悬浮物等测量装置；曝气池有溶解氧、悬浮物、pH、温度等测量装置；二次沉淀池设置有液位测量；出水口设置有浊度、COD、pH、电导率等测量装置。

　　图 9-7 中还标示出沿程各环节的流量、压力、液位等指标的测量位置。此外，如前述，为了掌握工艺过程运行工况，除图中标示的设置在线测量仪表外，还有许多指标是采用人工采样实验室分析进行的。虽然未在图中标示，这些工艺控制指标也是污水处理监控系统的重要组成部分。

二、污废水处理常用检测仪器仪表

1. 污废水处理常用检测仪表

污水处理常用检测仪表如表 9-4、表 9-5 所示。

表 9-4　量的主要检测仪表

检测对象	仪表种类		适用条件
流量	堰式流量计		处理水
	节流装置	文丘里管	废水、处理水、空气
		喷嘴	清水、空气
		孔板	气体、空气
	计量槽	巴氏计量槽	废水、处理水
		P-B 计量槽	废水
	电磁流量计		废水、污泥、药液
	超声波流量计		废水、处理水
	浮子式液位计		废水、处理水、油池

检测对象	仪表种类		适用条件
液位	排气式液位计		污泥消化池、污泥储存池、废水、污泥、三氯化铁
	压力式液位计	浸没式	污水、处理水
		压差式	废水、处理水、药液、油池
	电容式液位计		几乎所有液体都可使用
	超声波液位计		几乎所有液体都可使用
	电极式液位计		小型水槽,主要作控制用
	倒转式液位计		废水、处理水、污泥
物料面等	机械式物位计		各种料斗
	超声波式物位计		
	电容式物位计		
压力	弹簧管式压力计		锅炉蒸气压,泵压(清水、处理水等)
	膜片式压力计		气压、泵压(清水、废水、污泥)、鼓风机压力
	环状天平式压力计		较低压力、气压
	波纹管式压力计		较低压力
转速	电机式转速计		泵(废水、雨水、回流污泥)
开启度	电位式开度计		进水闸门、泵的出水阀(废水、雨水)、曝气池进水闸门、简单处理水排放阀门、鼓风机吸气阀、二次沉淀池排泥阀、加氯机阀
重量	张力重量计(力传感器)		储药池、泥饼储斗

表 9-5 质的主要检测仪表

检测对象	仪表种类	适用条件
温度	电阻温度计	曝气池、污泥消化池、催化燃烧式脱臭装置
	热电偶温度计	锅炉、直接燃烧式脱臭装置、内燃机的排气、污泥焚烧炉
pH	玻璃电极式 pH 计	废水、处理水、药液
DO	极谱仪式 DO 计	控制曝气池鼓风量
	电极式 DO 计	
浊度	表面散射光式浊度计	废水、处理水
	透射光散射光比较式浊度计	
污泥浓度	光学式浓度计	废水的 SS 浓度、排泥及回流污泥浓度
	超声波式浓度计	
MLSS	透光式 MLSS 计	活性污泥的浓度
	散射光式 MLSS 计	
污泥界面	光学式污泥界面计	初次沉淀池、二次沉淀池、污泥浓缩池
	超声波式污泥界面计	
COD	COD 计	废水、处理水
UV	UV 计	处理水

2. 流量检测仪表

在给水排水系统中，流量是重要的过程参数之一。无论在给水排水工艺过程中，还是在用水点，流量的检测为生产操作、控制以及管理提供依据。

在工程上，流量是指单位时间内通过某一截面的物料数量。在给水排水工程中常用的计量单位为体积流量，即单位时间内通过某一过水断面的水的体积，用立方米每小时（m^3/h）、升每小时（L/h）等单位表示。

工业测量流量的方法很多，有以下几种类型。

① 节流流量计：节流流量计是利用节流装置前后的压差与平均流速或流量的关系，根据压差测量值计算出流量的。节流流量计的理论依据是流体流动的连续性方程和伯努利方程。节流装置的种类很多，其中使用最多的是同心孔板、流量喷嘴和文丘里管等。节流流量计是使用非常广泛的流量计。

② 容积流量计：容积流量计的原理是，使流体充满具有一定体积的空间，然后把这部分流体送到流出口排出，类似于用翻斗测量液体的体积。流量计内部都有构成一定容积的"斗"的空间。这种流量计适合于体积流量的精密测量。常用的容积流量计有往复活塞式、旋转活塞式、圆板式、刮板式、齿轮式等多种形式。

③ 面积流量计：面积流量计结构简单，广泛地用于工业测量。其工作原理是利用浮子在流体中的位置确定流量。当浮子在上升水流中处于静止状态时，其位置与流量存在关系。最常用的面积流量计是圆形截面锥管和旋转浮子组合形式，即所谓转子流量计。

④ 叶轮流量计：置于流体中的叶轮是按与流速成正比的角速度旋转的。流速可由叶轮旋转的角速度获得，而流体通过流量计的体积将从叶轮旋转次数求得。叶轮流量计即利用这一原理而广泛地用作风速仪、水表、涡轮流量计等。叶轮流量计的指示精度高，可达到 $0.2\%\sim0.5\%$。

⑤ 电磁流量计：当导体横切磁场移动时，在导体中感应出与速度成正比的电压，电磁流量计就是按照这条电磁感应定律求得流体的流速和流量的。

⑥ 超声波流量计：超声波流量计的测量原理是多种多样的。实用的方法有传播速度差法、多普勒法等。超声波流量计是目前发展很快、得到广泛应用的流量测量装置。

⑦ 量热式流量计：流体的流动和热的转移，或者流动着的流体和固体间热的交换，相互间有着密切的关系。因此，可以由测量热的传递、热的转移来求得流量、流速。这类形式的流量计称为量热式流量计，一般用于气体流量的测量。较为常见的是热线风速仪。

⑧ 毕托管：由流体力学可知，流体中的动压力与流速和流体的密度有关。因此可以通过压力的测量来确定流量。毕托管就是利用这一原理制成的流量测量装置。

⑨ 层流流量计：流体流动中由于黏性阻力会导致压力减小，层流流量计正是利用了这一点。层流流量计可以用来测量微小流量和高黏度流体的流量。

⑩ 动压流量计：在管路中装有弯管或在流束中安装有平板等时，由于它们的存在会使流体的流动方向变化，流量计可以通过测出流体的动量来测量流量。动压板流量计、弯管流量计、环形流量计等都属于这类流量计。这种流量计构造简单，在管道中不需安装节流装置等，因此可以对含有微小颗粒的流体流量进行测量。

⑪ 用堰、槽测量流量：用堰、槽测量流量，是测量明渠流量的典型方法。测量流量用堰的种类有三角堰、矩形堰、全宽堰等；槽的类型有文丘里水槽、巴氏计量槽等。这一类测流装置的原理在流体力学书籍中都有介绍。

⑫ 质量流量计：随着温度、压力的变化，流体的密度会发生变化，在温度、压力变化

大的流体中，往往达不到测量体积流量的目的。这样，便希望用质量流量计来测质量流量。质量流量计有很多种类，大致可分为两大类：直接检测与质量流量成比例的量，这是直接型质量流量计；用体积流量计和密度计组合的仪器来测量质量流量，这是间接型质量流量计。

⑬ 流体振动流量计：在所谓流体力学振动现象的振动中，其振动频率与流速或流量有对应关系，可以利用这种原理来测量流量。涡轮流量计、涡流进动流量计、射流流量计等都属于这种类型的流量计。这种流量计是较新发展的流量计，其应用范围正在迅速扩大。

⑭ 激光多普勒流速计：是利用激光的多普勒效应测量流量的方法。这种流量计具有非接触性测量、响应快、分辨率高、测量范围宽等优点，但也有光学系统调整复杂、实用性差、价格高等缺点。受上述缺点所限，目前应用于流量测量不多，大多是作为流速计使用。

⑮ 标记法测流量：用适当的方法在运动的流体中作个标记，通过测此标记的移动来测量流量的方法称之为标记法。属于标记法的测量流量方法有：示踪法，如盐水速度法、加热冷却法、放射性同位素法、染料法等；核磁共振法；混合稀释法等。这些方法都是在一些特殊情况下用来测量流量。

下面主要介绍在给水排水生产过程中常用的几种典型流量计，并将几种主要类型流量计的性能列于表 9-6 中。

表 9-6　几种主要类型流量计的性能比较

项目	椭圆齿轮流量计	涡轮流量计	转子流量计	差压流量计	电磁流量计	超声波流量计
测量原理	测出输出轴转数	由被测流体推动叶轮旋转	定压降环形面积可变原理	伯努利方程	法拉第电磁感应定律	超声波传播速度多普勒效应等
被测介质	气体、液体	液体、气体	液体、气体	液体、气体、蒸汽	导电性液体	液体、气体
测量精度	±(0.2%～0.5%)	±(0.5%～1%)	±(1%～2%)	±2%	±(0.5%～1.5%)	±(0.5%～2.0%)
安装直管段要求	不要	要直管段	不要	要直管段	上游有要求，下游无要求	要直管段
压头损失	有	有	有	较大	几乎没有	没有
口径系列/mm	10～300	2～500	2～150	50～1000	2～240	6～7600

第三节　自控系统在污水处理中的应用

进入 21 世纪以来随着科学技术水平的迅猛发展，新型的电气控制单元等工控器件（如可编程控制器、变频器、软启动器及人机界面等）的大量涌现及数据通信技术（如现场总线、以太网）的发展，以及伴随着这些新器件新技术被大量地应用在工业控制领域所带来的工业控制模式和控制理念也发生了革命性的改变。特别是基于现场总线技术、以太网技术和新型的工控器件所组成的自动化控制系统近十几年来在污水处理系统中得到了广泛应用，提高了污水处理过程的控制能力和管理效率，降低了能耗和人力成本，减轻了劳动强度。本节就目前在污水处理中自动控制技术手段或装置，如可编程控制技术（PLC）、工业控制计算机（IPC）、触摸屏（HMI）、变频器、软启动器、现场总线技术、组态软件等的功能、特点、作用及这些装置和技术在污水处理过程中的综合应用作简要介绍。

一、概述

污水处理自动控制系统具有环节多，系统庞大，连接复杂的特点。它除具有一般控制系统所具有的共同特征外，如有模拟量和数字量，有顺序控制和实时控制，有开环控制和闭环控制；还有不同于一般控制系统的个性特征，如最终控制参数是 COD、BOD、SS 和 pH。为使这些参数达标，必须对众多设备的运行状态、各池的进水量和出水量、进泥量和排泥量、加药量、各段处理时间等进行综合调整与控制。一个大型的污水处理厂的控制点大约有 1000～1200 个。

一个污水处理厂控制系统涉及数百路开关量、数十路模拟量，而且这些被控量常常要根据一定的时间顺序和逻辑关系运行，许多参量需要精确调节。所以，设计和运行废水处理自控系统要充分考虑到系统的复杂性、控制参量的多样性等。

在废水处理厂中，自动控制系统主要是对废水处理过程进行自动控制和自动调节，使处理后的水质指标达到预期要求。废水处理自控系统通常应具有如下功能。

① 控制操作：在中心控制室能对被控设备进行在线实时控制，如启停某一设备，调节某些模拟输出量的大小，在线设置 PLC 的某些参数等。

② 显示功能：用图形实时地显示各现场被控设备的运行工况，以及各现场的状态参数。

③ 数据管理：利用实时数据库和历史数据库中的数据进行比较和分析，可得出一些有用的经验参数，有利于优化处理过程和参数控制。

④ 报警功能：当某一模拟量（如电流、压力、水位等）测量值超过给定范围或某一开关量（如电机启停、阀门开关）发生变位时，可根据不同的需要发出不同等级的报警。

⑤ 打印功能：可以实现报表和图形打印以及各种事件和报警实时打印。打印方式可分为：定时打印、事件触发打印。

二、自动控制基础知识

自动控制已成为现代污水处理过程中一种重要的技术手段。在自动控制系统中，虽然各种控制装置的具体任务不同，但其控制实质是一样的。本节从自动控制系统的控制方式和自动控制系统的组成说明自动控制的基本工作原理。

1. 自动控制系统的组成

自动控制系统的组成如下。

① 设定装置：其功能是设定与被控量相对应的给定量，并要求给定量与测量变送装置输出的信号在种类和量纲上一致。

② 比较放大装置：其功能是首先将给定量与反馈量进行计算，得到偏差值，然后再将其放大以推动下一级的动作。

③ 执行装置：其功能是根据前面环节的输出信号，直接对被控对象作用，以改变被控量的值，从而减小或消除偏差。

④ 测量反馈装置：其功能是检测被控量，并将检测值转换为便于处理的信号（如电压，电流等），然后将该信号输入到比较装置。

⑤ 校正装置：当自控系统由于自身结构及参数问题而导致控制结果不符合工艺要求时，必须在系统中添加一些装置以改善系统的控制性能，这些装置就称为校正装置。

⑥ 被控对象：指控制系统中所要控制的对象，一般指工作机械或生产设备。

2. 自动控制系统的分类

自动控制系统通常有以下几种分类方法。

① 按给定量的特征划分，可分为以下三类。

a. 恒值控制系统：其控制输入量为一恒值。控制系统的任务是排除各种内外干扰因素的影响，维持被控量恒定不变。污水处理厂中温度、压力、流量、液位等参数的控制及各种调速系统都属此类。

b. 随动控制系统（也称伺服系统）：其控制输入量是随机变化的，控制任务是使被控量快速、准确地跟随给定量的变化而变化。

c. 程序控制系统：其输入量按事先设定的规律变化，其控制过程由预先编制的程序载体按一定的时间顺序发出指令，使被控量随给定的变化规律而变化。

② 按系统中元件的特征划分，控制系统可分为以下两类。

a. 线性控制系统：其特点是系统中所有元件都是线性元件，分析这类系统时可以应用叠加原理，系统的状态和性能可用线性微分方程描述。

b. 非线性控制系统：其特点是系统中含有一个或多个非线性元件。

③ 按系统电信号随时间变化的形式划分，控制系统可以分为以下两类。

a. 连续控制系统：其特点是系统中所有的信号都是连续的时间变化函数。

b. 离散控制系统：其特点是系统中各种参数及信号以离散的脉冲序列或数据编码形式传递的。

3. 自动控制系统的性能评价

自动控制系统的基本性能要求可归结为"稳"、"快"、"准"三大特性指标。

① 稳定性：稳定性是保证系统能够正常工作的前提。如果系统受到干扰后偏离了原来平衡状态，当扰动消失后，能否回到原平衡状态的问题，称为稳定性问题。当干扰消除后，系统的输出能回到原平衡工作状态，则称系统是稳定的。

② 快速性：快速性反映了系统动态调节过程的快慢，过渡时间越短，表明快速性越好，反之亦然。

③ 准确性：准确性反映了系统输入给定值与输出响应终值之间的差值大小，用稳态误差表示。稳态误差是衡量控制系统控制精度的重要标志，系统的稳态误差为 0，称为无差系统，否则为有差系统。

三、计算机控制技术

计算机控制是以自动控制理论和计算机技术为基础的控制技术。在污水处理过程中引入计算机自动控制技术，能够提高处理效率，减轻操作人员的工作负担，获得最佳运行方式，节约能源。本部分从计算机控制系统的组成和分类来说明计算机控制技术的基本原理。

1. 计算机控制系统的基本组成

计算机控制系统组成框图见图 9-8。

① 控制对象：指所要控制的装置和设备。

② 检测单元：将被检测参数的非电量转换成电量。

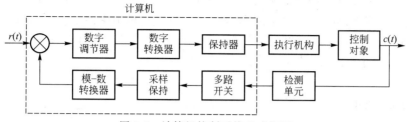

图 9-8　计算机控制系统组成框图

③ 执行机构：其功能是根据工艺设备要求由计算机输出的控制信号，改变被调参数（如流量或能量）；常用的执行机构有电动、液动和气动等控制形式，也有的采用马达、步进电机及可控硅元件等进行控制。

④ 数字调节器与输入、输出通道（即计算机部分）：数字调节器以数字计算机为核心，它的控制律是由编制的计算机程序来实现的；输入通道包括多路开关、采样保持器、模-数转换器；输出通道包括数-模转换器及保持器。

多路开关和采样保持器用来对模拟信号采样，并保持一段时间。

模-数转换器把离散的模拟信号转换成时间和幅值上均为离散的数字量。

数-模转换器把数字量转化成离散模拟量。

⑤ 外部设备：是实现计算机和外界进行信息交换的设备，简称外设，包括人机联系设备（操作台）、输入输出设备（磁盘驱动器、键盘、打印机、显示终端等）和外存储器（磁盘）。

2. 计算机控制系统的分类

（1）操作指导控制系统　在操作指导控制系统中，计算机的输出不直接作用于生产对象，属于开环控制结构。计算机根据数学模型、控制算法对检测到的生产过程参数进行处理，计算出各控制量应有的较合适或最优的数值，供操作员参考，这时计算机就起到了操作指导的作用。

该系统的优点是结构简单，控制灵活和安全可靠。缺点是要由人工进行操作，操作速度受到了人为的限制，并且不能同时控制多个回路。

（2）直接数字控制系统（DDC系统）　DDC（Direct Digital Control）系统是通过检测元件对一个或多个被控参数进行巡回检测，经输入通道送给计算机，计算机将检测结果与设定值进行比较，再进行控制运算，然后通过输出通道控制执行机构，使系统的被控参数达到预定的要求。

DDC系统的优点是灵活性大、计算能力强，要改变控制方法，只要改变程序就可以实现，无需对硬件线路作任何改动；可以有效地实现较复杂的控制，改善控制质量，提高经济效益。当控制回路较多时，采用DDC系统比采用常规控制器控制系统要经济合算，因为一台微机可代替多个模拟调节器。

（3）计算机监督控制系统（SCC系统）　SCC（Supervisory Computer Control）系统比DDC系统更接近生产变化的实际情况。因为在DDC系统中计算机只是代替模拟调节器进行控制，系统不能运行在最佳状态。而SCC系统不仅可以进行给定值控制，并且还可以进行顺序控制、最优控制以及自适应控制等。它是操作指导控制系统和DDC系统的综合与发展。就其结构来讲，SCC系统有两种形式：一种是SCC＋模拟调节器控制系统，另一种是SCC＋DDC控制系统。

（4）分布式控制系统（DCS系统）　DCS（Distributed Control System）是采用积木式结构，以一台主计算机和两台或多台从计算机为基础的一种结构体系，所以也叫主从结构或树形结构。DCS系统绝大部分时间都是并行工作的，只是必要时才与主机通信。该系统代替了原来的中小型计算机集中控制系统。

四、PLC控制技术

1. 可编程控制器的特点和主要功能

可编程控制器（Programmable Logical Controller，PC或PLC）是面向用户的专门为在工业环境下应用而开发的一种数字电子装置，可以完成各种各样的复杂程度不同的工业控制功能。它采用可以编制程序的存储器，在其内部存储执行逻辑运算、顺序运算、计时、计数和算术运算等操作指令，可以从工业现场接收开关量和模拟量信号，按照控制功能进行逻辑及算术运算并通过数字量或模拟量的输入和输出来控制各种类型的生产过程。

① 可靠性高、抗干扰能力力强：为保证PLC能在恶劣的工业环境下可靠工作，在设计和生产过程中采取了一系列提高可靠性的措施。

② 可实现三电一体化：PLC将电控（逻辑控制）、电仪（过程控制）、计算机集于一体，可以灵活方便地组合成各种不同规模和要求的控制系统，以适应各种工业控制的需要。

③ 易于操作、编程方便、维修方便：可编程控制器的梯形图语言更易被电气技术人员所理解和掌握。具有的自诊断功能对维修人员维修技能的要求降低了。当系统发生故障时，通过软件或硬件的自诊断，维修人员可以很快找到故障所在的部位，为迅速排除故障和修复节省了时间。

④ 体积小、质量轻、功耗低：PLC是专为工业控制而设计的，其结构紧密、坚固、体积小巧，易于装入机械设备内部，是实现机电一体化的理想控制设备。

可编程控制器的功能主要表现在以下几个方面。

① 开关逻辑和顺序控制：可编程控制器最广泛的应用就是在开关逻辑和顺序控制领域，主要功能是进行开关逻辑运算和顺序逻辑控制。

② 模拟控制：在过程控制点数不多、开关量控制较多时，PLC可作为模拟量控制的控制装置。采用模拟输入输出模块可实现PID反馈或其他控制运算。

③ 信号联锁：信号联锁是安全生产的保证，高可靠性的可编程序控制器在信号联锁系统中发挥着重要的作用。

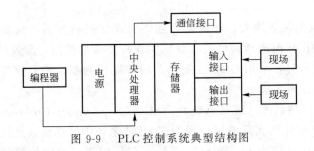

图9-9　PLC控制系统典型结构图

④ 通信：可编程序控制器可以作为下位机，与上位机或同级的可编程序控制器进行通信，完成数据的处理和信息的交换，实现对整个生产过程的信息控制和管理。

2. 可编程序控制器的结构与原理

可编程序控制器是以微处理器为核心的高度模块化的机电一体化装置，主要由中央处理器、存储器、输入和输出接口电路及电源四个部分组成。图9-9为PLC控制系统典型结构图。

① 中央处理器CPU 中央处理器CPU是可编程序控制器控制系统的核心部件。CPU一般由运算器、控制电路和寄存器组成。这些电路都集成在一个电路芯片上，并通过地址总线、数据总线和控制总线与存储器、输入输出接口电路相连接。

② 存储器 存储器用来存放系统程序和应用程序。系统程序是指控制PLC完成各种功能的程序。这些程序是由PLC生产厂家编写并固化在PLC的只读存储器中。用户程序是指用户根据工业现场的生产过程和工艺要求编写的控制程序，并由用户通过编程器输入到PLC的随机存储器中，允许修改，由用户启动运行。

③ 输入和输出接口电路 输入是把工业现场传感器传入的外部开关量信号如按钮、行程开关和继电器触点的通/断或模拟量信号（$4\sim20mA$ 电流或 $0\sim10V$ 电压）转变为CPU能处理的电信号，并送到主机进行处理。输出是把控制器运算处理的结果发送给外部元器件。输入和输出电路一般由光电隔离电路和接口电路组成。光电隔离电路增强了PLC的抗干扰能力。

④ 电源 PLC的电源大致可分为三部分：处理器电源、I/O模块电源和RAM后备电源。通常，构成基本控制单元的处理器与少量的I/O模块，可由同一个处理器电源供电。扩展的I/O模块必须使用独立的I/O电源。

可编程序控制器的工作方式是周期扫描方式。在系统程序的监控下，PLC周而复始地按固定顺序对系统内部的各种任务进行查询、判断和执行，这个过程实质上是一个不断循环的顺序扫描过程。

3. 可编程控制器的编程语言

可编程控制器有多种程序设计语言。在高档PLC中，提供有较强运算和数据转换等功能的专用高级语言或通用计算机程序设计语言。在传统的电器控制系统中，普遍采用继电器及相应的梯形图来实现I/O的逻辑控制。PLC梯形图几乎照搬了继电器梯形图的形式，图9-10为两者对照的梯形图。其中，图9-10(a)为继电器梯形图。使用三个按钮分别作为启动 S_1、停止 S_2 和点动 S_3，操作输入，KM_1 和 KM_2 为两个接触器，在小功率时也可代之以继电器 K_1、K_2 的线圈和接点。图9-10(b)为PLC梯形图。除了在结点的排列顺序上与图9-10(a)稍有不同外，结构几乎完全一样，操作功能也基本相当。在此，我们用 X_i 表示通过PLC输入结点进入PLC内部的输入状态信息，用 Y_i 表示可通过PLC输出继电器对外设的控制操作。通常，PLC的每个输出继电器 Y_i 直接对外连接的只有一个端点（该梯形图上没有出现），在梯形图中只出现该继电器的内部结点，或称输出继电器的辅助结点。

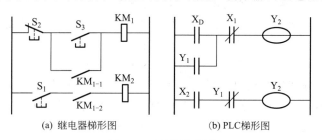

(a) 继电器梯形图　　　　　　(b) PLC梯形图

图9-10　两种梯形图

指令语句采用助记符形式表示机器的操作指令，指令在形式上类似于微机的汇编语言，但相比之下更为简单而易于使用。

五、变频调速控制系统

变频调速技术是一种通过改变电机频率和改变电压进行调速的技术。其特点是调速平滑、范围宽、效率高、特性好、结构简单、保护功能齐全、运行平稳安全可靠，在生产过程中能获得最佳速度参数，是理想的调速方式。

在环保类负载中变频调速可用在三个方面：一是工业废水处理；二是垃圾电厂；三是工业排烟、排气、除尘的控制。如广州炼油厂废水处理的搅拌设备，改用笼式电机变频调速后，提高产品可靠性，节电40%以上，同时提高了活性污泥微生物群的寿命，提高了废水处理的效果。再如佛山垃圾电厂在工艺中选用52台变频器。可见变频调速已成为环境保护的主要设备。

在变频调速中使用最多的变频调速器是电压型变频调速器，由整流器、滤波系统和逆变器三部分组成。其工作时首先将三相交流电经桥式整流为直流电，脉动的直流电压经平滑滤波后在微处理器的调控下，用逆变器将直流电再逆变为电压和频率可调的三相交流电源，输出到需要调速的电动机上。由电工原理可知，电机的转速与电源频率成正比，通过变频器可任意改变电源输出频率，从而任意调节电机转速，实现平滑的无级调速。

1. 变频调速的基本控制方式

异步电动机的转速 $n=(60f_1/P)(1-s)$，当其转差率（s）变化不大时，电动机转速（n）基本上与电源频率（f_1）成正比。因此，连续的改变供电电源频率，就可以平滑地调节异步电动机的运行速度。

在计算电动机定子绕组感应电动势时，如忽略定子漏阻抗压降影响，$U_1 \approx E_1 \approx 4.44f_1N_1K_{w1}\Phi_m$。式中，$N_1$ 为定子每项绕组串联匝数；K_{w1} 为基波绕组系数。当外施电源电压（U_1）不变时，改变电源频率（f_1）必然导致气隙磁通（Φ_m）的变化，影响电动机的运行性能。因此，通常在改变电源频率调速时，要求相应地改变电源电压（U_1）的大小，以维持电机的气隙磁通（Φ_m）不变。

变频调速时，电源频率与电压调节的规律又与负载转矩性质相关，通常可分为恒转矩变频调速和恒功率变频调速两种。

（1）恒转矩变频调速　对于恒转矩负载，$T_N=T_{Nf}$，若能保持 $U_1/f_1=$ 常数的调节，此时，电动机在调速过程中其过载能力维持不变，且气隙磁通也基本保持不变，即具有恒转矩调速功能。

其中，T_N 为额定频率 f_{1N} 下，定子频率为额定值时电动机的额定转矩；T_{Nf} 为某一调节频率 f_1 下，定子电流为额定值时电动机的额定转矩。

（2）恒功率变频调速　对于恒功率负载，要求在变频时，电动机的输出功率保持不变，即

$$P=T_{Nf}n_f/9550=T_Nn_N/9550=常数$$

式中，n_N、n_f 分别为电动机在额定频率 f_{1N} 和在某一调节频率 f_1 下的转速。则在恒功率负载下，若能保持 $U_1/(f_1)^{1/2}\Phi_m=$ 常数的调节，此时，电动机在调速过程中维持其过载能力不变，但是气隙磁通（Φ_m）要有变化（因为根据感应电动势公式＝常数），因此电动机具有恒功率调速功能。

2. 变频器在废水处理设备上的应用

(1) 变频器在鼓风机上的应用　鼓风机将压缩空气通过管道送入曝气池，让空气中的氧溶解在废水中供给活性污泥中的微生物。鼓风机在工频状态下启动时，电流冲击较大，容易引起电网电压波动，而鼓风机风压一定，风量只能靠工作台数及出气阀来调节，实际生产运行中往往是通过调节出气阀门来控制，即增加管道阻力，因而许多能量浪费在阀门上。由于变频调速器调速范围宽，机械特性硬等特点，在很多鼓风机上已应用了变频技术。变频器的软启动大大地减小了电机启动时对电网的冲击，在正常运行的时候，可将出气阀门开到最大，根据工艺和参数的要求，适当调节（通过控制系统的电位器）电机的转速来调节管道的风量，从而实现调节废水中的氧气含量的目的，具有明显的节电效果。

(2) 变频器在潜水泵上的应用　潜水泵启动时的电流冲击，以及调节压力/流量的方式与鼓风机相似。潜水泵启动时的急扭和突然停机时的水锤现象往往容易造成管道松动或破裂，严重的可能造成电机的损坏。为克服这种现象，电机启动/停止时需开启/关闭阀门来减小水锤的影响，如此操作工作强度大，难以满足工艺的需要。在潜水泵安装变频调速器以后，可以根据工艺的需要，使电机软启/软停，从而使急扭及水锤现象得到解决。在流量不大的情况下，还可以降低水泵的转速，一方面可以避免水泵长期工作在满负荷状态，造成电机过早的老化；另一方面变频器软启动可以明显地减小水泵启动时对机械的冲击，而且具有明显的节电效果。

污水处理厂中的鼓风机和潜水泵在使用了变频器以后，不但免去了许多繁琐的人工操作和安全隐患因素，使系统始终处于一种节能状态下运行，延长了设备的使用寿命，更好地适应了生产需要；而且变频器丰富的内部控制功能可以很方便地与其他控制系统实现闭环自动控制。从运行情况来看，效果很好。因此，变频器在污水处理厂或相似的系统中具有很好的推广价值。

六、集散控制系统

集散控制系统融合了自动控制技术、计算机技术与通信技术于一体，具有功能完备、应用灵活、运行可靠等特点，是实现工业自动化集中综合管理的最新过程控制系统。

集散控制系统具有"管理集中，控制分散，危险分散"的特点，以多台微处理机分散在生产现场，进行过程的测量和控制，实现了功能和地理上的分散，避免了测量、控制高度集中带来的危险性和常规仪表控制功能单一的局限性。数据通信技术和 CRT 显示技术以及其他外部设备的应用，能够方便地集中操作、显示和报警，克服了常规仪表控制过于分散和人机联系困难的缺点。

1. 集散控制系统的基本构成

集散控制系统结构如图 9-11 所示。

(1) 现场级　包括基本控制器、多功能控制器和可编程控制器等。其功能是采集并处理现场的输入输出信号，并将处理结果反馈给现场或送至上位控制单元。

(2) 控制级　包括操作员接口和工程师接口两个部分。实现对整个工艺过程、整个系统组态和运行状态及操作等人机交互功能。

(3) 管理级　是系统的中央控制部分，由高性能的计算机系统实现各级间的信息交换，完成高层次的管理和控制。

(4) 通信网络　通信网络将各个不同的系统联成一个网络，并实现各个系统间的通信。

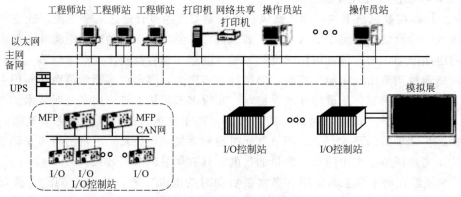

图 9-11 集散控制系统结构

集散控制系统的特点：由于集散型控制系统操作、管理集中，测量和控制的功能分散，因此系统具有一系列特点。

① 系统具有极高的可靠性。由于系统的功能分散，一旦某个部分出现故障时，系统仍能维持正常的工作。

② 系统功能多效率高。除了实现单回路 PID 控制外，还可实现复杂的规律控制如串级、前馈、解耦、自适应、最优和非线性控制等功能，也可实现顺序控制如工厂的自动启动和停车，微型计算机能够预见处理要求记录的数据，减少了信息传输的总数；计算机的存储器能够作为缓冲器，缓和数据传输的紧张情况。

集散控制系统操作使用简便，操作者也不需要编制计算机软件，可集中精力考虑利用已有的功能模块，组建出希望的控制方案。

③ 系统的软件和硬件采用模块化积木式结构，实施系统方便，即使没有计算机知识的控制人员，也可根据说明组建集散型控制系统。使用中无需编制软件，减少了软件的成本。

④ 维护方便。

⑤ 系统易开发，便于扩展。

⑥ 采用 CRT 操作站有良好的人-机界面。

⑦ 数据的高速传输。监督计算机通过高速数据通道和基本调节器等连接，完成计划、管理、控制、决策的最优化，从而实现对过程最优化的控制和管理。

⑧ 设备、通信、配线的费用低廉，具有良好的性能、价格比，采用微型机或微处理机，其价格比完成同样功能的中小型计算机低得多。监督机与调节器之间采用串行通信，与集中控制并行连接传感器、执行器比较，成本低得多。

2. 集散式控制系统的功能

废水处理厂自控系统的基本要求是对废水处理过程进行自动控制和自动调节，使处理后的水质指标达到要求的范围；当中央控制室发出上传指令时，系统各单元将当前时刻运行过程中的主要工作参数（水质参数、流量、液位等）、运行状态及一定时间段内的主要工艺过程曲线等信息上传到中央控制室。其主要功能如下。

① 控制操作：在中央控制室能对被控设备进行在线实时控制，如启停某一设备，调节某些模拟输出量的大小，在线设置 PLC 的某些参数等。

② 显示功能：用图形实时显示各现场被控设备的运行工况，以及各现场的状态参数。

③ 数据管理：依据不同运行参数的变化快慢和重要程度，建立生产历史数据库，存储

生产原始数据，供统计分析使用。利用实时数据库和历史数据库中的数据进行比较和分析，得出一些有用的经验参数，并把一些必要的参数和结果显示到实时画面和报表中，为不断优化控制提供信息。

④ 报警功能：当某一模拟量（如电流、压力、水位等）测量值超过给定范围或某一开关量（如电机启停、阀门开关）阀发生变位时，可根据不同的需要发出不同等级的报警。

⑤ 打印功能：可以实现报表和图形打印以及各种事件和报警实时打印。打印方式可分为：定时打印、事件触发打印。

第四节 污水处理厂控制系统和仪表系统

一、污水处理厂控制系统的基本构成和选择

目前污水处理厂最常用的自控系统为 PLC（可编程逻辑控制器）系统。PLC 是一种专门被设计来作为工业控制和调节的可由用户自主编程的设备，它可以在多种恶劣环境中使用，具有较强的抗干扰能力，安全性稳定性较好，因此十分适合作为污水处理厂的控制设备。

1. PLC 的结构

PLC 是一种模块化结构的控制设备。一个完整的 PLC 包括基架、电源模块、CPU 模块、I/O 模块、通信模块及特殊模块。

电源模块给 PLC 提供电源；CPU 模块是 PLC 的中央处理器；I/O 模块是 PLC 的信号输入输出接口；通信模块负责与网络进行通信；特殊模块完成各种特殊的控制功能。各种模块插接在基架上构成一套完整的 PLC。

2. 一个典型的污水处理厂 PLC 系统

污水处理厂应用较多的是集散系统，集散 PLC 系统是由多个 PLC 及管理计算机通过网络构成；系统通过各个 PLC 采集现场仪表、设备数据，进行处理后再对现场设备进行控制；管理计算机作为人机界面和报表处理。

典型的集散 PLC 系统将污水处理厂划分为多个控制区域，每一个区域设置一套 PLC，即 PLC_1、PLC_2、…、PLC_n，每个 PLC 负责收集该区域的各种仪表数据、设备数据，根据程序对设备下达运行指令；同时通过通信模块连接到工控网络与其他 PLC 或管理计算机进行通信。

通过网络可以连接多台管理计算机 PC_1、PC_2、…、PC_n，管理计算机一般安装在中心控制站，操作人员可通过管理计算机进行参数设定、设备操作、报表处理等工作。

区域 PLC 站采集到的各种数据通过网络上传到管理计算机，在管理计算机上以动态图形化界面显示，操作人员修改的各种参数通过网络下传到各个区域 PLC 站指导设备运转。同时操作人员对设备发出的各种指令也通过网络下传到各个区域 PLC 站，由区域 PLC 站控制设备开、停或变化开度。

在操作人员不对管理计算机进行操作时，区域 PLC 站根据自身内部程序对设备进行控制。

二、污水处理厂仪表系统的基本构成和选择

仪表是自控系统的重要组成部分，形象地说，是自控系统的眼睛，仪表的作用是将现场各种工艺数据（如液位、流量等信号）转换为自控系统能接收的标准 $4\sim20mA$ 信号，因此，仪表配置的好坏，直接影响到自控系统的稳定。由于污水处理厂的特殊环境，一般仪表应选择抗干扰能力强、防护等级高的产品。下面分别简介污水处理厂各个工艺环节配置的仪表。

1. 粗格栅

粗格栅一般配置液位差仪来控制粗格栅的运行。由于污水杂质较多，液位差应选择非接触液位计，一般采用超声波液位差仪。

粗格栅的作用是去除进水中的大型杂质。进水中的大型杂质在粗格栅栅条前被阻挡，越积越多，水流将被堵塞，这样栅条前水位将高于栅条后的水位，水位差就形成了。

水位差通过水位差计进行测量。当水位差达到高位设定值后启动格栅机进行耙渣，去掉渣物后，栅前水位降低，水位差减小，水位差减小到低位设定值后停止格栅机。

为避免水位差计失效而引起堵塞粗格栅，因此还需要在水位差控制的基础上增加定时控制，达到一段时间后启动格栅机进行耙渣，格栅机运行一段时间后停止。

粗格栅控制就是格栅机的两种控制方式协调配合工作。其运转过程如下：当水位差达到高位设定值后启动格栅机，但若格栅机长时间不启动，此时不论水位差是否达到高位设定值，启动格栅机；当水位差达到低位设定值后停止格栅机，但格栅机长时间运转不停止，此时不论水位差是否降低到低位设定值，停止格栅机。

2. 污水泵集水井

污水泵集水井配置液位计来控制污水泵的启、停，同时保护污水泵在无进水时不至于干转。液位计应选择非接触液位计，一般采用超声波液位计。

污水泵的作用是将经过粗格栅处理后的污水进行提升，使污水能进入到沉砂池和后续工艺处理环节进行处理。

经过粗格栅处理后的污水进入集水井内，由于进水闸门的开度一般恒定，进水流量一般不会有大的瞬时变化，因此只需要控制污水泵的开启次数使集水井内液位保持在一定范围内就可以保证进水量相对稳定。集水井内液位的测量一般采用超声波液位计。

污水泵的启动：污水泵的启动遵循累计运行时间短的泵先启动。当液位上升达到第一开泵水位时，启动第一台泵；达到第二开泵水位时，启动第二台泵；达到第三开泵水位时，启动第三台泵；达到高报警水位时，报警通知操作人员处理。当液位达到污水泵启动水位时，污水泵启动，此时液位将可能会在该水位产生上下波动，如不采取措施，污水泵将会频繁启停而导致污水泵损坏，为了避免污水泵的频繁启停，因此污水泵的停止水位的设定一般低于启动水位。

污水泵的停止：污水泵的停止遵循运行时间长的泵先停止。当液位下降达到第一停泵水位时，停止第一台泵；达到第二停泵水位时，停止第二台泵；达到第三停泵水位时，停止第三台泵；达到低报警水位时，禁止所有泵启动，同时报警通知操作人员处理。

3. 沉砂池

沉砂池一般设置进水流量、pH（酸度）、温度、浊度、电导率等仪表。这些仪表作为进水水质的检测参数不参与控制。

由于污水是包含有多种介质的流体，因此管道式进水流量一般选用电磁流量计，明渠式进水流量一般选用超声波明渠流量计。pH（酸度）、温度、浊度、电导率等仪表的选择应考虑污水介质。

沉砂池的作用是利用压缩空气去除污水中大的无机颗粒。沉砂池的运行分为三个过程：冲砂、提砂和间歇过程，这三个过程是通过对电磁阀和三相阀的定时控制实现的。

沉砂池的运行过程中，电磁阀和三相阀是按照以下控制过程动作的：冲砂时，打开电磁阀，三相阀关闭提砂管，打开冲砂管，压缩空气进入沉砂池，对沉砂池进行冲砂，疏松沉淀的沙砾；冲砂一段时间（可调）后三相阀关闭冲砂管，打开提砂管，冲砂结束，压缩空气进入出砂管，在出砂管中形成负压，疏松的沙砾被吸入出砂管，沉砂池提砂开始；提砂一段时间（可调）后，关闭电磁阀，提砂结束，进入间歇期，让沙砾开始沉淀，间歇一段时间（可调）后，又进入下一个控制循环。

4. 曝气池

曝气池一般配置 DO（溶解氧）、污泥浓度、污泥回流量。DO（溶解氧）仪在污水处理厂鼓风曝气调节系统中起到重要作用。污泥回流量在工艺上可用来控制污泥回流比。污泥浓度是工艺运行的检测参数，不参与控制。

由于曝气池内部比较复杂，DO 仪、污泥浓度计一般应考虑带自清洗装置的仪表。污泥回流量一般采用超声波明渠流量计。

曝气池的作用是利用好氧微生物消耗掉曝气池中的有机物质。

曝气池是污水处理厂中重要的工艺环节，曝气池内微生物生长的好坏直接影响出水水质，而微生物生物生长的好坏可以间接地由污水中的溶解氧值（DO）反映，因此能否平衡曝气池内 DO，将直接影响出水水质。由于给曝气池供氧的鼓风机是全厂能源消耗大户，约占全厂能源消耗的一半，曝气池内 DO 值高能源消耗就大，DO 值低能源消耗就少，高效地使用鼓风机可以节约较多的运行经费。

鼓风曝气系统自动调节的目的就是提高鼓风机的使用效率，在满足出水水质指标的前提下，尽量降低曝气池内 DO 值，以节约能源、降低运行成本。

总的来说，鼓风曝气系统自动调节是通过调节鼓风机对曝气池的供风量，来控制曝气池内的 DO 值以满足工艺的需要。一般有直接控制和间接控制两种调节方式。

直接控制的控制环节中包含鼓风机、鼓风机进风导叶片、曝气池内 DO 仪。直接控制是通过控制鼓风机的开启台数和调节进风导叶片的开度来平衡曝气池中 DO 值。直接控制是由 DO 值作为控制参数，鼓风机进风导叶片作为控制设备，PLC 内部 PID（比例、积分、微分运算器）作为调节器的一个负反馈控制回路构成的调节系统。其工作原理是由操作人员给出 DO 设定值，PLC 采集曝气池内的 DO 仪检测值，与 DO 设定值进行比较求差，差值由 PLC 内部 PID 调节器进行运算处理，计算出当前导叶片最适合的开度，通过 PLC 模拟量输出模块输出 4～20mA 的标准电流信号来控制导叶片实际开度达到该计算值，导叶片开度的变化将引起曝气池内供风量的变化，供风量的变化会改变曝气池内 DO 值，使之不断趋于 DO 设定值，当导叶片的调节不足以改变 DO 值时，系统将增加运行或减少运行一台鼓风机。曝气池内各种干扰作用如进水量、污泥浓度、水温等参数又不断影响改变 DO 值，整个调节系统就持续进行着连续检测 DO 值，再不断消除它与设定值之间的差值。

直接控制仅仅对 DO 值进行了调节和控制，而未对供风管路的压力进行平衡，为了保证供风管路的压力能够克服曝气池水压，同时又要避免鼓风机因压力失衡发生喘振，直接控制就必须在一定范围的供风管路的压力环境下运行，调节范围较窄，因此目前较多使用间接控制。

间接控制的控制环节中包含鼓风机、进风导叶片、供风管路调节阀、供风管路压力变送器、曝气池内 DO 仪。间接控制是通过调节供风管路调节阀的开度来控制和调节供风流量，改变曝气池内 DO 值；通过控制鼓风机的开启台数和调节进风导叶片的开度来平衡供风管路的压力。间接控制是由 PLC 通过两个闭环回路进行控制，调节曝气池内 DO 值和供风管压力趋于设定值。

第一个闭环回路是 DO 调节回路，它包含曝气池内 DO 仪和供风管路调节阀；由 DO 值作为控制参数，调节阀作为控制设备，PLC 内部 PID 作为调节器的一个负反馈控制回路调节系统。PLC 采集曝气池内 DO 值，与操作人员给定的 DO 设定值进行比较求差，差值由 PID 调节器进行运算处理，计算出当前调节阀最适合的开度，通过 PLC 模拟量输出模块输出 4～20mA 的标准电流信号来控制调节阀实际开度达到该计算值，调节阀开度的变化将引起曝气池内供风量变化，由此改变曝气池内 DO 值，使之不断趋于 DO 设定值。曝气池内各种干扰作用如进水量、污泥浓度、水温等参数又不断影响改变 DO 值，DO 调节回路就持续进行着连续检测 DO 值，再不断消除它与设定值之间的差值。

第二个闭环回路是压力调节回路，它包含供风管路压力变送器、鼓风机和鼓风机进风管导叶片；由供风管路压力值作为控制参数，鼓风机进风管导叶片作为控制设备，PLC 内部 PID 作为调节器的一个负反馈控制回路调节系统。由于风量变化，供风管路上的压力也会发生变化，压力变化可能引起鼓风机喘振，损坏鼓风机。因此就必须平衡供风管路上的压力。PLC 采集供风管路上风压，与操作人员给定的压力设定值进行比较求差，差值由 PID 调节器进行运算处理，计算出当前导叶片最适合的开度，通过 PLC 模拟量输出模块输出 4～20mA 的标准电流信号来控制导叶片实际开度达到该计算值，导叶片开度的变化将引起鼓风机负荷的变化，由此改变供风管路的压力值，使之不断趋于压力设定值，当导叶片的调节不足以改变压力值时，系统将增加运行或减少运行一台鼓风机。供风管路上各种数据如温度、风量（为了平衡 DO，调节阀将不断调整风量）及曝气池液位的变化等干扰因素不断影响改变实际压力值，整个调节系统就持续进行着连续检测压力值，再不断消除它与设定值之间的差值。

综上所述，间接控制就是上述这两种调节方式协调配合工作。两种调节方式均对风量产生影响，这种影响会相互抵消一部分，但调节阀对风量的调节作用大于导叶片对风量的调节作用。因此，整个系统能达到控制风量、平衡曝气池中的 DO 值的目的。

5. 鼓风机房

鼓风机房一般配置风量、风温、风压等仪表。风量是工艺运行的重要参数，但不参与控制，风量仪表应考虑选择压力损失小的仪表，如皮托管流量计。风温、风压对风量进行补偿，同时风压还起到保护鼓风机不发生喘振现象。风温、风压应选择防护等级高的仪表。

6. 二沉池

二沉池一般配置污泥浓度计来控制二沉池的排泥，与曝气池情况相似，二沉池污泥浓度计一般考虑带自清洗装置的仪表。

7. 综合泵房

综合泵房一般配置生污泥量、活性污泥量、投配量、泥池液位等测量仪表。生污泥量仪表计量初沉池沉淀的生污泥，活性污泥量仪表计量二沉池沉淀的活性污泥，投配量仪表计量向消化池的投泥量，泥池液位仪表测量污泥投配池的泥位。

由于生污泥量、活性污泥量、投配量三种流量介质均为污泥，因此应选择电磁流量计；

泥池液位最好选用非接触液位计，一般采用超声波液位计。

8. 重力浓缩池

重力浓缩池一般配置污泥界面计来控制重力浓缩池的排泥。污泥界面计最好选用非接触仪表，一般采用超声波界面计。

9. 消化池

消化池一般配置液位、压力、pH、温度、沼气流量等仪表。液位仪表检测消化池内部泥位，压力仪表检测消化池内部沼气压力，pH仪表检测消化池内部污泥酸度，温度仪表检测消化池内部泥温，沼气流量仪表检测消化池沼气产量。

由于消化池内部污泥情况比较复杂，同时又不断产生沼气气泡，液位测量一般采用差压式液位计；由于沼气压力较低，压力测量应采用精度较高的压力仪表；pH应选用管道式pH计，同时还应考虑探头便于拆卸清洗和维护；温度测量可采用常规温度仪表；由于沼气流量小、流速慢，沼气流量测量应尽可能降低管路压力损失的前提下选择温度式气体流量计或皮托管流量计。所有消化池区域的仪表均必须选择防爆仪表。

10. 脱水机房

脱水机房一般配置絮凝剂流量、液位仪表。絮凝剂流量仪表测量絮凝剂添加量，液位仪表测量絮凝剂和污泥液位。絮凝剂流量计可选用转子流量计或电磁流量计等，液位一般选择超声波液位计。

11. 出水

出水一般设置流量、电导率、浊度等仪表。流量计测量总出水量，电导率、浊度等仪表检测出水水质。出水流量仪表可选择管道式的电磁流量计或明渠式的超声波明渠流量计，由于介质是处理后的清水，电导率、浊度等仪表的选择无特殊要求。

第十章

污水处理厂运行实例

第一节　城市污水处理厂运行实例一

一、污水来源

某城市污水处理厂服务城区 20 多万人口和部分工业企业，管网覆盖面积达到 30km^2，根据生活污水：工业废水＝4：1 确定进水水质。

该厂分两期工程实施，一期规模为日处理污水 2.5×10^4 m^3/d，采用 A^2/O 工艺；二期规模为日处理污水 2.5×10^4 m^3/d，采用改良 A^2/O（UCT）工艺。本次实例中以一期为例，工艺流程图见图 10-1。

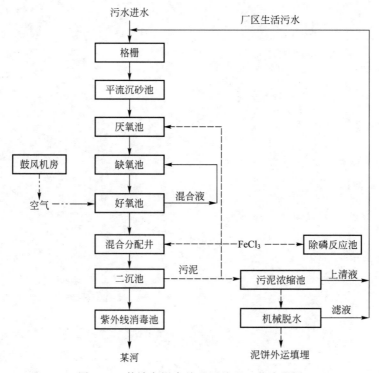

图 10-1　某城市污水处理厂处理工艺流程图

尾水排放必须严格执行《污水综合排放标准》（GB 8978—1996）表 4 中的一级标准，如表 10-1 所示。

表 10-1　某城市污水处理厂设计进出水水质

单位：mg/L（pH 值，色度除外）

污染物内容	BOD$_5$	COD$_{Cr}$	SS	NH$_3$-N	TP	pH
进水水质	180	350	220	35	4	6～9
出水水质	≤20	≤60	≤20	≤15	≤0.5	6～9
去除率/%	≥90	≥83	≥91	≥57	≥87.5	/

表 10-2 所示为某城市污水处理厂处理设备及设计参数。

表 10-2　某城市污水处理厂处理设备及设计参数

构筑物	设计参数	附属设备
格栅 10m×5m	过栅流速为 0.6m/s；栅间隙 5mm；栅槽宽度 1500mm	(1) 回转式固液分离机，2 台，栅宽 1200mm，单台功率 1.1kW (2) 无轴螺旋输送机，1 台，长 7m，功率 5.5kW (3) 旋流沉砂池（ϕ3.5m）及配套设备 2 套 (4) 砂水分离器及配套设备，2 台 (5) 鼓风机，共 3 台罗茨风机 SSR-65，单台风量为 4m³/h，风压为 0.06MPa，1.1kW
A²/O（一期） 采用厌氧池-缺氧池-好氧池，鼓风曝气，1 组。平面尺寸 41m×66m，有效水深 4.5m，按 1∶1∶5 的容积比划分为厌氧池、缺氧池、好氧池	设计参数：MLSS 为 3200mg/L；污泥负荷 0.12kg（kg·d）；停留时间 10.5h，污泥龄 11d；混合液回流比 100%～300%；污泥回流比 30%～100%	(1) 推流器，厌氧池和缺氧池内各 4 台，单台功率 4.5kW (2) 混合液回流泵，缺氧池和好氧池的池壁，共 3 台，单台设计流量 1042m³/h，扬程 2.5m，电机功率 15kW (3) 鼓风机，共 3 台罗茨风机，其中 1# 为变频风机，单台风量为 86.6m³/min，风压为 0.06MPa，单台功率 132kW (4) 曝气头，好氧池内，共 3800 个，均匀供气
二沉池 辐流式沉淀池，采用中心进水周边出水形式，共 2 组。单池尺寸为内径 ϕ30m，有效水深 4.5m	设计参数：表面负荷，平均流量时为 0.75m³/(m²·h)；最大流量时为 1.1m³/(m²·h)；沉淀时间 2.25h	主要设备有：周边传动刮泥机，共 2 台，配备刮泥装置、电缆收放装置、行走装置
污泥泵房 平面尺寸 7.5m×6m，面积 45m²		(1) 回流污泥泵，共 4 台，单台设计流量 347m³/h，扬程 6.5m，电机功率 11kW (2) 剩余污泥泵，共 2 台，单台设计流量 40m³/h，扬程 6m，电机功率 1.6kW
污泥浓缩池 尺寸为内径 ϕ14m，有效水深 3.8m	干污泥量 3885kg/d；进泥含水率 99.4%；固体负荷 25kg/(m²·d)；停留时间 14.5h	中心转动污泥浓缩机，1 台，功率 1.5kW

构筑物	设计参数	附属设备
脱水机房 平面尺寸 34.5m×13.5m,面积 466m²	干污泥量 7770kg/d;进泥含水率 97%;泥饼含水率 75%～80%	(1) 带式压滤机,2 台,单台带宽 2000mm,处理量(以干泥计)350kg/h,功率 1.5kW (2) 污泥螺杆泵 2 台,单台设计流量 5～15m³/h,电机功率 7.5kW (3) 自动加药装置 1 套,配套加药泵 1 台,流量 0.2～0.9m³/h,电机功率 1.1kW (4) 污泥输送机 1 套,20m,电机功率 5.5kW。空气压缩机共 2 台 (5) 滤带冲洗水泵共 2 台,流量 15.2m³/h,扬程 68m,功率 7.5kW
紫外线消毒接触池 1 组。 平面尺寸 8.8m × 5m,深 2.8m	设计参数:停留时间 0.5h	(1) 紫外灯管,共 128 根 (2) 紫外模块,共 16 块 (3) 自动水位控制器,2 台 (4) 水位传感器,2 台

二、污水处理工艺运营管理

以某污水处理厂采用连续运行活性污泥法（A^2/O）为例,简要介绍污水处理厂的主要运营过程。图 10-2 所示为工艺运营控制界面图。

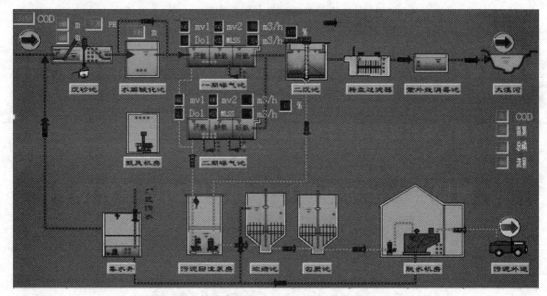

图 10-2　某城市污水处理厂工艺运营控制界面图

1. 细格栅及沉砂池

① 细格栅　在运行过程中,2 台细格栅分别按时间顺序进行控制,15min 为一个周期,间歇时间 5min。若 2 台细格栅同时运行时,运行时间应错开。格栅同时还由设在格栅前后的超声波液位计的液位差控制,当液位差大于 25cm 时,格栅同时连续运行,直到液位差下降小于 10cm 时,格栅恢复到时序控制状态运行。

② 螺旋输送机　螺旋输送机与细格栅联动运行,当有一台格栅运行时,输送机同时运行,当格栅关闭时,输送机滞后1min停止运行。

③ 旋流沉砂池、砂水分离器、鼓风机、气冲阀　将气冲阀阀门打开,2min后将气冲阀关闭,再打开气冲阀,再过2min后关闭气冲阀,从打开开始延时50min后启动砂水分离器,并运行5min,停止砂水分离器,进入下一个控制周期。鼓风机在任一个阀打开时运行,全部未打开时停止。另一组沉砂池控制方法相同。

2. 水解酸化池

因该污水厂所接纳的污水中含有印染废水、部分化工废水,其占据污水总量约1/3左右,进厂原水中含有较多不溶性有机物,需通过水解酸化作用进行预处理,来去除不溶或者难降解的有机物,提高B/C比,为后续生物处理减轻负担。

在正常运行过程中,用量筒观察水解出水清澈度和SS,并进行定期排泥。根据水解池进出水SS的变化和泥层厚度控制排泥量。

3. A²/O池(曝气池)

曝气池的监控参数有浊度计、DO仪、ORP仪表;并需要调控内外回流比、鼓风机放送风量、剩余污泥排泥量;根据水解酸化池出水指标,调控A²/O池各区进水和污泥流量比例。生化池生化处理池体运营控制界面图见图10-3。

A²/O池(曝气池)的运行控制:水解池出水和外回流污泥可分别进到厌氧、缺氧、好氧三个区域,在实际运行时根据工艺需要调配各区的碳源和污泥比例(60%~100%)。同时,将混合液通过内回流渠道回流到厌氧区或缺氧区,并控制好回流量(内回流比150%~300%)。根据好氧末端DO的变化,对送风量进行调控,一般DO控制在1.5~2.5mg/L,并定期检测厌缺氧区的DO,一般控制在0.3mg/L以下;每天检查曝气池末端的SV%,观察其上清液透明度、沉降速率及活性污泥性状,并且根据季节变化控制污泥龄和排泥量。

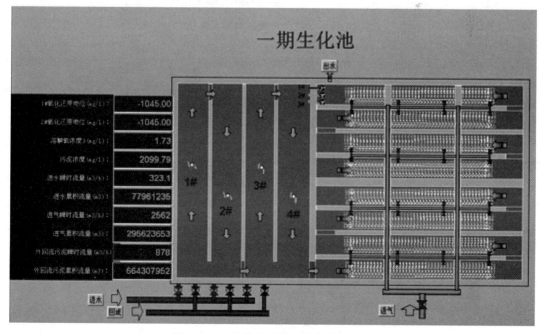

图10-3　生化处理池体运营控制界面图

4. 二沉池

二沉池由周边传动刮吸机、出水堰板、回流系统等设施构成。

二沉池运行控制：曝气池出水经过配水井分配至二沉池，二沉池采用中间进水、周边出水的方式，其活性污泥通过重力沉降至池底，通过回流系统回流至曝气系统，一般沉淀时间在2.25h，根据二沉池出水SS及底部泥位情况，对工艺运行进行调整。

5. 转盘过滤池

转盘过滤器由过滤转盘、反冲洗装置、排泥装置构成。

运行控制（设置参数后，全自动运行）：过滤期（进水过程）开始，转盘处于静止状态，在重力作用下固体物质沉积在筛网上，随着过滤时间的延长，不锈钢丝网会被截流的固体物质覆盖，会导致压力差上升，当压力差达到设置最大压力差时，转盘开始缓慢旋转，冲洗棒按一定节奏对过滤面上的截留物质进行清理。冲洗筛网上被截留的物质，通过泥浆料斗将反冲洗水排出装置。

紫外线消毒站运营控制界面见图10-4，鼓风机房运营控制界面见图10-5。

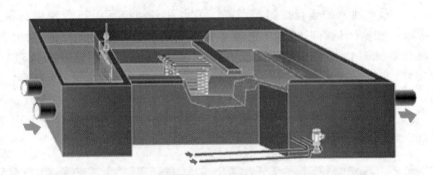

图10-4 紫外线消毒站运营控制界面图

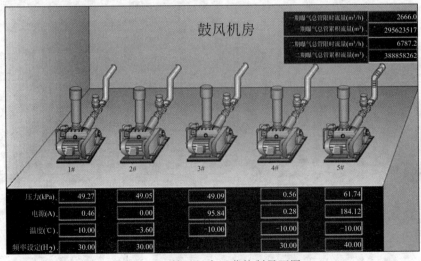

图10-5 鼓风机房运营控制界面图

第二节　城市污水处理厂运行实例二

一、污水来源

该厂污水进水主要由四部分组成：城镇居民生活污水，城镇工厂和工业集中区产生的工业废水，农村村庄和风景区旅游景点产生的生活污水，农业、林业、养殖业等产生的面源污染。

某污水处理厂设计总规模 $3.0 \times 10^4 \, m^3/d$，分三期建设，其中一期工艺设计处理规模为 $1.0 \times 10^4 \, m^3/d$，采用 CASS 工艺；二期工艺设计处理规模为 $1.0 \times 10^4 \, m^3/d$，采用倒置 A^2/O 工艺。三期尚未建设，处理工艺流程图见图 10-6。

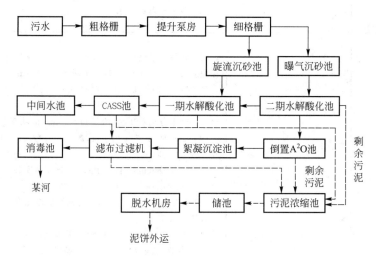

图 10-6　某污水处理厂工艺流程图

该厂出水水质的主要污染物质执行《城镇污水处理厂污染物排放标准》（GB 18918—2002）中规定的一级标准的 A 标准，见表 10-3。表 10-4 列出了该污水处理厂处理设备及设计参数。

表 10-3　某污水处理厂设计进出水水质

项目水质	COD_{Cr} /(mg/L)	BOD_5 /(mg/L)	SS /(mg/L)	$NH_3\text{-}N$ /(mg/L)	TN /(mg/L)	TP /(mg/L)	粪大肠菌群数/(个/L)
进水水质	500	150	250	28	40	3.5	—
出水水质	50	10	10	5(8)	15	0.5	1000
去除率/%	90.0	93.3	96.0	82.1(71.4)	62.5	85.7	—

注：括号外数值为水温＞12℃时的控制指标，括号内数值为水温≤12℃时的控制指标。

表 10-4　某城市污水处理厂处理设备及设计参数

构筑物	设计参数	附属设备
粗格栅 13m×8.2m	过栅流速为 0.8m/s	(1) 机械格栅,宽度 $B=900$mm,1 台 (2) 回转式粗格栅,孔径 $e=20$mm,格栅宽度 $B=800$mm,栅渠宽度 $b=900$mm,渠道深度 $H=7490$mm,栅前水深 $h_1=1000$mm,栅后水深 $h_2=800$mm1 台 (3) 无轴螺旋输送机 $L=5.00$m,$P=1.5$kW,1 套 (4) 闸门启闭机 DN900,4 套 (5) 提升水泵 250WQ417-15-30,2 台;250WQ250-15-18.5,1 台 (6) 电动葫芦 CD12-9D,$N=3.4$kW,1 套
细格栅及旋流沉砂池	—	(1) 细格栅,宽度 $B=1000$mm,1 台 (2) 无轴螺旋输送机 $L=5.00$m,$P=1.5$kW,1 套 (3) 闸门启闭机,宽度 $b=1100$mm,4 套 (4) 旋流沉砂装置,1 套 (5) 砂水分离器,1 套
曝气沉砂池 22.80m×5.10m×3.2m	—	(1) 转鼓式细格栅 1 台,孔径 $e=3$mm,转鼓直径 $R=1400$mm,栅渠宽度 $B=1400$mm,栅前水深 $h=1000$mm (2) 桥式吸砂机 1 套(双跨式),跨度 $L_k=5.1$m,深度 $H=4.2$m,功率 $N=2×0.75$kW$+2.2$kW (3) 砂水分离器 1 套,流量 $Q=25$m³/h,功率 $N_{轴}=0.37$kW (4) 提砂泵:2 套,1 用 1 备,流量 $Q=12.5$m³/h,扬程 $H=10$m,功率 $N=2.2$kW (5) 罗茨鼓风机:2 台,1 用 1 备;远期再安装 1 台,2 用 1 备,流量 $Q=140$m³/h,扬程 $H=39.2$kPa,功率 $N=3.7$kW (6) 无轴螺旋输送机:1 套(转鼓细格栅配套),直径 $\phi=320$mm,轴长 $L=4.50$m (7) 中压泵:2 台,1 用 1 备(转鼓细格栅配套) 性能参数:流量 $Q=6.3$m³/h,扬程 $H=50$m,功率 $N=4.0$kW
一期水解酸化池 28.0m×14.0m×5.2m	—	(1) 潜水搅拌机功率 $P=4.5$kW,2 台 (2) 内回流泵 250WQ417-15-30,1 台 (3) 挂膜填料,若干
二级水解酸化池 24m×18m×5.2m	平均流量时停留时间 5.5h;平时流量时上升流速 0.94m/h	(1) 布水器,ϕ1200,12 套 (2) 电动蝶阀,DN200,4 个 (3) 手动蝶阀,DN250,6 套 (4) 电动闸阀,DN500,1 套
CASS 池 60.6m×30.6m×5.7m	污泥负荷 0.10kg/(kg·d);混合液污泥浓度 4000mg/L;污泥回流比 20%～30%	(1) 潜水搅拌器功率 $N=2.2$kW,2 台 (2) 污泥回流泵 100WQ140-7-5.5,2 台 (3) 剩余污泥泵 80WQ100-8-4,2 台 (4) 撇水器功率 $P=1.5$kW,2 台

构筑物	设计参数	附属设备
改良 A²/O 53.0m× 44.0m×6.0m	混合液污泥浓度 4.0g/L;水力停留时间 16.90h;综合产泥率(DS:BOD)1.1kg/kg;污泥负荷 0.067kg/(kg·d);污泥回流比 50%~100%;硝化液回流比 100%~300%;总泥龄 14.8d	(1) 盘片式曝气头,2800 套,通气量 1.5m³/(h·个) (2) 潜水搅拌器。厌氧区:潜水搅拌机 1(2 台),功率 $N=1.5$kW(单台);缺氧区:潜水搅拌机 2(4 台),功率 $N=3.0$kW(单台) (3) 硝化液回流泵 6 台(4用 2 备),流量 $Q=220$m³/h(单台),扬程 $H=1.0$m(单台),功率 $N=2.2$kW(单台) (4) 污泥回流泵 6 台(4用 2 备),流量 $Q=110$m³/h(单台),扬程 $H=3.5$m(单台),功率 $N=3.7$kW(单台) (5) 剩余污泥泵 3 台(2用 1 冷备),流量 $Q=20$m³/h(单台),扬程 $H=15$m(单台),功率 $N=3.0$kW(单台) (6) 中心传动吸泥机(含三角堰板、挡水裙板等)2 套,ϕ22.00,功率 1.5kW
絮凝沉淀池 32.8m× 14.8m×4.2m		(1) 机械絮凝池 2 组 6 格,每格平面尺寸:3.5m×3.5m,有效水深 4.2m,水力停留时间 23min (2) 斜板沉淀池 1 组,每组平面尺寸:14.5m×9.0m,颗粒沉降速度 0.5mm/s,上升流速 3mm/s,表面负荷 3.18m³/(m²·h),斜板水平倾角 60° (3) 搅拌机 6 套,功率 0.37kW (4) 污泥泵 2 台(1用 1 备),流量 20m³/h,扬程 10m,功率 1.5kW (5) 斜板填料 155m³,材质 PVC
过滤消毒池	平均进水流量 $Q=$ 115.74L/s;进水中 SS 浓度<28mg/L;出水 SS 浓度<5~10mg/L	(1) 盘片式微过滤器 1 套,筛网孔径 $w=10\mu m$,过滤速度 8.0m/h,单盘过滤水量 43.5m³/h,盘片数量 $n=10$ 片/组,总宽度 $B=2450$mm,总高度 $H=2466$mm,盘片直径 $D=2075$mm (2) 驱动装置是齿轮电机,功率 $P=2.2$kW,电压 $U=400$V,频率 50Hz,额定电流 4.4A,转速 $n=27.5$/min (3) 冲洗水泵(2 台),输送能力 $Q=7.12$L/s,扬程 70m,功率 7.5kW,转速 2900r/min

二、污水处理工艺运营管理

下面以某污水处理厂采用 CASS 和改良式 A²/O 为例,简要介绍污水处理厂的主要运营过程。其控制界面图如图 10-7 所示。

1. 粗格栅

(1)工段概述 该污水厂粗格栅间共有两台粗格栅,主要为了拦截污水中的较大漂浮物,以保证污水提升泵不受损坏而正常运行,并减轻后续处理工段的负荷。粗格栅间内安装有平面机械循环式耙齿格栅机和无轴螺旋输送机等设备。粗格栅机 75°倾斜安装,正常运行时,两台格栅机及螺旋输送机 24h 连续运行,完成栅渣的收集、输送和装箱。

(2)运行控制

① 过栅流速的控制。合理控制过格栅流速,使格栅能够最大限度地发挥拦截作用,保持最高的拦污效率。一般来讲,污水过栅越缓慢,拦污效果越好,但当缓慢至砂在栅前渠道

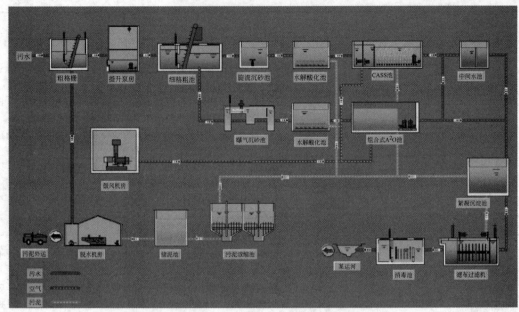

图 10-7　某城市污水处理厂工艺运营控制界面图

及格栅下沉积时，过水断面会缩小，反而使流速变大。污水在栅前渠道流速一般应控制在 0.4~0.8m/s，过栅流速应控制在 0.6~1.0m/s。具体控制指标，视污水厂进水污染物组成、含砂量等实际情况确定。根据企业的运营经验，污水中含有大粒径砂粒较多，因此过栅流速一般控制在 0.8~1.0m/s。即使雨季瞬时进水流量达到 700~800m³/h，过栅流速控制在 0.8~1.0m/s 内，也能对污水中的较大漂浮物进行有效拦截。

② 栅渣的清除。及时清除栅渣，保证过栅流速控制在合理的范围之内。清污次数太少，栅渣将在格栅上长时间附着，使过栅断面减少，造成过栅流速增大，拦污效率下降。格栅若不及时清污，导致阻力增大，会造成流量在两台格栅上分配不均匀，同样降低拦污效率。因此，操作人员应将每一台格栅上的栅渣及时清除。值班人员都应经常到现场巡检，观察格栅上栅渣的累积情况，做到及时清污。超负荷运转的格栅间，尤应加强巡检。值班人员注意摸索总结这些规律，以提高工作效率。

③ 格栅除污机的维护管理。格栅除污机系本污水处理厂内比较容易发生故障的设备之一，巡查时应注意有无异常声音，栅耙是否卡塞，栅条是否变形，并按照年度维修保养计划对其进行定期加油保养。

④ 卫生与安全。对清除的栅渣应及时运走并立即处置，以防止腐败后产生恶臭，即使很少的一点栅渣腐败后，也能在较大空间产生强烈的恶臭。栅渣堆放处要经常清洗。栅渣压榨机排除的压榨液因含有较高的恶臭物质，操作人员应及时用管道导入污水渠道中，严禁经明沟漫流至地面。

⑤ 分析测量与记录。值班人员记录每天发生的栅渣量。根据栅渣量的变化，间接判断格栅的拦污效率。当栅渣比历史记录减少时，应分析格栅是否运行正常。

2. 提升泵房

（1）工段概述　进水泵房用以提升污水以满足后续污水处理工序及竖向的衔接要求，进水泵房集水井与粗格栅间渠道连通，设置有方形闸门，污水经粗格栅后，提升泵提升后进入细格栅单元。

该污水厂现有 5 台提升泵，一期两大一小泵（大泵：471m³/h；小泵 210m³/h），二期两大泵（500m³/h）。集水井总深 10m，池面装有超声波液位计 1 台，能准确、有效地将水深数据发送至中央控制室，运行人员根据水深情况判断进水水量的大小，及时进行工艺调整。

（2）运行控制

① 集水井。污水进入集水井后流速放慢，一些泥砂会沉积下来，使有效池容减少，影响水泵的正常工作。因此集水井要根据具体情况定期清理，一般安排在枯水期进行清理。清池工作最重要的是人身安全问题。在干管内腐败的污水会带入有毒气体，在池内沉积的污泥也会厌氧分解产生出有毒气体，甚至会产生出甲烷等可燃气体。清池时，先停止进水，用泵排空池内存水，然后强制通风，方可下池工作。注意：操作人员下池以后，通风强度可适当减小，但绝不能停止通风，因为池内积泥的厌氧分解并没停止，还有硫化氢等有毒气体不断产生并释放出来。每个操作人员在池下工作时间不可超过 30min。由于水泵长期运行，可能会发生堵塞现象，不仅影响水泵的提升能力，而且严重时可能会导致水泵过载启动发生故障，因此需要定期对水泵进行起吊、清理底部污物。污水厂根据实际情况，一般上半年、下半年各安排一次，确保水泵正常运行。

② 液位计关注。经常检查集水井内的超声波液位计计量是否准确，防止因液位计失灵导致集水井水位过高或水泵空转。

③ 泵组的运行调度。泵组的运行操作应考虑以下几项原则：一是保证来水量与提升量一致。如果来水量大于提升量，上游没有及时采取溢流措施，则可能导致集水井大量积水，外部管网溢流；反之，来水量小于提升量，则可能使水泵处于干运转状态而受损；二是应适当保持集水池的高水位运行（该厂实际情况是：一般集水井液位控制在 3～6m），这样可降低泵的扬程，在保证提升量的前提下降低能耗；三是控制水泵的开停次数不要过于频繁，否则易损坏电机并降低使用寿命；四是泵房内每台机组投运次数及时间保持基本均匀。因为每台泵的吸口都对应着集水池内的一部分容积，如果某台长时间不投运，集水池内对应的部分将成为死区，会导致泥砂沉积。

④ 作好运行监测与记录。每班应记录的内容有：液位计的显示值，各时段水泵投运的台号，每台水泵的运行时间，每台水泵的电流情况，异常情况及其处理结果。

3. 细格栅

（1）工段概述　设置细格栅以去除污水中较小的漂浮物以及杂质，保证后续处理工序的通畅。细格栅间设有两条进水渠道，可同时平行运行或 1 用 1 备独立运行。工作渠装有回转式细格栅机。渠道前后分别带有闸门以便检修。运行时细格栅清捞的栅渣由螺旋输送机送至栅渣箱中。污水经过细格栅后进入旋流沉砂池进行后续处理。

（2）运行控制

① 过栅流速的控制。合理控制过格栅流速，使细格栅能够最大限度地发挥拦截作用，保持最高的拦污效率。一般来讲，污水经过前面粗格栅的拦截已经将大量较大的漂浮物去除，经过细格栅进一步去除污水中相对较小的污物，为后续工段的处理减轻负荷。一般情况下，过栅越缓慢，拦污效果越好，但当缓慢至砂在栅前渠道及格栅下沉积时，过水断面会缩小，反而使流速变大。因此，污水厂根据实际进水成分、含砂量等情况，过栅流速控制在 0.6～1.0m/s。污水在进入后续处理单元时，污水中的漂浮物去除率基本控制在 85%～95%。

② 栅渣的清除。及时清除栅渣，保证过栅流速控制在合理的范围之内。清污次数太少，

栅渣将在格栅上长时间附着，使过栅断面减少，造成过栅流速增大，拦污效率下降。格栅若不及时清污，导致阻力增大，会造成流量在两台格栅上分配不均匀，同样降低拦污效率。因此，操作人员应将每一台格栅上的栅渣及时清除。值班人员都应经常到现场巡检，观察格栅上栅渣的累积情况，做到及时清污。超负荷运转的格栅间，尤应加强巡检。

③ 格栅除污机的维护管理。格栅除污机系本污水处理厂内比较容易发生故障的设备之一，巡查时应注意有无异常声音，栅耙是否卡塞，栅条是否变形，并按照年度维修保养计划对其进行定期加油保养。

④ 卫生与安全。对清除的栅渣应及时运走并立即处置，以防止腐败后产生恶臭，即使很少的一点栅渣腐败后，也能在较大空间产生强烈的恶臭。栅渣堆放处要经常清洗。栅渣压榨机排除的压榨液因含有较高的恶臭物质，操作人员应及时用管道导入污水渠道中，严禁经明沟漫流至地面。

⑤ 分析测量与记录。值班人员记录每天发生的栅渣量。根据栅渣量的变化，间接判断格栅的拦污效率。当栅渣比历史记录减少时，应分析格栅是否运行正常。

4. 旋流沉砂池

（1）工段概述　设置旋流沉砂池的目的是截留无机较大颗粒，主要是污水中的砂粒。旋流沉砂池由进水口、出水口、沉砂分选区、集砂区、砂提升管、排砂管、电动机和变速箱组成。污水由入口沿切线方向流入沉砂区，砂粒掉入砂斗。利用鼓风机压缩空气，经提砂管、排砂管将沉砂抽提到砂水分离器中进行砂水分离后，分离出的砂粒外运填埋，分离出的水回流到污水厂进水口，重新处理。

工艺原理：通过细格栅的进水以切线方向流入沉砂池，出水则沿径向流出。利用电机及传动装置带动转盘和斜坡式叶片均匀转动，保持池体内水流具有 0.3～0.4m/s 的平均流速，在离心力的作用下，污水中密度较大的砂粒被甩向池壁，掉入砂斗，有机物则被留在污水中，调整转速，可以达到最佳沉砂效果。砂粒沉入沉砂池的料斗底部，经气提排出并进入砂水分离器。

（2）运行控制

① 加强巡查。应经常巡查沉砂池的运行状况，根据进水情况调整搅拌设备的转速，保证细颗粒的沉砂能够被去除，达到很好的沉砂效果。

② 排砂运行和控制。砂水分离器将抽提出的砂水混合液进行砂水分离，砂由螺旋输送机送至砂箱外运，水溢流至收集处，回流到污水厂进水口，重新处理。根据沉砂量的多少及变化规律，合理安排排砂次数，保证及时排砂。密切注意排砂量、排砂含水率、设备运行状况，及时调整排砂次数。

③ 积砂的清除。洗砂后的沉砂应及时处置掉，不能停留时间过长，否则仍然会产生恶臭。堆砂处定期用清水清洗。当砂水分离器出水不正常时，应及时检查砂水分离器入口管是否堵塞。

④ 作好测量及运行记录。记录的内容有：设备开启时间，每日除砂量，曝气量；定期测量湿砂中的含砂量、有机成分量，经常对沉砂池的除砂效果和洗砂设备的洗砂效果作出评价，并及时反馈到运行调度中去。

5. 曝气沉砂池

（1）工段概述　设置曝气沉砂池的目的是截留无机较大颗粒，主要是污水中的砂粒，同时通过曝气去除污水中的悬浮物、油脂等，以减轻后续工段的负荷。

该污水厂曝气沉砂池曝气前端设有转鼓式格栅一台，能够有效拦截污水中的细小杂物

（如猪毛），中水回用对格栅进行反洗，确保设备的稳定运行。通过足够的曝气量，污水中的大量杂物及油脂类物质被气提，漂于水面，通过撇渣排除。通过曝气沉砂池后，进入到水解酸化池的污水中漂浮物被拦截率基本可以达到95%～99%。

（2）运行控制

① 配水与配气。曝气沉砂池的每一格都有配水调节闸门和空气调节阀门，应经常巡查沉砂池的运行状况，及时调整入流污水量和空气量，使每一格沉砂池的工作状况（液位、水量、气量、排砂次数）相同。

② 排砂。排砂操作要点是根据沉砂量的多少及变化规律，合理安排排砂次数，保证及时排砂。排砂次数太多，可能会使排砂含水率太高或因不必要操作增加运行费用；排砂次数太少，就会造成积砂，增加排砂难度，甚至破坏排砂设备。应在定期排砂时，密切注重排砂量、排砂含水率、设备运行状况，及时调整排砂次数。另外值得注意的是，由于故障或其他原因停止排砂一段时间后，都不能直接启动。应认真检查池底积砂槽内砂量的多少，如沉砂太多，应排空沉砂池人工清砂，以免由于过载而损坏设备。

③ 清除浮渣。沉砂池上的浮渣应定期以机械或人工方式清除，否则会产生臭味影响环境卫生，或浮渣缠绕造成堵塞设备或管道。应经常巡视浮渣刮渣出渣设施的运行状况、池面浮渣的多少。

④ 洗砂清砂。沉砂池池底排出的积砂，一般含有一些有机物，容易发臭。应及时清洗沉砂，并清运出去，还应经常清洗维护洗砂、除砂设备，保持环境卫生良好。

⑤ 作好测量与运行记录。每日测量或记录的项目：转鼓式格栅开启时间，曝气设备开启台数及时间，中水泵开启台数及时间，桥式吸砂机运行时间，排砂操作记录等。

6. 水解酸化池

（1）工段概述　该污水厂的工业污水比重较大，通过设置水解酸化池，以改善污水的可生化性，增加工艺的可调节性。水解酸化池出水B/C值的提高，使得出水中溶解性的COD比例提高，同时反应器内高的污泥浓度起到了良好的截留水解作用，在有机物通过时将其吸附截留，增加了有机物的停留时间，提高了难降解物质和不易降解物质的可降解性，消除了难降解物质对后续生化处理的抑制性。

该厂一期水解酸化用的传统的膜法水解酸化系统，池内设有大量填料，以此增加污泥附着层面，提高污水与污泥的接触面，从而提高水解酸化效率。二期水解酸化属于升流式污泥床反应器技术范畴，污水由反应器底部进入，通过污泥床，从而将进水中的颗粒物质与胶体物质迅速截留和吸附。截留下来的物质在大量水解-产酸菌作用下，将不溶性有机物水解为溶解性物质，将大分子、难于生物降解的物质转化为易于生物降解的小分子有机物质（如有机酸类）。

（2）运行控制

① 污泥浓度。污泥浓度是水解酸化池的最重要的控制参数之一。水解池功能得以完成的重要条件之一是维持反应器内高浓度的厌氧微生物（污泥）。由于污泥受到两个方向的作用，即其本身在重力场下的沉淀作用，及污水从下而上运动造成的污泥上升运动，因此污泥与污水可充分接触，达到良好的截留和水解酸化效果，一般情况下，该污水厂水解酸化池内污泥浓度控制在12～18g/L，可达到良好的水解酸化效果。如果污泥浓度控制太高，进水量过大会导致酸化池跑泥，影响后续生化池污泥状态；如果污泥浓度控制得太低，则会导致水解酸化效果不佳，影响污染物的去除率。

② 泥位控制。目前水解酸化池实际运行中最主要控制参数是泥位控制。水解酸化池排

泥方式采用高水力负荷排泥，通过排泥以控制污泥面高度，高水力负荷时排泥的优点是易于控制污泥面高度，污水厂采用泥位计自动控制排泥，这样系统的稳定性比较好；缺点是高负荷时污泥层膨胀率较大，污泥浓度低，后续污泥浓缩负荷大，而排泥量不够，则会造成污泥溢出，对后续工艺产生不良影响。而低水力负荷时排泥浓度高，污泥排放量少，提高污泥脱水效率。但后者缺点是对污泥层的控制不易掌握，排泥量过大会造成系统中污泥总量减少而影响处理效果。目前控制水解酸化池泥位在 2～3m，上清液高度控制在 3～3.5m，污泥龄在 6d 左右，可达到良好的处理效果。

③ 水力负荷。水力负荷主要体现在上升流速和配水方式的控制上，上升流速是水解酸化池的主要参数，建议上升流速控制在 0.94～1.49m/h；配水方式采用小阻力配水，每池通过穿孔布水管的配水形式基本上达到了配水均匀的目的。

④ 水力停留时间。水力停留时间对水解酸化的影响效果显著，主要体现在对 B/C 值的影响。设计上水解酸化池停留时间在 3.48～5.5h 都是可取的。但该污水厂实际运行过程中，将水力停留时间控制在 4～5h，可达到良好的水解酸化效果。如果水力停留时间过短，造成水解酸化过程不完全，生化阶段可利用的溶解性 COD 量就相对减少，影响生化段的处理效果。当然，水力停留时间也并不是越长越好，因为过长的停留时间可能会导致大部分碳源被分解，到后续工段的碳源不足，而且容易造成较大的恶臭，影响厂区环境。

⑤ 作好运行记录及数据分析。每天中控运行人员记录污泥泵开启台数及持续时间、池内污水 pH 值；定期化验进、出水 COD、BOD_5、挥发性脂肪酸（VFA）等，根据运行情况及化验数据，及时反馈到中控运行调度中去。

7. CASS 池

（1）工段概述　CASS 池是一期处理工艺的核心单元，主要由生物选择区和曝气区组成。其运营控制界面见图 10-8。

生物选择区的设置可使污泥在厌氧或缺氧状态下很好地絮凝，促进可形成菌胶团的微生物增殖，并抑制丝状菌的生长，改善终沉池的沉淀性能，同时生物选择区有一定的除磷效

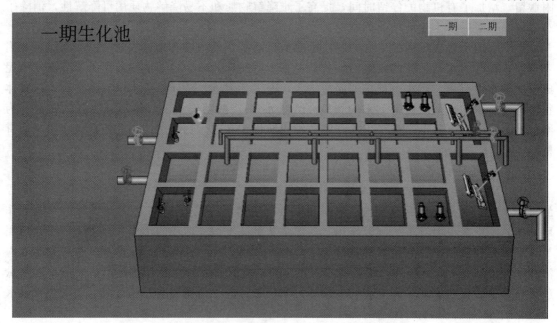

图 10-8　一期生化处理 CASS 池体运营控制界面图

果。通过控制回流污泥与进水混合的比例，从而发挥生物选择区的效能。生物选择区内设潜水搅拌器一台，使水、泥充分混合，不发生沉淀。

曝气区底部设有盘式微孔曝气头，通过鼓风机供氧，使活性污泥与污水、污泥充分接触，微生物进行新陈代谢，从而达到对污染物的降解过程。该污水厂CASS池典型的运行方式为4h/周期：进水曝气2h、沉淀1h、滗水1h、闲置，4个阶段依次进行并不断循环重复。如果水量超负荷的情况下，CASS工艺由于灵活性较大，可以将滗水这阶段省去直接采用进水溢流，充分挖掘其处理潜力。

（2）运行控制

① 污泥内回流量的控制。生物选择区是设置在CASS池前端的小容积区域，容积约为主反应区总容积的10%，水力停留时间控制在0.5～1h，通常在厌氧或兼性厌氧条件下运行（DO应控制在0.3mg/L以下）。主反应区的污泥内回流量应控制在日平均污水入流量的20%左右（通过开启回流泵台数及运行时间控制）。

② 主反应区溶氧控制。对CASS进行合理的曝气充氧是控制反应条件的重要手段，充氧不足将影响污染物去除率，充氧过多将造成微生物的自身氧化，浪费电能、增加运行成本。由于该污水厂进水中含油脂类物质较多，这对风机充氧能力提出了更高的要求。理论上一般活性污泥法曝气区内DO在3mg/L左右都应足够，但实际该厂CASS池内的混合液的溶解氧浓度要控制在4～5mg/L，这样才能保证活性污泥微生物良好的代谢活动。

③ MLSS控制。从降解污染物质的角度来看，MLSS应尽量高一些，但当MLSS太高时，要求混合液的DO值也就越高，且如果水量过大，高MLSS会导致出水跑泥，影响生化池出水效果。应将MLSS控制在3000～5000mg/L，并注意污泥活性状态及生物相的变化。一般来说，夏季MLSS在3000～3500mg/L，冬季MLSS在4000～5000mg/L，受负荷和温度影响比较大。化验人员应每天对MLSS及MLVSS进行测定，然后中控运行人员根据测定值进行一系列操作控制。污泥浓度偏高，可采取加大曝气量、多排放剩余污泥；反之则减少曝气量、减少排泥，使系统污泥负荷（以BOD计）控制在0.075kg/(kg·d)左右。

④ 有机负荷F/M的控制。结合CASS池的运行实践，借助一些实验手段，选择最佳的F/M值。一般来说，污水温度较高时，F/M可高一些，反之应低一些；对出水水质要求较高时，F/M应低一些，反之可高一些；当污水中工业成分较多，有机污染物较难降解时，F/M应低一些，反之可高一些。对于生物脱氮来说，有机负荷（以COD计）应控制在0.3kg/(kg·d)以下，氨氮负荷（以NH_3-N计）应控制在0.045kg/(kg·d)，这对硝化反应正常进行十分重要。

⑤ 污泥龄的控制。污泥龄对系统内生化效果影响极大，污泥龄过长，虽然有助于硝化细菌、反硝化细菌的生长，但容易导致活性污泥老化现象的发生，对污染物的分解能力相对较差，会发生漂泥、死泥，且对系统除磷造成一定影响；反之，泥龄过短，正处于生长期或者对数期的污泥对污染物的去除效果虽然强，但不容易沉降，所以合理的控制污泥龄对CASS池稳定运行具有极其重要的意义。根据该污水厂运行经验的积累及相关资料数据的显示，CASS池内污泥龄一般控制在23～25d。

⑥ 运行记录和数据的分析。每日应测定的指标：进、出水各项指标，SV及MLSS，MLVSS，活性污泥中微生物相的种类和数量，水温；定期计算确定的指标：污泥负荷F/M、污泥回流比R、混合液回流比、污泥SRT等。

8. 改良 A^2/O 池

（1）工段概述　改良 A^2/O 工艺采用缺氧-厌氧-好氧的布置顺序，反应池分格，推流式设计，工艺流程简单、运行灵活。采用多点进水方式，可以根据水质水量变化调整运行方式，进水量由氮磷的去除程度计算。控制污泥回流比及硝化液回流比，可达到最佳脱氮除磷的效果。

工艺流程图如图 10-9 所示。

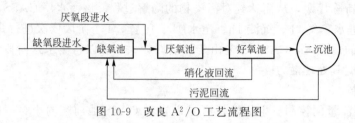

图 10-9　改良 A²/O 工艺流程图

倒置 A²/O 把常规脱氮除磷系统的厌氧、缺氧环境倒置过来，可得到更好的脱氮除磷效果。

进入缺氧池的污水和循环污泥，硝化液经充分混合后一起进入缺氧区。污泥中的硝酸盐，残余的溶解氧，在反硝化菌的作用下进行反硝化反应，将硝酸盐转化为氮气，实现了系统的前置脱氮。

污泥经过缺氧反硝化以后进入厌氧区，避免了硝酸盐对厌氧环境的不利影响。在厌氧区，聚磷菌将污水中的碳源转化为聚 β-羟基丁酸（PHB）等储能物质，积聚吸磷动力。

在好氧区，有机污染物进一步被降解，硝化菌将污水中存在的氨氮转化为硝酸盐氮，同时聚磷菌利用在厌氧条件下产生的动力进行过度吸磷。活性污泥混合液在二沉池进行泥水分离，一部分污泥回流到系统前端，另一部分富含磷的剩余污泥从系统排出，实现生物除磷。

参与回流的全部污泥均经历了完整的厌氧-好氧过程，在除磷方面具有一种"群体效应"，是十分有利的。

二期生化处理池体运营控制界面如图 10-10 所示。

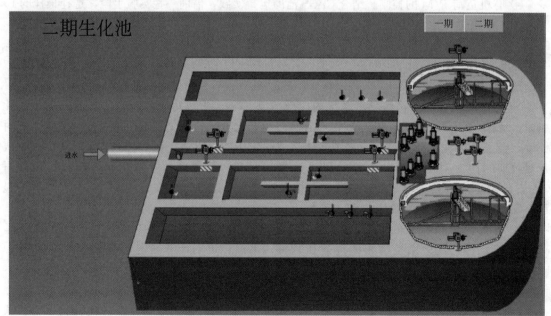

图 10-10　二期生化处理池体运营控制界面图

（2）运行控制

① 合理的配水比。进入到缺氧、厌氧区的进水比例与实际运行过程中 N、P 的去除效果密切相关。一般情况下，设计要求进入缺氧、厌氧区进水比为 7∶3。如果氨氮去除效果不佳，可适当提高进入缺氧段的污水量；如 TP 降解率低，可适当提高厌氧区进水量，使厌氧释磷有更多的碳源。污水厂根据实际运行经验，污水可以全部进入缺氧段，目的是为了污水在系统中的停留时间延长，使污染物充分被降解。

② 溶解氧。理论上好氧区 DO 一般应保持在 2～3mg/L，但由于该污水厂进水中含油量较大，成分较复杂，为满足降解 BOD 和硝化条件，并使水中剩余 DO 充足，防止出现二沉池的二次释磷，好氧区 DO 应控制在 3～4mg/L。

缺氧段不能有分子态氧，可以有化合态氧，DO 一般应控制在 0.5mg/L 以下。由于回流液中有一定水平的 DO，与原水充分混合后，剩余 DO 会被迅速消耗，继而开始缺氧反硝化进程。只需要搅拌，以不增加水中溶解氧为限。

厌氧段既不能有分子态氧，也不能有化合态氧，否则释磷无法进行。DO 一般应控制在 0.2mg/L 甚至更低。每组厌氧区设有一台搅拌机，只需轻微搅拌让污泥不至沉淀即可。

DO 的高低可通过鼓风机频率、污泥内回流、空气管道放气阀等来控制。DO 过高，长时间容易造成污泥自身氧化，污泥细碎等现象，应通过降低鼓风量，增加污泥内回流或者适当提高污泥浓度等来控制；DO 偏低，污染物去除率就会大大降低，应通过提高鼓风量、加大剩余污泥排放量、减少污泥回流等措施来控制。

③ 污泥回流比和混合液回流比。混合液回流及污泥回流流量与进水流量的比例，在系统达到允许的最大反硝化能力之前，通过提高回流比可以提高反硝化的效果。但回流量过大，动力费用增大，而且曝气区大量的溶解氧将通过内回流进入反硝化区，破坏反硝化的条件。故混合液回流的流量必须控制在一定的范围内。一般，内回流比根据除氮要求在 100%～400% 波动。污泥回流比一般为 25%～100%。如太高，污泥将 DO 和硝酸态氧带入厌氧池太多，影响其厌氧状态，不利于磷的释放；太低，则反应池内维持不了正常的污泥浓度，影响生化反应速率。

④ 温度。温度是影响 A^2/O 工艺脱氮效果的主要因素，且温度对脱氮的影响比对除磷的影响大。在好氧段，硝化反应在 5～35℃ 时，其反应速率随温度升高而加快，适宜的温度范围为 30～35℃。当低于 5℃ 时，硝化菌的生命活动几乎停止。缺氧段的反硝化反应可在 5～27℃ 时进行，反硝化速率随温度升高而加快，适宜的温度范围为 15～25℃。厌氧段，温度对厌氧释磷的影响不太明显，在 5～30℃ 除磷效果均较好。

一般情况下，低温对活性污泥法影响较大。水温在 10℃ 以下时，活性污泥对污染物的去除效果大幅度降低，此时可通过工艺调整的方式来充分挖掘生化系统运行的"处理潜力"。方法有：提高供氧量，确保系统内溶氧的充足；减少排泥频次及量，适当提高好氧区 MLSS，控制在 4000～5000mg/L，使系统内污泥总量增加，从而提高污染物去除率。

⑤ 污泥龄（SRT）。倒置 A^2/O 工艺系统的 SRT 受两方面影响：一方面，受硝化菌世代时间的影响，使其比普通活性污泥法的污泥龄长一些，一般为 25d 左右；另一方面，由于除磷主要是通过排出含磷污泥，要求倒置 A^2/O 工艺的 SRT 不宜过长，应为 5～8d。权衡两个方面，污水厂控制 A^2/O 工艺中总 SRT 一般为 15d 左右，其中厌氧、缺氧泥龄为 4.5d，好氧泥龄为 10.5d。

⑥ 混合液悬浮固体浓度（MLSS）。在实际运行过程中，应适当提高生物池内的污泥浓度（一般该厂最高污泥浓度控制在 5000mg/L），增强系统脱氮除磷能力及抗风险抗冲击能

力。高污泥浓度可提高处理工艺各单元的反应速率，减小所需的反应时间。高污泥浓度可有效降低回流中 DO 浓度，提高厌氧有效释磷、反硝化脱氮的有机物利用率。当然高污泥浓度对污水处理厂也同样存在不利的影响因素，如曝气时扩散阻力增大，供氧的利用率下降，增大了二沉池的污泥负荷。同时在生物脱氮除磷过程中排泥是除磷的必需过程，排泥量的多少很大程度上影响系统的除磷效果，因此在日常运行时，该厂保证每天一定量排泥除磷的前提下，采用适合自身实际情况的高污泥浓度运行（污泥浓度控制在 3500～5000mg/L）。

⑦ 运行记录和数据的分析。每日应测定的指标：进、出水各项指标，SV 及 MLSS，MLVSS，活性污泥中微生物相的种类和数量，水温；定期计算确定的指标：污泥负荷 F/M、污泥回流比 R、混合液回流比、污泥 SRT 等。

9. 二沉池

（1）工段概述　生化系统流出的泥水混合进入二沉池经沉降分离后，上清液进入后续处理单元，而污泥则沉降下来。二沉池为钢筋混凝土辐流式沉淀池，池中央进水，周边出水，采用三角齿形堰出水，经环形集水槽收集后排入后续单元。

工艺原理：污水经生化单元处理后，水中的污染物得到了很好的生化降解。泥水混合液进入二沉池后，经静置沉降，形成絮凝体的活性污泥和相对密度大的部分无机物沉降池底，形成泥水分离，沉淀后的上清液流入四周集水槽并排出。沉积污泥经机械刮吸泥机收集到中心集泥槽，利用流体静压排至污泥泵池。刮泥机上装有刮渣板，在刮泥的同时将水面浮渣刮至浮渣斗，然后进入浮渣井，由浮渣泵送至粗格栅。

（2）运行控制

① 水力表面负荷。二沉池的水力表面负荷越小，污泥的固液分离就越好。运行中应控制好二沉池的水力表面负荷（$q=Q/A$），一般控制在 0.68～1.17m³/(m²·h)。

② 二沉池泥位。二沉池的泥位，一般应控制在二沉池液位的 1/3 左右。泥位太高，出水溢流漂泥的可能性就会增大。发现二沉池的泥面迅速升高时，迅速增大回流比或者加大剩余污泥的排放量等措施，将泥水界面降下来，保证污泥不流失，再分析原因，予以解决。

③ 上清液厚度。正常运行时二沉池的上清液厚度应不小于 0.5～0.7m，如果泥面上升，但泥水界面仍然清晰，出水外观仍保持清澈透明，则说明活性污泥反应池运行正常，此时应增加排泥量。如果二沉池泥水界面模糊，出水呈乳灰色或黄色，则说明活性污泥系统混合液中活性污泥的沉降性能下降，应及时对生化单元的运行进行调整，恢复活性污泥良好的沉降性能。

④ 刮吸泥机。刮吸泥机应始终处于连续运转状态。摸索出二沉池刮泥机的行走速度（40～50 分钟/周），如果速度过快，容易扰乱污泥层，导致出水悬浮物浓度增高。而且在刮吸泥机运行过程中，要经常关注刮吸泥的效果，防止机器不吸泥却在空转，导致好氧区污泥全部流至二沉池的现场发生。

⑤ 卫生管理。二沉池出水堰口极易生长青苔，不仅影响走水流速，而且不美观，所以需要运行人员定期对其进行清理，确保现场卫生。二沉池浮渣过多，一旦随风飘散，被出水带走，会对出水造成一定的影响。虽然刮吸泥机上有撇渣装置，但在浮渣较多的情况下，还需人工及时清理。

10. 絮凝沉淀池

（1）工段概述　设置絮凝沉淀池，絮凝池里向水中投加絮凝剂（水质不佳的情况下），通过 6 台减速搅拌机的慢速搅拌，有效吸附悬浮颗粒及较小的颗粒，形成较大的絮体，为后续的深度过滤提供有利的条件，降低出水的 SS 达标，同时对水中的 COD、TP 也有一定的去除效果。沉底于底部的污泥通过排泥泵排至污泥浓缩池进行集中处理。

（2）运行控制

① 运行操作人员应观察并记录反应池矾花生长情况，并将之与以往记录相比较。如发现异常应及时分析原因，并采取相应对策。例如，絮凝池末端矾花颗粒细小，水体浑浊，且不易沉淀，则说明混凝剂投药量不够。若絮凝池末端矾花颗粒较大但很松散，沉淀池出水异常清澈，但是出水中还夹带大量矾花，这说明混凝剂投药量过大，使矾花颗粒异常长大，但不密实，不易沉淀。

② 运行管理人员应加强对入流污水水质的检验，并定期进行烧杯搅拌实验。通过改变混凝剂或助凝剂种类，改变混凝剂投药量，改变混合过程的搅拌强度等，来确定最佳的混凝条件。例如，当水量或水中 SS 浓度发生变化时，应适当调整混凝剂投药量；当入流污水水温或 pH 值发生变化，可改变混凝剂或助凝剂来提高混凝效果；当入流污水中有机性胶体颗粒含量变化，亦应及时调整混凝剂或助凝剂。

③ 应定期清除絮凝反应池内的积泥，避免反应区容积减小、池内流速增加使反应时间缩短，导致混凝效果下降。

④ 絮凝沉淀池进水配水墙之间大量积泥，会堵塞部分配水孔口，使孔口流速过大，打碎矾花，沉淀困难，此时应停止运行，清除积泥。

⑤ 沉淀池应合理确定排泥次数和排泥时间，操作人员应及时准确排泥。否则沉淀池内积存大量污泥，会降低有效池容，使沉淀池内流速过大。

⑥ 应经常观察混合、反应、排泥或投药设备的运行状况，及时进行维护，发生故障则及时更换报修。

⑦ 定期清洗加药设备，保持清洁卫生；定期清扫池壁，防止藻类滋生。

⑧ 加强对库存药剂的检查，防止药剂变质失效。用药应贯彻"先存先用"的原则。

⑨ 作好分析测量与记录。应定期分析计算的项目：混合反应区的水力停留时间、水力流速；应定期进行实验的项目：通过烧杯实验，检验混凝剂、助凝剂种类及其投药量。

11. 微滤布过滤机

（1）工段概述　设置盘片式过滤器目的是进一步去除絮凝沉淀池出水中的 SS、TP 及色度等指标，使出水达到一级 A 标准。污水厂共有两台过滤设备，可实现液位自动控制和手动控制两种运行方式。

设备工作原理：污水借重力流入微滤布过滤机，滤池中设有进、出水堰板设施，污水通过滤布过滤，滤后水通过中空管流入副箱排出滤池。过滤中部分污泥吸附于滤布外侧，逐渐形成污泥层，随着滤布上污泥的积累，滤布阻力增加，滤池水位逐渐升高，当该水位达到设定的反冲洗值时，通过浮球式水位开关向 PLC 发出信号，自动控制系统会控制反抽吸设备，进行反抽吸工作。过滤期间，滤盘处于静态，有利于污泥的池底沉积，反抽吸期间，滤盘以 1r/min 的转速旋转，反抽吸泵利用中心管内的滤后水冲洗滤布，吸除滤布上集聚的污泥颗粒，并排出反抽吸过的水。微滤布过滤机底部设置有排泥管，用于排除池底污泥，污泥在池底的沉积减少了滤布上的污泥量，可延长过滤时间，减少反冲洗水量。控制系统可以设定排泥的间隔时间及排泥历时。

（2）运行控制

① 合理配水。两台设备合理均匀配水是实现设备运行状况最佳的前提条件，防止设备运行出现较大差异（一台长期运行，另一台长时间不运行的现象）对水质去除效果造成的影响。一般情况下，高水量期间，通过进水阀门控制进水量对半分，使两台设备基本都保持同

样的运行状态。10000t/d 处理量以下时，可实现一台启动、一台闲置的运行方式，有助于提高出水水质。低水量期间（5000～7000t/d），为防止水位长期达不到反洗设定水位而长期不反洗的情况，可手动控制，定期更换设备使用。

② 参数设置。一般触摸屏反洗水位、反洗间隔时间、停机防冻间隔时间、反洗泵自吸时间参数禁止随意调整，如确实工艺调整需要需要进行调整时，运行人员要加强巡视，确保调整后设备运行正常。参数调整如高水量期间（瞬时水量达到 500m³/h），可将反洗水位适当提高，避免反洗频次过高，不利于底部污泥的沉积、排除；低水量期间（瞬时水量 300m³/h 不到），应适当降低反洗水位，增加反洗频次，防止盘片污泥附着过多，影响过滤效果。

③ 电气部分设备维护。每 3 个月检查电气柜内的接线端子是否有松动现象，有此现象时应当紧固接线端子，当电气部分发生故障后，应依照电气原理图，检查电气线路是否正常，空开是否有跳闸现象，保险有无烧断，找出原因并及时解决后方能重新上电。减速机、泵电机每隔 3 个月加一次润滑油；电动阀定期加黄油，防止生锈。

④ 冬季运行注意事项。厂部在冬季来临前对设备外围管道、点动阀门、水泵作防冻保温处理；冬季停机时，设备外围管道、电动阀门、水泵长时间裸露在外，管道内的水处于静止状态，即使在有保温设施时也可能出现冻裂现象，针对该情况，按照操作手册上的"停机防冻程序"执行。

12. 消毒池

（1）工段概述　设置二氧化氯消毒，为了对出水进行消毒处理，使每升水中的类大肠杆菌数量≤103 个，达到一级 A 标准。通过消毒之后，通过排放水池再次沉淀后，部分悬浮颗粒进行沉降，出水得到进一步改善。

（2）运行控制

① 实际运行管理过程中，应经常测定入流污水（絮凝沉淀池出水）的大肠菌群数，并根据消毒后出水的要求确定控制好加氯量。

② 消毒池设置三组隔墙，从而大大延长了排放水在池内的停留时间，水中的部分悬浮物逐步沉降。高水量期间，由于瞬时流量加大，水流速度增大，可通过适当提高微滤布过滤机反洗液位使进入消毒池的瞬时水量适当减小，延长排放水在池内的停留时间，使得水中杂质得到进一步沉降。

③ 定期需对消毒池底部进行清淤，有助于出水水质的改善。根据实际情况确定，一般 1 次/年，时间安排在枯水期较合适。

④ 出水水质如果不佳，如色度、TP、SS，可在消毒池内投加絮凝剂（PAC）来帮助混凝沉淀。但投加量必须在实验的基础上进行合理计算。

⑤ 作好记录与分析。每日每班应记录好加氯机使用台号及运行状况、二氧化氯投加量。如遇药剂投加，需记录药剂投加种类、数量、时间、效果等情况。

13. 污泥浓缩池

（1）工段概述　设置污泥浓缩池主要是依靠污泥中的固体物质的重力作用进行沉降与压密，污泥得以沉降，上清液由溢流堰溢出。该污水厂采用连续式重力浓缩池，剩余活性污泥经浓缩池中心管流入，上清液由溢流堰溢出，浓缩污泥从池底排出。浓缩池中存在着三个区域，即上部澄清区；中间阻滞区（当污泥连续供给时，该区的固体浓度基本恒定，不起浓缩作用，但其高度将影响下部压缩区污泥的压缩程度）；下部为压缩区。

连续式重力浓缩池的构造特点是：装有与刮泥机一起转动的垂直搅拌栅，能使浓缩效果提高 20% 以上。因为搅拌栅通过缓慢旋转（圆周速度 2～20cm/s），可形成微小涡流，有助于颗粒间的凝聚，并可造成空穴，破坏污泥网状结构，促使污泥颗粒间的空隙水与气泡逸出。

（2）运行控制

① 浓缩池的浮渣应及时清除。有浮渣刮板刮至浮渣槽内的清除。无浮渣刮板时，可用水冲洗方法，将浮渣冲至池边，然后清除。

② 浓缩池较长时间没排泥时，应先排空清池，不能直接开启污泥浓缩池。

③ 冬季可能出现结冰现象，此时应先破冰再开启设备。最好不停刮泥桥，一直运转可避免结冰。

④ 应定期检查上清液溢流堰的出水是否均匀，如不均匀应及时调整。防止浓缩池内流态产生短流现象。

⑤ 浓缩池是恶臭很严重的处理设施，其池面总是弥漫臭气和腐蚀性气体，应经常检查设备的腐蚀情况，如电控柜、接线盒等容易被腐蚀的地方。避免因腐蚀引起的设备故障。还应每日巡视浓缩池，定期对池壁、浮渣槽、出水堰、汇水管道入口等定期清刷，尽量降低恶臭和腐蚀带来的影响。

⑥ 应定期（每隔半年）彻底排空，全面检查池底是否积池、泥，刮泥桥的水下部件是否挂上棉纱、塑料绳等影响桥运转的情况，予以全面保养和修复。

14. 脱水机房

（1）工段概述　污泥脱水机房内设带式污泥压滤机、进泥泵、絮凝剂溶配及投加装置、反冲洗泵、污泥输送器等。通过污泥泵将剩余污泥输送至絮凝罐，与絮凝剂在絮凝罐内充分混合调制后，再进入污泥脱水机进行压滤脱水。压滤后的泥饼进入输送机送至泥斗内储存、外运，压滤出的滤液通过厂区管网回流至污水厂前端处理，不对外界增加新的污染物。

污泥贮池和污泥泵：为污泥脱水机供给定量稳定的污泥，协调排泥周期和污泥脱水周期间的不一致。

污泥脱水机：通过滤带之间的压力对污泥进行脱水，其组成设备有：絮凝搅拌器、转鼓式污泥预脱水机、带式压滤机、空压机、控制柜等。

PAM溶液制备单元：制备并定量投配絮凝剂PAM到污泥脱水机，以使污泥凝聚沉淀。

清洗水池及清洗泵：提供一定压力的清水，以冲洗带式压滤机上、下滤带。

无轴螺旋螺旋输送机：将脱水后的泥饼输送至泥斗。

（2）运行控制

① 控制调节。污泥浓缩池及贮泥池内的污泥应及时脱水处理，防止污泥中磷重新释放到上清液中，降低除磷效果；根据污泥性状、浓度等，合理调节污泥螺杆泵出泥量、絮凝剂投加量；根据进水水质和水量情况选用合适的药剂，通过烧杯实验确定出该种絮凝剂的最佳投药量；污泥和高分子絮凝剂在絮凝罐内混合时，根据剩余污泥量絮凝的效果应随时调节投药量，使污泥絮凝达到最佳状态；定期清理反冲洗装置滤网，确保反冲洗有足够的压力，滤带冲洗干净。

② 日常巡视观察的项目。经常检测脱水机的脱水效果，若发现滤液浑浊，固体回收率下降，应及时分析原因，采取针对措施予以解决；经常观测污泥脱水效果，若泥饼含固量下降，应分析情况采用针对性措施解决；经常观察污泥脱水装置的运行状况，针对不正常现象，采取纠偏措施，保证正常运行；每天保证脱水机的足够冲洗时间，当脱水机停机时，机器内部及周身冲洗干净彻底，保证清洁，降低恶臭，否则积泥干后冲洗非常困难；按照脱水机的要求，经常作好观测项目的观测和机器的检查维护，特别是水压表、泥压表、油表、张

力表等运行控制仪表；经常注意检查脱水机易磨损件的磨损情况，必要时予以更换，特别是转辊和滤布。及时发现脱水机进泥中砂粒对滤带、螺旋输送器的影响或破坏情况，损坏严重时应及时更换；定期分析滤液的水质，测定滤液的 BOD_5 和 SS，如果水质发生异常，则立刻分析原因，并予以解决。图 10-11 所示为滤布滤池运营控制界面图，图 10-12 为鼓风机房运营控制界面图。

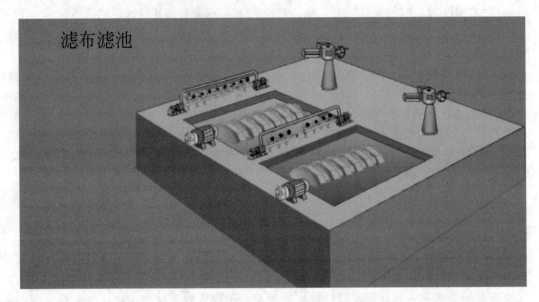

图 10-11　滤布滤池运营控制界面图

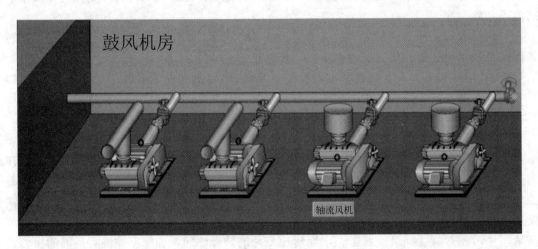

图 10-12　鼓风机房运营控制界面图

第十一章

污水处理厂运行管理

第一节　污水处理厂运营方案

一、污水处理厂试运行管理

污水处理工程的试运行，不同于一般建筑给排水工程或市政给排水工程的试运行，前者包括复杂的生物化学反应过程的启动和调试，过程缓慢，耗费时间长，受环境条件和水质水量的影响较强，而后者仅仅需要系统通水和设备正常运转便可以。

污水处理工程的试运行与工程的验收一样是污水治理项目最重要的环节。通过试运行可以进一步检验土建工程、设备和安装工程的质量，是保证正常运行过程能够高效节能的基础，进一步达到污水治理项目的环境效益、社会效益和经济效益。

污水处理工程试运行，不但要检验工程质量，更重要的是要检验工程运行是否能够达到设计的处理效果。污水处理工程试运行的内容和要求有以下几点。

① 通过试运行检验土建、设备和安装工程的质量，建立相关设备的档案材料，对相关机械、设备及仪表的设计合理性、运行操作注意事项等提出建议。

② 对某些通用或专用设备进行带负荷运转，并测试其能力。如水泵的提升流量与扬程、鼓风机的出风风量、压力、温度、噪声与振动等，曝气设备充氧能力或氧利用率，刮（排）泥机械的运行稳定性、保护装置的效果、刮（排）泥效果等。

③ 单项处理构筑物的试运行，要求达到设计的处理效果，尤其是采用生物处理法的工程，要培养（驯化）出微生物污泥，并在达到处理效果的基础上，找出最佳运行工艺参数。

④ 在单项设施试运行的基础上，进行整个工程的联合运行和验收，确保污水经处理能够达标排放。

二、污水处理厂运行管理

城市污水厂的运行管理，同其他行业的运行管理一样，是企业生产活动进行计划、组织、控制和协调等工作的总称，是企业各种管理活动（如行政管理、技术管理、设备管理、"三产"管理）的一部分，是企业各种经营活动中最重要的部分。

城市污水厂的运行管理，指从接纳原污水至净化处理排出"达标"污水的全过程的管理。

三、污水处理运行管理的基本要求

城市污水处理厂运行管理过程中的基本要求如下。

（1）按需生产　首先应满足城市与水环境对污水厂运行的基本要求，保证干处理量使处理后污水达标。

（2）经济生产　以最低的成本处理好污水，使其"达标"。

（3）文明生产　要求具有全新素质的操作管理人员，以先进的技术文明的方式，安全地搞好生产运行。

四、水质管理

污水处理厂（站）水质管理工作是各项工作的核心和目的，是保证"达标"的重要因素。水质管理制度应包括：各级水质管理机构责任制度，"三级"（指环保监测部门、总公司和污水站）检验制度，水质排放标准与水质检验制度，水质控制与清洁生产制度等。

五、运行人员的职责与管理

污水处理厂操作管理人员的任务是，充分发挥各种处理方法的优点，根据设计要求进行科学的管理，在水质条件和环境条件发生变化时，充分利用各种工艺的弹性进行适当的调整，及时发现并解决异常问题，使处理系统高效低耗地完成净化处理作用，以达到理想的环境效益、经济效益和社会效益。

① 熟练掌握本职业务　污水与污泥的处理是依靠物理、化学及生物学的原理来完成的，要利用大型的构筑物、机械、设备与自控装置，还涉及各种测试手段，这就要求所有运行管理人员除了具有一定的文化程度外，在物理、化学及微生物学方面的知识应具有更高的要求，也包括机械及电方面的知识。

② 遵守规章制度　为了保证污水处理厂稳定的运行，除了操作管理人员应具备业务知识和能力外，还应有一系列规章制度要共同遵守。除了岗位责任制以外，还包括：设施巡视制、设备保养制、交接班制、安全操作制等。

第二节　污水处理厂技术经济评价和运行管理

污水处理厂技术经济评价能够反映基本建设工程的投资费用构成，是对设计方案进行评价的基础和标准。城市污水处理厂技术经济评价是污水处理厂建设的重要内容。

一、技术经济指标

对城市污水处理厂运行的好坏，常用一系列的技术经济指标来衡量，其中主要包括处理污水量、排放水质、污染物质去除效率、电耗及能耗等指标。另外，处理厂还应做好一系列的运行报表工作。

二、基本建设投资

基本建设投资是指一个建设项目从筹建、设计、施工、试生产到正式投入运行所需的全部资金，它包括可以转入固定资产价值的各项支出以及"应核销的投资支出"。

基本建树投资由工程建设费用、其他基本建设费用、工程预备费、设备材料价差预备费和建设期利息组成。在估算和概算阶段通常称工程建设费用为第一部分费用，其他基本建设费用为第二部分费用。按时间因素分为静态投资和动态投资。静态投资指第一部分费用、第二部分费用和工程预备费。动态投资指包括设备材料价差预备费和建设期利息的全部费用。

三、生产成本估算

城市污水处理厂生产成本估算通常包括污泥处理部分。生产成本估算项目包括能源消耗费、药剂费、固定资产基本折旧费、大修基金提存、日常维护检修费、工资福利费等。

1. 能源消耗费用

能源消耗费用包括污水处理过程中消耗的电力、蒸汽、自来水、煤等能源消耗。

2. 日常维护检修费用

日常维护检修费用应按照污水性质和维修要求分别提取。

3. 其他费用

药剂费、职工工资福利费、劳保基金、统筹基金、固定资产基本折旧费等其他费用，一般按日平均处理水量计算。

4. 污水、污泥综合利用收入

污水、污泥综合利用，可以节省资源、降低成本，作为污水处理厂的一部分收入。

城市污水处理厂成本估算是以上各项费用总和，除以总处理水量，即得出年成本和单位成本。

四、经济评价方法

建设项目经济评价是可行性研究的有机组成部分和重要内容，是项目和方案决策科学化的重要手段。

经济评价的目的是根据国民经济发展规划的要求，在作好需求预测及厂址选择、工艺技术选择等工程技术研究的基础上，计算项目的投入费用和产出效益，通过多方案比较，对拟建项目的经济可行性和合理性进行论证分析，作出全面的经济评价，经比较后推荐最佳方案，为项目决策提供科学依据。

五、运行记录与报表

一个城市污水厂，每日或全厂处理了多少污水，处理效果如何，处理过程节能降耗如果如何，处理过程有什么异常解决方式与结果如何，全凭污水厂的运行记录及报表来反映。城市污水厂的原始记录与报表是一项重要的方案记录与档案材料，可为管理人员提供直接的运转数据、设备数据、财务数据、分析化验数据，可依靠这些数据对工艺进行计算与调整，对设施设备状况进行分析、判断，对经营情况进行调整，并据此而提出设施设备维修计划，或据此进行下一步的生产调度。

原始记录主要有值班记录、工作日志和设备维修记录，包括各种测试、分析或仪表显示数据的记录。统计报表则是在原始记录基础上汇编而成，可分为年统计、月统计、季统计等。一般由工段每月向科室抄送月统计报表，每季度或每年向厂抄送季度或年统计报表；各操作每日或旬或周向工段抄送日或旬或周统计报表。

原始记录或统计报表，又可以按专业划分为运行、化验、设备、财务等几类报表。

运行值班人员在填写原始记录时，一定要及时、清晰、完整、真实准确，统计报表的编制能定时、系统、简练地反映污水处理过程不同时期、不同专业的运行管理状况的主要信息。

第三节 污水处理系统的运行管理

一、预处理的运行管理

1. 格栅间

（1）格栅工作台数的确定 通过污水厂前部设置的流量计、水位计可得知进入污水厂的污水流量及渠内水深，再按设计推荐或运行操作规程设计的入流污水量与格栅工作的关系，确定投入运行的格栅数量。也可通过最佳过栅流速的计算来确定格栅投入运行的台数。

（2）栅渣的清除 格栅除污机每日什么时候清污，主要利用栅前液位差来控制，必要时结合时开时停方式来控制。不管采用什么方式，值班人员都应经常巡视，以手动开停方式积累的栅渣发生量决定于很多因素，一天、一月或一年中什么时候栅渣量大，管理人员应注意摸索总结，以利于提高操作效率。此外，要加强巡查，及时发现格栅除污机的故障；及时压榨、清运栅渣；做好格栅间的通气换气。

（3）定期检查渠道的沉砂情况 由于污水流速的减慢，或渠道内粗糙度的加大，格栅前后渠道内可能会积砂；应定期检查清理积砂，或修复渠道。

（4）作好运行测量与记录 应测定每日栅渣的重量或容量，并通过栅渣量的变化判断格栅是否正常运行。

2. 污水提升泵房

（1）泵组的运行调度 污水厂的污水进入泵房前一般不设调节池，为保证抽升量与来水量一致，泵组的运行调度应注意以下几条。

① 尽量利用大小泵的组合来满足水量，而不是靠阀门来调节，以减少管路水头损失，节能降耗；

② 保持集水池的高水位，可降低提升扬程；

③ 水泵的开停次数不可过于频繁；

④ 各台泵的投运次数及时间应基本均匀。

（2）注意各种仪表指针的变化 例如，真空表、压力表、电流表、轴承温度表、油位表的变化。若指针发生偏位或跳动，应查明原因，及时解决。

① 集水池的维护　因为污水流速减慢，泥砂可能沉到集水池池底。定期清洗时，应注意人身安全。清池前，应首先强制排风，达到安全部门规定的要求后，人方可下池工作。下池后仍应保持一定的通风量。每个操作人员在池下工作时间不可超过30min。

② 作好运行记录　每班应记录的内容有：主要仪表的显示值，各时段水泵投运的台号，异常情况及其处理结果。

二、初次沉淀池的运行管理

① 运行操作人员应观察并记录反应池矾花生长情况，并将之与以往记录资料比较。如发现异常应及时分析原因，并采取相应对策。例如，反应池末端矾花颗粒细小，水体浑浊，且不易沉淀，则说明混凝剂投药不够。若反应池末端矾花颗粒较大但很松散，沉淀池出水异常清澈，但是出水中还夹带大量矾花，说明混凝剂投药量过大，使矾花颗粒异常长大，但不密实，不易沉淀。

② 运行管理人员应加强对入流污水水质的检验，并定期进行烧杯搅拌实验。通过改变混凝剂或助凝剂种类，改变混凝剂投药量，改变混合过程的搅拌强度等，来确定最佳混凝条件。例如，当水量或水中SS浓度发生变化时，应适当调整混凝剂投药量；当入流污水水温或pH值发生变化，可改变混凝剂或助凝剂来提高混凝效果；当入水中有机性胶体颗粒含量变化，亦应及时调整混凝剂或助凝剂。

③ 采用机械混合方式时，应定期测试计算混合区的搅拌梯度（G），核算其有问题时，应调整搅拌设备转速或调节入流水量。采用管道混合或采用静态混合器混合时，由于流量减少，流速降低，会导致混合强度不足。对于其他类型的非机械混合方式，也有类似情况，此时应加强运行的合理调度，尽量保证混合区内有充足的流速。对于水力式絮凝反应池亦一样，应通过流量调整来保证其水流速度。

④ 应定期清除絮凝反应池内的积泥，避免反应区容积减少，池内流速增加使反应时间缩短，导致混凝效果下降。

⑤ 反应池末端和沉淀池进水配水墙之间大量积泥，会堵塞部分配水孔口，使孔口流速过大，打碎矾花，沉淀困难。此时应停止运行，清除积泥。

⑥ 沉淀池应合理确定排泥次数和排泥时间，操作人员应及时准确排泥。否则沉淀池内积存大量污泥，会降低有效池容，使沉淀池内流速过大。

⑦ 应加强巡查，确保沉淀池出水堰的平整。否则沉淀池出水不均匀造成池内短流，将破坏矾花的沉淀效果。

⑧ 应经常观察混合、反应排泥或投药设备的运行状况，及时进行维护，发生故障则及时更换报修。

⑨ 定期清洗加药设备，保持清洁卫生；定期清扫池壁，防止藻类滋生。

⑩ 定期标定加药计量设施，必要时应予以更换，以保证计量准确。

⑪ 加强对库存药剂的检查，防止药变质失效。对硫酸亚铁尤其应注意。用药应贯彻"先存先用"的原则。

⑫ 配药时要严格执行卫生安全制度，必须戴胶皮手套以及其他劳动保护措施。

⑬ 作好分析测量与记录。

三、生化曝气池及二沉池的运行与管理

① 经常检查与调整曝气池的配水系统和回流污泥的分配系统，确保进行各系列或各池之间的污水和污泥均匀。

② 经常观测曝气池混合液的静沉速度、SV 及 SVI，若活性污泥发生污泥膨胀，判断是存在下列原因：入流污水有机质太少，曝气池内 F/M 负荷太低，入流污水氮磷营养不足，pH 值偏低不利于菌胶团细菌生长；混合液 DO 偏低；污水水温偏高等。并及时采取针对性措施控制污泥膨胀。

③ 经常观测曝气池的泡沫发生状况，判断泡沫异常增多原因，并及时采取处理措施。

④ 及时清除曝气池边角外漂浮的部分浮渣。

⑤ 定期检查空气扩散器的充氧效率，判断空气扩散器是否堵塞，并及时清洗。

⑥ 注意观察曝气池液面翻腾状况，检查是否有空气扩散器堵塞或脱落情况，并及时更换。

⑦ 每班测定曝气池混合液的 DO，并及时调节曝气系统的充氧量，或设置空气供应量自动调节系统。

⑧ 注意曝气池护栏的损坏情况并及时更换或修复。

⑨ 当地下水位较高，或曝气池或二沉池放空，应注意先降水再放空，以免漂池。

⑩ 经常检查并调整二沉池的配水设施，使进入各池的混合液均匀。

⑪ 经常检查并调整出水堰板的平整度，防止出水不均和短流，及时清除挂在出水堰板的浮渣。

⑫ 及时检查浮渣斗排渣情况并经常用水冲洗浮渣斗。

⑬ 及时清除出水槽上生物膜。

⑭ 经常检测出水是否带走微小污泥絮粒，造成污泥异常流失。判断污泥异常流失是否有以下原因：污泥负荷偏低且曝气过度，入流污水中有毒物浓度突然升高使细菌中毒，污泥活性降低而解絮，并采取针对措施及时解决。

⑮ 经常观察二沉池液面，看是否有污上浮现象。若局部污泥大块上浮且污泥发黑带臭味，则二沉池存在死区；若许多污泥块状上浮又不同上述情况，则为曝气池混合液 DO 偏低，二沉池中污泥反硝化。应及时采取针对措施避免影响出水水质。

⑯ 一般每年应将二沉池放空检修一次，检查水下设备、管道、池底与设备的配合等是否出现异常，并及时修复。

⑰ 作好分析测量与记录。每班应测试项目：曝气混合液的 SV 及 DO（有条件时每小时一次或在线检测 DO）。

每日应测定项目：进出污水流量，曝气量或曝气机运行台数与状况，回流污泥量，排放污泥量；进出水水质指标，如 COD_{Cr}、DOD_5、SS、pH 值；污水水温；活性污泥生物相。

每日或每周应计算确定的指标：污泥负荷 F/M，污泥回流比，二沉池的表面水力负荷和固体负荷，水力停留时间和污泥停留时间。

四、消毒系统的运行与管理

① 紫外线消毒系统可由若干个独立的紫外灯模块组成，且水流靠重力流动，不需要泵、

管道以及阀门。

② 灯管布置要求灯管排列方向与水流方向一致，呈水平排列，且保证所有灯管互相平行和间距一致，灯管轴向与水流方向垂直的布局不予采用。

③ 所有灯管和灯管电极应保证完全浸没在污水中，正负两极应由污水自然冷却，以保证在同温下工作。

④ 处理过程中绝对保证使操作人员与紫外线辐射保持有效隔离。

⑤ 紫外线消毒技术的灯管设备、外罩密封石英套管等核心技术得到了不断地完善，紫外线消毒设备运行维护简单。紫外线消毒灯管能连续工作几个月（5个月）还不会发生生物淤积、结垢和固体沉积等现象，减轻了设备维护的负担。

⑥ 只有波长在 $253 \sim 260nm$ 范围内的紫外线才具有强的消毒作用，而其他波段的紫外线不具有有效的消毒作用，因此，对制造灯管设备的技术要求很高。

⑦ 紫外线消毒效果与 UV-C 的剂量成正比关系，剂量太低对微生物的消毒效果较差，且还有修复现象（光修复和暗修复），但是如果紫外线的剂量太大就会造成浪费。因此，合理控制紫外线的剂量十分重要。当遇到水质污染临时加重时，可以用降低流量、延长紫外线照射时间的方法提高消毒效果，反之亦然。

⑧ 水体中的生物群、矿物质、悬浮物等容易积聚在灯套管表面，影响紫外光的透出而影响 UV-C 的消毒效果。因此，需要设计特殊的附加机械设备来定期清洗灯套管。

⑨ 水的色度、浊度和有机物、铁等杂质都会吸收紫外线而降低紫外线的透过强度，从而影响紫外线的消毒效果。因此，在污水进入紫外消毒器以前需要有其他预处理设备，以此提高紫外线消毒器的消毒效果。

五、流量计量装置的运行管理

现在污水处理厂常用的污水水量计量装置分为两类：一类是明渠式的计量设备，如巴氏计量槽、薄壁堰；另一类是管道式计量设备，如超声波流量计、电磁流量计等。

第四节　活性污泥系统的运行管理

一、运行调度

1. 活性污泥系统的运行调度

在运行管理中，经常要进行调度，对一定水质水量的污水，确定投运几条曝气池、几座二沉池、几台鼓风机，以及多大的回流能力，每天要排放多少污泥。运行调度方案可按以下程序编制。

① 确定水量和水质；

② 确定有机负荷（F/M）；

③ 确定混合液污泥浓度（MLVSS）；

④ 确定曝气池的投运数量；

⑤ 核算曝气时间；

⑥ 确定鼓风机投运台数；

⑦ 确定二沉池的水力表面负荷；

⑧ 确定回流比。

2. 活性污泥系统的控制周期问题

处理厂对活性污泥系统很难做到时时刻刻进行调控。曝气系统应实时控制；回流比可在较长的时间段内维持恒定，但应每天检查核算；排泥量可在较长的时间段内维持恒定，但应每天核算。当进入污水量发生变化或水质突变时，应随时采取控制对策，或重新进行运行调度。

二、异常问题对策

由于工艺控制不当，进水水质变化以及环境因素变化等原因会导致污泥膨胀、生物相异常、污泥上浮、生物泡沫等生物异常现象，各水厂运行操作人员要严格按操作规程操作，遇到以上问题及时处理并上报。

1. 污泥膨胀问题

a. 发生污泥膨胀后，要进行分析研究确定污泥膨胀的种类及形成原因，分析膨胀的存在条件及成因。着重分析进水氮、磷营养物质是否足够，生化池内 F/M、pH、溶解氧是否正常，进水水质、水量是否波动太大等因素。根据分析出的种类、因素作相应调整。

b. 由于临时原因造成的污泥膨胀问题，采取污泥助沉法或灭菌法解决。

c. 由于工艺运行控制不当原因造成的污泥膨胀问题，根据不同因素采取相应工艺调整措施解决。

2. 物泡沫问题

a. 发生泡沫后，要进行分析研究确定泡沫的种类及形成原因，根据分析出的种类、因素作相应调整。

b. 化学泡沫，采取水冲或加消泡剂解决。

c. 生物泡沫，增大排泥，降低污泥龄，预防为主。

3. 污泥上浮问题

a. 污泥上浮广义上指污泥在二沉池内上浮，在运行管理中，专指由于污泥在二沉池内发生酸化或反硝化导致的污泥上浮。

b. 酸化污泥上浮，采取及时排泥的控制措施。

c. 硝化污泥上浮，采取增大剩余污泥的排放，降低污泥龄，控制硝化的控制措施。

三、污泥脱水机的运行管理

a. 经常检测脱水机的脱水效果，若发现分离液（或滤液）浑浊，固体回收率下降，应及时分析原因，采取针对措施予以解决。

b. 经常观测污泥脱水效果，若泥饼含固量下降，应分析情况采用针对措施解决。

c. 经常观察污泥脱水装置的运行状况，针对不正常现象，采取纠偏措施，保证正常运行。

d. 每天应保证脱水机的足够冲洗时间，当脱水机停机时，机器内部及周身冲洗干净彻底，保证清洁，降低恶臭。否则积泥干后冲洗非常困难。

　　e. 按照脱水机的要求，经常作好观察和机器的检查维护。

　　f. 经常注意检查脱水机易磨损情况，必要时予以更换。

　　g. 及时发现脱水机进泥中砂粒对滤带的破坏情况，损坏严重时应及时更换。

　　h. 作好分析测量记录。

第五节　污水处理机械设备的运行管理

一、污水处理厂设备管理概述

　　污水处理厂的所有设备都有它的运行、操作、保养、维修规律，只有按照规定的工况和运转规律，正确地操作和维修保养，才能使设备处于良好的技术状态。同时，机械设备在长时期运行过程中，因摩擦、高温、潮湿和各种化学效应的作用，不可避免地造成零部件的磨损、配合失调、技术状态逐渐恶化、作业效果逐渐下降，因此还必须准确、及时、快速、高质量地拆修，以使设备恢复性能，处于良好的工作状态。总之，对污水厂来说，设备管理应注意以下几个方面。

　　(1) 使用好设备　各种设备都要有操作规程，规定操作步骤。设备操作规程主要根据设备制造厂的说明书和现场情况相结合而制定。工人必须严格按照操作规程进行操作。设备使用过程中要作工况记录。

　　(2) 保养好设备　各种设备都应制定保养条例，保养条例根据设备制造厂的说明书和现场情况结合而制定，也可把保养条例放在操作规程一起。保养条例中包括进行清洁、调整、紧固、润滑和防腐等内容。保养工作同样应作记录。保养工作可分为：例行保养、定期保养、停放保养、换季保养。

　　(3) 检修好设备　对主要设备应制定设备检修标准，通过检修，恢复技术性能。有些设备，要明确大、中、小修界限，分工落实。对主要设备必须明确检修周期，实行定期检修。对常规修理，应制定检修工料定额，以降低检修成本。每次检修都应作详细记录。

　　(4) 管好设备　管好设备是指从设备购置、安装、调试、验收、使用、保养、检修直到报废以及更新全过程的管理工作。其中包括设备的资金管理对每一环节都应有制度规定。

二、设备的完好标准和修理周期

　　污水处理厂设备的完好程度是衡量污水处理厂管理水平的重要方面。设备完好程度可用设备完好率来统计，它是指一个污水厂拥有生产设备中的完好台数，占全部生产设备台数的百分比。

$$设备完好率＝(完好设备台数/设备总台数)×100\%$$

什么样的设备才算完好，各地单位要求不同，可以下列标准作为完好标准。

　　① 设备性能良好，各主要技术性能达到原设计或最低限度应满足污水处理生产工艺要求。

② 操作控制的安全系统装置齐全、动作灵敏可靠。

③ 运行稳定，无异常振动和噪声。

④ 电器设备的绝缘程度和安全防护装置应符合电器安全规程。

⑤ 设备的通风、散热和冷却、隔声系统齐全完整，效果良好，温升在额定范围内。

⑥ 设备内外整洁，润滑良好，无泄漏。

⑦ 运转记录，技术资料齐全。

设备使用了一段时间以后，必须进行小修、中修或大修。有些设备，制造厂明确规定了它的小修、大修期限；有的设备没有明确规定，那就必须根据设备的复杂性、易损零部件的耐用度以及本厂的保养条件确定修理周期。修理周期是指设备的两次修理之间的工作时间，污水处理厂设备的大修周期应根据具体设备使用手册决定。

三、建立完善的设备档案

设备档案包括技术资料、运行记录、维修记录三个部分。

第一是设备的说明书、图纸资料、出厂合格证明、安装记录、安装及试运行阶段的修改洽谈记录、验收记录等。这些资料是运行及维护人员了解设备的基础。

第二部分档案是对设备每日运行状况的记录，由运行操作人员填写。如每台设备的每日运行时间、运行状况，累计运行时间，每次加油的时间，加油部位、品种、数量，故障发生的时间及详细情况，易损件的更换情况等。

第三部分是设备维修档案，包括大、中修的时间，维修中发现的问题、处理方法等。这将由维修人员及设备管理技术人员填写。设备使用了一段时间以后，必须进行小修、中修或大修。

根据以上三部分档案，设备管理技术人员可对设备运行状况和事故进行综合分析，据此对下一步维修保养提出要求。可以此为依据制定出设备维修计划或设备更新计划。如果与生产厂家或安装单位发生技术争执或法律纠纷，完整的技术档案与运行记录将使处理厂处于有利的地位。

四、污水处理厂设备的运行管理与维护

在污水处理厂，格栅除污机、刮泥机、污泥浓缩机、潜水推进器等为运行工艺上重要的大型设备。每一种设备都有很多品种和规格，只有保证这些设备安全、正常运行，充分发挥这些设备的工作潜能，才能使整个污水处理厂正常地运转起来。这是污水处理及一线设备维修保养人员的一项重要任务。下面是这些设备在正常运行管理和维护方面所应注意的几个问题。

1. 熟悉所管理的设备

要使用好设备，首先要熟悉设备。仔细地阅读产品的出厂说明书是第一步，一般来说，说明书上都注明设备的品种、型号、规格及工作特点；操作要领、注意事项、安全规程及加油的部位、所加油脂的品种、每次换油的间隔等。有的说明书上还注明故障的原因及排除方法、维修时间、应注意事项等。要对照设备逐项将说明书上的内容搞懂。有的设备说明书比较简单，操作人员可向设备管理技术人员及生产厂家的现场服务技术人员学习、咨询。应注意的一点是，设备生产厂家的产品说明书上很少介绍自己产品的缺点，然而每种产品都或多或少有其不足之处，操作人员可通过长期的操作、观察，积累一部分经验，逐步了解设备的

缺点，并摸索出相应的解决措施。

2. 确定设备运行最佳方案

任何一种机械设备及其零部件都有一定的运行寿命。要使设备在良好的工作状态下运行，保证其正常使用寿命的同时，在保证其完成水处理任务的前提下，尽量减少设备的无效运转及低效运转，保证大部分设备的满负荷运行，也能起到延长设备实际寿命的作用。

3. 作好设备的巡回检查

污水处理厂的大型工艺设备分布分散，且大部分处于露天或者半露天位置，因此建立并严格地执行巡回检查制度就显得格外重要。

大中型污水处理厂里一般都有中心控制室，它可以对这些设备实现远距离监控。这些监控必须在 24 小时内不间断地进行，这样一旦发生故障可以及时远控停机并马上到现场处理。除此以外，针对设备运行状况到现场巡回检查仍是必不可少的。一般来说，对 24 小时不间断运行的设备，每天应每 2～3 小时检查一次，夜间也至少安排 2～3 次检查。对于无远距离监控的污水处理厂，对设备巡回检查的密度还应适当加大。在巡查中如发现设备有异常情况，如卡死、异常声响、堵塞、异常发热等，应及时停机采取措施。

操作人员应了解每天的天气预报，这除了对水处理工艺有用以外，对工艺设备的安全运行也有不可忽视的意义。我们应对可能出现的灾害性天气及时采取预防措施。如雨雪即将来临时，应着重检查设备的防雨措施，特别是电器、油箱、齿轮箱是否可能进水；寒潮即将来临时，应检查防冻措施。雨后应及时清除设备上及行走路线上的积水，配电箱、集电环条、变速箱、控制箱、液压油箱内如不慎进水应及时采取措施，雪后应及时清除设备及设备行走路线的积雪。

4. 保持设备良好的润滑状态

要使设备保持长期、稳定、正常的运行，就要时刻保持各运转部位良好的润滑状态。润滑油脂除了使设备在运转中减少摩擦、磨损之外，还有防腐、防漏及降温等功能。一般设备在出厂之前就规定了其加油的部位、加油量、每次加换油脂间隔的时间以及在什么样的温度条件下加什么油脂。但各个污水厂的设备工作条件不同，因此还应由本单位的专业技术人员根据本单位的条件定出各个设备的加油规章。对购买来的油脂应贴上标签，分类保管，严防错用、污染、混合或进水。

一般情况下，设备运转的初期称为"磨合期"。在此期间，会有较多的金属碎屑从齿轮、轴承及其他部位被磨下而进入润滑油中，特别是减速箱、变速箱这类情况就十分明显。所以，应在设备运转的 200～500 小时将油箱中的脏油排出，并用柴油清洗后加入干净的油。设备进入正常的磨损后，可按有关的规章加换油脂。在北方地区，室外气温随季节不同会有很大的变化，一些油脂遇严寒会变得黏稠，甚至凝固，而夏季又会因油脂黏度过低降低润滑效果，有时造成漏油。因此在室外运行的设备应根据季节不同更换合适的油脂。

对一些开放式传动的部位，如齿轮轴、螺杆、蜗轮蜗杆及链条等，表面的润滑油脂会粘上风吹来的尘沙及水中的污物，影响润滑效果和加速磨损，应根据运转条件的不同定期清洗，更换油脂。有些油脂，如普通润滑油脂与合成润滑油、钙基润滑油、液压油，停用后设备更容易生锈。

5. 作好设备的日常维护与保养

设备在运行中会出现一些这样或那样的小毛病，或许当时并不影响运行，但如不及时处理，则会引发大的故障而造成停机，严重时会酿成事故。

例如，螺栓松动脱落是在运行和振动较大的部位常见的现象，应随时发现紧固。如不及时发现和处理，轻者会造成设备较大损失，重者还可能造成人员伤亡。在重要的连接部位，例如联轴器、法兰、电机的基座、桥式设备的钢轨、各种行走轮支架等，应定期用扳手检查其螺栓，如有松动时及时上紧。如果有些部位螺栓经常松动，为保证安全，应增加防松措施，如用防松垫圈或加防松胶等。如果一颗小小的螺栓、螺母等落入池水中，它可能随水或泥进入破碎机或螺杆泵等设备，造成连锁故障。

这里应提醒操作人员及现场维修人员，工艺设备很多是在水面上运行，在维修设备及操作机器时，零件都可能落入水中。有些零件一旦丢失极难购买，因此，在拆修设备时一定要采取措施严防落水。在使用工具时，最好准备一块强力磁铁，并用绳子拴好；如不慎将钢铁工具及零件落水，可用磁铁从水底找回来。可以想象，一把钳子、扳手随泥进入破碎机可能会发生什么情况！

在设备上有很多零部件是对设备和人身起保护作用的。如漏电保护器、空气开关、熔断器、限位开关、过扭矩传感器、紧急停止开关、电磁鼓保护开关、液压系统的溢流阀门、滤清器报警装置，一些连接机构的剪断销、安全销、摩擦片、摩擦块等都有这一功能。保持这些设施的正常工作状态就可以避免很多重大事故的发生。如果这些部位发生故障，应及时维修及更换，如当时无法解决应果断停机，切不可侥幸，违章操作，搞一些临时措施，比如用铜丝代替保险丝、短接空气开关或以大电流空气开关换小电流空气开关、随意甩开某个行程开关或保护开关等。摩擦联轴器上的弹簧压力不可随意调紧，超过其许用预紧力；尼龙销不可换成钢铁的等，如果违章都会造成保护功能的丧失。安装剪断销的部位要经常加油，以防锈死失去功能。

漏油、漏水与漏气也是常见的故障，发现后应及时采取措施，比如紧螺栓、更换油封、水封、O形圈及盘根等。

这里应强调，一些电器设施如电机的接线盒、集电环箱、行程开关、控制箱及配电箱等的防雨、防水是格外重要的。特别是在雨季，电器进水可能造成短路、烧毁电机、烧毁接触器、烧毁控制室的模板，严重时还可能造成触电等人身事故。

污水厂的大型工艺设备中广泛使用了钢丝绳及拉链作为承重件。这些承重件经过一段时间的使用，会发生磨损、断线及锈蚀等，如不及时采取措施，会造成突然断裂等事故，造成重大损失，甚至人身事故。因此，操作人员及维修人员应定期检查设备上的钢丝绳、拉链，并针对所发生的情况采取相应措施。

由于特殊的环境，污水处理行业的钢丝绳的锈蚀现象是非常严重的，特别是经常浸没在污水、污泥中的钢丝绳及链条更是如此。钢丝绳一旦发生外部或内部锈蚀，弯曲时更易发生疲劳断裂。对它一方面要加强日常的防腐保养，如及时清除表面污泥和定期涂油，另一方面应定期用专用工具撬开钢丝绳，检查内部的腐蚀情况，必要时请专业人员用磁力探伤等方法测定内部情况。发生较严重锈蚀的钢丝绳应及时更换。

设备各部件的防腐，在污水处理行业中是设备管理中的一项重要工作。污水里的有害物质会造成钢铁的严重锈蚀，因此污水处理设备的钢铁结构件表面都有防锈涂料。经过一段时间使用，这些涂料会逐渐磨损、老化、脱落，污水侵入，加速腐蚀。为此，污水处理厂应经常检查这些涂层的情况，并随时修补。每次大修时应将失效的涂料及生锈的钢铁表面全部清理干净，涂以新的涂料。浸水部分常用的涂料有环氧沥青，其余部分有各种防锈涂料。近年来各种新型涂料层出不穷，我们可根据自己的需要及经济条件选用适当的防腐方法。

第六节　污水处理电气设备的运行管理与维护

一、电气设备的四种状态

①"运行状态"设备：是指设备的闸门及开关都在合上位置，与受电端间的电路接通（包括辅助设备如电压互感器、避雷器等）。

②"热备用状态"的设备：是指设备靠开关断开而闸刀仍在合上位置。

③"冷备用状态"的设备：是指设备的开关及闸刀（如接线方式中有的话）都在断开位置。"开关冷备用"或"线路冷备用"时，接在开关或线路上的电压互感器高低压熔丝一律取下，高压闸刀拉下。电压互感器与避雷器用闸刀隔离后，若无高压闸刀的电压互感器，当低压熔丝取下后，即处"冷备用状态"。

④"检修状态"的设备：是指设备的所有开关、闸刀均断开，挂好保护接地线或合上接地闸刀，并挂好工作牌，装好临时遮拦时，即作为"检修状态"。开关检修：是指开关及两侧闸刀均拉开，开关与线路闸刀间有压变者，则该压变的闸刀需要拉开，或高低压熔丝取下，在开关两侧挂上接地线（或合上接地闸刀）作好安全措施。线路检修：是指线路的开关及其线路侧、母线侧闸刀拉开，如有线路压变者，应将其闸刀拉开或高低压熔丝取下，并在线路出线端挂好接地线（或合上接地闸刀）。

二、高压配电装置的运行管理与维护

高压配电装置是指 1kW 以上的电气设备，按一定的接线方案，将有关一、二次设备组合起来，用来控制发电电机、电力变压器和电力线路，也可用来起动和保护大型交流高压电动机。高压配电装置是接受和分配电能的电气设备，由开关设备、监察测量仪表、保护电器、连接母线和其他辅助设备等组成。

高压配电装置运行前应作相应的检修，运行中对电气开断元件及机械传动、机械连锁等部位要进行定期或不定期的检修。而正确的检修方法是保证装置的安全运行及延长使用寿命的重要条件，必须按照规定的程序进行操作，维修人员才能进入断路器室等进行检修，这样方能确保维修人员的人身安全。

1. 运行前的检查

① 检查柜内是否清洁，所装电气元件的型号和规格是否与图纸相符。

② 检查一、二次配线是否符合图纸要求，接线有无脱落，二次接线端头有无编号，所有紧固螺钉和销钉有无松动。

③ 检查各电气元件的整定值有无变动，并进行相应的调整。

④ 检查所有电气元件安装是否牢靠，操作机构是否正确、可靠，各程序性动作是否准确无误。

⑤ 对断路器、隔离开关等主要电器及操作机构，按其操作方式试验 5 次。

⑥ 各继电器、指示仪表等二次元件的动作是否正确。

⑦ 检查保护接地系统是否符合技术要求，检验绝缘电阻是否符合要求。

⑧ 待所有检验没有异常现象后，才能投入运行。

2. 运行中的维护

① 保持柜内清洁，定期检查全部紧固螺钉和销钉有无松动，端子及其他部位接线是否牢固、有无脱落现象。

② 运行中要特别注意柜内中的电气开断元件等是否有温升过高或过烫、冒气、异常的响声及不应有的放电等不正常现象。若发现异常现象，应及时停电检修，排除故障因素，防止事故发生。

③ 经常监视油断路器主、副油筒中油标没面，高于或低于界限都将降低油断路器的开断能力。在开断产生短路电流后，油色会变黑，不一定会影响继续运行，可按规定的 4 次开断短路电流或者累计开断电流数次及完成操作循环后，再进行检修。特别应注意油中有掺水、积水现象时，必须及时进行处理，否则将会发生事故。

④ 定期检查一次动静触点接触面有无烧伤，对烧伤的动静触点应予更换。

⑤ 对二次回路的继电保护等元件，应定期进行整定，平时不得打开装置检修。

⑥ 所有开断元件的触点弹簧经长期使用后，弹力可能减小，应定期地检查和检修，调整其压缩量，使其处于最佳的工作状态。

⑦ 传动机构、机械连锁机构应定期进行调整，使其保持灵活，并能有效地工作。

⑧ 定期检查保护接地系统的安全可靠性。

⑨ 开断元件等经检修后在装配时必须严格按规定的装配顺序进行。应注意开断元件灭弧片的喷口方向、引弧触点相对吹弧口的方向等。调整各运动部件的间隙，特别是在更换零件后，更应对静件的配合间隙、动件的行程高度进行校验。在拆卸过程中不得损伤零件的密封面，应保证其精度及粗糙度。在装配前将密封面清洁干净，检查有无损伤和锈蚀。装配时不能损伤油密封圈，若由于质量问题而引起膨胀变形，要更换新密封圈。若原来零部件涂有密封胶或硅脂，在装配时也必须涂上。

⑩ 修复或更换手车上故障部位的零部件并经调整试验合格后，仍以本柜原配手车推入柜内运行，备用手车仍用来备用。

第七节　污水处理厂自动化与测量仪表的管理与维护

一、污水厂运行工艺参数的在线测量

随着科学技术的发展和污水处理工艺的要求，污水处理过程自动化控制也越来越多，也就需要大量的现场在线测量仪表的应用。在污水处理过程中，需要测量的参数是多种多样的，例如污水处理厂的进、出水温度，曝气池中的溶解氧，污水中的 pH 值，污泥浓度、浊度等。测量仪表种类很多，结构各异，因而分类方法也很多。按仪表使用的能源和信号分类，可分为气动仪表、电动仪表和液动仪表；按安装方式分类，可分为架装仪表和盘装仪表；按组成形式分类，可分为单元组合式仪表和基地式仪表；按所测量的参数分类，可分为压力仪表、液位测量仪表、温度测量仪表、流量测量仪表、成分分析仪表。

二、测量仪表的日常维护与管理

自动化检测仪表应用于污水处理领域相比于其他生产领域要晚得多，从设计、施工、安装到日常管理及仪表人员的操作、维修、维护水平都需要进一步提高。对于污水处理厂在线仪表的日常维护、保养，定期检查，标定调整，是保证其正常运行的重要条件。

由前面介绍可以看到，在污水处理厂中应用的仪表种类很多，而每种仪表的工作原理以及调、校方法各不相同，因此对于每种具体的仪表，首先应详细认真阅读其使用维护操作手册，并按各自说明要求进行操作，这里不再具体介绍。

（一）仪表档案、资料管理

一台仪表的资料、档案是否齐全，对于日常维护、故障等判断及处理都有重要意义。对于每一台仪表，都要建立一本履历书作为档案。履历书内容如下。

① 仪表位号（一般应与设计图纸编号一致）；
② 仪表名称、规格型号；
③ 精度等级；
④ 生产厂家；
⑤ 安装位置，用途；
⑥ 测量范围；
⑦ 投入运营日期；
⑧ 校验、标定记录（标定日期、方法、精度校验记录）；
⑨ 维修记录（包括维修日期，故障现象及处理方法，更换部件记录）；
⑩ 日常维护记录（零点检查，量程调整、检查，外观检查，定期清洗等）；
⑪ 原始资料（应包括设计、安装等资料，线缆的走向，信号的传递，以及厂家提供的合格证、检验记录、设计参数、使用、维护说明书）。

（二）日常维护、保养及检修

对于每台在线仪表，日常维护、保养、检修应遵循生产厂家提供的相关资料来进行。一般来说，日常维护工作分为四个部分，即每日巡视检查、定期的清扫与清洗、校验与标定、有故障时对故障现象的分析与部件更换以及检修后校验情况等。

第八节　污水处理的运营管理

一、运行考核的主要指标

为加强污水处理系统运行管理工作，必须对处理成本、处理总量、处理质量、设备（设施）完好率、设备运转率、能源（材料）消耗、安全生产等一系列指标进行考核，以便反映和掌握运行系统总体状况。

1. 处理成本

污水处理运行系统必须千方百计提高处理能力，降低处理成本，进行成本核算。计算成本费用主要方法有：处理每立方米污水所需要的成本费或处理每千克 BOD 所需要的成本费。

2. 处理总量和处理质量

每日进入污水厂处理的总污水量，是考核污水处理厂处理能力的一个指标，也是污水处理厂运行管理中的一个重要基础数据。污水处理厂处理水量的指标，是根据设计规模达产率来考核。

处理质量可按设计的不同处理工艺应达到的出水水质进行考核。

3. 设备完好与运转率

设备完好率＝设备实际完好数/应当完好台数，应≥95％。

设备运转率＝设备使用台数/设备应当完成台数，设备使用率取决于设计建设时的冗余程度和后期的管理改造等因素。

4. 能源消耗和安全生产

能源消耗主要指电耗，是城市污水处理运行系统成本组成的重要部分。

污水处理系统在运行管理中，必须健全各级安全管理机构，建立安全规章制度，保证污水处理运行系统安全、正常运行，尽可能减少设备与人身伤亡事故。

二、记录与统计

在污水处理系统的日常管理中，有系统的记录与统计分析工作是十分重要的。每年每月乃至每日都要进行及时记录，并注意检查原始记录的准确性与真实性。做好收集、保存、积累分析、整理与汇总等工作。

记录必须及时、正确、完整、清晰、实事求是地反映运行情况。污水处理系统各工作段、各泵站，都应按既定的运行记录格式逐项填写，不可遗漏，统计报表也同样如此。统计报表最终须经技术人员校核和综合分析。技术人员应及时把结果向领导和运行操作管理者汇报。

原始记录的内容有很多，主要有：值班记录、设备维修记录、工作日记性的记录、统计与报表等。

三、管理制度

在污水处理运行系统的日常管理中，为了运行好各种设施设备，管理好各种运营工作，保证设备正常稳定地发挥作用，保护和调动职工的积极性和责任感，需要污水处理运行系统建立和执行岗位责任制等一系列整套规范化管理制度，并通过奖励和批评，鼓励职工贯彻执行规章制度，使污水处理厂的管理人员和操作人员积极、主动、熟练地投入日常运行和维护保养工作之中。

（一）岗位责任制

管理一个污水处理厂，首先要建立以岗位责任制为中心的各项规章制度，各工种、各管理部门都要有岗位责任制。并根据工种需要，制定设施巡视制、安全操作制、交接班制、设备保养制等。

岗位责任制中有明确的岗位责任和具体的岗位要求。

对设施巡视中指定巡视路线、巡视周期和巡视的具体要求。

在安全操作制度中明确本工种的具体安全要求，安全用具，防护用品，急救措施等。

在交接班制度中，明确上下班之间应予交接的内容，在现场交接时应共同巡视，当面交接清楚等。

在设备保养制中，规定每班人员对所管设备进行清洁、保养的要求与具体做法等。

污水处理运行系统职工在执行岗位责任制的同时，还应认真执行相关的制度、法规、标准等，这些都是管理污水处理运行系统所不可缺少的。

（二）安全生产制度

制定安全生产规章，建立安全生产责任制。安全生产制度有：安全生产责任制、安全生产教育制、安全生产检查制、伤亡事故报告制、安全生产操作规程、安全生产奖罚条例等。以下仅对安全生产责任制予以简述。

安全责任制是指各级领导、各职能部门和各岗位职工在各自生产工作范围内，必须承担相应安全的制度，是安全生产管理规章制度的核心。

（三）安全生产教育和目标管理

1. 安全生产目标管理

所谓目标管理，就是根据事先设定的目标进行管理。目标管理是指单位内部各个部门以至每个人，围绕总目标制定各自的具体目标、行动方针，保证措施和工作进度，有效地组织实施，并对实施过程实行"自我控制"，对实施结果进行严格考核，从而确保目标实现的一种管理制度。

安全生产目标管理，是以目标管理的原理、方法为指导，根据各单位生产经营总目标和上级对安全生产的要求，确定各自的安全生产总目标，并发动和组织单位内部各个部门和每个职工，层层制定和实施各自安全目标的管理方法。安全生产目标管理的基本思想是：一切安全活动的开始是确定目标，安全活动的进行以实现安全目标为指针，安全活动的结果以完成安全目标程序来评价，安全活动的奖惩以实现安全目标情况为依据。通过安全目标管理，依靠全体职工自下而上的努力，保证各自目标的实现，从而最终保证企业安全生产总目标的实现。

2. 安全生产教育

安全生产教育是指向单位内外全体有关人员进行的安全思想（态度）、安全知识（应知）、安全技能（应会）的宣传、教育和训练。它在污水处理厂（站）的建设和运行管理中占有重要的地位。

可靠的系统需由安全生产来保证。其中人是生产的主体，具有能动的创造力，机器为人所驾驭或改造。但人的自由度比较大，尽管在主观上不会愿意伤害自己，可是由于生理、心理、经济、社会等多种因素的影响，人发生行为的失误是难以完全避免的。人对于机器的驾驭和对环境的适应，也不是天生的，而必须经过长期的培训和练习。现代工业生产是集体劳动，在作业过程配合中的协调配合也至关重要。一个人的失误可能使周围设施和他人受到伤害或破坏。要保证生产作业中的协调，也要经过严格培训，并且要靠规程和纪律的约束。现在企业中发生的工伤事故，70%左右或多或少与人的失误（无知、误动作或违章）有关。由此可见，加强安全教育是十分重要又异常艰巨的任务。

安全生产教育是污水厂管理工作的一项重要内容，也是搞好污水厂安全生产的重要措施。

　　a. 必须树立"安全第一"的管理思想　污水厂要对安全教育工作的重要性、紧迫性、艰巨性给予充分的认识。过去在安全教育方面只停留在"务虚"上，纵观历来发生的各类事故的原因，总有安全教育不够或不力的问题，所以必须转变思想观点，树立"安全第一"的管理思想，彻底改变安全教育工作"提起来重要、干起来次要、忙起来不要"的现状。也只有这样，才能自觉、切实地搞好安全教育工作。

　　b. 加强安全活动日管理，提高安全学习质量　开展污水厂安全日活动是提高广大职工安全思想的有效途径之一，是进行安全教育的主课堂。安全活动的质量与人身安全、设备安全、检修质量有着密切的关系，所以污水厂的安全活动不能流于形式和搞突击，而应形成制度，在安全日活动中要针对3个方面加大力度进行学习：一是要联系生产实际分析事故案例，通过对事故的分析谈出自己的体会、讲出存在的问题，逐步培养自己从技术角度分析事故或异常、并制定防范措施的能力。二是在学习《安全规范》中要力戒教条。应该说《安全规范》上的每一条都有丰富的内涵，在学习时应结合实际进行逐条讲解，学以致用。三是学安全知识要注意动手能力的训练，要让全体职工学会各类现场急救的方法、现场安全措施的设置方法和安全工器具的使用方法，不断提高自我保护能力。另外，安全活动方式要多样化，如搞一些安全技术问答、安全知识竞赛、安全培训、技术比赛、模拟现场安全措施、安全分析、事故预想和反事故演习等，使水厂员工感到安全活动内容丰富、生动活泼，从而提高职工参加安全活动的积极性，最终达到提高安全学习质量的目的。

　　c. 建立"班组安全流动岗"制度；增强职工的安全责任感　实践证明，建立班组"安全流动岗"是进行安全教育的一种行之有效的方式，同时它还可以大大降低班组成员的习惯性违章行为。流动岗每周轮换一次，负责监督全班职工的各项工作。在安全学习会上流动安全监督员将一周来发现的班组成员中的习惯性违章、违规等不安全现象提出来让大家分析总结，以引起大家的注意。这样可以起到以高带低、互相促进、全员参与的作用，并且能够及时发现危险环境、危险行为等，将事故消除在萌芽状态。

　　d. 充分利用班前班后会，实现安全教育经常化　班前班后会是班组管理中的一项主要内容，充分利用班前班后会进行安全教育的督导有助于班组及时总结经验教训，举一反三，不断规范工作行为，从而提高班组的安全水平。在"班前碰头会"上，在布置一天的工作任务的同时，应向大家讲明当天作业的安全注意事项、应采取的安全措施、使用的安全器具等，提醒大家严格按《安全规范》办事，并将可能发生的问题作好事故预想，以便采取相应的对策。在"班后碰头会"上，应对一天的工作给予必要的总结，分析一下大家在工作中存在的一些问题，使大家今后在处理同样问题时避免类似错误的发生。这样通过班前班后会有意识地灌输各种安全思想，把班组安全教育融入日常的工作中，潜移默化地提高每个职工的安全意识和安全知识水平。

　　e. 定期开展反事故演习，紧密联系实际搞好安全教育　学安全、讲安全，最终还是为了保安全。在实际工作中我们发现反事故演习的方法对安全教育工作有很好的促进作用。班组应定期组织职工分析安全形势，测试设备健康状况，有针对性地开展反事故演习活动，让职工在模拟事故处理过程中得到锻炼，提高职工的应变能力和实践水平，加深对安全知识的理解，同时培养职工临危不惧、遇事不惊、沉着冷静的心态和提高职工的防范能力。

　　总之，污水厂只有建立良好的安全教育体系，才能使安全学习活动达到预期的效果，才能提高污水厂防止设备事故和人身伤亡的能力，从而提高污水厂的安全管理水平。

3. 安全生产教育制度

安全生产教育制度，是由单位管理人员安全教育、新工人三级安全教育、特种作业人员培训、"四新"和变换工程安全教育、全员性的经常教育等多种教育制度和教育活动所组成的体系。

4. 安全技术管理

安全技术是辨识和控制生产运行和工程建设过程中的危险因素，防止职工伤亡事故的工程技术和组织措施的总称。其内容是研究生产过程中物理的、化学的、生物的以及人的行为方面的危险因素及其导致伤亡事故的规律，从工程、技术、管理等方面采取措施，以创造合乎安全要求的劳动条件，防止工作事故的发生，保障劳动安全，促进生产发展。其基本任务如下。

a. 分析生产运行和工程建设过程中多种不安全因素及其导致伤亡事故的条件、机制和过程；

b. 辨认和评价危险源，采取必要的工程技术措施，改变不安全的工艺、设备和劳动环境，消除和控制危险源；

c. 掌握与积累资料，制定安全技术规程、标准和工程安全操作规程；

d. 编写对工人进行安全技术教育的资料；

e. 研究制订分析伤亡事故的办法，参与伤亡事故的调查分析。

四、安全技术管理的基本要求

安全技术管理是对安全技术工作进行的组织、计划和控制活动。主要包括：对工艺和设备的管理；对生产环境安全的管理；组织制定和实施安全技术操作规程；加强个人防护用品的管理；组织制定安全技术标准。

五、对工艺和设备的管理

生产工艺过程产生的危险因素，是导致事故发生、造成人员伤亡和财物损失的主要危险源。加强生产工艺过程安全技术管理，是防止发生事故，避免或减少损失的主要环节。生产工艺过程安全技术管理主要包括工艺安全管理和设备安全管理。

六、对生产环境的安全管理

企事业单位的环境安全，是保障生产者安全与健康的基本条件。国务院颁布了《工厂安全卫生规程》，其中包括了厂院、道路、坑、壕，原材料、成品、半成品和废料的堆放，及建筑物、电网等的安全卫生要求；工作场所总体布置、危险护栏、地面、墙壁、天花板、采光、降温、防寒、供水等一般安全卫生要求；特殊环境（如气体、粉尘和危险品）的劳动条件和安全卫生要求。此外，厂房设计、防火间距、仓库堆场安全、电气线路安全等也有专门规定或标准。

安全技术管理人员要认真组织实施有益生产环境安全的规程、标准。

七、组织制定和实施安全技术操作规程

安全技术操作规程是规定工人操作机器仪表的程序和注意事项的技术文件。制定安全操

作规程要根据生产工艺、机械设备、仪器仪表的特性，参考安全操作经验和事故教训。安全操作规程的主要内容要合乎生产操作步骤和程序，有安全技术知识、注意事项，正确使用个人防护用品的方法，预防事故的紧急措施和设备维修保养事项等。这些都是从控制人的操作行为上预防安全事故的有效方法。

企事业单位应当根据国家的主管部门颁发的安全技术操作规程和各工程、各岗位的实际需要定出安全操作的详细要求，以进一步实施这些规程，确保操作安全。

八、加强个人防护用品的管理

个人防护是为了保护劳动者在生产过程中的生命安全和身体健康，预防工作事故和各种职业毒害而采取的一种防护性辅助措施。

企事业单位应当根据职工工作性质和劳动条件，配备符合安全卫生要求的劳动防护用品、用具（污水处理待业除了配备一般的个人防护用品，如防护服、防护手套、防护鞋、防护眼镜等以外，还应配备防毒面具、救生衣、救生圈等），全面指导工人正确使用。

九、防火防爆与压力宣传品管理

1. 火灾与爆炸

凡是超出有效范围的燃烧都称为火灾。其中造成人身和财产的一定损失即为火灾，否则称为火警。

爆炸是指物质由一种状态迅速地变为另一种状态，并在瞬间释放出巨大能量，同时产生声响的现象，可分为物理性爆炸和化学性爆炸两类。物理性爆炸，是指物质因状态或压力突变（如温度、体积和压力）等物理性因素形成的爆炸，在爆炸的前后，爆炸物质的性质和化学成分均不变。而化学性爆炸，是指物质在短时间内完成化学反应，形成其他物质，并同时产生大量气体和能量的现象。

火灾是超出有效范围的燃烧。而燃烧的形成必须同时具备三个基本条件，即有可燃物质、有助燃物质、有能导致燃烧的能源（也就是火源）。此"三要素"互相结合、互相作用，燃烧才能形成。缺少其中任何一个条件都不会发生燃烧。而灭火的基本原理就是消除其中任一条件。

火灾与爆炸是相辅相成的，燃烧的三个要素一般也是发生化学性爆炸的必要条件。而且可燃物质与助燃物质必须预先均匀混合，并以一定的浓度比例组成爆炸性混合物，遇着火源才会爆炸。这个浓度范围叫做爆炸极限。爆炸性混合物能发生爆炸的最低浓度叫爆炸下限，反之为爆炸上限。物理爆炸的必要条件：压力超过一定空间或容器所能承受的极限强度。而防爆的基本原理，同样也是消除其中任一必要条件。

2. 防火防爆的管理

污水处理厂及泵站防火防爆的管理，主要应注意以下几点。

a. 全厂（站）上下必须牢固树立"安全第一，预防为主"的思想，认真贯彻执行有关法律、法规和标准。加强组织领导，落实职责。

b. 学习掌握有关法规、安全技术知识、操作技能，严格训练、提高能力、持证上岗。

c. 经常定期或不定期地进行安全检查，及时发现并消除安全隐患。

d. 配备专用有效的消防器材、安全保险装置和设施，专人负责，确保其时刻处于良好状态。

e. 消除火源：易燃易爆区域严禁吸烟。维修动火实行危险作业动火票制度。易产生电气火花、静电火花、雷击火花、摩擦和撞击火花处应视工作区域采取相应防护措施。

f. 控制易燃、助燃物：少用或不用易燃、助燃物。加强密封，防止泄漏可燃、助燃物。加强排风，降低泄漏可燃、助燃物浓度，使之达不到爆炸极限。

十、事故报告制和调查程序

国务院最新规定：为了保障安全生产，维护国家财产和人民生命安全，特规定了事故报告制和调查程序，以加强事故的管理和防范。

十一、人员伤亡事故的报告制和调查程序

职工伤亡事故是指职工在劳动过程中发生的伤害、急性中毒事故。即指职工在本岗位劳动或虽不在本岗位劳动，但由于单位的设施不安全，劳动条件和作业环境不良，所发生的轻伤、重伤、死亡事故。

职工伤亡大体分成两类：一类是因工伤亡，即因生产或工伤而发生的伤亡；另一类是非因工伤亡。职工伤亡事故管理的对象是因工伤亡事故。

这里说的职工包括固定工、临时工和其他各种开工的用工。

1. 职工伤亡事故的分类

严重程度分为轻伤、重伤、死亡、重大死亡四类。

① 轻伤，指职工负伤后休工一个工伤日以上，未构成重伤的事故。

② 重伤，指一次事故只有重伤而没有死亡的事故。

③ 死亡，指一次死亡1～2人的事故。

④ 重大死亡，指一次死亡3人以上（含3人）的事故。

另有按《企业职工伤亡事故报表制度》中指明的造成事故的原因进行分类和事故原因、类型等进行分类的方法。

2. 伤亡事故管理的主要原则

① 及时性和准确性。要求单位领导应对事故报告、统计的及时性和准确性负责。

② 实事求是、尊重科学。要求：必须查明事故发生的原因、过程和人员伤亡、经济损失情况，确定事故责任者。

③ "三不放过"。要求：事故原因不清不放过；事故责任者和群众没有受到教育不放过；没有落实防范措施不放过。这是事故调查处理工作的指导原则，也是评价事故调查处理工伤好坏的标准。

④ 追究领导责任。单位法人代表是安全生产第一责任者，发生事故，首先要追究其责任。对因严重官僚主义和忽视安全生产工伤造成重大事故的，要从重处理，不得姑息。（引自《中共中央关于认真做好劳动保护工伤的通知》《国务院关于控制重大、特大恶性事故的通知》）。

参 考 文 献

[1] 国家环境保护总局科技标准司.污废水处理设施运行管理.北京：北京出版社，2006.
[2] 北京市环境技术与设备研究中心等.三废处理工程技术手册（废水卷）北京：化学工业出版社，2000.
[3] 唐受印，戴友芝.水处理工程师手册.北京：化学工业出版社，2000.
[4] 李亚峰，晋文学.城市污水处理厂运行管理.第2版.北京：化学工业出版社，2010.
[5] 沈晓南.污水处理厂运行和管理问答.第2版.北京：化学工业出版社，2012.
[6] 张波.环境污染治理设施运营管理.北京：环境科学出版社，2006.
[7] 李胜海.城市污水处理处理工程建设与运行.合肥：安徽科学技术出版社，2001.
[8] 沈耀良，王宝贞.废水处理新技术.北京：中国环境出版社，2000.
[9] 朱亦仁.环境污染治理技术.北京：中国环境出版社，2002.
[10] 潘涛，李安峰，杜兵.环境工程技术手册——废水污染控制技术手册.北京：化学工业出版社，2013.
[11] 赵庆祥.污泥资源化技术.北京：化学工业出版社，2002.
[12] 纪轩.废水处理技术问答.北京：中国石化出版社，2005.
[13] 郑兴灿，李亚新.污水除磷脱氮.北京：中国建筑工业出版社，1998.
[14] 王洪臣.城市污水处理厂运行控制与维护管理.北京：科学出版社，1997.
[15] 金儒霖，赵永龄.污泥处理.北京：中国建筑工业出版社，1982.
[16] 杭世珺，张大群.净水厂、污水厂工艺与设备手册.北京：化学工业出版社，2011.
[17] 张自杰.排水工程.北京：中国建筑工业出版社，2000.
[18] 郑俊，吴浩汀.曝气生物滤池工艺的理论与工程应用.北京：化学工业出版社，2005.
[19] 贺延龄.废水的厌氧生物处理.北京：中国轻工业出版社，1999.
[20] 金兆丰，余志荣.污水处理组合工艺及工程实例.北京：化学工业出版社，2003.
[21] 李军，杨秀山，彭永臻.微生物与水处理工程.北京：化学工业出版社，2002.
[22] 周迟骏.环境工程设备设计手册.北京：化学工业出版社，2009.
[23] 王社平，高俊发.污水处理厂工艺设计手册.第2版.北京：化学工业出版社，2011.